Wolfgang Kühnel

Matrizen und Lie-Gruppen

Wolfgang Kühnel

Matrizen und Lie-Gruppen

Eine geometrische Einführung

STUDIUM

VIEWEG+
TEUBNER

Bibliografische Information der Deutschen Nationalbibliothek
Die Deutsche Nationalbibliothek verzeichnet diese Publikation in der
Deutschen Nationalbibliografie; detaillierte bibliografische Daten sind im Internet über
<http://dnb.d-nb.de> abrufbar.

Prof. Dr. Wolfgang Kühnel
Universität Stuttgart
Institut für Geometrie und Topologie
Pfaffenwaldring 57
70550 Stuttgart

kuehnel@mathematik.uni-stuttgart.de

1. Auflage 2011

Alle Rechte vorbehalten
© Vieweg+Teubner Verlag | Springer Fachmedien Wiesbaden GmbH 2011

Lektorat: Ulrike Schmickler-Hirzebruch | Barbara Gerlach

Vieweg+Teubner Verlag ist eine Marke von Springer Fachmedien.
Springer Fachmedien ist Teil der Fachverlagsgruppe Springer Science+Business Media.
www.viewegteubner.de

Umschlaggestaltung: KünkelLopka Medienentwicklung, Heidelberg
Druck und buchbinderische Verarbeitung: MercedesDruck, Berlin
Gedruckt auf säurefreiem und chlorfrei gebleichtem Papier.
Printed in Germany

ISBN 978-3-8348-1365-7

Vorwort

Die von Sophus Lie so genannten *kontinuierlichen Transformationsgruppen* heißen heute allgemein *Lie-Gruppen*, sofern diese Transformationen selbst und der Prozess ihrer Hintereinanderausführung durch differenzierbare und nicht nur stetige Abbildungen beschrieben sind. Solche Transformationsgruppen sind in der Mathematik und in den Anwendungen unverzichtbar.

Viele Bücher über das Thema beginnen mit einer Definition vom Typ: *Eine Lie-Gruppe ist eine differenzierbare Manngigfaltigkeit mit den folgenden Zusatzeigenschaften.* Dabei wird dann entweder angenommen, der Leser sei mit differenzierbaren Mannigfaltigkeiten bereits vertraut (so zum Beispiel DUISTERMAAT–KOLK und BRÖCKER–TOM DIECK), oder man verweist auf ein gutes und inhaltsreiches Buch dazu (z.B. auf F. WARNER, *Foundations of differentiable manifolds and Lie groups*, wo man auf 80 Seiten sehr gründlich über differenzierbare Mannigfaltigkeiten informiert wird), oder es gibt ein erstes Kapitel über differenzierbare Mannigfaltigkeiten, das unter Umständen recht lang wird und vieles bereitstellt, was erst viel später (wenn überhaupt) gebraucht wird. Auf jemanden, der erst in das Gebiet einsteigen will, wirkt dies möglicherweise etwa so wie eine lange und nicht besonders gut ausgeschilderte Umleitung im Straßenverkehr, die einen Autofahrer in eine ganz andere Gegend führt als er eigentlich angestrebt hatte. Und jeder Autofahrer weiß, dass das mit einer Irrfahrt enden kann, mit weiteren Umleitungen, dem Nicht-Bemerken von Radar-Fallen und anderen Frustrationen, von dem Zeitverlust ganz abgesehen.

In dem vorliegenden Buch soll ein anderer Weg beschritten werden. Es wird nicht angenommen, dass ein Leser irgendetwas über differenzierbare Mannigfaltigkeiten bereits weiß. Es wird nur vorausgesetzt, dass der im deutschen Sprachraum übliche Stoff des ersten Studienjahres bekannt ist. Die wichtigsten Dinge davon werden im zweiten Kapitel noch einmal aufgelistet, auch um die Terminologie und Bezeichnungsweise festzulegen. Insbesondere benötigt man aus der Linearen Algebra den Gruppenbegriff selbst, Vektorräume mit innerem Produkt sowie Matrizen über den reellen oder komplexen Zahlen und aus der Analysis den Satz über implizite Funktionen mit seinen Folgerungen. Daher geht es in der ersten Hälfte des Buches (das sind die Kapitel 1 - 8) vergleichsweise elementar zu. Der Mannigfaltigkeitsbegriff wird später motiviert und in Kapitel 9 auch eingeführt, soweit für die Behandlung abstrakter Lie-Gruppen nötig.

Trotz dieser Beschränkung der Voraussetzungen soll in diesem Buch alles bewiesen werden, was vorkommt, mit Ausnahme der Vorkenntnisse in Kapitel 2 selbst und mit Ausnahme einiger weniger Dinge im letzten Kapitel sowie im Anhang. Als Besonderheit werden Text-Teile aus klassischen Werken von Sophus Lie selbst und seinem Schüler Gerhard Kowalewski an einigen Stellen im Wortlaut zitiert, alles original in deutscher Sprache, so wie damals üblich. Heutzutage würde Sophus Lie (zumal als Norweger) selbstverständlich auf Englisch publizieren. Dies soll erstens zeigen, wie man die Dinge zu der damaligen Zeit gesehen und formuliert hat, es soll andererseits aber auch bestimmte Sachverhalte besser erklären und näher erläutern, jenseits von allzu formalen Definitionen, Sätzen und Formeln. Man könnte fast den Eindruck haben, dass den alten Meistern das Letztere besser gelungen ist als es heutigen Autoren manchmal gelingt. Man muss aber auch sehen, dass dies die Länge der Texte durchaus erhöht. Für manche Sachverhalte, die in heutigen Monographien oder Lehrbüchern in wenigen Zeilen abgehandelt würden, schreibt

Kowalewski eine halbe oder ganze Seite. Da wird gelegentlich den Experten manches als redundant erscheinen, aber das Buch richtet sich ja an diejenigen, die in das Gebiet erst einsteigen wollen. Vielleicht tragen die Zitate auch dazu bei, eine mittlerweile bestehende unterschwellige „Angst" vor der älteren Literatur abzubauen.

So könnte das Buch vielleicht helfen, die Kluft zwischen den üblichen Lehrbüchern des ersten Studienjahres (*Grundkurs Mathematik*) zur Analysis und der Linearen Algebra einerseits und den gewichtigen Werken (*Graduate Texts*) zu Lie-Gruppen andererseits zu überbrücken. In der angelsächsischen Literatur gibt es dazu seit langem Beispiele (vgl. die angegebene Lehrbuch-Literatur), aber kaum in deutscher Sprache. Das Buch sollte sich als Begleittext für eine Vorlesung ab dem dritten Semester eignen oder für ein Proseminar oder auch zum Selbststudium. Eine Konkurrenz zu dem im selben Verlag erschienenen Buch von HILGERT und NEEB ist nicht intendiert. Vielmehr ist die Vorstellung des Autors die, dass man für einen Einstieg erst das vorliegende Buch liest und dann das andere, und hinterher vielleicht noch eines der als *Graduate Texts* bezeichneten größeren Werke zu dem Thema.

Das vorliegende Buch kann die umfangreichen Lehrbücher über Lie-Gruppen nicht ersetzen, sondern soll lediglich in die Anfangsgründe einführen, die unerlässlich sind, um sich in diesen Lehrbüchern zurechtfinden zu können. Der Autor dankt Herrn Dr. Felipe Leitner für kritische Anmerkungen und Korrekturvorschläge sowie Frau Schmickler-Hirzebruch für die verständnisvolle Betreuung dieses Projektes seitens des Verlages, von der ersten Idee bis zur konkreten Umsetzung.

Stuttgart, im Oktober 2010   *W. Kühnel*

Inhaltsverzeichnis

1 Zur Motivation und Historie von Transformationsgruppen 1

2 Hilfsmittel aus der Analysis und der Linearen Algebra 6

3 Matrizengruppen über $\mathbb{R}$ und $\mathbb{C}$ 15
   3.1 Die allgemeine lineare Gruppe mit Untergruppen 15
   3.2 Die Quaternionen 21

4 Vektorfelder und autonome Differentialgleichungen 27

5 Gruppen von geometrischen Transformationen 35
   5.1 Die affine Gruppe 36
   5.2 Die euklidische Gruppe 40
   5.3 Die orthogonale Gruppe und die sphärische Geometrie 42
   5.4 Die projektive Gruppe 43
   5.5 Die Möbius-Gruppe 47
   5.6 Die hyperbolische Bewegungsgruppe 51
   5.7 Die Lorentz-Gruppe und die Poincaré-Gruppe 56
   5.8 Die Standgruppen der Gruppen von geometrischen Transformationen ... 58

6 Exponentialreihe und Logarithmus von Matrizen 61
   6.1 Die Exponentialreihe von Matrizen 62
   6.2 Der Logarithmus von Matrizen 68
   6.3 1-Parameter-Untergruppen von Matrizen 70
   6.4 Reelle Potenzen von Matrizen 72

7 Der Tangentialraum im Einselement und die zugehörige Lie-Algebra 75
   7.1 Der Tangentialraum im Einselement 77
   7.2 Abgeschlossene Untergruppen von Matrizen 81
   7.3 Untergruppen und Untermannigfaltigkeiten 87
   7.4 Die Lie-Algebra einer Untergruppe von Matrizen 90

8 Lie-Unteralgebren und die CBH-Formel 97
   8.1 Lie-Unteralgebren im Vektorraum aller Matrizen 97
   8.2 Die Campbell–Baker–Hausdorff–Formel 99

9 Abstrakte Lie-Gruppen 107
   9.1 Der Mannigfaltigkeitsbegriff 108
   9.2 Abstrakte Lie-Gruppen 112

10 Die adjungierte Darstellung und die Lie-Klammer   **117**
10.1 Von der Konjugation zur adjungierten Darstellung 118
10.2 Die Lie-Klammer einer abstrakten Lie-Gruppe 121

11 Linksinvariante Vektorfelder   **125**
11.1 Die Lie-Algebra der linksinvarianten Vektorfelder 126
11.2 Die Lie-Ableitung von differenzierbaren Vektorfeldern 129

12 1-Parameter-Untergruppen und die Exponentialabbildung   **139**
12.1 1-Parameter-Untergruppen und Potenzen 139
12.2 Die Exponentialabbildung 141

13 Homomorphismen und Unterstrukturen   **145**
13.1 Homomorphismen und Untergruppen 146
13.2 Lie-Untergruppen und Lie-Unteralgebren 149

14 Quotienten von Lie-Gruppen   **153**
14.1 Normalteiler und Ideale 154
14.2 Der Homomorphiesatz für Lie-Gruppen 157

15 Abelsche und nilpotente Lie-Gruppen   **163**
15.1 Abelsche Lie-Gruppen 163
15.2 Nilpotente Lie-Gruppen 168

16 Überlagerungen von Lie-Gruppen   **171**
16.1 Überlagerungen 171
16.2 Die Fundamentalgruppe einer Lie-Gruppe 174
16.3 Die Ableitung der Überlagerungsabbildung 177

17 Halbeinfache und kompakte Lie-Gruppen   **183**
17.1 Einfache Lie-Gruppen und Lie-Algebren 184
17.2 Auflösbare Lie-Gruppen und Lie-Algebren 187
17.3 Die Killing-Form und halbeinfache Lie-Gruppen 189
17.4 Maximale Tori und die Weyl-Gruppe 196

18 Anhang   **202**

Lösungen ausgewählter Übungsaufgaben   **206**

Lehrbuch–Literatur   **218**

Verzeichnis mathematischer Symbole   **220**

Index   **221**

Kapitel 1

Zur Motivation und Historie von Transformationsgruppen

Gruppen von Punkt-Transformationen separat als Objekte der Mathematik zu erkennen und zu untersuchen, das geht in gewisser Weise auf den norwegischen Mathematiker SOPHUS LIE (17.12.1842 – 18.2.1899) zurück. Dabei geht es zunächst darum, die Punkte und die Transformationen separat durch Koordinaten zu beschreiben und mit ihnen zu rechnen. Sodann geht es darum, welche Möglichkeiten es für endlich-dimensionale Transformationsgruppen auf endlich-dimensionalen Räumen gibt.

Lassen wir zunächst einmal SOPHUS LIE selbst zu Wort kommen zu seinem „Projekt", das heute untrennbar mit seinem Namen verbunden ist:

„Der Begriff einer *Gruppe von Transformationen*, welcher zunächst in der Zahlentheorie und in der Substitutionstheorie seine Ausbildung fand, ist in neuerer Zeit verschiedentlich auch für geometrische, resp. allgemeine, analytische Untersuchungen verwendet worden. Man sagt von einer Schar von Transformationen:

$$x_i' = f_i(x_1, \ldots, x_n, \alpha_1, \ldots, \alpha_r) \tag{1.1}$$

(wobei die x_i die ursprünglichen, die x_i' die neuen Variabeln und die α_i Parameter bedeuten, die im folgenden stets *kontinuierlich* veränderlich gedacht werden), daß sie eine *r-gliedrige Gruppe* bilden, wenn irgend zwei Transformationen der Schar zusammengesetzt wieder eine der Schar angehörige Transformation ergeben, wenn also aus den Gleichungen

$$x_i' = f_i(x_1, \ldots, x_n, \alpha_1, \ldots, \alpha_r)$$

und

$$x_i'' = f_i(x_1', \ldots, x_n', \beta_1, \ldots, \beta_r)$$

hervorgeht:

$$x_i'' = f_i(x_1, \ldots, x_n, \gamma_1, \ldots, \gamma_r)$$

mit Größen γ_i, die nur von den α_i, β_i abhängen.

Ich habe mir nun – allgemein ausgedrückt – die Aufgabe gestellt, *alle Transformationsgruppen zu bestimmen*, und erlaube mir, im folgenden die verhältnismäßig sehr einfachen Resultate anzugeben, zu denen ich bis jetzt gelangt bin."

(S.LIE, *Über Gruppen von Transformationen*, Göttinger Nachr. 1874, S. 529-542).

In moderner Bezeichnungsweise spricht Lie hier von einer r-dimensionalen Gruppe (oder lokalen Gruppe oder Halbgruppe) G, die stetig oder differenzierbare auf einem n-dimensionalen Raum M (etwa einem Vektorraum oder einer Mannigfaltigkeit der Dimension n) operiert durch eine Abbildung

$$\Phi : G \times M \longrightarrow M,$$

wobei die Bedingungen heute wie folgt formuliert würden:

$$\Phi(g_1 \cdot g_2, x) = \Phi(g_1, \Phi(g_2, x)), \quad \Phi(\mathbf{1}, x) = x$$

für alle $x \in M, g_1, g_2 \in G$, wobei $\mathbf{1}$ das neutrale Element (Einselement) der Gruppe bezeichnet und $g_1 \cdot g_2$ die Verknüpfung in der Gruppe. Dabei entspricht x einem Punkt mit den Koordinaten $x_1, \ldots, x_n$, und g wird durch die Parameter (bzw. Koordinaten innerhalb der Gruppe) $\alpha_1, \ldots, \alpha_r$ beschrieben. Die Transformation transformiert x in $x' = \Phi(g, x)$ bzw. in derselben Reihenfolge wie bei Lie, $x' = \Phi(x, g)$. Das Wort „kontinuierlich" ist als Gegensatz zu „diskontinuierlich", also „diskret", zu verstehen.

Von dem neutralen Element oder einem inversen Element ist oben zunächst nicht die Rede, aber GERHARD KOWALEWSKI[1] (27.3.1876 – 21.2.1950), ein direkter Schüler von Lie, weiß aus erster Hand, wie das letztlich gemeint ist:

> „Wir betrachten nochmals die Transformationenschar 1.1, nehmen jetzt aber von vornherein an, daß die r Parameter wesentlich sind, also nicht auf weniger als r herabgedrückt werden können. Mit S_a bezeichnen wir die Transformation 1.1. Werden andere Parameterwerte $b_1, \ldots, b_r$ statt $a_1, \ldots, a_r$ eingesetzt, so entsteht die Transformation S_b.
>
> Im ersten Kapitel haben wir schon davon gesprochen, wie man zwei Transformationen nacheinander ausführt oder hintereinander schaltet. Will man S_a und S_b nacheinander ausführen, so muß man den Punkt x zuerst der Transformation S_a unterwerfen, wodurch er in x' übergeht. Sodann muß man auf x' die Transformation S_b einwirken lassen, wodurch dieser Punkt nach x'' gelangt. Diejenige Transformation, die x direkt in x'' überführt, wird als das *Produkt* aus S_a und S_b bezeichnet und durch das Symbol $S_a S_b$ dargestellt, wobei die Reihenfolge der Faktoren von Wichtigkeit ist. $S_a S_b$ bedeutet, daß man zuerst S_a und dann S_b auszuführen hat.
>
> Es kann nun sein, daß die Transformation $S_a S_b$ stets wieder eine Transformation aus der Schar 1.1, also irgendein S_c ist. In diesem Falle wird diese Schar von ∞^r Transformationen eine *r-gliedrige Gruppe* genannt.[2] Lie beschränkt sich in seiner Theorie auf die Betrachtung solcher Gruppen, die aus paarweise inversen Transformationen bestehen, d.h. er verlangt, daß es zu jedem S_a ein $S_{a'}$ gibt, das die Wirkung von S_a aufhebt. Dieses $S_{a'}$ ist dann nichts anderes als die Umkehrung von S_a, die wir mit S_a^{-1} zu bezeichnen pflegen. Da mit $S_a, S_{a'}$ auch $S_a S_{a'} = \mathbf{1}$ der Gruppe angehört, so enthalten alle Lieschen Gruppen die Identität." (G.Kowalewski, a.a.O., S. 94)

---

[1]Er promovierte 1898 in Leipzig bei Lie mit einer Arbeit über Transformationsgruppen. In den 30er Jahren war er Rektor der TH Dresden und bekam in dieser Zeit Schwierigkeiten mit der nationalsozialistischen Regierung und musste erst das Rektorat, später auch seinen Lehrstuhl aufgeben.

[2]Das Symbol ∞^r wurde in der älteren Literatur immer dann gebraucht, wenn man ausdrücken wollte, dass es sich um eine r-Parameter-Familie bzw. eine r-dimensionale Menge handelt. Also ist ∞^1 die damalige Sprechweise für eine 1-dimensionale, also von einem reellen Parameter abhängige, Menge.

Speziell ist das, was Lie eine 1-*gliedrige Transformationsgruppe* nannte, heute bekannt als eine (lokale) 1-Parametergruppe. Dazu hat man einfach $(G, \cdot) = (\mathbb{R}, +)$ zu setzen und kann statt $\Phi(t, x)$ auch $\Phi_t(x)$ schreiben mit den Eigenschaften

$$\Phi_{t+s}(x) = \Phi_t(\Phi_s(x)), \quad \Phi_0(x) = x.$$

Solche 1-Parametergruppen sind uns auch geläufig durch den Fluss eines Vektorfeldes, was nur eine andere Formulierung für die Gesamtheit der Lösungen eines autonomen Systems gewöhnlicher Differentialgleichungen 1. Ordnung ist. Jedes solche autonome System

$$Y' = f(Y)$$

mit hinreichend regulärem f kann man zu gegebener Anfangsbedingung, also einem Punkt Y_0, bekanntlich eindeutig lösen durch $Y(t, Y_0) = \Phi_t(Y_0)$, wobei Φ_t die Flusslinie durch den Punkt Y_0 mit $Y(0, Y_0) = \Phi_0(Y_0)) = Y_0$ beschreibt. Das zugehörige Vektorfeld entsteht durch Ableiten

$$\left.\frac{\partial}{\partial t}\right|_{t=0} \Phi_t(Y_0) = \left.\frac{\partial}{\partial t}\right|_{t=0} Y(t, Y_0) = Y'(Y_0) = f(Y_0).$$

Wir können uns das also so vorstellen, dass in jedem Punkt Y der Vektor $f(Y)$ als Richtungsvektor dranhängt und die Richtung der betreffenden eindeutigen Flusslinie angibt. Wenn wir vom Zeitpunkt 0 zum Zeitpunkt s übergehen, also uns von Y_0 nach $Y_1 = \Phi_s(Y_0)$ bewegen, dann stimmt die Flusslinie durch Y_1 mit der durch Y_0 genau überein, bis auf die Verschiebung des Parameters $t \mapsto t + s$. Dies ist genau die Regel $\Phi_{t+s}(Y_0) = \Phi_t(\Phi_s(Y_0)) = \Phi_t(Y_1)$. Details dazu werden in Kapitel 4 ausgeführt.

Bereits Sophus Lie merkte an, dass die Klassifikation der 1-gliedrigen Transformationsgruppen (bis auf Isomorphie) genau auf die Translationen in $\mathbb{R}$ hinausläuft. Es gibt aber mehr Möglichkeiten für eine 2-gliedrige (also 2-dimensionale) Transformationsgruppe, erst recht in höheren Dimensionen, auch wenn man den Raum fixiert, auf dem sie operieren soll. Lie hatte klar erkannt, dass die r-gliedrigen Transformationsgruppen von 1-gliedrigen erzeugt werden, und zwar so, dass die zugehörigen infinitesimalen Transformationen einen $\mathbb{R}$-Vektorraum bilden, erzeugt von r unabhängigen Transformationen.

Ein konkretes Beispiel einer 3-gliedrigen Transformationsgruppe im Sinne von Sophus Lie ist die Drehgruppe, die auf dem 3-dimensionalen Vektorraum $\mathbb{R}^3$ eben durch Drehungen (bzw. orthogonale Transformationen bzgl. des euklidischen Skalarprodukts) operiert. Man pflegt solche Drehungen durch Matrizen zu beschreiben. In der Historie der Mathematik gab es viele Bemühungen, die 9 Einträge, die eine (3×3)-Matrix nun einmal hat, auf weniger Parameter zu reduzieren. Die Ingenieure rechnen viel mit den sogenannten *Euler-Winkeln*. Das sind 3 Drehwinkel um bestimmte Achsen, die in ihrer Kombination fast alle Drehungen eindeutig beschreiben, vgl. Übungsaufgabe 2 in Kapitel 9. Die Mathematiker würden andere Parametrisierungen bevorzugen, vgl. ein Beispiel am Anfang von Kapitel 9. In der Lie-Theorie schließlich rechnet man vorteilhaft im Vektorraum aller schiefsymmetrischen (3×3)-Matrizen, der als die sogenannte *Lie-Algebra* der 3-dimensionalen Drehgruppe auftritt und der die zugehörigen infinitesimalen Drehungen beschreibt. Dieser Raum kann als eine Art Linearisierung in der Nähe der Einheitsmatrix verstanden werden, von dort kann man in alle Richtungen mit der Exponentialreihe von Matrizen gelangen, was die sogenannte *Exponentialabbildung* definiert. Diese ist somit eine Parametrisierung des Raumes der Drehmatrizen durch drei unabhängige Parameter, jedenfalls in der Nähe der Einheitsmatrix. Die 1-Parametergruppen von Drehungen

um die drei Koordinatenachsen im $\mathbb{R}^3$ werden (als infinitesimale Drehungen) in dieser
Lie-Algebra durch die folgenden drei Matrizen beschrieben:

$$E_1 = \begin{pmatrix} 0 & 0 & 0 \\ 0 & 0 & -1 \\ 0 & 1 & 0 \end{pmatrix}, \quad E_2 = \begin{pmatrix} 0 & 0 & 1 \\ 0 & 0 & 0 \\ -1 & 0 & 0 \end{pmatrix}, \quad E_3 = \begin{pmatrix} 0 & -1 & 0 \\ 1 & 0 & 0 \\ 0 & 0 & 0 \end{pmatrix}.$$

Zusammen mit allen Translationen des 3-dimensionalen euklidischen Raumes erhält man
die 6-dimensionale *euklidische Gruppe* aller euklidischen Bewegungen, vgl. Abschnitt 5.2.

Ein typische Klassifikations-Resultat von Lie – hier nur zur Illustration erwähnt – ist
das folgende, das sich auf endlich-dimensionale Gruppen bezieht, die differenzierbar und
primitiv[3] auf dem $\mathbb{R}^3$ wirken:

„**Theorem 9:** *Ist eine endliche continuirliche Gruppe des dreifach ausgedehnten
Raumes primitiv, so ist sie durch eine Punkttransformation dieses Raumes mit einer
von acht gewissen Gruppen ähnlich;*[4] *diese acht Gruppen sind:*

1. *die fünfzehngliedrige allgemeine projective Gruppe des dreifach ausgedehnten
   Raumes;*

2. *die zwölfgliedrige allgemeine lineare Gruppe*[5] *dieses Raumes;*

3. *die elfgliedrige specielle lineare Gruppe;*

4. *die zehngliedrige projective Gruppe eines nicht ausgearteten linearen Complexes;*

5. *die sechsgliedrige projective Gruppe einer nicht ausgearteten Fläche zweiten Grades oder, was auf dasselbe hinauskommt, die Gruppe aller Bewegungen des nicht-
   euklidischen Raumes;*

6. *die sechsgliedrige Gruppe aller Euklidischen Bewegungen;*[6]

7. *die siebengliedrige Gruppe aller Euklidischen Bewegungen und aller
   Aehnlichkeitstransformationen;*

8. *die zehngliedrige Gruppe aller Transformationen durch reciproke Radien.*

Unter den acht in diesem Theoreme aufgezählten Gruppen enthalten vier, nämlich
die zweite, dritte, sechste und siebente die Gruppe aller Translationen als invariante
Untergruppe." (S.Lie, a.a.O., Band III, S. 139)

Einige dieser Gruppen werden uns in Kapitel 5 wieder begegnen, z.B. die projektive,
die affine und die euklidische Gruppe sowie in der Dimension 2 die nicht-euklidische
(hyperbolische) Bewegungsgruppe.

Vom heutigen Standpunkt der „modernen Mathematik" interessiert man sich mehr für
die *abstrakten Gruppen*, egal auf welchem Raum sie operieren. Man nennt sie heute *topologische Gruppen*, wenn nur von Stetigkeit die Rede sein soll, oder *Lie-Gruppen*, wenn alle

---

[3]Das bedeutet, dass es keine Zerlegung des Raumes in Unterräume gibt, die von der gesamten Gruppe
respektiert wird.
[4]d.h. in heutiger Terminologie *isomorph bzw. lokal isomorph* durch eine Koordinatentransformation
[5]In heutiger Termininologie ist das die *affine Gruppe* $A(3, \mathbb{R})$.
[6]In heutiger Termininologie ist das die *euklidische Gruppe* $E(3, \mathbb{R})$.

Operationen (einschließlich der Gruppenmultiplikation selbst) differenzierbar sein sollen. Man spricht auch von *analytischen Gruppen*, wenn alle Operationen reell analytisch sind. Es geht dann zum Beispiel um die Frage, welche dieser Gruppen es gibt (bis auf einen zu präzisierenden Isomorphiebegriff) und wie man die Struktur solcher Gruppen verstehen kann. Dazu gehört auch die Frage, welche man aufeinander beziehen kann als Untergruppen oder Quotienten bzw. durch Homomorphismen, wie man sie durch Invarianten unterscheiden kann und – last not least – wie man in ihnen rechnen kann. Für das letztere Anliegen sind besonders Darstellungen als Matrizengruppen hilfreich, also als multiplikative Gruppen von quadratischen und invertierbaren Matrizen. Überhaupt ist es so, dass man mit Matrizengruppen leichter rechnen kann als mit abstrakten Lie-Gruppen. Dies gilt besonders für diejenigen, die sich in die Theorie erst hineinfinden wollen. Insbesondere ist die algebraische Seite der Theorie für Matrizengruppen gut überschaubar, weil diejenige Struktur, die mit dem Namen „Lie-Klammer" die ganze Theorie beherrscht, sich einfach auf den Kommutator $XY - YX$ von Matrizen reduziert und somit in konkreten Fällen gut berechnet werden kann. Die Lie-Klammer hatte Lie selbst ursprünglich mit (XY) bezeichnet, heute ist aber stattdessen $[X, Y]$ üblich.

„Da ferner Ausdrücke von der Form $X(Y(f)) - Y(X(f))$ im Folgenden immer häufiger auftreten, wollen wir schreiben:

$$X(Y(f)) - Y(X(f)) = XYf - YXf = (XY);$$

auch werden wir uns nicht selten der Redeweise bedienen: der Ausdruck oder die infinitesimale Transformation (XY) sei durch *Zusammensetzung* oder *Combination* von Xf und Yf entstanden. " (S.Lie, a.a.O., Band I, S. 94)

Die Rolle, die das Symbol f dabei spielt, werden wir in Abschnitt 11.2 näher untersuchen. Unabhängig davon sieht man jedenfalls gut, dass hier der Kommutator von X und Y zu betrachten ist. Warum dieser Kommutator nun eine ganz entscheidende Rolle spielt, ist auf den ersten Blick nicht zu sehen. Dies wird aber im weiteren Verlauf motiviert werden, z.B. in Satz 6.5, der wiederum eigentlich von der Seite der Analysis herkommt und nicht von der Seite der Algebra. Das folgende Kapitel 3 wendet sich erst einmal diesen Matrizengruppen sowie deren Kommutator zu. Abstrakte Lie-Gruppen sowie Mannigfaltigkeiten werden erst in Kapitel 9 erklärt.

Hatte SOPHUS LIE bereits im 19. Jahrhundert den Grundstein zu dieser Theorie gelegt, so wurde diese nach weiteren Vorarbeiten von WILHELM KILLING (10.5.1847 - 11.2.1923) bis zur Mitte des 20. Jahrhunderts entscheidend weiterentwickelt von ÉLIE CARTAN (9.4.1869 - 6.5.1951), der im Jahre 1894 mit einer Arbeit über Transformationsgruppen im Sinne von Lie promovierte und der in der Folgezeit wichtige Beiträge zur Klassifikation der Lie-Gruppen und Lie-Algebren geleistet hat, und HERMANN WEYL[7] (9.11.1885 - 8.12.1955), der in den zwanziger Jahren des 20. Jahrhunderts die globale Theorie der Lie-Gruppen als Mannigfaltigkeiten begründete, unter Bezug zur Topologie und zur Darstellungstheorie. Beide haben die Theorie der Lie-Gruppen zu der hochentwickelten mathematischen Disziplin gemacht, als die sie heute dasteht, und viele Definitionen und Sätze tragen heute ihre Namen.

---

[7]Auch er sah sich 1933 wegen des herrschenden Nationalsozialismus gezwungen, seinen Lehrstuhl in Göttingen aufzugeben, den er erst 1930 als Nachfolger von David Hilbert übernommen hatte.

Kapitel 2

Hilfsmittel aus der Analysis und der Linearen Algebra

Die Matrizengruppen und Lie-Gruppen verbinden in besonders interessanter Weise die Algebra mit der Analysis. In diesem Kapitel werden einige Grundbegriffe aufgelistet, die üblicherweise im ersten Studienjahr behandelt werden. Zu den Grundbegriffen aus der Linearen Algebra verweisen wir ansonsten auf das Buch von G.FISCHER, zu Grundbegriffen der Analysis (einschließlich gewöhnlicher Differentialgleichungen) verweisen wir auf die Bücher von O.FORSTER und R.WALTER.

Definition 2.1 (Gruppe, Untergruppe, Gruppenwirkung)
Eine **Gruppe** ist eine Menge G zusammen mit einer zweistelligen Verknüpfung (einer *Multiplikation*) derart, dass die folgenden Gesetze gelten:

1. $(g_1 \cdot g_2) \cdot g_3 = g_1 \cdot (g_2 \cdot g_3)$ für alle $g_1, g_2, g_3 \in G$ (*Assoziativgesetz*)

2. Es gibt ein $e \in G$ mit $e \cdot g = g = g \cdot e$ für alle $g \in G$ (*neutrales Element*)

3. Zu jedem $g \in G$ gibt es ein g^{-1} mit $g \cdot g^{-1} = e = g^{-1} \cdot g$ (*inverses Element*).

Es sind sowohl e wie auch g^{-1} für jedes g eindeutig bestimmt. Man schreibt dann auch $(G, \cdot)$ für die Menge zusammen mit der Struktur, lässt das Zeichen $\cdot$ für die Multiplikation aber oft auch weg. Wenn nur das Assoziativgesetz 1. erfüllt ist, spricht man auch von einer **Halbgruppe**.

Eine Gruppe heißt **kommutativ** oder **abelsch**, wenn zusätzlich gilt

4. $g_1 \cdot g_2 = g_2 \cdot g_1$ für alle $g_1, g_2 \in G$ (*Kommutativgesetz.*)

Die Verknüpfung einer abelschen Gruppe wird meist als Addition aufgefasst und eine solche Gruppe folglich als $(G, +)$ geschrieben, d.h. man schreibt $g + h$ statt $g \cdot h$.

Eine **Untergruppe** H von G, geschrieben auch $H \leq G$, ist eine Teilmenge $H \subset G$ mit den Eigenschaften

1. Wenn g_1 und g_2 in H liegen, dann auch $g_1 \cdot g_2$

2. Wenn g in H liegt, dann auch g^{-1}.

Eine **Gruppenwirkung von links** oder auch **Gruppenoperation von links** einer Gruppe G auf einer Menge M ist eine Abbildung $\Phi \colon G \times M \to M$ mit den Eigenschaften

1. $\Phi(e, x) = x$ für alle $x \in M$

2. $\Phi(g, \Phi(h, x)) = \Phi(g \cdot h, x)$ für alle $g, h \in G, x \in M$

Oft schreibt man hier einfach $g \cdot x$ statt $\Phi(g, x)$ und lässt stattdessen das Zeichen $\cdot$ bei der Gruppenmultiplikation weg, also $e \cdot x = x$ und $g \cdot (h \cdot x) = (gh) \cdot x$. Analog hat man Gruppenwirkungen von rechts als Abbildung $\Phi: M \times G \to M$. Es operiert jede Gruppe auf sich selbst sowohl von links wie von rechts, einfach durch die Verknüpfung $G \times G \to G$.

Standard-Beispiele von abelschen Gruppen sind die Zahlbereiche $\mathbb{Z}, \mathbb{Q}, \mathbb{R}, \mathbb{C}$ mit der Addition sowie $\mathbb{Q} \setminus \{0\}, \mathbb{R} \setminus \{0\}, \mathbb{C} \setminus \{0\}$ mit der Multiplikation. Aber auch die Restklassen ganzer Zahlen modulo n (geschrieben $\mathbb{Z}_n$) bilden eine abelsche Gruppe mit der Addition. Eine nicht-kommutative Gruppe ist z.B. jede Permutationsgruppe S_n für $n \geq 3$, die zudem in natürlicher Weise auf einer n-elementigen Menge wirkt (nämlich durch Permutationen). Ein Beispiel einer Gruppenwirkung ist auch die Addition $\mathbb{Z} \times \mathbb{Z}_n \to \mathbb{Z}_n$. Allgemeiner wirkt jede Gruppe G von links auf der Menge der Links-Nebenklassen G/H nach einer Untergruppe H, also $G \times (G/H) \to G/H$ mit der Zuordnung $g \cdot xH = (gx) \cdot H$.

Die Vorstellung bei einer Gruppenwirkung ist die, dass jedes Gruppenelement g eine Transformation Φ_g der Menge M induziert durch $\Phi_g(x) = \Phi(g, x)$. Daher nennt man eine Gruppenwirkung auch gern eine *Transformationsgruppe*. Solche Transformationsgruppen sind allgegenwärtig in Physik und Naturwissenschaft einfach dadurch, dass Transformationen von Punkträumen (z.B. Verschiebungen, Drehungen, Streckungen, Scherungen oder auch nichtlineare Transformationen wie der Fluss eines Vektorfeldes) in aller Regel die Struktur einer Gruppe tragen. Wichtig ist, dass die identische Transformation mit dazu gehört und dass man jede Transformation wieder rückgängig machen kann (dies erklärt dann das inverse Element in der Gruppe). Die Assoziativität ist dann meist in natürlicher Weise gegeben. Für die Theorie der kontinuierlichen Transformationsgruppen ist es von großer Bedeutung, dass die „meisten" davon nicht kommutativ sind und dass dies durchaus ernsthafte Schwierigkeiten nach sich zieht. Dies wurde von Sophus Lie und Felix Klein um 1870 herum erkannt und herausgearbeitet. Es ergab sich die Notwendigkeit eines neuen Begriffes, nämlich der von S.Lie eingeführten Lie-Klammer als eine Art Maß für die Art der Nicht-Kommutativität der Gruppe. Eines der prominentesten Beispiele einer nicht-kommutativen Gruppe mit zugehöriger Gruppenwirkung ist die Gruppe aller Drehungen des 3-dimensionalen euklidischen Raumes um einen festen Punkt.

Definition 2.2 (Vektorraum)
Das Symbol $\mathbb{K}$ bezeichne entweder die reellen Zahlen $\mathbb{R}$ oder die komplexen Zahlen $\mathbb{C}$. Ein $\mathbb{K}$-Vektorraum ist eine abelsche Gruppe $(\mathbb{V}, +)$ zusammen mit einer äußeren Verknüpfung $\mathbb{K} \times \mathbb{V} \to \mathbb{V}$ (genannt *Multiplikation mit Skalaren* und geschrieben durch $\cdot$) derart, dass die folgenden Gesetze erfüllt sind

1. $a \cdot (b \cdot X) = (ab) \cdot X$ für alle $a, b \in \mathbb{K}, X \in \mathbb{V}$ (*Assoziativgesetz*)

2. $a \cdot (X + Y) = a \cdot X + b \cdot X$ für alle $a \in \mathbb{K}, X, Y \in \mathbb{V}$ (*erstes Distributivgesetz*)

3. $(a + b) \cdot X = a \cdot X + b \cdot X$ für alle $a, b \in \mathbb{K}, X \in \mathbb{V}$ (*zweites Distributivgesetz*)

4. $1 \cdot X = X$ für alle $X \in \mathbb{V}$.

Die Elemente von $\mathbb{V}$ heißen **Vektoren**, die von $\mathbb{K}$ heißen **Skalare**, und wieder lässt man das Zeichen $\cdot$ für die Multiplikation gewöhnlich weg. Eine **Basis** des Vektorraumes $\mathbb{V}$ ist eine

Menge $B \subset \mathbb{V}$ derart, dass jedes $X \in \mathbb{V}$ sich eindeutig als eine (endliche) Linearkombination $X = \sum_i a_i b_i$ mit gewissen Koeffizienten $a_i \in \mathbb{K}$ und gewissen $b_i \in B$ darstellen lässt. Wir werden es im Folgenden meist mit endlich-dimensionalen Vektorräumen zu tun haben, die folglich eine endliche Basis $B = \{b_1, \ldots, b_n\}$ zulassen. Die Zahl n ist dann die **Dimension** des Vektorraumes. Ein $\mathbb{K}$-Vektorraum wird auch als **linearer Raum über** $\mathbb{K}$ bezeichnet. Unter-Vektorräume sind als Teilmengen definiert, die wieder Vektorräume sind mit derselben Addition und Multiplikation.

Das Standard-Beispiel eines $\mathbb{R}$-Vektorraumes ist der $\mathbb{R}^n$, erklärt als die Menge aller n-Tupel reeller Zahlen, geschrieben als Spaltenvektoren

$$\mathbf{x} = \begin{pmatrix} x_1 \\ \vdots \\ x_n \end{pmatrix}$$

mit der komponentenweisen Addition und Multiplikation mit Skalaren

$$a\mathbf{x} + b\mathbf{y} = a \begin{pmatrix} x_1 \\ \vdots \\ x_n \end{pmatrix} + b \begin{pmatrix} y_1 \\ \vdots \\ y_n \end{pmatrix} = \begin{pmatrix} ax_1 + by_1 \\ \vdots \\ ax_n + by_n \end{pmatrix}$$

Der *Nullvektor* ist der Vektor $\mathbf{x} = \mathbf{0}$ mit den Komponenten $x_i = 0$ für $i = 1, \ldots, n$. Entsprechendes gilt für den $\mathbb{C}^n$ als $\mathbb{C}$-Vektorraum (sowie den K^n für jeden Zahlkörper K anstelle von $\mathbb{K}$).

Definition 2.3 (Skalarprodukt, euklidischer und unitärer Vektorraum)
Auf dem Vektorraum $\mathbb{R}^n$ ist das **euklidische Skalarprodukt** erklärt als die Zuordnung (Bilinearform)

$$\mathbf{x}, \mathbf{y} \longmapsto \langle \mathbf{x}, \mathbf{y} \rangle = x_1 y_1 + \cdots + x_n y_n.$$

Analog haben wir auf dem $\mathbb{C}^n$ das **komplexe** (oder **hermitesche**) **Skalarprodukt** durch

$$\mathbf{x}, \mathbf{y} \longmapsto \langle \mathbf{x}, \mathbf{y} \rangle = x_1 \overline{y_1} + \cdots + x_n \overline{y_n}.$$

Grundlegende Eigenschaften des Skalarprodukts sind

1. $\langle \mathbf{x}_1 + \mathbf{x}_2, \mathbf{y} \rangle = \langle \mathbf{x}_1, \mathbf{y} \rangle + \langle \mathbf{x}_2, \mathbf{y} \rangle$

2. $\langle \mathbf{x}, \mathbf{y}_1 + \mathbf{y}_2 \rangle = \langle \mathbf{x}, \mathbf{y}_1 \rangle + \langle \mathbf{x}, \mathbf{y}_2 \rangle$

3. $\langle \lambda \mathbf{x}, \mu \mathbf{y} \rangle = \lambda \overline{\mu} \langle \mathbf{x}, \mathbf{y} \rangle$ für $\lambda, \mu \in \mathbb{C}$ oder $\lambda, \mu \in \mathbb{R}$ (im Reellen ist natürlich $\overline{\mu} = \mu$)

4. $\langle \mathbf{x}, \mathbf{y} \rangle = \overline{\langle \mathbf{y}, \mathbf{x} \rangle}$ (das Skalarprodukt ist *symmetrisch* bzw. *konjugiert-symmetrisch*)

5. $\langle \mathbf{x}, \mathbf{x} \rangle > 0$ für alle $\mathbf{0} \neq \mathbf{x} \in \mathbb{K}^n$ (das Skalarprodukt ist *positiv definit*)

Man nennt $(\mathbb{R}^n, \langle \cdot, \cdot \rangle)$ auch einen **euklidischen Vektorraum** sowie $(\mathbb{C}^n, \langle \cdot, \cdot \rangle)$ einen **unitären Vektorraum**. Zwei oder mehr Vektoren heißen paarweise **orthogonal** zueinander, wenn ihre wechselseitigen Skalarprodukte verschwinden. Dieses Skalarprodukt ermöglicht es auch, die **Länge** von Vektoren durch die **Norm**

$$\|\mathbf{x}\| := \sqrt{\langle \mathbf{x}, \mathbf{x} \rangle}$$

zu messen, sowie im $\mathbb{R}^n$ den **Winkel** φ zwischen zwei Vektoren $\mathbf{x}, \mathbf{y} \neq 0$ durch

$$\cos\varphi = \left\langle \frac{\mathbf{x}}{||\mathbf{x}||}, \frac{\mathbf{y}}{||\mathbf{y}||} \right\rangle = \frac{\langle \mathbf{x}, \mathbf{y} \rangle}{||\mathbf{x}|| \cdot ||\mathbf{y}||}$$

einzuführen. Der (metrische) **Abstand** zwischen zwei Punkten wird dabei erklärt als Norm des Verbindungsvektors. Damit wird der $\mathbb{K}^n$ zu einem *normierten Vektorraum* einerseits und zu einem *metrischen Raum* andererseits. Die euklidische Geometrie des $\mathbb{R}^n$ kann nun aus dieser Längen- und Winkelmessung abgeleitet werden. Eine **Orthonormalbasis** (kurz: **ON-Basis**) ist eine Basis $\mathbf{e}_1, \ldots, \mathbf{e}_n$ mit $\langle \mathbf{e}_i, \mathbf{e}_i \rangle = 1$ und $\langle \mathbf{e}_i, \mathbf{e}_j \rangle = 0$ für $i \neq j$.

Definition 2.4 (Matrizen)
Eine **Matrix** A über $\mathbb{K}$ ist einfach definiert als ein rechteckiges Zahlenschema

$$A = \begin{pmatrix} a_{11} & \cdots & a_{1n} \\ \vdots & \ddots & \vdots \\ a_{m1} & \cdots & a_{mn} \end{pmatrix}$$

mit Einträgen $a_{ij} \in \mathbb{K}$. Genauer spricht man von einer (m, n)-Matrix, wenn sie m Zeilen und n Spalten hat. Matrizen kann man wie Elemente des $\mathbb{K}^n$ in offensichtlicher Weise addieren und mit Skalaren multiplizieren, also ist der Raum $\mathcal{M}^{m \times n}(\mathbb{K})$ aller (m, n)-Matrizen über $\mathbb{K}$ auch ein $\mathbb{K}$-Vektorraum. Ferner kann man Matrizen multiplizieren durch

$$B \cdot A = \begin{pmatrix} b_{11} & \cdots & b_{1n} \\ \vdots & \ddots & \vdots \\ b_{m1} & \cdots & b_{mn} \end{pmatrix} \cdot \begin{pmatrix} a_{11} & \cdots & a_{1p} \\ \vdots & \ddots & \vdots \\ a_{n1} & \cdots & a_{np} \end{pmatrix} = \begin{pmatrix} \sum_i b_{1i} a_{i1} & \cdots & \sum_i b_{1i} a_{ip} \\ \vdots & \ddots & \vdots \\ \sum_i b_{mi} a_{i1} & \cdots & \sum_i b_{mi} a_{ip} \end{pmatrix},$$

wobei jeweils über $i = 1, \ldots, n$ summiert wird. So wird die Multiplikation zu einer Verknüpfung

$$\mathcal{M}^{m \times n}(\mathbb{K}) \times \mathcal{M}^{n \times p}(\mathbb{K}) \longrightarrow \mathcal{M}^{m \times p}(\mathbb{K}).$$

Speziell für **quadratische Metrizen** in $\mathcal{M}^{n \times n}(\mathbb{K})$ ist die Multiplikation immer erklärt, und man kann auch von Potenzen A^k einer Matrix sprechen durch

$$A^k = \underbrace{A \cdot \cdots \cdot A}_{k-mal}.$$

Die Multiplikation quadratischer Matrizen ist aber nicht kommutativ. Es ist im Allgemeinen $A \cdot B \neq B \cdot A$, und es kann vorkommen, dass $A \cdot B = 0$ (Nullmatrix mit lauter Nullen als Einträge) gilt, obwohl kein einziger Eintrag von A oder B gleich null ist. Ein einfaches Beispiel dazu:

$$A = \begin{pmatrix} 1 & 1 \\ 1 & 1 \end{pmatrix}, \quad B = \begin{pmatrix} 1 & 1 \\ -1 & -1 \end{pmatrix}.$$

Dann gilt

$$A \cdot B = \begin{pmatrix} 0 & 0 \\ 0 & 0 \end{pmatrix}, \quad B \cdot A = \begin{pmatrix} 2 & 2 \\ -2 & -2 \end{pmatrix}.$$

Der daraus resultierende **Kommutator** $A \cdot B - B \cdot A$ zweier Matrizen A und B wird eine wichtige Rolle in den folgenden Kapiteln spielen. Die **Einheitsmatrix**

$$E = \begin{pmatrix} 1 & \cdots & 0 \\ \vdots & \ddots & \vdots \\ 0 & \cdots & 1 \end{pmatrix}$$

ist neutrales Element bezüglich der Multiplikation und wird auch als $E = \mathbf{1}$ geschrieben. Der **Rang** einer Matrix ist erklärt als die Maximalzahl linear unabhängiger Spalten oder Zeilen, und eine (n, n)-Matrix A hat **maximalen Rang** n genau dann, wenn sie invertierbar ist durch eine **inverse Matrix** A^{-1} mit $A \cdot A^{-1} = E = A^{-1} \cdot A$. Die Menge aller invertierbaren (n, n)-Matrizen bildet also eine Gruppe mit der Multiplikation als Verknüpfung, und diese Gruppe operiert in natürlicher Weise auf dem $\mathbb{K}^n$ durch das Matrizenprodukt

$$A \cdot \mathbf{x} = \begin{pmatrix} a_{11} & \cdots & a_{1n} \\ \vdots & \ddots & \vdots \\ a_{n1} & \cdots & a_{nn} \end{pmatrix} \cdot \begin{pmatrix} x_1 \\ \vdots \\ x_n \end{pmatrix} = \begin{pmatrix} \sum_i a_{1i} x_i \\ \vdots \\ \sum_i a_{ni} x_i \end{pmatrix}.$$

Die **Determinantenfunktion**

$$\det A = \det \big((a_{ij})_{i,j} \big) = \sum_{\sigma \in S_n} \operatorname{sign}(\sigma) a_{1\sigma_1} \ldots a_{n\sigma_n},$$

wobei über alle Permutationen von n Elementen summiert wird, ist ein Indikator dafür, ob eine Matrix invertierbar ist. Dies ist genau dann der Fall, wenn $\det A \neq 0$ gilt. Ferner gilt die Produktregel $\det(B \cdot A) = \det B \cdot \det A = \det(A \cdot B)$. Die **Spur** einer (n, n)-Matrix ist erklärt als $\operatorname{spur}(A) = \sum_{i=1}^n a_{ii}$. Dabei gilt $\operatorname{spur}(A + B) = \operatorname{spur} A + \operatorname{spur} B$ und sogar $\operatorname{spur}(A \cdot B) = \operatorname{spur}(B \cdot A)$. Die **transponierte Matrix** von A (nach Vertauschung von Zeilen und Spalten) wird mit A^T bezeichnet. Dabei gilt stets $(A \cdot B)^T = B^T \cdot A^T$.

Eine reelle quadratische Matrix A heißt **orthogonal**, wenn sie das euklidische Skalarprodukt bewahrt, also wenn gilt $\langle Ax, Ay \rangle = \langle x, y \rangle$ für alle $x, y \in \mathbb{R}^n$. Diese Bedingung ist wegen der allgemeingültigen Gleichung $\langle Ax, y \rangle = \langle x, A^T y \rangle$ äquivalent zu $AA^T = E = A^T A$. Eine komplexe quadratische Matrix A heißt **unitär**, wenn sie das komplexe Skalarprodukt bewahrt, also wenn gilt $\langle Ax, Ay \rangle = \langle x, y \rangle$ für alle $x, y \in \mathbb{C}^n$. Diese Bedingung ist wegen der allgemeingültigen Gleichung $\langle Ax, y \rangle = \langle x, \overline{A}^T y \rangle$ äquivalent zu $A\overline{A}^T = E = \overline{A}^T A$.

Die **Operator-Norm** einer quadratischen Matrix A ist erklärt durch

$$\|A\| := \sup_{\mathbf{x} \neq \mathbf{0}} \frac{\|A\mathbf{x}\|}{\|\mathbf{x}\|},$$

wobei $\|\mathbf{x}\|$ die euklidische Norm von $\mathbf{x}$ sei.

Definition 2.5 (Homomorphismen, isomorph)
Ein **Homomorphismus** zwischen zwei Mengen mit der gleichartigen algebraischen Struktur ist ganz generell erklärt als eine strukturverträgliche Abbildung. Insbesondere ist ein Gruppenhomomorphismus eine Abbildung f mit $f(g \cdot h) = f(g) \cdot f(h)$, ein Vektorraumhomomorphismus soll $f(ax + by) = af(x) + bf(y)$ erfüllen etc. Ein Vektorraumhomomorphismus zwischen zwei $\mathbb{K}$-Vektorräumen heißt auch eine **$\mathbb{K}$-lineare Abbildung**. Wenn beide Räume übereinstimmen, spricht man auch von einem **Endomorphismus**, und ein bijektiver Homomorphismus (der dann auch invertierbar ist als Homomorphismus) heißt auch ein **Isomorphismus** bzw. (wenn beide Räume übereinstimmen) auch ein **Automorphismus**.

Speziell nennt man zwei Gruppen G, G' bzw. zwei $\mathbb{K}$-Vektorräume $\mathbb{V}, \mathbb{V}'$ **isomorph** zueinander, wenn es einen Isomorphismus, also einen bijektiven Homomorphismus $f \colon G \to G'$ bzw. eine bijektive $\mathbb{K}$-lineare Abbildung $f \colon \mathbb{V} \to \mathbb{V}'$ gibt.

Die Operation einer festen (n, m)-Matrix A auf dem $\mathbb{K}^n$ beschreibt eine $\mathbb{K}$-lineare Abbildung

$$f_A \colon \mathbb{K}^n \to \mathbb{K}^m.$$

Wenn wir umgekehrt in den beiden beteiligten (endlich-dimensionalen) Vektorräumen je eine Basis $B = \{b_1, \ldots, b_n\}$ und $C = \{c_1, \ldots, c_m\}$ wählen, dann ist eine $\mathbb{K}$-lineare Abbildung f eindeutig durch die Matrix A mit Einträgen a_{ij} beschrieben, wobei $f(b_i) = \sum_j a_{ji} c_j$ für $i = 1, \ldots, n$ gilt. Im Fall des $\mathbb{K}^n$ bzw. $\mathbb{K}^m$ entsprechen die Formeln in Definition 1.4 der Wahl der Standard-Basis. Wenn eine lineare Abbildung von einem Raum in sich bezüglich einer bestimmten Basis durch die Matrix A beschrieben wird und bezüglich einer anderen Basis durch die Matrix B, dann sind A und B ähnlich im Sinne von $B = PAP^{-1}$ mit einer invertierbaren Matrix P, die die Basistransformation beschreibt.

Definition 2.6 (Topologie des $\mathbb{K}^n$)
Die Topologie des $I\!\!R^n$ basiert ganz entscheidend auf dem Begriff der offenen ε-Umgebung $U_\varepsilon(x) = \{y \in \mathbb{R}^n \mid ||x - y|| < \varepsilon\}$ eines beliebigen Punktes x. Damit erklärt man den Begriff der **Konvergenz** und den der **Stetigkeit**. Eine Folge $(x_n)_{n \in \mathbb{N}}$ konvergiert gegen ein x genau dann, wenn die Folge der Abstände $(||x_n - x||)_{n \in \mathbb{N}}$ gegen null konvergiert. Die Schreibweise dafür ist $\lim_{n \to \infty} x_n = x$. Eine Abbildung zwischen Teilmengen des $\mathbb{K}^n$ bzw. $\mathbb{K}^m$ heißt **stetig**, wenn für alle Folgen mit $\lim_{n \to \infty} x_n = x$ im Urbildraum auch $\lim_{n \to \infty} f(x_n) = f(x)$ im Bildraum gilt. Jede lineare Abbildung zwischen endlich-dimensionalen $\mathbb{K}$-Vektorräumen ist stetig. Aber in diesen Räumen ist auch jede irgendwie durch zusammengesetzte algebraische Verknüpfungen erklärte Abbildung stetig, z.B. auch Polynome sowie die Determinantenfunktion. Ferner nennt man eine Teilmenge O **offen**, wenn sie mit jedem ihrer Punkte x eine gewisse ε-Umgebung U_ε enthält (für ein geeignet gewähltes $\varepsilon > 0$, in Abhängigkeit von x). Dadurch wird die **Topologie** des K^n erklärt als das System aller offenen Teilmengen (einschließlich der leeren Menge). Eine Teilmenge $A \subset \mathbb{K}^n$ wird **abgeschlossen** genannt, wenn ihr Komplement $\mathbb{K}^n \backslash A$ offen ist. Abgeschlossenheit ist äquivalent dazu, dass für jede Folge x_n, die in A enthalten ist und in $\mathbb{K}^n$ konvergiert, der Grenzwert bereits in A enthalten ist. Eine Teilmenge des $\mathbb{K}^n$ wird **kompakt** genannt, wenn sie abgeschlossen und beschränkt ist (in der obigen oder einer anderen Norm). Kompaktheit ist äquivalent dazu, dass jede unendliche Folge in der Teilmenge eine konvergente Teilfolge enthält. Die Standard-Sphäre $S^n = \{x \in \mathbb{R}^{n+1} \mid ||x|| = 1\}$ bzw. $S^{2n+1} = \{x \in \mathbb{C}^{n+1} \mid ||x|| = 1\}$ ist ein wichtiges Beispiel einer kompakten Teilmenge.

Eine Teilmenge $A \subset \mathbb{K}^n$ heißt **(weg-)zusammenhängend**, wenn es zu je zwei Punkten $p, q \in A$ einen stetigen Weg $c(t)$ gibt mit $c(0) = p, c(1) = q$, wobei t ein reeller Parameter ist. Der in der allgemeinen Topologie wichtige Unterschied zwischen weg-zusammenhängend und zusammenhängend ist für dieses Buch nicht weiter von Bedeutung. Bei offenen Teilmengen des $\mathbb{K}^n$ (oder bei offenen Teilmengen von Mannigfaltigkeiten) sind beide Begriffe ohnedies äquivalent. Wir werden im Folgenden also einfach von *zusammenhängenden Teilmengen* sprechen im Sinne des Weg-Zusammenhangs.

Definition 2.7 (Differenzierbarkeit und Ableitung im $\mathbb{R}^n$)
Das Zusammentreffen von Gruppen und Gruppenwirkungen mit Ableitungen ist sozusagen der Kern der Theorie, die heute mit dem Begriff Lie-Gruppen beschrieben wird. Ableitungen sind zunächst für reelle Funktionen erklärt. Daher beschränken wir uns hier auf den Fall des $\mathbb{R}^n$. Wenn man im $\mathbb{C}^n$ ableiten möchte, kann man vorläufig einmal den $\mathbb{C}^n$ als $\mathbb{R}^{2n}$ auffassen. Die komplexe Analysis ist hier zunächst nicht Gegenstand der Betrachtungen.

Eine Abbildung $F\colon U \to \mathbb{R}^m$, die auf einer offenen Teilmenge des $\mathbb{R}^n$ definiert ist, heißt **differenzierbar** in einem Punkt $x \in U$, wenn es eine lineare Abbildung $A_x\colon \mathbb{R}^n \to \mathbb{R}^m$ gibt, so dass in einer geeigneten Umgebung $U_\epsilon(x)$ gilt

$$F(x + \xi) = F(x) + A_x(\xi) + o(\|\xi\|).$$

Dabei bedeutet das Symbol $o(\|\xi\|)$, dass dieser Term für $\xi \to 0$ gegen Null konvergiert, und zwar auch nach vorheriger Division durch $\|\xi\|$. Es ist dabei notwendigerweise A_x diejenige lineare Abbildung, die durch die **Funktionalmatrix** oder **Jacobi-Matrix**

$$J_x F = \left(\frac{\partial F_i}{\partial x_j}\Big|_x \right)_{i,j}$$

beschrieben wird. Diese lineare Abbildung A_x heißt auch das **Differential** oder die **Ableitung** von F im Punkt x und wird auch als $DF|_x$ oder $D_x F$ geschrieben. Der **Rang** der Abbildung F in x ist dann erklärt als der Rang der Funktionalmatrix.

Für unsere Zwecke ist der wichtigste Fall derjenige, bei dem F in jedem Punkt $x \in U$ differenzierbar ist und überall maximalen Rang hat. Man nennt F in diesem Falle eine **Immersion** (falls $n \le m$) bzw. eine **Submersion** (falls $n \ge m$). Eine Immersion (Submersion) ist dadurch gekennzeichnet, dass die Funktionalmatrix in jedem Punkt eine injektive (surjektive) lineare Abbildung (Linearisierung von F) repräsentiert. Die Bedeutung davon wird durch den folgenden Satz über implizite Funktionen klar.

Definition und Satz 2.8 (Satz über implizite Funktionen)
Eine **implizite Funktion** wird z.B. gegeben durch eine Gleichung $F(x, y) = 0$. Dabei versucht man, entweder y als Funktion von x aufzufassen oder umgekehrt. Falls F linear ist, so ist dies nur eine Frage des Ranges von F. Falls F nicht linear, aber stetig differenzierbar ist, so kann dies einerseits im allgemeinen nur *lokal* gelingen (das sieht man schon an der sehr einfachen Gleichung $x^2 + y^2 = 1$) und andererseits wird y nur dann eine differenzierbare Funktion von x (bzw. umgekehrt), wenn $\frac{\partial F}{\partial y} \neq 0$ (bzw. $\frac{\partial F}{\partial x} \neq 0$). Dies gilt in allen Dimensionen wie folgt, wobei wir uns der in R.WALTER, Analysis 2, Kap. 12.2 gegebenen Formulierung anschließen (vgl. auch O.FORSTER, Analysis 2, §8):

Satz über implizite Funktionen: *Es sei $W \subset \mathbb{R}^{k+n} = \mathbb{R}^k \times \mathbb{R}^n$ eine offene Menge und $F\colon W \to \mathbb{R}^n$ eine stetig differenzierbare Abbildung, Es sei $(x_0, y_0) \in W$ ein Punkt, so dass $F(x_0, y_0) = 0$ gilt und ferner in diesem Punkt die quadratische Matrix*

$$\frac{\partial F}{\partial y} := \left(\frac{\partial F_i}{\partial y_j} \right)_{i,j=1,\ldots,n}$$

invertierbar ist. Dann gibt es offene Umgebungen $U \subset \mathbb{R}^k$ von x_0 und $V \subset \mathbb{R}^n$ von y_0 mit $U \times V \subset W$ sowie eine stetig differenzierbare Abbildung

$$G\colon U \to V,$$

so dass für alle $(x, y) \in U \times V$ die implizite *Gleichung $F(x, y) = 0$ genau dann erfüllt ist, wenn die* explizite *Gleichung $y = G(x)$ erfüllt ist. Dieses G heißt auch die* auflösende *Funktion.*

Ganz entscheidend ist in diesem Satz die Voraussetzung über den Rang der Abbildung F (bzw. den Rang der Funktionalmatrix) im Punkt (x_0, y_0). Man kann sagen, dass sich lokal eine stetig differenzierbare Abbildung von maximalem Rang so verhält wie eine lineare Abbildung von maximalem Rang. Präzisiert wird dies durch den sogenannten *Rangsatz*, der eine Folgerung aus dem Satz über implizite Funktionen ist.

Definition und Satz 2.9 (Rangsatz, Satz über die Umkehrabbildung)
Der passende Isomorphiebegriff in der mehrdimensionalen Analysis ist der des Diffeomorphismus. Ein Diffeomorphismus $F\colon U \to V$ zwischen offenen Teilmengen des $\mathbb{R}^n$ ist erklärt als eine bijektive und in beiden Richtungen stetig differenzierbare Abbildung. Man nennt zwei offene Teilmengen des $\mathbb{R}^n$ auch *diffeomorph* zueinander, wenn ein solcher Diffeomorphismus existiert. Man kann z.B. mit solchen lokal definierten Diffeomorphismen andere (sog. krummlinige) Koordinaten einführen.

Beispielsweise ist der offene Einheitsball $B^n = \{x \in \mathbb{R}^n \mid ||x|| < 1\}$ diffeomorph zum ganzen $\mathbb{R}^n$. Ein Diffeomorphismus kann in Polarkoordinaten mit Radiusfunktion r durch $F(r) = \tan\left(\frac{\pi r}{2}\right)$ beschrieben werden. Dabei geht z.B. der Kreis mit Radius $r = \frac{1}{2}$ in den Kreis mit Radius $r = \tan\left(\frac{\pi}{4}\right) = 1$ über. Für $r = 0$ ist F differenzierbar nach der Regel von Bernoulli-L'Hospital. Das Differential DF im Nullpunkt ist dann die Identität.

Rangsatz: (vgl. auch R. WALTER, Analysis 3, Abschnitt 2.4)
$F : \mathbb{R}^n \supseteq U \to V \subset \mathbb{R}^m$ sei eine stetig differenzierbare Abbildung mit $F(0) = 0$, definiert auf einer offenen Nullumgebung $U \subseteq \mathbb{R}^n$, und DF habe in U konstanten Rang $r > 0$. Dann gibt es offene Nullumgebungen $U', U'' \subseteq U$ und $V', V'' \subseteq V$ mit $F(U') \subseteq V'$ und zwei Diffeomorphismen $\Phi : U' \to U''$ und $\Psi : V' \to V''$, so dass für alle $(x_1, \ldots, x_n) \in U''$ gilt

$$(\Psi \circ F \circ \Phi^{-1})(x_1, \ldots, x_r, x_{r+1}, \ldots, x_n) \;=\; (x_1, \ldots, x_r, 0, \ldots, 0)$$

Dabei interpretiert man Φ und Ψ am besten als Koordinatentransformationen und sagt, dass in den neuen Koordinaten (also als Abbildung von U'' nach V'') die Abbildung F (eigentlich eine Abbildung von U' nach V') die angegebene lineare Gestalt hat. Die Voraussetzung $F(0) = 0$ ist nur technisch und kann durch Zusammensetzen mit Translationen leicht erfüllt werden: Falls $F(x_0) = y_0$, dann betrachte man stattdessen $\widetilde{F}(x - x_0) = F(x) - y_0$.

Satz über die Umkehrabbildung: *Es sei U eine offene Menge des $\mathbb{R}^n$ und $F\colon U \to \mathbb{R}^n$ eine stetig differenzierbare Abbildung mit der Eigenschaft, dass die Funktionalmatrix in einem festen Punkt x_0 invertierbar ist. Dann ist in einer gewissen kleineren offenen Umgebung V mit $x_0 \in V \subset U$ auch die Abbildung F invertierbar, d.h. $F|_V \colon V \to f(V)$ ist ein Diffeomorphismus.*

Definition 2.10 (Potenzreihen)
In der Theorie von Matrizengruppen und Lie-Gruppen sind Potenzreihen unerlässlich. Die einfachste Version einer Potenzreihe ist eine Funktion vom Typ $f(x) = \sum_{n \geq 0} a_n x^n$ mit reellen oder komplexen Koeffizienten a_n und einer reellen oder komplexen Variablen x.

Bekanntlich konvergieren solche Potenzreihen innerhalb eines gewissen Konvergenzradius R, den man (jedenfalls im Prinzip) aus den Koeffizienten durch

$$\frac{1}{R} = \limsup_{n \to \infty} \sqrt[n]{|a_n|}$$

berechnen kann. Dabei setzen wir $R = \infty$, falls die rechte Seite gleich null ist. Polynome gehören als endliche Summen von diesem Typ natürlich auch dazu. Die bekannteste unendliche Potenzreihe ist wohl die **Exponentialreihe**

$$e^x = \sum_{n \geq 0} \frac{1}{n!} x^n,$$

die für jedes $x \in \mathbb{C}$ konvergiert ($R = \infty$) und die bei Matrizengruppen und Lie-Gruppen ganz wesentlich benutzt wird, vgl. Kapitel 6. Falls R strikt positiv ist, dann ist innerhalb des Konvergenzradius die dargestellte Funktion reell bzw. komplex analytisch, und es gelten dort die folgenden Formeln (gliedweises Differenzieren und Integrieren) für die Ableitung und das Integral:

$$\left(\sum_{n \geq 0} a_n x^n \right)' = \sum_{n \geq 1} n a_n x^{n-1} \quad \text{und} \quad \int \sum_{n \geq 0} a_n x^n dx = \sum_{n \geq 0} \frac{1}{n+1} a_n x^{n+1} + C$$

Ganz abstrakt kann man so auch mit **formalen Potenzreihen** rechnen ohne Rücksicht auf Konvergenz. Dies erfordert aber in jedem Fall entsprechende Vorsicht bei der Definition der Begriffe. Für formale Potenzreihen gilt der Identitätssatz per definitionem: Es ist $\sum_{n \geq 0} a_n x^n = \sum_{n \geq 0} b_n x^n$ genau dann, wenn $a_n = b_n$ für alle n gilt. Es sind dann Differentiation und Integration rein algebraisch durch die obigen Formeln definiert. Ein Produkt von (auch formalen) Potenzreihen ist ebenfalls erklärbar als das sogenannte **Faltungsprodukt** oder **Cauchy-Produkt**

$$\sum_{n \geq 0} a_n x^n \cdot \sum_{m \geq 0} b_m x^m = \sum_{n \geq 0} \left(\sum_{k=0}^{n} a_k b_{n-k} \right) x^n.$$

Alle Gleichungen, die zwischen formalen Potenzreihen rein algebraisch gelten, gelten auch für die entsprechenden konvergenten Potenzreihen, sofern man die abstrakte Variable mit einem geeigneten konkreten mathematischen Objekt belegt. So wird z.B. die formale Potenzreihe $\sum_{n \geq 0} \frac{1}{n!} x^n$ mit einer abstrakten Variablen x immer dann zu einer konvergenten Reihe, wenn man x als eine reelle oder komplexe Zahl oder als eine quadratische Matrix über solchen Zahlen interpretiert.

Übungsaufgaben

1. Man zeige die Identität $(1 - x) \cdot \left(\sum_{n \geq 0} x^n \right) = 1$ als Gleichheit von formalen Potenzreihen.

2. Man schließe aus dem Ergebnis von Aufgabe 1, dass die folgende Gleichung für alle reellen $x > 0$ sowie für alle komplexen x mit $|e^{-x}| < 1$ gilt:

$$\sum_{n \geq 0} e^{-nx} = \frac{1}{1 - e^{-x}}$$

Kapitel 3

Matrizengruppen über $\mathbb{R}$ und $\mathbb{C}$

Zur Einführung in die Theorie von Transformationsgruppen und Lie-Gruppen ist es hilfreich, sich zunächst mit invertierbaren quadratischen Matrizen zu beschäftigen, weil diese in Mathematik, Naturwissenschaft und Anwendungen oft vorkommen und aus dem Studium dieser Fächer allgemein bekannt sind. Jede solche (n,n)-Matrix $A = (a_{ij})_{i,j}$ über den reellen bzw. komplexen Zahlen wirkt auf reelle bzw. komplexe Spaltenvektoren $\mathbf{x} = (x_i)_i$ durch die Matrizenmultiplikation vermöge der bekannten Formel

$$A \cdot \mathbf{x} = \begin{pmatrix} a_{11} & \cdots & a_{1n} \\ \vdots & \ddots & \vdots \\ a_{n1} & \cdots & a_{nn} \end{pmatrix} \cdot \begin{pmatrix} x_1 \\ \vdots \\ x_n \end{pmatrix} = \begin{pmatrix} \sum_j a_{1j} x_j \\ \vdots \\ \sum_j a_{nj} x_j \end{pmatrix}$$

und induziert daher eine (lineare und bijektive) Transformation $\mathbf{x} \mapsto A \cdot \mathbf{x}$ des $\mathbb{R}^n$ bzw. $\mathbb{C}^n$ auf sich. Wenn wir verschiedene solche Transformationen betrachten, dann liefert die Matrizenmultiplikation $(A, B) \mapsto A \cdot B$ die Regel

$$A \cdot (B \cdot \mathbf{x}) = (A \cdot B) \cdot \mathbf{x},$$

was, zusammen mit der Forderung $E \cdot \mathbf{x} = \mathbf{x}$, die übliche Definition einer Gruppenwirkung beschreibt, vgl. Kap. 1. Die inverse Transformation $A \cdot \mathbf{x} \mapsto \mathbf{x}$ wird einfach durch die inverse Matrix A^{-1} beschrieben. Eine Gruppe von solchen Matrizen tritt uns also in natürlicher Weise als eine Transformationsgruppe des $\mathbb{R}^n$ bzw. $\mathbb{C}^n$ gegenüber, ganz im Sinne der Ausführungen von Sophus Lie am Anfang von Kapitel 1. Und weil jede einzelne Transformation linear ist, spricht man in diesem Fall von einer *linearen Transformationsgruppe* oder einfach von einer *linearen Gruppe*. Die gewöhnliche Differentialrechnung für Matrizen in solchen linearen Gruppen offenbart bereits gewisse Grundzüge der Theorie der Lie-Gruppen. Dieses einführende Kapitel behandelt einige grundlegende Tatsachen dazu. Gruppen von nichtlinearen Transformationen werden in Kapitel 4 angesprochen.

3.1 Die allgemeine lineare Gruppe mit Untergruppen

Eine (n,n)-Matrix A mit reellen oder komplexen Einträgen nennen wir invertierbar, wenn es eine inverse Matrix dazu gibt, geschrieben als A^{-1}, also wenn gilt

$$A \cdot A^{-1} = E = A^{-1} \cdot A,$$

wobei E die **Einheitsmatrix** bezeichnet. Dann ist das Produkt zweier invertierbarer Matrizen wieder invertierbar, und es gilt

$$(A \cdot B)^{-1} = B^{-1} \cdot A^{-1}.$$

Weil die Multiplikation von Matrizen außerdem assoziativ ist, bildet die Menge aller invertierbaren (n, n)-Matrizen eine Gruppe. Die Menge aller (n, n)-Matrizen über $\mathbb{R}$ oder $\mathbb{C}$ wird auch mit $\mathcal{M}^{n \times n}(\mathbb{R})$ bzw. $\mathcal{M}^{n \times n}(\mathbb{C})$ bezeichnet.

Definition 3.1 (allgemeine lineare Gruppe)
Die **reelle allgemeine lineare Gruppe** $GL(n, \mathbb{R})$ ist definiert als die Menge der reellen (n, n)-Matrizen, die invertierbar sind.

Analog ist die **komplexe allgemeine lineare Gruppe** $GL(n, \mathbb{C})$ definiert als die Menge der komplexen (n, n)-Matrizen, die invertierbar sind,

Wir schreiben auch $GL(n, \mathbb{K})$ für die allgemeine lineare Gruppe über $\mathbb{K}$, wobei $\mathbb{K}$ entweder für $\mathbb{R}$ oder für $\mathbb{C}$ steht.

Die **Gruppenstruktur** ist durch das Matrizenprodukt $(A, B) \mapsto A \cdot B$ gegeben mit der Inversion $A \mapsto A^{-1}$ und der Einheitsmatrix E als dem neutralen Element (strenggenommen hat man für jedes n ein neutrales Element E_n als die (n, n)-Einheitsmatrix).

Die Einheitsmatrix bzw. das Einselement wird wie folgt geschrieben:

$$\begin{pmatrix} 1 & 0 & \cdots & 0 & 0 \\ 0 & 1 & \cdots & 0 & 0 \\ \vdots & & \ddots & & \vdots \\ 0 & 0 & \cdots & 1 & 0 \\ 0 & 0 & \cdots & 0 & 1 \end{pmatrix} = E = \mathbf{1}$$

Folgerung 3.2 *Wenn wir die Menge aller (n, n)-Matrizen über $\mathbb{R}$ als den $\mathbb{R}$-Vektorraum $\mathbb{R}^{n^2}$ auffassen, dann ist $GL(n, \mathbb{R})$ eine offene Teilmenge des $\mathbb{R}^{n^2}$.*

Analog können wir komplexe (n, n)-Matrizen als Elemente des $\mathbb{C}^{n^2} \cong (\mathbb{R}^2)^{n^2} \cong \mathbb{R}^{2n^2}$ auffassen, und entsprechend ist $GL(n, \mathbb{C})$ eine offene Teilmenge des $\mathbb{C}^{n^2} \cong \mathbb{R}^{2n^2}$.

Offensichtlich trägt damit der Raum aller (n, n)-Matrizen die topologische Struktur, die auch dem $\mathbb{R}^m$ für beliebiges m zukommt, nämlich eine Abstandsmetrik, mit der man Konvergenz und Stetigkeit und dann auch Differenzierbarkeit erklären kann, vgl. Kap. 1.

Zur Begründung der Folgerung genügt es, dass es zu jeder invertierbaren Matrix A eine offene Umgebung im Raum aller Matrizen (bzw. im umgebenden $\mathbb{R}^{n^2}$ oder $\mathbb{R}^{2n^2}$) gibt, die nur aus invertierbaren Matrizen besteht. Dies liegt nun einfach an der Stetigkeit der Determinantenfunktion

$$\det A = \det \big((a_{ij})_{i,j} \big) = \sum_{\sigma} \operatorname{sign}(\sigma) a_{1\sigma_1} \ldots a_{n\sigma_n} \, ,$$

wobei $\sigma \in S_n$ alle Permutationen von n Elementen durchläuft. Ein solcher algebraischer Ausdruck wie auf der rechten Seite ist grundsätzlich stetig und stetig differenzierbar in allen reellen Variablen (sogar reell analytisch).

Ferner ist bekanntlich eine quadratische Matrix A invertierbar genau dann, wenn ihre Determinante ungleich null ist. Diese Bedingung $\det A \neq 0$ überträgt sich daher von A auf eine gewisse offene Umgebung. $\qquad\square$

Bemerkung 3.3 Als Teilmenge von $\mathbb{R}^{n^2}$ ist $GL(n,\mathbb{R})$ nicht zusammenhängend, weil das stetige Bild unter der Funktion det positive und negative Werte annimmt, aber nicht den Wert null. Andernfalls würde dies dem Zwischenwertsatz widersprechen. Dagegen ist $GL(n,\mathbb{C})$ als Teilmenge von $\mathbb{C}^{n^2}$ sehr wohl zusammenhängend, so wie ja auch $\mathbb{C}\setminus\{0\}$ zusammenhängend ist im Gegensatz zu $\mathbb{R}\setminus\{0\}$. Es ist auch $\mathbb{C}\setminus P$ für jede endliche Teilmenge $P\subset\mathbb{C}$ zusammenhängend. Man kann zu je zwei $A, B \in GL(n,\mathbb{C})$ die komplexe Linearkombination $C_z = zA + (1-z)B$ mit $z\in\mathbb{C}$ betrachten. Dabei kann es durchaus sein, dass $\det C_z = 0$ gilt, also $C_z \notin GL(n,\mathbb{C})$. Aber $\det C_z$ ist für festes A, B ein Polynom n-ten Grades in der komplexen Variablen z, hat also nur endlich viele Nullstellen. Damit kann man im Komplement dieser Nullstellenmenge die beiden Matrizen A und B durch einen stetigen Weg $C_{z(t)}$ mit einer reellen Variablen t miteinander verbinden (man muss nur um die endliche vielen Nullstellen herumlaufen).

Lemma 3.4 *Es sind nicht nur die Determinantenfunktionen*

$$\det : \mathcal{M}^{n\times n}(\mathbb{R}) \to \mathbb{R} \quad und \quad \det : \mathcal{M}^{n\times n}(\mathbb{C}) \to \mathbb{C}$$

stetig differenzierbar (sogar reell analytisch), sondern dasselbe gilt auch für die Multiplikation selbst als Abbildung von $\mathcal{M}^{n\times n}(\mathbb{K}) \times \mathcal{M}^{n\times n}(\mathbb{K})$ nach $\mathcal{M}^{n\times n}(\mathbb{K})$ aufgrund der Gleichung

$$A \cdot B = \left(a_{ij}\right)_{i,j} \cdot \left(b_{jk}\right)_{j,k} = \left(\sum_j a_{ij}b_{jk}\right)_{i,k}$$

sowie für die Inversion $A \mapsto A^{-1}$ als Abbildung von $\mathcal{M}^{n\times n}(\mathbb{K})$ nach $\mathcal{M}^{n\times n}(\mathbb{K})$ wegen der Cramerschen Regel

$$A^{-1} = \frac{1}{\det A}\left((-1)^{i+j}\det(A^i_j)\right)_{j,i},$$

wobei A^i_j aus A durch Streichen der i-ten Zeile und der j-ten Spalte entsteht.

Beweis: Offensichtlich gehen bei diesen Formeln nur die üblichen arithmetischen Operationen der reellen bzw. komplexen Zahlen ein, und diese sind stetig und stetig differenzierbar (sogar reell analytisch), solange der Nenner nicht verschwindet. Man beachte, dass auf offenen Teilmengen eines $\mathbb{R}^m$ die übliche Differentialrechnung genau so erklärt ist wie im $\mathbb{R}^m$ selbst. $\qquad\square$

Definition 3.5 (Kurven und Ableitungen im Raum aller Matrizen)
So wie eine differenzierbare Kurve $c: I \to \mathbb{R}^n$ der Klasse C^k, definiert auf einem Intervall $I \subset \mathbb{R}$, durch ihre Ableitungen beschrieben werden kann mit der Taylor-Entwicklung

$$c(t) = c(0) + tc'(0) + \frac{t^2}{2}c''(0) + \cdots,$$

so gilt dies auch für **Kurven im Raum aller Matrizen**, etwa $A: I \to \mathcal{M}^{n\times n}(\mathbb{C})$. Dies heißt einfach, dass $A(t)$ für jedes $t \in I$ eine (n,n)-Matrix ist und dass diese Zuordnung C^k-differenzierbar von dem Parameter t abhängt. Die Ableitung ist durch

$$A'(t_0) = \frac{dA(t)}{dt}\bigg|_{t=t_0} = \lim_{t\to 0}\frac{1}{t}\Big(A(t_0 + t) - A(t_0)\Big)$$

erklärt, und analog hat man eine Produktregel

$$(A \cdot B)' = A' \cdot B + A \cdot B',$$

eine Kettenregel

$$A\big(f(t)\big)' = A'\big(f(t)\big) \cdot f'(t)$$

und eine Taylor-Entwicklung

$$A(t) = A(0) + tA'(0) + \frac{t^2}{2}A''(0) + \cdots$$

sowie die Taylorsche Formel mit einem Restglied, und ebenso die Taylorsche Reihe.

Definition 3.6 (lineare Gruppe)
Wenn eine spezielle Eigenschaft von invertierbaren Matrizen sich von A und B stets auf das Produkt AB und die Inverse A^{-1} überträgt, definiert sie eine Untergruppe von $GL(n, \mathbb{C})$. Dies gilt besonders für bestimmte algebraische oder geometrische Bedingungen, z.B. die Bedingung an eine Matrix, orthogonal zu sein. Jede Untergruppe von $GL(n, \mathbb{C})$ heißt eine **lineare Gruppe**, weil sie als eine Gruppe von linearen Transformationen (jede durch eine Matrix beschrieben) aufgefasst werden kann.

Allerdings sind solche Untergruppen dann nicht mehr offen (und nicht einmal notwendigerweise abgeschlossen) im Raum aller Matrizen. Dies erfordert gewisse Vorsicht, wenn wir dennoch von Differenzierbarkeit von Abbildungen sprechen wollen, die nur auf solchen Untergruppen definiert sind. Dies wird näher geklärt in Kapitel 7 unter dem Stichwort *Untermannigfaltigkeiten*.

Definition und Lemma 3.7 *Wichtige Untergruppen von $GL(n, \mathbb{R})$ bzw. $GL(n, \mathbb{C})$ sind insbesondere die folgenden:*

$$GL^+(n, \mathbb{R}) \;=\; \{A \in GL(n, \mathbb{R}) \mid \det A > 0\}$$

$$SL(n, \mathbb{R}) \;=\; \{A \in GL(n, \mathbb{R}) \mid \det A = 1\} \qquad \text{(spezielle lineare Gruppe)}$$

$$O(n) \;=\; \{A \in GL(n, \mathbb{R}) \mid AA^T = E\} \qquad \text{(orthogonale Gruppe)}$$

$$SO(n) \;=\; \{A \in O(n) \mid \det A = 1\} = O(n) \cap SL(n, \mathbb{R}) = O(n) \cap GL^+(n, \mathbb{R})$$
$$\text{(Drehgruppe, spezielle orthogonale Gruppe)}$$

$$H(3, \mathbb{R}) \;=\; \left\{ \begin{pmatrix} 1 & a & b \\ 0 & 1 & c \\ 0 & 0 & 1 \end{pmatrix} \;\Big|\; a, b, c \in \mathbb{R} \right\}$$
$$\text{(3-dimensionale Heisenberg-Gruppe)}$$

$$SL(n, \mathbb{C}) \;=\; \{A \in GL(n, \mathbb{C}) \mid \det A = 1\} \qquad \text{(spezielle komplexe lineare Gruppe)}$$

$$U(n) \;=\; \{A \in GL(n, \mathbb{C}) \mid A\overline{A}^T = E\} \qquad \text{(unitäre Gruppe)}$$

$$SU(n) \;=\; \{A \in U(n) \mid \det A = 1\} = U(n) \cap SL(n, \mathbb{C})$$
$$\text{(spezielle unitäre Gruppe)}$$

Analog hat man $GL(n, \mathbb{H})$ als die Gruppe der invertierbaren quaternionalen Matrizen, die in Abschnitt 3.2 diskutiert wird. Alle genannten Untergruppen (außer $GL^+(n, \mathbb{R})$) sind abgeschlossene Teilmengen des $\mathbb{R}^{n^2}$ bzw. $\mathbb{C}^{n^2} = \mathbb{R}^{2n^2}$ bzw. $\mathbb{H}^{n^2} = \mathbb{R}^{4n^2}$, weil sie durch Gleichungen definiert sind. Die orthogonale Gruppe und die unitäre Gruppe sind darüber hinaus sogar kompakt. Dies liegt daran, dass die Spalten einer orthogonalen bzw. unitären Gruppe paarweise zueinander orthogonale Einheitsvektoren sind. Daher ist ihre Operator-Norm im Raum aller Matrizen gleich 1, vgl. Abschnitt 2.4. Eine orthogonale bzw. unitäre Matrix liegt somit in der Einheits-Sphäre im $\mathbb{R}^{n^2}$ bzw. im $\mathbb{R}^{2n^2}$. Die Untergruppen $O(n), SO(n), U(n), SU(n)$ sind also abgeschlossene und beschränkte Teilmengen davon, also auch kompakt.

Ebenso kann man die allgemeine lineare Gruppe $GL(n, \mathbb{F})$ über jedem Körper $\mathbb{F}$ betrachten (oder Untergruppen davon), also z.B. auch über endlichen Körpern $\mathbb{F}_{p^k}$ mit p^k Elementen und der Charakteristik p (das ist notwendigerweise eine Primzahl). Speziell ist $GL(1, \mathbb{F}_p) = \mathbb{F}_p \setminus \{0\}$ eine (multiplikative) zyklische Gruppe der Ordnung $p - 1$.

Beweis: Um zu zeigen, dass die oben genannten Teilmengen tatsächlich Untergruppen sind, genügt es, die folgenden Tatsachen zu verifizieren:

1. $\det A > 0$ und $\det B > 0$ impliziert $\det(AB) > 0$ und $\det A^{-1} > 0$.

2. $\det A = \det B = 1$ impliziert $\det(AB) = 1$ und $\det A^{-1} = 1$.

3. A, B orthogonal, also $AA^T = BB^T = E$ impliziert $AB(AB)^T = ABB^T A^T = E$. also ist auch AB orthogonal. Ferner gilt $A^{-1} = A^T$, also auch $A^{-1}(A^{-1})^T = E$, womit auch A^{-1} orthogonal ist.

4. A, B unitär, also $A\overline{A}^T = B\overline{B}^T = E$ impliziert $AB\overline{AB}^T = AB\overline{B}^T\overline{A}^T = E$ und $A^{-1} = \overline{A}^T$, also auch $A^{-1}\overline{A^{-1}}^T = E$.

5. Für Elemente der Heisenberg-Gruppe gilt

$$\begin{pmatrix} 1 & a & b \\ 0 & 1 & c \\ 0 & 0 & 1 \end{pmatrix} \cdot \begin{pmatrix} 1 & \alpha & \beta \\ 0 & 1 & \gamma \\ 0 & 0 & 1 \end{pmatrix} = \begin{pmatrix} 1 & a+\alpha & b+\beta+a\gamma \\ 0 & 1 & c+\gamma \\ 0 & 0 & 1 \end{pmatrix}$$

sowie

$$\begin{pmatrix} 1 & a & b \\ 0 & 1 & c \\ 0 & 0 & 1 \end{pmatrix}^{-1} = \begin{pmatrix} 1 & -a & ac-b \\ 0 & 1 & -c \\ 0 & 0 & 1 \end{pmatrix}. \qquad \Box$$

Definition 3.8 (lokale Gruppe, lokal isomorph)
Unter eine **lokalen Gruppe** von Matrizen versteht man eine zusammenhängende Teilmenge $L \subset GL(n, \mathbb{C})$ mit $E \in L$ derart, dass es eine offene Umgebung U von E in $GL(n, \mathbb{C})$ gibt mit der Eigenschaft: Für je zwei Elemente $A, B \in L \cap U$ liegt das Produkt AB^{-1} wieder in L. Jede lokale Gruppe L erzeugt eine kleinste zusammenhängende Untergruppe $G \leq GL(n, \mathbb{C})$ mit $L \subset G$. Zwei Gruppen G, G' von Matrizen heißen **lokal isomorph** (oder zwei lokale Gruppen heißen **isomorph**), wenn die zugehörigen Einsumgebungen U, U' so gewählt werden können, dass zwischen beiden eine bijektive Abbildung $f : U \to U'$ existiert mit $f(g_1 g_2) = f(g_1)f(g_2)$ und $f(g^{-1}) = \big(f(g)\big)^{-1}$.

Beispiel 3.9 Als Beispiel einer lokalen Gruppe kann man einfach den Durchschnitt $L = O(n) \cap V$ nehmen, wobei V eine offene Einsumgebung in $GL(n, \mathbb{C})$ oder $GL(n, \mathbb{R})$ ist. Innerhalb von V findet man dann eine zusammenhängende offene Einsumgebung $U \subset V$, so dass U die Eigenschaft hat, die für eine lokale Gruppe verlangt wird. Die von L erzeugte Gruppe ist dann $SO(n)$ als zusammenhängende Untergruppe. Daher sind $O(n)$ und $SO(n)$ zwar nicht isomorph, aber lokal isomorph.

Warnung: Auch zwei zusammenhängende Untergruppen von $GL(n, \mathbb{C})$ müssen im Allgemeinen nicht isomorph sein, wenn sie lokal isomorph sind. Ein Gegenbeispiel: Die Gruppe aller $(2, 2)$-Matrizen

$$\begin{pmatrix} e^t & 0 \\ 0 & 1 \end{pmatrix}$$

mit $t \in \mathbb{R}$ ist lokal (aber nicht global) isomorph zur Gruppe aller $(2, 2)$-Matrizen

$$\begin{pmatrix} \cos t & -\sin t \\ \sin t & \cos t \end{pmatrix}$$

mit $t \in \mathbb{R}$. Man muss für einen lokalen Isomorphismus nur $f(e^t) = e^{it}$ setzen und dann $e^{it} = \cos t + i \sin t$ schreiben, vgl. auch die folgende Bemerkung 3.10. Ein anderes Gegenbeispiel findet sich in 8.9. Die Isomorphie ist aber wahr, wenn zusätzlich beide einfach zusammenhängend sind im topologischen Sinne (vgl. Folgerung 16.15).

Bemerkung 3.10 (komplexe Zahlen als reelle Matrizen)
Es ist wohl offensichtlich, dass eine $\mathbb{C}$-lineare Abbildung auch als $\mathbb{R}$-lineare Abbildung aufgefasst werden kann. Wenn man eine komplexe Zahl $z = a + bi$ als reellen Vektor mit den Komponenten a und b auffasst, dann stellt sich die Frage, wie die Gruppe $GL(1, \mathbb{C}) = \mathbb{C} \setminus \{0\}$ als Untergruppe von $GL(2, \mathbb{R})$ gedeutet werden kann. Es gilt aber

$$zw = (a + bi)(c + di) = (ac - bd) + (ad + bc)i,$$

und diese Wirkung wird durch die folgende reelle Matrix realisiert:

$$\begin{pmatrix} a & -b \\ b & a \end{pmatrix} \cdot \begin{pmatrix} c \\ d \end{pmatrix} = \begin{pmatrix} ac - bd \\ ad + bc \end{pmatrix}$$

Alternativ ist dieses Produkt durch die Matrizenmultiplikation

$$\begin{pmatrix} a & -b \\ b & a \end{pmatrix} \cdot \begin{pmatrix} c & -d \\ d & c \end{pmatrix} = \begin{pmatrix} ac - bd & -(ad + bc) \\ ad + bc & ac - bd \end{pmatrix}$$

realisiert. Also entspricht die Multiplikation mit einer komplexen Zahl $z = a + bi$ gerade der Multiplikation mit der reellen Matrix $A_z = \begin{pmatrix} a & -b \\ b & a \end{pmatrix}$. Dies definiert einen injektiven Gruppenhomomorphismus (eine Einbettung) $GL(1, \mathbb{C}) \to GL(2, \mathbb{R})$. Entsprechendes gilt für höhere Dimensionen, wo man eine Einbettung $GL(n, \mathbb{C}) \to GL(2n, \mathbb{R})$ hat. Dann gilt insbesondere $SO(2) \cong U(1)$ (Übung), wobei die komplexe Zahl e^{it} durch die Drehmatrix $\begin{pmatrix} \cos t & -\sin t \\ \sin t & \cos t \end{pmatrix}$ repräsentiert wird, also eine Drehung um den Winkel t nach links. Man könnte generell die obige $(2, 2)$-Matrix durch ihre Transponierte ersetzen, aber dann entspräche e^{it} einer Drehung um den Winkel t nach rechts.

3.2   Die Quaternionen

Definition 3.11 Die Quaternionen $\mathbb{H}$ sind erklärt als der 4-dimensionale reelle Vektorraum

$$\mathbb{H} = \{a + bi + cj + dk \mid a, b, c, d \in \mathbb{R}\},$$

der von der Basis $\{1, i, j, k\}$ aufgespannt wird, zusammen mit der Multiplikation

$$ij = -ji = k, \quad jk = -kj = i, \quad ki = -ik = j, \quad i^2 = j^2 = k^2 = -1$$

der Basiselemente derart, dass für die Summen $a + bi + cj + dk$ die Assoziativität und die Distributivität erfüllt sind. Die Quaternionen bilden mit der üblichen Addition und mit dieser Multiplikation einen **Schiefkörper**, in dem alle Gesetze gelten wie in einem Körper, außer dass die Multiplikation nicht mehr kommutativ ist. Insbesondere ist die Multiplikation assoziativ, und es gibt zu jedem Quaternion $q = a + bi + cj + dk \neq 0$ ein eindeutiges multiplikatives Inverses $q^{-1} = |q|^{-2}\overline{q}$ wobei $\overline{q} = a - bi - cj - dk$ und $|q|^2 = q\overline{q} = a^2 + b^2 + c^2 + d^2$ gesetzt wird. Es gilt dann die Rechenregel $\overline{q \cdot r} = \overline{r} \cdot \overline{q}$. In natürlicher Weise kann man durch $a \mapsto a + 0 \cdot i$ bzw. $a + b \cdot i \mapsto a + b \cdot i + 0 \cdot j + 0 \cdot k$ die reellen und die komplexen Zahlen als Teilmenge der Quaternionen (und als algebraische Unterstruktur) auffassen:

$$\mathbb{R} \subseteq \mathbb{C} \subseteq \mathbb{H}$$

Überdies kann man schreiben $\mathbb{H} = \{z + wj \mid z, w \in \mathbb{C}\}$ und die Quaternionen genau so aus den komplexen Zahlen gewinnen wie man die komplexen aus den reellen Zahlen gewinnen kann, nämlich durch Hinzunahme eines Elementes j bzw. i mit $j^2 = -1$ bzw. $i^2 = -1$. Dies ergibt sich einfach aus der Gleichung

$$(a + bi) + (c + di)j = a + bi + cj + dk.$$

Dabei gilt die Rechenregel $j(a + bi) = (a - bi)j$, also $jz = \overline{z}j$. Auf diese Weise kann man $\mathbb{H}$ identifizieren mit $\mathbb{R}^4$ oder auch mit $\mathbb{C}^2$. Man beachte, dass die Multiplikation innerhalb des Imaginärteils, der von i, j, k aufgespannt wird, mit dem Vektorprodukt im $\mathbb{R}^3$ übereinstimmt, vgl. Übungsaufgabe 4 am Ende des Kapitels.

Bemerkung 3.12 (Quaternionen als komplexe Matrizen)
Man wird erwarten, dass eine $\mathbb{H}$-lineare Abbildung auch als $\mathbb{C}$-lineare Abbildung aufgefasst werden kann. Wenn man ein Quaternion $q = z + wj$ als komplexen Vektor mit den Komponenten z und w auffasst, dann stellt sich die Frage, wie die Gruppe $GL(1, \mathbb{H})$ als Untergruppe von $GL(2, \mathbb{C})$ gedeutet werden kann. Hier gilt nun mit den obigen Rechenregeln $(x + yj)(z + wj) = xz + yjwj + xwj + yjz = (xz - y\overline{w}) + (xw + y\overline{z})j$. Wenn wir also $q = z + wj$ mit der komplexen $(2,2)$-Matrix

$$A_q = \begin{pmatrix} z & w \\ -\overline{w} & \overline{z} \end{pmatrix}$$

identifizieren, dann ergibt sich dieselbe Multiplikation als Multiplikation von Matrizen:

$$\begin{pmatrix} x & y \\ -\overline{y} & \overline{x} \end{pmatrix} \cdot \begin{pmatrix} z & w \\ -\overline{w} & \overline{z} \end{pmatrix} = \begin{pmatrix} xz - y\overline{w} & xw + y\overline{z} \\ -\overline{xw} - \overline{y}z & \overline{xz} - \overline{y}w \end{pmatrix}$$

Jede solche Matrix erfüllt die Gleichung $A_q\overline{A_q}^T = |q|^2 E$ mit $|q|^2 = |z|^2 + |w|^2$, sie ist also unitär bis auf einen skalaren Faktor. Dies definiert einen injektiven Gruppenhomomorphismus (eine Einbettung) $GL(1, \mathbb{H}) \rightarrow GL(2, \mathbb{C})$ durch $0 \neq q \mapsto A_q$. Entsprechendes gilt für höhere Dimensionen, wo man eine Einbettung $GL(n, \mathbb{H}) \rightarrow GL(2n, \mathbb{C})$ hat.

Folgerung 3.13 (Einheits-Quaternionen und die Gruppe $SU(2)$)
Die Gruppe $GL(1, \mathbb{H})$ ist ja nichts anderes als die multiplikative Gruppe $\mathbb{H} \setminus \{0\}$ der Quaternionen. Darin gibt es die Untergruppe der Einheits-Quaternionen

$$\mathbb{H}_1 = \{q \in \mathbb{H} \mid |q| = 1\} \cong S^3 \subset \mathbb{R}^4,$$

weil wegen $|q_1 \cdot q_2| = |q_1| \cdot |q_2|$ die Multiplikation von Quaternionen vom Betrage 1 wieder Quaternionen vom Betrage 1 liefert. Gemäß der obigen Bemerkung kann man die Einheits-Quaternionen aber auch als die Menge der unitären $(2,2)$-Matrizen mit Determinante $\det = 1$ interpretieren:

$$\mathbb{H}_1 \cong \left\{ \begin{pmatrix} z & w \\ -\overline{w} & \overline{z} \end{pmatrix} \mid z, w \in \mathbb{C}, \ z\overline{z} + w\overline{w} = 1 \right\} = SU(2)$$

Man beachte, dass $1 = |q|^2 = |z + wj|^2 = |z|^2 + |w|^2 = z\overline{z} + w\overline{w}$ für alle $q \in \mathbb{H}_1$ gilt. So können wir die 3-Sphäre $S^3 \subset \mathbb{R}^4$ mit der Matrizengruppe $SU(2)$ identifizieren. Die Zahl $1 \in \mathbb{H}_1$ entspricht dabei der Einheitsmatrix E, und -1 entspricht $-E$.

Folgerung 3.14 (Einheits-Quaternionen und Drehmatrizen)
In der folgenden Weise kann man jedem Quaternion q mit $|q| = 1$ eine reelle Drehmatrix R_q, also ein Element von $SO(3)$ zuordnen. Die Konjugation mit q, also die Abbildung $x \mapsto qxq^{-1}$, wirkt auf den Quaternionen so, dass der Realteil von x fixiert wird und der von i, j, k aufgespannte „Imaginärteil" in sich übergeht. Dabei wird wegen $||qxq^{-1}|| = |q| \cdot ||x|| \cdot |q|^{-1} = ||x||$ die euklidische Norm von x bewahrt. Das hat zur Folge, dass auch das euklidische Skalarprodukt bewahrt wird. Also definiert diese Abbildung $x \mapsto qxq^{-1}$ eine orthogonale Transformation des „Imaginärteils", also ein Element $R_q \in O(3)$. Die Determinante von R_q ist aber gleich 1 für $q = 1$. Daher muss die Determinante aus Stetigkeitsgründen für jedes q gleich 1 sein, also haben wir $R_q \in SO(3)$. Offensichtlich gilt $R_q = R_{-q}$. Aber ansonsten ist die Zuordnung $q \mapsto R_q$ injektiv, d.h. $R_q = R_p \Leftrightarrow q = \pm p$. Also erhalten wir eine Abbildung

$$R \colon \mathbb{H}_1 \to SO(3)$$

durch $R(q) = R_q$, die überdies ein Gruppenhomomorphismus ist:

$$R(q_1 q_2)(x) = (q_1 q_2) x (q_1 q_2)^{-1} = q_1 (q_2 x q_2^{-1}) q_1^{-1} = R(q_1)\big(R(q_2)(x)\big) = \big(R(q_1) \cdot R(q_2)\big)(x).$$

Damit folgt einerseits, dass $SO(3)$ in natürlicher Weise mit dem Raum der Antipodenpaare $S^3/\pm$ (also dem 3-dimensionalen reellen projektiven Raum) identifiziert werden kann, und andererseits, dass es wegen der oben diskutierten Isomorphie von $\mathbb{H}_1$ und $SU(2)$ auch einen Gruppenhomormophismus $SU(2) \to SO(3)$ gibt, der genauso wirkt wie der Homomorphismus R oben, also jeweils zwei „Antipoden" A_q und $A_{-q} = -A_q$ in $SU(2)$ auf eine Drehmatrix $R_q = R_{-q}$ in $SO(3)$ abbildet. Umgekehrt tritt jede Drehmatrix in $SO(3)$ so in zwei Versionen als Element von $SU(2)$ auf. Die rein reellen Quaternionen $q = \pm 1$ induzierten R_q als die Identität. Die rein imaginären Quaternionen q induzieren R_q als diejenigen Drehungen mit dem maximal möglichen Drehwinkel π, vgl. die Übungsaufgaben 4 und 6. Für einen Physiker entsprechen die beiden antipodalen Urbilder dem *Spin* einer Drehmatrix, bezeichnet mit $(+)$ und $(-)$ bzw. ganzzahlig und halbganzzahlig. Die Gruppe $\mathbb{H}_1$ wird deshalb auch *Spin-Gruppe* genannt und mit $Spin(3)$ bezeichnet. Die 8 Standard-Quaternionen $\pm 1, \pm i, \pm j, \pm k$ in $\mathbb{H}_1$ entsprechen dabei den Matrizen

$$\pm \begin{pmatrix} 1 & 0 \\ 0 & 1 \end{pmatrix}, \pm \begin{pmatrix} i & 0 \\ 0 & -i \end{pmatrix}, \pm \begin{pmatrix} 0 & 1 \\ -1 & 0 \end{pmatrix}, \pm \begin{pmatrix} 0 & i \\ i & 0 \end{pmatrix}$$

in $SU(2)$. Diese werden unter R auf die vier reellen Drehmatrizen

$$\begin{pmatrix} 1 & 0 & 0 \\ 0 & 1 & 0 \\ 0 & 0 & 1 \end{pmatrix}, \quad \begin{pmatrix} 1 & 0 & 0 \\ 0 & -1 & 0 \\ 0 & 0 & -1 \end{pmatrix}, \quad \begin{pmatrix} -1 & 0 & 0 \\ 0 & 1 & 0 \\ 0 & 0 & -1 \end{pmatrix}, \quad \begin{pmatrix} -1 & 0 & 0 \\ 0 & -1 & 0 \\ 0 & 0 & 1 \end{pmatrix}$$

abgebildet, die eine Untergruppe von $SO(3)$ bilden, die isomorph zur Kleinschen Vierergruppe $\mathbb{Z}_2 \oplus \mathbb{Z}_2$ ist.

Definition 3.15 (die symplektische Gruppe)
Die **allgemeine lineare Gruppe über den Quaternionen** $GL(n, \mathbb{H})$ ist analog erklärt als die Menge der (n, n)-Matrizen mit quaternionalen Einträgen, die invertierbar sind. Man kann $GL(n, \mathbb{H})$ als eine offene Teilmenge des $\mathbb{R}^{4n^2}$ auffassen. Allerdings gibt es keine Determinantenfunktion mit den üblichen Eigenschaften, weil die Multiplikation nicht mehr kommutativ ist. Aber man kann von linear unabhängigen Spaltenvektoren sprechen, also von Matrizen mit maximalem Rang.

Die **symplektische Gruppe** $Sp(n)$ ist erklärt als Untergruppe von $GL(n, \mathbb{H})$, und zwar

$$Sp(n) = \{A \in GL(n, \mathbb{H}) \mid A\overline{A}^T = E\}.$$

Die Rechenregel $\overline{AB}^T = \overline{B}^T \overline{A}^T$ gilt dabei weiterhin (Übung).

Wir wollen sehen, wie die symplektische Gruppe sich durch komplexe Matrizen darstellen lässt vermöge einer Einbettung $Sp(n) \to GL(n, \mathbb{H}) \to GL(2n, \mathbb{C})$. Wenn wir $q = z + wj$ durch die komplexe Matrix

$$\begin{pmatrix} z & w \\ -\overline{w} & \overline{z} \end{pmatrix}$$

repräsentieren, dann können wir quaternionale (n, n)-Matrizen $Z + Wj$ beschreiben durch komplexe $(2n, 2n)$-Block-Matrizen der Form

$$A = \begin{pmatrix} Z & W \\ -\overline{W} & \overline{Z} \end{pmatrix}.$$

Die Bedingung $A\overline{A}^T = E$ ist dann äquivalent zu

$$\begin{pmatrix} Z & W \\ -\overline{W} & \overline{Z} \end{pmatrix} \begin{pmatrix} \overline{Z}^T & -W^T \\ \overline{W}^T & Z^T \end{pmatrix} = E.$$

Lemma 3.16 *Eine Matrix $A \in GL(2n, \mathbb{C})$ ist im Bild von $Sp(n)$ genau dann, wenn die Gleichung $J_n A J_n^{-1} = \overline{A}$ gilt mit der Matrix*

$$J_n = \begin{pmatrix} 0 & -E_n \\ E_n & 0 \end{pmatrix}.$$

Beweis: Man rechnet für eine Matrix dieser Gestalt nach

$$J_n A = J_n \cdot \begin{pmatrix} Z & W \\ -\overline{W} & \overline{Z} \end{pmatrix} = \begin{pmatrix} \overline{W} & -\overline{Z} \\ Z & W \end{pmatrix}$$

und

$$J_n A J_n^{-1} = \begin{pmatrix} \overline{W} & -\overline{Z} \\ Z & W \end{pmatrix} \cdot (-J_n) = \begin{pmatrix} \overline{Z} & \overline{W} \\ -W & Z \end{pmatrix} = \overline{A}$$

Falls umgekehrt für eine Matrix A die Gleichung $J_n A = \overline{A} J_n$ git, dann muss sie die angegebene Block-Gestalt haben. $\qquad \square$

Folgerung 3.17 *Die symplektische Gruppe $Sp(n)$ ist isomorph zur Gruppe*

$$\left\{ A \in GL(2n, \mathbb{C}) \mid A\overline{A}^T = E \quad \text{und} \quad J_n A J_n^{-1} = \overline{A} \right\} = SU(2n) \cap Sp(n, \mathbb{C}).$$

Dabei nennt man die durch die zweite Bedingung $J_n A J_n^{-1} = \overline{A}$ definierte Untergruppe $Sp(n, \mathbb{C}) \leq GL(2n, \mathbb{C})$ auch die komplexe symplektische Gruppe.

Übungsaufgaben

1. Man zeige, dass die beiden Gruppen $SO(2)$ und $U(1)$ isomorph zueinander sind.

2. Es sei $V \subset \mathbb{R}^n$ ein k-dimensionaler Unter-Vektorraum. Man zeige, dass die Menge aller orthogonalen (n, n)-Matrizen A mit $A \cdot V \subset V$ isomorph ist zur Untergruppe $O(k) \times O(n - k) \leq O(n)$, wobei das Produkt im Sinne von Block-Matrizen zu verstehen ist. Ferner zeige man, dass die Menge aller orthogonalen (n, n)-Matrizen A mit $A\mathbf{x} = \mathbf{x}$ für jedes $\mathbf{x} \in V$ isomorph ist zur Untergruppe $O(n - k) \leq O(n)$.

   Hinweis: Man betrachte das orthogonale Komplement $V^\perp$ von V,

3. Man zeige, dass die Gruppen $O(2n + 1)$ und $SO(2n + 1) \times O(1)$ isomorph sind für jedes $n \in N$. Gilt auch analog $U(2n + 1) \cong SU(2n + 1) \times U(1)$?

4. Man verifiziere die folgende Aussage in der Terminologie von Abschnitt 3.2:

   „Wenn man bereits weiß, daß eine orthogonale Transformation mit der Determinante 1 eine Drehung um eine gewisse durch den Anfangspunkt hindurchgehende Achse darstelle, wofür es in der Kinematik einen einfachen geometrischen Beweis gibt, so läßt sich die Euler-Cayleysche Parameterdarstellung wohl am einfachsten mit Hilfe der *Quaternionen* gewinnen. Bezeichnet man den Ortsvektor eines Punktes mit $\mathbf{x}$ und ist $\mathbf{a}$ ein vom Anfangspunkt ausgehender Einheitsvektor, so kann man zunächst für eine *Umwendung* um die Achse $\mathbf{a}$ (Drehung mit dem Winkel π) eine Formel aufstellen.[1] Offenbar ist

   $$\mathbf{a} \cdot \mathbf{x}^* = \mathbf{x} \cdot \mathbf{a}, \qquad \mathbf{a} \times \mathbf{x}^* = \mathbf{x} \times \mathbf{a}.$$

   Man braucht, um es einzusehen, nur an die Bedeutung des skalaren und des vektoriellen Produktes zweier Vektoren zu denken.

   Der Schritt zu den Quaternionen geschieht nun dadurch, daß man aus dem skalaren und vektoriellen Produkt die Verbindung[2]

   $$-(\mathbf{x} \cdot \mathbf{a}) + (\mathbf{x} \times \mathbf{a})$$

   bildet, sie als das *Quaternionenprodukt* von $\mathbf{x}$ und $\mathbf{a}$ (in dieser Reihenfolge) bezeichnet und dafür das Symbol $\mathbf{xa}$ einführt."   (G.Kowalewski, a.a.O., S. 22)

---

[1]Dabei bezeichnet $\mathbf{x}^*$ den gedrehten Ortsvektor.

[2]Der erste Summand ist der Realteil und der zweite der Imaginärteil.

5. Man beschreibe ganz allgemein und explizit den Übergang von Einheits-Quaternionen zu Drehmatrizen und umgekehrt.

   Hinweis: Für ein $q \in \mathbb{H}_1$, also $q = a + bi + cj + dk$ mit $a^2 + b^2 + c^2 + d^2 = 1$ bestimme man die drei Spalten der orthogonalen Matrix R_q. Diese drei Spalten entsprechen den rein imaginären Quaternionen $q \cdot i \cdot q^{-1}$, $q \cdot j \cdot q^{-1}$ und $q \cdot k \cdot q^{-1}$, vgl. Folgerung 3.14. Es ergibt sich die Matrix

$$\begin{pmatrix} 1 - 2(c^2 + d^2) & -2ad + 2bc & 2ac + 2bd \\ 2ad + 2bc & 1 - 2(b^2 + d^2) & -2ab + 2cd \\ -2ac + 2bd & 2ab + 2cd & 1 - 2(b^2 + c^2) \end{pmatrix}.$$

6. Aus dem Ergebnis von Aufgabe 5 verifiziere man die folgende Ausage: Der Drehwinkel der Drehmatrix R_q erfüllt die Gleichung $\cos\varphi = 2a^2 - 1 = 1 - 2(b^2 + c^2 + d^2)$. Insbesondere gilt: Falls $q \in \mathbb{H}_1$ rein imaginär ist (d.h. $a = 0$), dann ist R_q eine Drehmatrix mit dem Winkel π, und die Drehachse ist wegen $R_q(q) = q$ von q selbst aufgespannt.

   Hinweis: Die Spur einer Drehmatrix ist gleich $1 + 2\cos\varphi$, wenn φ der Drehwinkel ist. Dies folgt aus der Normalform für Drehmatrizen.

7. Man verifiziere die in Folgerung 3.14 verwendete Tatsache, dass die reellen Zahlen als Teilmenge der Quaternionen die einzigen Quaternionen sind, die mit allen anderen Quaternionen kommutieren hinsichtlich der Multiplikation.

8. Man stelle die Gruppentafel für die (nicht-kommutative) Multiplikation der Quaternionengruppe

$$Q_8 = \{\pm 1, \pm i, \pm j, \pm k\}$$

   auf und bestimme explizit einen surjektiven Gruppen-Homomorphismus auf die (multiplikative und kommutative) Kleinsche Vierergruppe $\{\pm 1, \pm x\}$ mit $x^2 = 1$.

9. Man zeige, dass die additive Gruppe $\mathbb{R}^2$ lokal, aber nicht global isomorph ist zur multiplikativen Gruppe aller Matrizen

$$\begin{pmatrix} e^{i\theta} & 0 \\ 0 & e^{i\phi} \end{pmatrix}$$

   mit $\theta, \phi \in \mathbb{R}$.

10. Man verifiziere die Rechenregel $\overline{AB}^T = \overline{B}^T \overline{A}^T$ für quadratische Matrizen über den Quaternionen.

11. Man zeige, dass die symplektische Gruppe $Sp(n)$ mit der Gruppe derjenigen $\mathbb{H}$-linearen Abbildungen von $\mathbb{H}^n$ nach $\mathbb{H}^n$ übereinstimmt, die das quaternionale Skalarprodukt

$$\langle \mathbf{x}, \mathbf{y} \rangle = x_1 \overline{y_1} + \cdots + x_n \overline{y_n}$$

   bewahren. Dabei bezeichnen x_i und y_i Quaternionen.

12. Man zeige, dass die Menge aller Diagonalmatrizen in $GL(n, \mathbb{K})$ eine Untergruppe bildet, die als abstrakte Gruppe zum n-fachen kartesischen Produkt von $\mathbb{K} \setminus \{0\}$ mit sich selbst isomorph ist.

13. Man zeige, dass die Menge aller Matrizen vom Typ $\lambda E + N$ mit $\lambda \in \mathbb{K} \setminus \{0\}$ und mit

$$
N = \begin{pmatrix}
0 & * & * & \cdots & * & * \\
0 & 0 & * & \cdots & * & * \\
0 & 0 & 0 & \cdots & * & * \\
\vdots & \vdots & & \ddots & & \vdots \\
0 & 0 & & \cdots & 0 & * \\
0 & 0 & & \cdots & 0 & 0
\end{pmatrix}
$$

eine Untergruppe von $GL(n, \mathbb{K})$ bildet, wobei das Symbol $*$ jeweils für irgendein Element von $\mathbb{K}$ steht. Motiviert ist dies dadurch, dass jeder Jordan-Block in der Jordanschen Normalform einer invertierbaren Matrix von diesem Typ ist.

14. Man zeige, dass die Menge aller komplexen (n, n)-Matrizen A mit $A^T \cdot A = E$ eine Untergruppe von $GL(n, \mathbb{C})$ bildet, die man die **komplexe orthogonale Gruppe** $O(n, \mathbb{C})$ nennt. Als Untergruppe davon haben wir die **spezielle komplexe orthogonale Gruppe** $SO(n, \mathbb{C}) := O(n, \mathbb{C}) \cap SL(n, \mathbb{C})$.

15. Man bestimme den Durchschnitt $O(n, \mathbb{C}) \cap U(n)$ sowie $SO(n, \mathbb{C}) \cap SU(n)$. Für $n \geq 2$ finde man eine Matrix in $O(n, \mathbb{C}) \setminus U(n)$ und eine Matrix in $U(n) \setminus O(n, \mathbb{C})$.

16. Man finde eine Orthonormalbasis des $\mathbb{C}$-Vektorraums $\mathbb{C}^2$ bezüglich des komplexen Skalarprodukts aus Definition 2.3, bei der kein Eintrag eines Vektors rein reell oder rein imaginär ist.

Kapitel 4

Vektorfelder und autonome Differentialgleichungen

Außer den schon genannten linearen Transformationsgruppen als Gruppen von invertierbaren Matrizen gibt es noch eine weitere, in der Naturwissenschaft ebenso wichtige, Motivation für die Ideen von Sophus Lie, und zwar die Wirkung von Punkt-Transformationen, die durch gewöhnliche Differentialgleichungen[1] beschrieben werden. Dies dient hier der Ergänzung der Theorie von Transformationsgruppen von der analytischen Seite her. Natürlich sind gewöhnliche Differentialgleichungen ein klassisches Thema. Unter dem Stichwort *Dynamische Systeme* has dieses Thema gerade in letzter Zeit wieder mehr Aktualität erfahren, auch im Hinblick auf die Astronomie sowie Satellitenbahnen und Bahnen von Raumschiffen im Weltraum. Für die weiteren Kapitel wird der Inhalt dieses Kapitels aber nicht direkt benötigt, man sollte das eher als einen Exkurs auffassen. Es geht dabei um nichtlineare Transformationsgruppen, die durch ein gegebenes Feld bestimmt werden, das man je nach Terminologie als Vektorfeld oder Strömung oder Fluss interpretieren kann. Zur genaueren Erläuterung beachten wir am besten einige Ausführungen von Gerhard Kowalewski, der aus eigenem Erleben spricht:

„Wir beginnen mit einer Betrachtung, bei der Sophus Lie in seinen Vorlesungen besonders gern verweilte. Der Anschaulichkeit halber verlegen wir sie in den gewöhnlichen Raum und bleiben ganz im Reellen. Es liege ein Geschwindigkeitsfeld vor, d.h. es sei jedem Punkte x, y, z des Raumes ein Geschwindigkeitsvektor zugeordnet, dessen Komponenten ξ, η, ζ somit gegebene Funktionen von x, y, z sind. Die Wirkung eines solchen Feldes soll darin bestehen, daß einem punktförmigen Körper, der in dieses Feld hineinversetzt ist, in jedem Augenblick die Geschwindigkeit aufgezwungen wird, die seinem Standort entspricht. Wenn er sich also zur Zeit t an der Stelle x, y, z befindet, so soll er die Geschwindigkeitskomponenten $\xi(x, y, z), \eta(x, y, z), \zeta(x, y, z)$ haben. Die Geschwindigkeitskomponenten sind aber die Ableitungen der Koordinaten nach der Zeit. Die Wirkung des Feldes spricht sich also in den Gleichungen

$$\frac{dx}{dt} = \xi(x, y, z), \quad \frac{dy}{dt} = \eta(x, y, z), \quad \frac{dz}{dt} = \zeta(x, y, z)$$

aus." (G.Kowalewski, a.a.O., S. 1)

---

[1]Zu grundlegenden Sachverhalten bei gewöhnlichen Differentialgleichungen (Existenz- und Eindeutigkeitssätze, Lösungsmethoden) vgl. man O.FORSTER, Analysis 2, §10.

Gemeint ist hierbei natürlich, dass man die Bewegung des Massenpunktes als eine differenzierbare Funktion der Zeit auffasst, also die Größen $\mathbf{x} = (x, y, z)$ als differenzierbare Funktionen des reellen Zeit-Parameters t. In Vektor-Schreibweise haben wir also $\mathbf{x}(t) = \big(x(t), y(t), z(t)\big)$, und nach dem oben Gesagten geht es um eine Lösung des autonomen Differentialgleichungssystems

$$\frac{d(x, y, z)}{dt} = \big(\xi, \eta, \zeta\big)\Big|_{(x(t), y(t), z(t))}$$

mit dem gegebenen Vektorfeld $V = (\xi, \eta, \zeta)$, in vektorieller Schreibweise also um eine Lösung der vektoriellen und autonomen Differentialgleichung erster Ordnung

$$\dot{\mathbf{x}} = \frac{d\mathbf{x}}{dt} = V(\mathbf{x}).$$

Zu den Lösungen und den zugehörigen Punkttransformationen führt Kowalewski weiter aus:

> „Lassen wir die Strömung während eines Zeitintervalles t laufen und bringen sie dann zum Stehen, so ist eine bestimmte Umlagerung der Flüssigkeitsteilchen eingetreten. Jedes Teilchen hat seinen Standort gewechselt. Befand es sich am Anfang des Zeitintervalles an der Stelle x, y, z, so wird es am Ende den Platz x', y', z' einnehmen. Die Endlage wird von der Anfangslage in bestimmter Weise abhängen, und auch t wird in dieser Abhängigkeit eine Rolle spielen, so daß wir schreiben können
>
> $$\begin{aligned} x' &= \phi(x, y, z, t), \\ y' &= \chi(x, y, z, t), \\ z' &= \psi(x, y, z, t). \end{aligned} \qquad (4.1)$$
>
> Für jeden Wert von t stellen die Gleichungen 4.1 eine Transformation dar, und zwar die Transformation, welche die Strömung im Laufe der Zeit t hervorbringt. Eine stationäre Strömung[2] erzeugt also ∞^1 Transformationen.[3]
>
> Diese aus der Strömung geborenen Transformationen haben eine wichtige Eigenschaft. Wenn man die Strömung während des Zeitintervalles t laufen läßt, entsteht die Transformation 4.1, die von x, y, z zu x', y', z' führt. Läßt man die Strömung nun noch während des Zeitintervalles τ weiterlaufen, so wird sich die Transformation
>
> $$\begin{aligned} x^* &= \phi(x', y', z', \tau), \\ y^* &= \chi(x', y', z', \tau), \\ z^* &= \psi(x', y', z', \tau) \end{aligned} \qquad (4.2)$$
>
> vollziehen. Nun ist aber klar, daß wir von x, y, z zu x^*, y^*, z^* dadurch gelangt sind, daß die Strömung während des Zeitintervalles $t + \tau$ losgelassen wurde. Es gelten also die folgenden Gleichungen:
>
> $$\begin{aligned} x^* &= \phi(x, y, z, t + \tau), \\ y^* &= \chi(x, y, z, t + \tau), \\ z^* &= \psi(x, y, z, t + \tau). \end{aligned} \qquad (4.3)$$

---

[2] Damit meint Kowalewski offensichtlich, dass die Differentialgleichung autonom ist, dass also das Vektorfeld (bzw. die Strömung) von t unabhängig ist.

[3] Zu dem Symbol ∞^r vegleiche man die betreffende Fußnote in Kapitel 1.

Wir können diesen Tatbestand bequemer beschreiben, wenn wir für die Transformation 4.1 das Symbol S_t einführen und die Gleichungen 4.1 in eine einzige symbolische Gleichung zusammenziehen

$$(x', y', z') = (x, y, z)S_t. \tag{4.4}$$

Diese symbolische Gleichung lautet in Worte übersetzt: Der Punkt (x', y', z') geht aus (x, y, z) durch die Transformation S_t hervor. Ebenso lassen sich die Gleichungen 4.2 durch

$$(x^*, y^*, z^*) = (x', y', z')S_\tau \tag{4.5}$$

ersetzen, und aus 4.4 und 4.5 folgt dann

$$(x^*, y^*, z^*) = (x, y, z)S_t S_\tau. \tag{4.6}$$

Andererseits können wir aber 4.3 schreiben

$$(x^*, y^*, z^*) = (x, y, z)S_{t+\tau}. \tag{4.7}$$

Aus 4.6 und 4.7 ist nun ersichtlich, daß der Punkt (x, y, z) in dieselbe Endlage gelangt, ob man ihn zuerst der Transformation S_t und dann noch der Transformation S_τ unterwirft oder auf ihn nur die Transformation $S_{t+\tau}$ wirken läßt. Für jeden Punkt (x, y, z) gilt die Gleichung

$$(x, y, z)S_t S_\tau = (x, y, z)S_{t+\tau}. \tag{4.8}$$

Man schreibt sie gewöhnlich unter Fortlassung von (x, y, z) in der Form

$$S_t S_\tau = S_{t+\tau}. \tag{4.9}$$

Sie sagt aus, daß die Aufeinanderfolge der beiden Transformationen S_t, S_τ gleichbedeutend ist mit der Transformation $S_{t+\tau}$." (G.Kowalewski, a.a.O., S. 4)

Damit wird das formuliert, was man in moderner Terminologie den **Fluss eines Vektorfeldes** nennt. Wenn ein stetig differenzierbares Vektorfeld V auf einem offenen Teil des $\mathbb{R}^n$ gegeben ist, dann ist die vektorielle Differentialgleichung

$$\dot{\mathbf{x}} = \frac{d\mathbf{x}}{dt} = V(\mathbf{x})$$

lokal eindeutig lösbar durch eine Lösung $\mathbf{x}(t)$, wenn man zusätzlich eine sogenannte *Anfangsbedingung* $\mathbf{x}(0) = \mathbf{y}_0$ vorgibt. Genauer existiert dann ein $\varepsilon > 0$ und eine stetig differenzierbare Abbildung $\mathbf{x}^{(0)}\colon (-\varepsilon, +\varepsilon) \to \mathbb{R}^n$ mit $\frac{d\mathbf{x}^{(0)}(t)}{dt} = V(\mathbf{x}^{(0)}(t))$ für alle t mit $(-\varepsilon < t < +\varepsilon)$ und mit $\mathbf{x}^{(0)}(0) = \mathbf{y}_0$. Der (nur lokal definierte) **Fluss** Φ von V ist nun durch

$$\Phi(t, \mathbf{y}_0) = \mathbf{x}^{(0)}(t)$$

erklärt. Mit der Bezeichnung $\mathbf{y}_1 = \mathbf{x}^{(0)}(t_1)$ gibt es dann analog eine zweite Lösung $\mathbf{x}^{(1)}\colon (-\delta, +\delta) \to \mathbb{R}^n$ mit der Anfangsbedingung $\mathbf{x}^{(1)}(0) = \mathbf{y}_1$. Also haben wir

$$\Phi(t, \mathbf{y}_1) = \mathbf{x}^{(1)}(t).$$

Wegen der Eindeutigkeit der Lösung gilt $\mathbf{x}^{(0)}(t + t_1) = \mathbf{x}^{(1)}(t)$ und folglich

$$\Phi(t + t_1, \mathbf{y}_0) = \Phi(t, \mathbf{y}_1) = \Phi(t, \Phi(t_1, \mathbf{y}_0))$$

für alle Parameter t, t_1, für die beide Seiten definiert sind.

Definition 4.1 (Dynamisches System, Flusslinien, Trajektorien)
Ein **dynamisches System** ist eine Menge X zusammen mit einem Parameterbereich I (dieser kann z.B. ein reelles Intervall sein mit $0 \in I$ oder auch die natürlichen Zahlen einschließlich der Null) und einer Abbildung $\Phi \colon I \times X \to X$, derart, dass gilt

1. $\Phi(0, x) = x$ für alle $x \in X$

2. $\Phi(t + s, x) = \Phi\big(t, \Phi(s, x)\big)$ für alle $x \in X$, $\Phi(s, x) \in X$ und $t, s, t + s \in I$.

Falls I ein reelles Intervall ist, spricht man von einem **kontinuierlichen dynamischen System** und auch von dem **Fluss** in dem Phasenraum mit den **Flusslinien** oder **Trajektorien**, die durch die Kurven $\{\Phi(t, x) \mid t \in I\}$ für festes x bestimmt werden. Die Vorstellung ist, dass im Laufe der Zeit $t \in I$ der Punkt x in die Position wandert, die durch $\Phi(t, x)$ bestimmt wird, wobei jeweils $t = 0$ der ursprünglichen Position entspricht bzw. der Ruhelage.

Falls I aus den Zahlen $0, 1, 2, \dots$ besteht, spricht man von einem **diskreten dynamischen System** mit den sozusagen schrittweisen Bewegungen von Punkten

$$\begin{aligned}
&x_0 \\
&x_1 = \Phi(1, x_0) \\
&x_2 = \Phi(1, x_1) = \Phi(2, x_0) \\
&x_3 = \Phi(1, x_2) = \Phi(2, x_1) = \Phi(3, x_0) \\
&\vdots
\end{aligned}$$

So wie Kowalewski das Symbol S_t eingeführt hat, beschreibt die Gesamtheit aller dieser S_t genau einen solchen Fluss. und die Aussage dessen, was Kowalewski oben beschrieben hat (für den 3-dimensionalen reellen Raum und ohne Voraussetzungen an Stetigkeit oder Differenzierbarkeit der Strömung zu erwähnen), kann man in moderner Terminologie mit dem Wort *Fluss* statt *Strömung* wie folgt formulieren:

Satz 4.2 (Fluss eines Vektorfeldes)
Jedes stetig differenzierbare Vektorfeld V auf einer offenen Teilmenge des $\mathbb{R}^n$ bestimmt eindeutig einen lokal definierten **Fluss** *Φ, der jedem Punkt $\mathbf{x}_0$ im Definitionsbereich von V und jedem Parameter t in einer gewissen Umgebung von $t = 0$ den Punkt $\mathbf{x}(t)$ zuordnet, wobei $\mathbf{x}(t)$ die eindeutig bestimmte Lösungskurve der vektoriellen Differentialgleichung $\dot{\mathbf{x}} = \frac{d\mathbf{x}}{dt} = V(\mathbf{x})$ mit der Anfangsbedingung $\mathbf{x}(0) = \mathbf{x}_0$ ist. Die Flusslinien heißen auch* **Integralkurven des Vektorfeldes**, *weil sie sich durch die Lösung einer Differentialgleichung ergeben und weil man das Lösen von Differentialgleichungen auch als Integrieren bezeichnet.*

Die Eindeutigkeit und die Existenz der Lösung ergeben sich aus dem bekannten Satz von Picard-Lindelöf, s. O. Forster, Analysis 2, §10. Die lokale Lipschitz-Bedingung ist wegen der stetigen Differenzierbarkeit von V stets erfüllt, und V selbst ist von dem Parameter t unabhängig (sogenannte **autonome Differentialgleichung**).

„Man nennt die Transformationenschar 4.1, weil sie diese Eigenschaft 4.9 besitzt, eine *Gruppe*.[4] t ist der *Parameter* der Gruppe. Die einzelnen Transformationen der Gruppe werden durch die verschiedenen Werte dieses Parameters gekennzeichnet. Weil nur ein einziger Parameter vorhanden ist, spricht man von einer *eingliedrigen* Gruppe. Die aus einer Strömung geborenen Transformationen bilden also eine eingliedrige Gruppe.

Die Hintereinanderschaltung zweier Transformationen bezeichnet man auch als *Zusammensetzung* oder *Multiplikation* (Produktbildung). $S_t S_\tau$ ist aus S_t und S_τ zusammengesetzt, ist das *Produkt* aus S_t und S_τ. Formel 4.9 enthält das *Multiplikationsgesetz* oder die *Zusammensetzungsregel* für die Transformationen der Gruppe 4.1. Sie besagt, daß sich also beim Zusammensetzen zweier Transformationen der Gruppe die Parameterwerte addieren, eine besonders einfache Multiplikationsregel.

Da $t + \tau$ bei Vertauschung von t und τ ungeändert bleibt, ist das Produkt $S_t S_\tau$ kommutativ. Die Gruppe 4.1 ist also, wie man zu sagen pflegt, eine *Abelsche Gruppe*. Sie besteht aus lauter vertauschbaren Transformationen.

Wir wollen noch eine Eigenschaft der Gruppe 4.1 hervorhoben. Die Transformation S_t entstand dadurch, daß wir die Strömung, aus der die Gruppe 4.1 gewonnen wurde, während des Zeitintervalles t laufen ließen. Setzen wir nun $t = 0$, so bleiben alle Punkte (x, y, z) an ihren Plätzen, wir erhalten die identische Transformation oder, kürzer gesagt, die *Identität*. S_0 ist also die Identität. Da nun nach 4.9

$$S_t S_{-t} = S_{t-t} = S_0$$

ist, so hat S_{-t} die Eigenschaft, den Punkt (x', y', z'), der aus (x, y, z) durch S_t hervorgeht, wieder nach (x, y, z) zurückzuführen. Die obige Gleichung lautet nämlich in ausführlicher Schreibung

$$(x, y, z)S_t S_{-t} = (x, y, z)S_{t-t} = (x, y, z)$$

oder nach 4.5

$$(x', y', z')S_{-t} = (x, y, z).$$

Diese die Wirkung von S_t aufhebende Transformation S_{-t} bezeichnet man als die *Umkehrung* von S_t oder als die zu S_t *inverse* Transformation. Für die Identität braucht man gewöhnlich das Symbol 1, weil sie als Faktor in einem Produkt von Transformationen ebenso wirkungslos ist, wie die Zahl 1 in einem Produkt von Zahlen. Unter Benutzung dieses Symbols für die Identität läßt sich die Beziehung zwischen S_t und S_{-t} in der Form schreiben

$$S_t S_{-t} = 1.$$

Man wird hiernach verstehen, daß sich für die Umkehrung von S_t die Bezeichnung S_t^{-1} eingebürgert hat. Zusammenfassend können wir sagen, daß in der Gruppe 4.1 nicht nur die Identität, sondern auch zu jeder Transformation ihre Umkehrung enthalten ist. Die Transformationen der Gruppe *ordnen sich*, wie Lie zu sagen pflegte, *paarweise als inverse zusammen.* “ (G.Kowalewski, a.a.O., S. 6)

---

[4]Gemeint ist das, was wir heute eine „lokale Gruppe“ nennen würden.

Der Altmeister selbst formuliert denselben Sachverhalt wie folgt:

„**Theorem 6.** *Enthält eine eingliedrige Gruppe*

$$x_i' = f(x_1, \dots, x_n, a) \qquad (i = 1, \dots, n)$$

die identische Transformation, so sind ihre Transformationen unter einander vertauschbar und ordnen sich paarweise als inverse zusammen. Jede eingliedrige Gruppe dieser Art ist mit einer Gruppe von Translationen

$$y_1' = y_1, \ \dots, \ y_{n-1}' = y_{n-1}, \ y_n' = y_n + t$$

ähnlich.[5]“   (S.Lie, a.a.O., Band 1, S. 49)

Folgerung und Definition 4.3 (1-Parametergruppe von Punkt-Transformationen)
Wenn der Definitionsbereich $\Omega \subset \mathbb{R}^n$ *des Vektorfeldes* V *und das Vektorfeld selbst so beschaffen sind, dass der Fluss für* **alle** *Parameter* $t \in \mathbb{R}$ *und* **alle** *Punkte* $x \in \Omega$ *definiert ist, dann beschreibt* Φ *nichts anderes als die Wirkung der additiven Gruppe* $(\mathbb{R}, +)$ *auf* X *durch*

$$t \cdot x = \Phi_t(x) = \Phi(t, x).$$

Jedem $t \in \mathbb{R}$ *wird die (globale) Punkt-Transformation* $\Phi_t \colon \Omega \to \Omega$ *zugeordnet, die durch* $\Phi_t(x) = \Phi(t, x)$ *erklärt ist. Die Eigenschaften der Gruppen-Operation gemäß Definition 1.1 sind dann genau die beiden Gleichungen*

     1. $\ 0 \cdot x = \Phi(0, x) = x \ $ *bzw.* $\ \Phi_0 = Id$

     2. $\ t \cdot (s \cdot x) = \Phi(t, \Phi(s, x)) = \Phi(t + s, x) = (t + s) \cdot x \ $ *bzw.* $\ \Phi_t \circ \Phi_s = \Phi_{t+s}$.

Man nennt die Familie aller Φ_t *eine* **1-Parametergruppe von Punkt-Transformationen** *von* X *auf sich und schreibt* $(\Phi_t)_{t \in \mathbb{R}}$ *dafür. In der Sprache von Lie ist das eine eingliedrige (global definierte) Gruppe. Unter diesen Bedingungen heißt ein solches Vektorfeld* V *auch* **vollständig**.

Als kommutatives Diagramm erhält man dann folgendes:

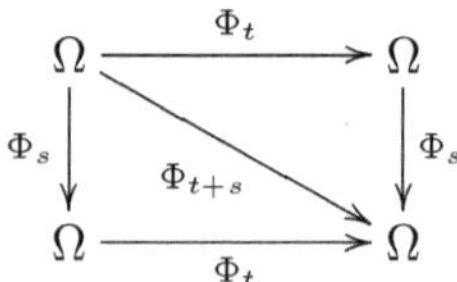

Wenn das Vektorfeld nicht vollständig ist, dann kann man jedenfalls den Fluss Φ_t als eine *lokale 1-Parametergruppe* von Punkt-Transformationen auffassen, analog zu Definition 3.8. Dies ist jedenfalls in einer gewissen Umgebung jedes Punktes möglich. Das Einselement ist in jedem Fall die Identität, die zum Parameter $t = 0$ gehört.

---

[5] Das bedeutet hier in moderner Terminologie *isomorph* bzw. *lokal isomorph*. Man vergleiche den Begriff der 1-Parameter-Untergruppe weiter unten oder in 6.14.

Beispiele 4.4 1. Ein konstantes Vektorfeld V auf dem $\mathbb{R}^n$ ist vollständig und induziert den Fluss $\Phi_t(\mathbf{x}) = \mathbf{x} + tV$. Die Bedingungen in der obigen Definition sind leicht verifiziert. Jedes Φ_t einzeln ist eine Translation, und das Vektorfeld V kann man als eine *infinitesimale Translation* deuten.

Als Differentialgleichung geschrieben haben wir $Y' = V$, also $Y(t) = \mathbf{x}_0 + tV$. Dabei ist $\mathbf{x}_0 = Y(0)$ die Anfangsbedingung. Die Differenz zu dem Ausdruck für Φ_t ist jedenfalls von t unabhängig. Das betrifft nur verschiedene Anfangsbedingungen.

2. Ein lineares Vektorfeld V lässt sich als $V(\mathbf{x}) = A \cdot \mathbf{x}$ schreiben mit einer konstanten Matrix A. Dann ist $Y' = A \cdot Y$ ein homogenes lineares Differentialgleichungssystem mit konstanten Koeffizienten. Es ist bekannt, dass man eine Lösung mit der Anfangsbedingung $Y(0) = Y_0$ durch den Exponentialreihenansatz $Y(t) = \exp(tA) \cdot Y_0$ beschreiben kann. Wir diskutieren die Exponentialreihe genauer in Kapitel 6. Jedenfalls ist auch der Fluss durch solch einen Ausdruck gegeben: $\Phi_t(\mathbf{x}) = \exp(tA) \cdot \mathbf{x}$. Es ergibt sich $\Phi_0 = id$ durch $\exp(0) = E$ sowie die Regel $\Phi_t \circ \Phi_s = \Phi_{t+s}$ durch das sogenannte Exponentialgesetz. Ferner gilt $\frac{d}{dt}\big|_{t=0} \Phi_t(\mathbf{x}) = A \cdot \mathbf{x} = V(\mathbf{x})$.

3. Konkret gilt für $A = E$, dass die Exponentialreihe rein skalar interpretiert werden kann, also $\exp(tA) = \exp(tE) = (\exp t)E = e^t E$. Der Fluss ist dann also gegeben durch $\Phi_t(\mathbf{x}) = e^t\mathbf{x}$. Jede Flusslinie durch $\mathbf{x} \neq \mathbf{0}$ ist eine Halbgerade in positiver $\mathbf{x}$-Richtung, logarithmisch parametrisiert. Im Spezialfall $\mathbf{x} = \mathbf{0}$ besteht die Flusslinie nur aus einem einzigen Punkt (also hat Φ_t dort einen Fixpunkt).

4. Bei nichtlinearen Differentialgleichungen bzw. nichtlinearen Vektorfeldern sind explizite Lösungen schwieriger zu erhalten. In der Dimension $n = 1$ kann man aber die bekannte Methode der Trennung der Variablen auf alle autonomen Differentialgleichungen vom Typ $y' = F(y)$ anwenden. Der Fluss ist dann in den meisten Fällen nicht mehr global definiert.

   Ein Beispiel: $y' = e^{-y}$. Für jede Lösung $y(t)$ gilt dann $\frac{dy}{dt} = e^{-y}$ und folglich für die Umkehrfunktion $t = t(y)$

$$\frac{dt}{dy} = e^y,$$

   also

$$t(y) = \int_{y_0}^{y} e^x dx = e^y - e^{y_0}$$

   mit einem gewissen Anfangswert y_0. Die Gleichung $t = e^y - e^{y_0}$ kann man dann nach y auflösen durch $y(t) = \log(t + e^{y_0})$. Für den Fluss Φ_t benötigen wir die Anfangsbedingung $\Phi_0(y) = y$, also $\Phi_t(y) = \log(t + e^y)$. Der Fluss ist also nur auf der maximalen offenen Teilmenge $\{(t,x) \mid t > -e^y\}$ definiert und geht am Rand, d.h. im Grenzwert $t \to -e^y$, nach $-\infty$. Aber für jedes $y_0 \in \mathbb{R}$ gibt es ein $\varepsilon > 0$, so dass der Fluss für jedes (t, y) definiert ist mit $|t| < \varepsilon$ und $|y - y_0| < \varepsilon$.

5. Einen global definierten Fluss erhält man dann, wenn die rechte Seite der Differentialgleichung beschränkt ist. Ein Beispiel dazu: $y' = 1/\cosh y$. Für jede Lösung $y(t)$ gilt dann $\frac{dy}{dt} = 1/\cosh(y)$ und folglich für die Umkehrfunktion $t = t(y)$

$$\frac{dt}{dy} = \cosh(y),$$

also

$$t(y) = \int_{y_0}^{y} \cosh x\, dx = \sinh y - \sinh y_0$$

mit einem gewissen Anfangswert y_0. Die Gleichung $t = \sinh y - \sinh y_0$ kann man dann nach y auflösen durch $y(t) = \operatorname{arsinh}(t + \sinh y_0)$. Für den Fluss Φ_t benötigen wir die Anfangsbedingung $\Phi_0(y) = y$, also $\Phi_t(y) = \operatorname{arsinh}(t+\sinh y)$. Diese Funktion ist für alle y und alle t definiert, wir haben also eine globale 1-Parametergruppe $(\Phi_t)_{t \in \mathbb{R}}$ von Transformationen bzw. einen global definierten Fluss.

Man beachte, dass die Differentialgleichung nicht linear ist und dass auch der Fluss nichts mit Linearität zu tun hat. Dennoch ist die Transformationsgruppe Φ_t isomorph zu einer lineare Gruppe, nämlich isomorph zu der Gruppe der reellen Zahlen mit der Addition. Von der Seite der Gruppen her betrachtet, ist dies (also eine 1-Parametergruppe) der einfachste nicht-triviale Fall.

6. Eine 2-Parametergruppe erhalten wir zum Beispiel durch zwei verschiedene Differentialgleichungen, wobei die beiden Flüsse miteinander kommutieren. Als ein konkretes Beispiel betrachten wir zwei Systeme gewöhnlicher linearer Differentialgleichungen $Y' = A \cdot Y$ und $Y' = B \cdot Y$ mit konstanten Koeffizienten, wobei

$$A = \begin{pmatrix} 0 & 1 & 0 \\ 0 & 0 & 1 \\ 0 & 0 & 0 \end{pmatrix}, \quad B = \begin{pmatrix} 0 & 0 & 1 \\ 0 & 0 & 0 \\ 0 & 0 & 0 \end{pmatrix}.$$

Die zugehörigen Flüsse sind Φ_t und Ψ_s mit

$$\Phi_t \begin{pmatrix} x \\ y \\ z \end{pmatrix} = \begin{pmatrix} 1 & t & \frac{t^2}{2} \\ 0 & 1 & t \\ 0 & 0 & 1 \end{pmatrix} \cdot \begin{pmatrix} x \\ y \\ z \end{pmatrix}$$

$$\Psi_s \begin{pmatrix} x \\ y \\ z \end{pmatrix} = \begin{pmatrix} 1 & 0 & s \\ 0 & 1 & 0 \\ 0 & 0 & 1 \end{pmatrix} \cdot \begin{pmatrix} x \\ y \\ z \end{pmatrix}$$

Diese beiden Flüsse kommutieren miteinander, wie aus dem folgenden kommutativen Diagram sichtbar wird:

$$\begin{pmatrix} x \\ y \\ z \end{pmatrix} \xrightarrow{\Phi_t} \begin{pmatrix} x + ty + \frac{t^2}{2}z \\ y + tz \\ z \end{pmatrix}$$

$$\Psi_s \downarrow \qquad\qquad\qquad \downarrow \Psi_s$$

$$\begin{pmatrix} x + sz \\ y \\ z \end{pmatrix} \xrightarrow{\Phi_t} \begin{pmatrix} x + sz + ty + \frac{t^2}{2}z \\ y + tz \\ z \end{pmatrix}$$

In der Terminologie von Lie haben wir hier also eine 2-gliedrige Transformationgruppe, die isomorph zum $\mathbb{R}^2 = \{(t,s) \mid t,s \in \mathbb{R}\}$ ist. Insbesondere ist sie kommutativ (abelsch). Auch hier ist zwar das Differentialgleichungssystem linear, die Flüsse sind aber keineswegs linear in s bzw. t. Dennoch ist die Gruppe isomorph zu einer linearen Gruppe, nämlich der Gruppe aller Translationen des $\mathbb{R}^2$ (vgl. den folgenden Abschnitt über die affine Gruppe, insbesondere Folgerung 5.5).

Kapitel 5

Gruppen von geometrischen Transformationen

Unter geometrischen Transformationen verstehen wir hier solche, die eine bestimmte geometrische Struktur bewahren. Dabei denken wir primär an solche Geometrien, die auf dem $\mathbb{R}^n$ oder $\mathbb{C}^n$ oder gewissen Teilräumen davon definiert sind. Und nicht immer sind solche Transformationsgruppen a priori als Matrizengruppen gegeben. Das gilt z.B. für die Gruppe aller Translationen des $\mathbb{R}^n$, also gewissermaßen für den $\mathbb{R}^n$ selbst als additive abelsche Gruppe. Man kann solche Transformationsgruppen aber, falls das gewünscht wird, in dazu isomorphe Matrizengruppen verwandeln.

Das Ur-Beispiel ist natürlich unser 3-dimensionaler Anschauungsraum selbst mit den aus der Anschauung bekannten Transformationen (z.B. Drehungen, Verschiebungen, Scherungen, Spiegelungen). Er besteht aus der Punktmenge des $\mathbb{R}^3$ ohne einen ausgezeichneten Ursprung. Man sagt auch *reeller affiner 3-dimensionaler Raum* dazu. Sodann trägt der euklidische Raum die euklidische Geometrie, die durch das euklidische Skalarprodukt zwischen Richtungsvektoren erklärt wird. Die euklidische Geometrie verwendet dann solche Begriffe wir Orthogonalität, Winkel, Abstände, Längen von Vektoren usw. Die euklidische Gruppe ist dann diejenige Gruppe, die auf dem Raum durch invertierbare Transformationen operiert und die euklidische Geometrie bewahrt.

Wenn man sich umgekehrt vorstellt, dass eine Gruppe gegeben ist, die auf dem 3-dimensionalen Anschauungsraum wirkt (oder auch auf einem höherdimensionalen Raum mit geeigneten reellen oder komplexen Koordinaten), dann kann man versuchen, diese als Gruppe von *geometrischen Transformationen* dadurch aufzufassen, dass man die betreffende Geometrie von der Gruppe her entwickelt. Diese Idee wurde zuerst in dem berühmten *Erlanger Programm* von Felix Klein (25.4.1849–22.6.1925) bei seiner Antrittsvorlesung als Professor an der Universität Erlangen im Jahre 1872 formuliert:[1]

„Es ist eine Mannigfaltigkeit und in derselben eine Transformationsgruppe gegeben; Man soll die der Mannigfaltigkeit angehörigen Gebilde hinsichtlich solcher Eigenschaften untersuchen, die durch die Transformationen der Gruppe nicht geändert werden."

---

[1] F.Klein, *Das Erlanger Programm*, Ostwalds Klassiker der exakten Wissenschaften, Akad. Verlagsges. Leipzig 1974, S.34

5.1   Die affine Gruppe

Definition 5.1 (reeller affiner Raum, reelle affine Gruppe)
Der reelle n-dimensionale affine Raum $\mathbb{A}^n$ ist erkärt als die Punktmenge des $\mathbb{R}^n$ zusammen mit der zweistelligen Verknüpfung $\mathbb{A}^n \times \mathbb{A}^n \to \mathbb{R}^n$, die je zwei Punkten P, Q den Verbindungsvektor $\overrightarrow{PQ}$ als Differenz $\overrightarrow{PQ} = Q - P$ zuordnet. Wir unterscheiden also zwischen Punkten einerseits und Vektoren andererseits, wenngleich beide als Elemente des $\mathbb{R}^n$ agesehen werden können. Es gelten dann die beiden folgenden Gesetze:

1. $\overrightarrow{PQ} + \overrightarrow{QR} = \overrightarrow{PR}$ für alle $P, Q, R \in \mathbb{A}^n$

2. Für jeden Punkt $P \in \mathbb{A}^n$ und jeden Vektor $X \in \mathbb{R}^n$ gibt es einen eindeutigen Punkt $Q \in \mathbb{A}^n$ mit $X = \overrightarrow{PQ}$.

Die reelle affine Gruppe $A(n, \mathbb{R})$ ist dann erklärt als die Gruppe, die von allen Translationen $T_B \colon \mathbb{A}^n \to \mathbb{A}^n$ mit einem festen Verbindungsvektor $B = \overrightarrow{PT_B(P)}$ (für alle P) sowie der allgemeinen linearen Gruppe $GL(n, \mathbb{R})$ erzeugt wird, die auf dem $\mathbb{R}^n$ in der üblichen Weise operiert (mit festgehaltenem Ursprung). Man kann sagen, dass $GL(n, \mathbb{R})$ auch auf den Richtungsvektoren operiert, während die Translationen nur auf den Punkten operiert und alle Richtungen fest lassen. Die Elemente der affinen Gruppe heißen **affine Transformationen** oder auch **Affinitäten**.

Analog ist der komplexe affine Raum erklärt, wobei man nur den $\mathbb{R}^n$ durch den $\mathbb{C}^n$ ersetzt. Die Terminologie ist so gewählt, dass auch abstrakte affine Räume damit erfasst werden, deren Punktmenge nicht a priori mit dem $\mathbb{K}^n$ identifiziert werden kann. Im $\mathbb{K}^n$ aber können wir auch schreiben $P + \overrightarrow{PQ} = Q$, ohne Missverständnisse befürchten zu müssen (wenngleich in einem abstrakten affinen Raum eine solche Addition zwischen Punkten und Vektoren eigentlich nicht als Summe erklärt ist, sondern als eine Art Endpunktabbildung).

Vom praktischen Standpunkt sind affine Transformationen gerade diejenigen Abbildungen F des $\mathbb{R}^n$ bzw. $\mathbb{C}^n$ auf sich, die sich durch

$$F(\mathbf{x}) = A\mathbf{x} + \mathbf{b}$$

beschreiben lassen mit einer festen invertierbaren $(n \times n)$-Matrix A und einem festen Spaltenvektor $\mathbf{b}$. Dabei steht $\mathbf{x}$ für einen variablen Spaltenvektor.

Zur Erinnerung: In allgemeinerem Kontext werden analog Abbildungen $F \colon \mathbb{K}^n \to \mathbb{K}^m$ mit $F(\mathbf{x}) = A\mathbf{x} + \mathbf{b}$ betrachtet, z.B. bei der Lösung von linearen Gleichungssystemen. Das Urbild eines festen Punktes unter F ist dann offenbar die Lösungsmenge eines linearen Gleichungssystems, also ein affiner Unterraum des $\mathbb{K}^n$. Bei einer affinen Transformation im obigen Sinne ist die Matrix A stets invertierbar, also hat dieses lineare Gleichungssystem dann immer genau eine Lösung.

Definition 5.2 (affine Gruppe)
Die **affine Gruppe** $A(n, \mathbb{K})$ über $\mathbb{K}$ ist erklärt als die Menge der Abbildungen $F \colon \mathbb{K}^n \to \mathbb{K}^n$, die sich durch $F(\mathbf{x}) = A\mathbf{x} + \mathbf{b}$ beschreiben lassen mit $A \in GL(n, \mathbb{K})$ und $\mathbf{b} \in \mathbb{K}^n$. Die **Translationen** sind dabei jene Elemente, bei denen A die Identität (oder Einheitsmatrix) ist. Es ist $GL(n, \mathbb{K})$ eine Untergruppe von $A(n, \mathbb{K})$, nämlich alle Abbildungen mit $\mathbf{b} = \mathbf{0}$. Die Identität selbst ist mit $A = E$ und $\mathbf{b} = \mathbf{0}$ mit dabei, und das inverse Element von $F(\mathbf{x}) = \mathbf{y}$ kann man als $\mathbf{x} = F^{-1}(\mathbf{y}) = A^{-1}\mathbf{y} - A^{-1}\mathbf{b}$ berechnen.

Die affine Gruppe ist nicht als Gruppe von Matrizen gegeben. Folglich ist sie auch keine lineare Gruppe im Sinne von Definition 3.6, und wir können z.B. die Exponentialabbildung und den Logarithmus aus Kapitel 6 darauf zunächst nicht anwenden. Mit dem folgenden Trick können wir sie aber als Untergruppe von $GL(n+1, \mathbb{K})$ auffassen.

Lemma 5.3 (affine Gruppe als lineare Gruppe)
Jedem Element $F \in A(n, \mathbb{K})$ mit einer (n, n)-Matrix A und einem Vektor $\mathbf{b}$ können wir die $(n+1, n+1)$-Matrix

$$J(F) = \left(\begin{array}{c|c} A & \mathbf{b} \\ \hline 0 & 1 \end{array} \right) = \begin{pmatrix} a_{11} & \cdots & a_{1n} & b_1 \\ \vdots & \ddots & \vdots & \vdots \\ a_{n1} & \cdots & a_{nn} & b_n \\ 0 & \cdots & 0 & 1 \end{pmatrix}$$

zuordnen. Die so definierte Abbildung

$$J \colon A(n, \mathbb{K}) \to GL(n+1, \mathbb{K})$$

ist ein injektiver Gruppenhomomorphismus, und das Bild von J ist topologisch abgeschlossen. Also können wir vermöge dieser Abbildung die affine Gruppe auch als ihr Bild unter J, also als eine Untergruppe von $GL(n+1, \mathbb{K})$ und damit als eine lineare Gruppe auffassen. Es operiert dann F auf einem Spaltenvektor $\mathbf{x} \in \mathbb{K}^n$ genau so wie $J(F)$ auf dem erweiterten Spaltenvektor $\begin{pmatrix} \mathbf{x} \\ 1 \end{pmatrix} \in \mathbb{K}^{n+1}$ durch

$$J(F) \begin{pmatrix} \mathbf{x} \\ 1 \end{pmatrix} = \left(\begin{array}{c|c} A & \mathbf{b} \\ \hline 0 & 1 \end{array} \right) \begin{pmatrix} \mathbf{x} \\ 1 \end{pmatrix} = \begin{pmatrix} A\mathbf{x} + \mathbf{b} \\ 1 \end{pmatrix} = \begin{pmatrix} F(\mathbf{x}) \\ 1 \end{pmatrix}.$$

Beweis: Die Injektivität von J ist offensichtlich, weil alle Einträge der Matrix A und des Vektors $\mathbf{b}$ ungeändert in der Matrix $J(F)$ stehen. Ebenso ist klar, dass die Bildmenge von J abgeschlossen ist. Wir müssen nur die Gleichung $J(F_1 \circ F_2) = J(F_1) \cdot J(F_2)$ zeigen. Es gilt aber

$$\left(\begin{array}{c|c} A_1 & \mathbf{b}_1 \\ \hline 0 & 1 \end{array} \right) \cdot \left(\begin{array}{c|c} A_2 & \mathbf{b}_2 \\ \hline 0 & 1 \end{array} \right) = \left(\begin{array}{c|c} A_1 \cdot A_2 & A_1\mathbf{b}_2 + \mathbf{b}_1 \\ \hline 0 & 1 \end{array} \right),$$

und auf der rechten Seite steht genau die Matrix, die der Transformation $F_1 \circ F_2$ durch J zugeordnet wird, denn es gilt

$$F_1(F_2(\mathbf{x})) = F_1(A_2\mathbf{x} + \mathbf{b}_2) = A_1(A_2\mathbf{x} + \mathbf{b}_2) + \mathbf{b}_1 = (A_1 \cdot A_2)\mathbf{x} + (A_1\mathbf{b}_2 + \mathbf{b}_1)$$

für alle $\mathbf{x}$. $\qquad\square$

Bemerkung 5.4 Als affine Geometrie kann man (durchaus im Sinne des Erlanger Programms von Felix Klein) alle diejenigen geometrischen Eigenschaften und Sachverhalte ansehen, die unter dieser affinen Gruppe invariant bleiben. Zum Beispiel überführt jedes Gruppenelement affin unabhängige Punkte in ebensolche, und eine affine Basis wird in eine affine Basis abgebildet, und es werden die affinen (oder baryzentrischen) Koordinaten von Punkten bezüglich einer solchen Basis bewahrt. Ebenso werden affine Unterräume in affine Unterräume derselben Dimension abgebildet, und die Kollinearität von Punkten wird bewahrt. Die Translationen werden auch als *Parallelverschiebungen* bezeichnet. Sie bilden eine Untergruppe. Zu diesem Thema vergleiche man G. FISCHER, Analytische Geometrie, Kap. 1.

Folgerung 5.5 (Die Gruppe der Translationen als Matrizengruppe)
Insbesondere erhält man in dieser Weise den $\mathbb{R}^n$ bzw. $\mathbb{C}^n$ selbst als Matrizengruppe, weil es sich ja um eine Untergruppe der affinen Gruppe handelt. Man muss dazu nur in Lemma 5.3 die Matrix $A = E$ wählen. Dann ergibt sich als Produkt von Matrizen

$$\left(\begin{array}{c|c} E & \mathbf{b}_1 \\ \hline 0 & 1 \end{array}\right) \cdot \left(\begin{array}{c|c} E & \mathbf{b}_2 \\ \hline 0 & 1 \end{array}\right) = \left(\begin{array}{c|c} E & \mathbf{b}_2 + \mathbf{b}_1 \\ \hline 0 & 1 \end{array}\right),$$

also wird gewissermaßen die gewöhnliche Addition von Vektoren im $\mathbb{K}^n$ als Matrizenprodukt interpretiert. Weil diese Addition kommutativ ist, erhalten wir als $J(\mathbb{K}^n)$ somit eine n-dimensionale abelsche Untergruppe von $GL(n+1,\mathbb{K})$, die isomorph zu $(\mathbb{K}^n,+)$ ist.

Bemerkung 5.6 Eine Gerade im affinen Raum kann man durch die sogenannte *Punkt-Richtungsform* beschreiben als $g = \{P + t\overrightarrow{PQ} \mid t \in \mathbb{R}\}$, wobei P ein fest gewählter Punkt auf der Gerade ist und $X = \overrightarrow{PQ}$ ein fest gewählter Richtungsvektor. Zwei verschiedene solche Geraden g_1, g_2 können sich in einem Punkt schneiden, und jede affine Transformation bewahrt diese Situation. Ebenso werden zwei parallele Geraden in der reellen Ebene (mit zwei linear abhängigen Richtungsvektoren $X_1 = aX_2, a \neq 0$) in zwei parallele Geraden überführt. Ein Quadrat geht somit im Allgemeinen in ein Parallelogramm über, vgl. Bild 5.1.

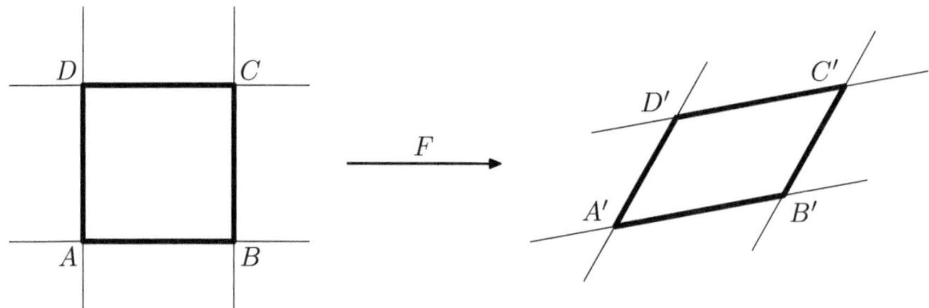

Bild 5.1: Eine typische affine Transformation

Definition 5.7 Die äquiaffine Gruppe $\ddot{A}q(n,\mathbb{K})$ über $\mathbb{K}$ ist erklärt als die Menge der Abbildungen $F\colon \mathbb{K}^n \to \mathbb{K}^n$, die sich durch $F(\mathbf{x}) = A\mathbf{x} + \mathbf{b}$ beschreiben lassen mit $A \in SL(n,\mathbb{K})$ und $\mathbf{b} \in \mathbb{K}^n$. Das sind also genau alle diejenigen affinen Transformationen, bei denen der Matrix-Anteil die Determinante 1 hat. Nach Lemma 5.3 können wir die äquiaffine Gruppe $\ddot{A}q(n,\mathbb{K})$ vermöge der Einbettung J als Untergruppe der speziellen linearen Gruppe $SL(n+1,\mathbb{K})$ auffassen.

Gelegentlich lässt man dabei auch Spiegelungen zu und erweitert die äquiaffine Gruppe auf solche Transformationen mit $\det A = \pm 1$ einschließlich sogenannter *Affinspiegelungen*. Das ist dann etwa derselbe Unterschied wie zwischen den eigentlichen orthogonalen Transformationen mit $\det A = 1$ und den uneigentlichen mit $\det A = -1$, z.B. Spiegelungen.

In der äquiaffinen Geometrie kann man zusätzlich zu den Begriffen der affinen Geometrie noch ein n-dimensionales Volumen (Flächeninhalt für $n = 2$) einführen für Dreiecke

($n = 2$), Tetraeder ($n = 3$) und andere geradinig begrenzte kompakte Mengen. Weil die Determinante von A gerade die Volumenverzerrung beschreibt, wird dann das Volumen von jeder äquiaffinen Transformation bewahrt. Früher hieß das auch einfach die *Affingruppe*:

> „Man bezeichnet als Affingruppe in der Ebene den Inbegriff der linearen Transformationen mit der Determinante 1, also der Transformationen
>
> $$\begin{cases} x' = a_1 x + b_1 y + c_1, \\ y' = a_2 x + b_2 y + c_2, \end{cases} \quad (a_1 b_2 - a_2 b_1 = 1). \tag{5.1}$$
>
> Wenn man $a_1, b_1, c_1, a_2, b_2, c_2$ von der Zeit t abhängig macht und die Anfangswerte
>
> $$\begin{cases} a_1(t_0) = b_2(t_0) = 1, a_2(t_0) = b_1(t_0) = 0, \\ c_1(t_0) = c_2(t_0) = 0 \end{cases} \tag{5.2}$$
>
> fordert, so entsteht das, was man eine kontinuierliche Affinität oder, geometrisch gesprochen, eine affine Strömung nennen könnte." (G.Kowalewski, a.a.O., S. 120)

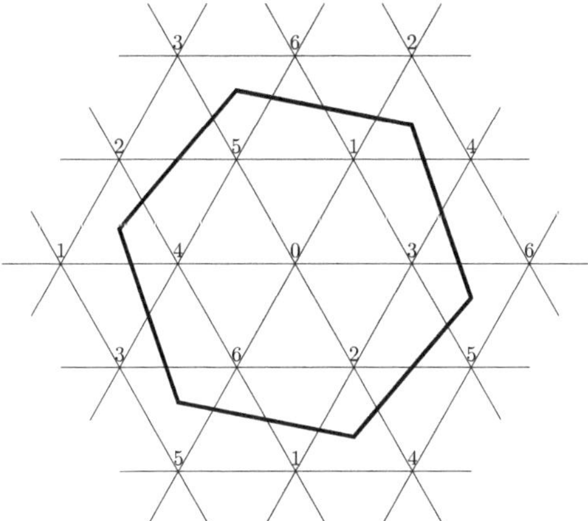

Bild 5.2: 7-Ecken-Torus mit der affinen Gruppe aller $x \mapsto ax + b \bmod 7$

Nebenbemerkung 5.8 Genau wie die allgemeine lineare Gruppe kann man auch die affine Gruppe über anderen Körpern als $\mathbb{R}$ oder $\mathbb{C}$ betrachten, z.B. auch über endlichen Körpern. Für den Körper $\mathbb{Z}_7$ der ganzzahligen Restklassen modulo 7 und die Dimension $n = 1$ hat man 7 Translationen und 6 invertierbare lineare Transformationen, zusammen also enthält die affine Gruppe $A(1, \mathbb{Z}_7)$ genau 42 affine Transformationen vom Typ $f(x) = ax + b$. Dies ist (zufälligerweise) genau diejenige Gruppe, die die 7-Ecken-Triangulierung des Torus bewahrt, siehe Bild 5.2. Die sechs linearen Transformationen entsprechen dabei den möglichen Drehungen um die Ecke 0 (z.B. entspricht $a = 2$ einer Drehung um 120° und $a = 3$ einer Drehung um 60°, vgl. $3^2 = 9 \equiv 2$ modulo 7), die sieben Translationen entsprechen geometrischen Translationen $0 \to 1 \to 2 \to \cdots \to 6 \to 0$ des Torus. Interessanterweise sind dies alles euklidische Bewegungen in der reellen Ebene modulo jener Identifikationen, die die Ebene auf den Torus abbilden (dies ist eine Überlagerung im Sinne von Kapitel 16).

5.2 Die euklidische Gruppe

„Eine sehr alte Gruppe, von der Lie nicht mit Unrecht sagte, daß sie schon bei Euklid vorkäme, ist die *Gruppe der Bewegungen.* Wir wollen zunächst die Bewegungsgruppe in der Ebene betrachten. Sie nimmt eine besonders einfache analytische Gestalt an, wenn man die komplexen Zahlen als Darstellungsmittel benutzt. Ordnet man dem Punkt mit den rechtwinkligen Koordinaten x, y in bekannter Weise die komplexe Zahl $z = x + iy$ zu, so hat zunächst die Multiplikation aller z mit einem komplexen Faktor $e^{i\alpha}$, d.h. mit einem Faktor vom Betrage 1, die Wirkung, daß die ganze Ebene als starres Gebilde die Drehung α um den Anfangspunkt ausführt.[2] Wenn man die positive y-Achse duch eine Vierteldrehung nach links aus der positiven x-Achse hervorgehen läßt, so wird die Drehung α im Falle $\alpha > 0$ nach links, im Falle $\alpha < 0$ nach rechts erfolgen. Läßt man auf die Drehung, die von z zu $e^{i\alpha}z$ führt, noch eine Translation folgen, indem man zu $e^{i\alpha}z$ eine beliebige komplexe Konstante $-c$ addiert, so entsteht die allgemeinste Bewegung, die also durch die Gleichung

$$z' = az - c \qquad (|a| = 1)$$

ausgedrückt wird."   (G.Kowalewski, a.a.O., S. 97)

Diese Bewegungsgruppe der Ebene kann also als die Menge aller Abbildungen vom Typ $z \mapsto e^{i\theta}z + c$ beschrieben werden, wobei $z, c \in \mathbb{C}$, $\theta \in \mathbb{R}$. Diese Gruppe ist nicht kommutativ, wie man an dem folgenden Diagramm sehen kann, bei dem R_θ die Drehung um den Winkel θ und T_c die Translation um ein festes $c \in \mathbb{C}$ bezeichnet, die beide für $\theta \neq 0, \pm 2\pi, \dots$ nicht kommutieren. Das Diagramm ist daher gerade *nicht* kommutativ im Sinne von $R_\theta \circ T_c = T_c \circ R_\theta$. Die Differenz rechts unten ist aber eine reine Translation, nämlich die um $(e^{i\theta} - 1)c$.

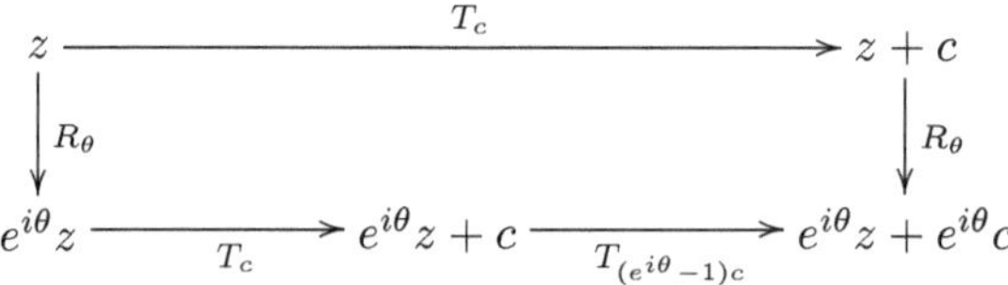

Definition 5.9 (euklidischer Raum)
Der euklidische n-dimensionale Raum $\mathbb{E}^n$ ist erkärt als der n-dimensionale affine Raum $\mathbb{A}^n$ zusammen mit dem euklidischen Skalarprodukt auf dem zugehörigen Vektorraum $\mathbb{R}^n$. Wir unterscheiden also auch hier zwischen den Punkten des $\mathbb{R}^n$ und den Verbindungsvektoren $\overline{PQ}$ von zwei Punkten P, Q als die Differenz $\overline{PQ} = Q - P$. Für diese Verbindungsvektoren ist nun das Skalarprodukt $\langle \mathbf{x}, \mathbf{y} \rangle = \sum_i x_i y_i$ erklärt sowie eine **Länge** $\|\mathbf{x}\| = \sqrt{\langle \mathbf{x}, \mathbf{x} \rangle}$, vgl. Kap. 1. Ein **euklidischer Unterraum** der Dimension k ist einfach ein k-dimensionaler affiner Unterraum, zusammen mit der Einschränkung desselben Skalarprodukts auf den zugehörigen Unter-Vektorraum. Die euklidischen Geraden sind (als Punktmenge) also dasselbe wie die affinen Geraden. Der Unterschied ist der, dass im euklidischen Raum jedem Verbindungsvektor $\overrightarrow{PQ}$ zwischen zwei Punkten P, Q eine Länge $\|\overrightarrow{PQ}\|$ zugeordnet ist, die dann auch als der Abstand zwischen P und Q interpretiert werden kann.

---

[2]Gemeint ist natürlich die Drehung um den Winkel α.

Definition 5.10 (euklidische Gruppe)
Die euklidische Gruppe $E(n,\mathbb{R})$ ist erklärt als die Untergruppe von $A(n,\mathbb{R})$, die von allen Translationen sowie der orthogonalen Gruppe $O(n)$ erzeugt wird, die auf dem $\mathbb{R}^n$ in der üblichen Weise operiert (mit festgehaltenem Urprung). Die Elemente von $E(n,\mathbb{R})$ heißen **euklidische Transformationen** oder auch **euklidische Bewegungen**.

Die Gruppe $E_+(n,\mathbb{R})$ der **eigentlichen euklidischen Bewegungen** wird erzeugt von allen Translationen und der speziellen orthogonalen Gruppe $SO(n)$, also $E_+(n,\mathbb{R}) = E(n,\mathbb{R}) \cap \ddot{A}q(n,\mathbb{R})$. Diese Gruppe ist für $n \geq 2$ nicht kommutativ, vgl. das obige Diagramm für $n = 2$. In der Beschreibung mit komplexen Zahlen haben wir hier i.A. $a_1(a_2 z + b_2) + b_1 \neq a_2(a_1 z + b_1) + b_2$. Die Differenz ist aber eine reine Translation.

Vom praktischen Standpunkt sind euklidische Transformationen gerade diejenigen Abbildungen F des $\mathbb{R}^n$ auf sich, die sich durch

$$F(\mathbf{x}) = A\mathbf{x} + \mathbf{b}$$

beschreiben lassen mit einer festen orthogonalen $(n \times n)$-Matrix A und einem festen Spaltenvektor $\mathbf{b}$. Dabei steht $\mathbf{x}$ für einen variablen Spaltenvektor. Die eigentlichen euklidischen Transformationen haben hier eine orthogonale Matrix A mit $\det A = 1$.

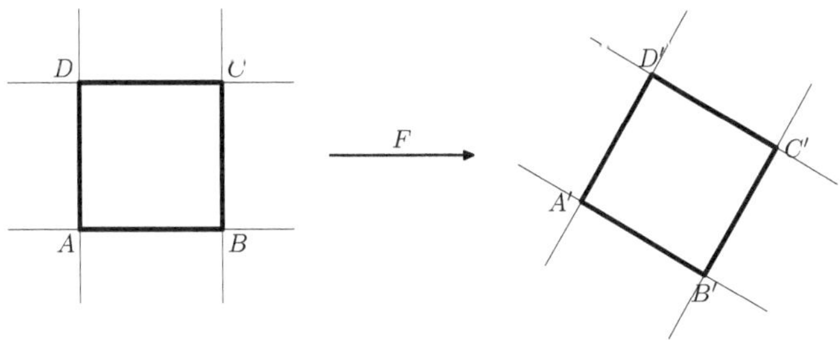

Bild 5.3: Eine typische euklidische Transformation

Bemerkung 5.11 Eine Gerade im euklidischen Raum kann man genauso durch die *Punkt-Richtungsform* beschreiben wie im affinen Raum. Wenn zwei verschiedene solche Geraden g_1, g_2 mit Richtungsvektoren X_1, X_2 sich in einem Punkt schneiden, dann überführt jede euklidische Transformation g_1, g_2 in zwei andere Geraden, die sich ebenfalls in einem Punkt schneiden, und zwar unter deselben Winkel (ohne Vorzeichen), der ja nur von den wechselseitigen Skalarprodukten von X_1, X_2 abhängt (vgl. Kap. 1). Insbesondere gehen orthogonale Geraden in ebensolche über. Es gibt dann auch zu jeder Geraden durch jeden Punkt eine eindeutige Parallele, und es folgt der bekannte Satz, dass die Innenwinkelsumme in einem euklidischen Dreieck gleich π ist. Ebenso bewahrt jede euklidische Bewegung den *euklidischen Abstand* zwischen zwei Punkten, der als Norm des Verbindungsvektors erklärt ist. Entsprechend ist das Bild eines Dreiecks kongruent zu dem Ausgangsdreieck usw. Ein Quadrat geht somit in ein kongruentes Quadrat über, vgl. Bild 5.3.

Man kann sagen, dass die euklidische Geometrie alle diejenigen Eigenschaften beschreibt, die invariant unter der Wirkung der euklidischen Gruppe sind. Dabei sind gewisse Dinge natürlich nur unter der Gruppe $E_+(n, \mathbb{R})$ invariant, z.B. orientierte Winkel, orientierte Flächeninhalte usw. Insbesondere gilt der **Satz von Pythagoras** in der Form $||\mathbf{x} \pm \mathbf{y}||^2 = ||\mathbf{x}||^2 + ||\mathbf{y}||^2$, falls $\mathbf{x}$ und $\mathbf{y}$ senkrecht aufeinander stehen, d.h. falls $\langle \mathbf{x}, \mathbf{y} \rangle = 0$ gilt. Dies ergibt sich hier einfach aus der Bilinearität des Skalarproduktes, vgl. Kap. 2. Man stelle sich dazu ein Dreieck mit drei Eckpunkten P, Q, R vor mit $\overrightarrow{PQ} = \mathbf{x}$, $\overrightarrow{QR} = \mathbf{y}$ und folglich $\overrightarrow{PR} = \mathbf{x} + \mathbf{y}$. Zu weiteren Aspekten der euklidischen Geometrie vergleiche man auch J.RICHTER-GEBERT, T.ORENDT, Geometriekalküle, Kap. 7 sowie G.FISCHER, Analytische Geometrie, Abschnitt 1.5.

Lemma 5.12 *Auch auf die euklidische Gruppe können wir das Resultat von Lemma 5.3 anwenden: Jedem Element $F \in E(n, \mathbb{R})$ mit einer orthogonalen (n, n)-Matrix A und einem Vektor $\mathbf{b}$ können wir die $(n + 1, n + 1)$-Matrix*

$$J(F) = \left(\begin{array}{c|c} A & \mathbf{b} \\ \hline 0 & 1 \end{array} \right) = \begin{pmatrix} a_{11} & \cdots & a_{1n} & b_1 \\ \vdots & \ddots & \vdots & \vdots \\ a_{n1} & \cdots & a_{nn} & b_n \\ 0 & \cdots & 0 & 1 \end{pmatrix}$$

zuordnen. Die so definierte Abbildung

$$J: E(n, \mathbb{R}) \to GL(n + 1, \mathbb{R})$$

ist ein injektiver Gruppenhomomorphismus. Also können wir vermöge dieser Abbildung die euklidische Gruppe auch als ihr Bild unter J und damit als eine Untergruppe von $GL(n + 1, \mathbb{R})$ und folglich als eine lineare Gruppe auffassen. Die Gruppe $E_+(n, \mathbb{R})$ der eigentlichen euklidischen Bewegungen wird so zu einer Untergruppe von $SL(n + 1, \mathbb{R})$.

Bemerkung 5.13 Man nennt die euklidische Gruppe auch die Gruppe der **Isometrien des euklidischen Raumes**, wobei eine **Isometrie** einfach eine (affine) Abbildung des Raumes in sich ist, die den euklidischen Abstand bewahrt. Es genügt dabei sogar anzunehmen, dass es sich um eine bijektive Abbildung handelt, die den Abstand bewahrt. Analog hat man die Gruppe $E(n, \mathbb{C})$ der **hermiteschen Isometrien** des entsprechenden komplexen affinen Raumes mit dem komplexen (hermiteschen) Skalarprodukt. Diese wird erzeugt von der Gruppe $U(n)$ sowie allen Translationen des $\mathbb{C}^n$. Die naheliegende Bezeichnung *hermitesche Gruppe* scheint allerdings nicht üblich zu sein.

5.3 Die orthogonale Gruppe und die sphärische Geometrie

Die runde Einheitssphäre $S^{n-1} \subset \mathbb{R}^n$ ist erklärt als die Menge der Punkte $\mathbf{x} \in \mathbb{R}^n$ mit $\langle \mathbf{x}, \mathbf{x} \rangle = x_1^2 + \cdots x_n^2 = 1$. Nach Definition wirkt die orthogonale Gruppe $O(n)$ auf S^{n-1} wegen $\langle A\mathbf{x}, A\mathbf{x} \rangle = \langle \mathbf{x}, \mathbf{x} \rangle = 1$ für jedes $A \in O(n)$. Dabei enthält die Untergruppe $SO(n)$ nur Drehungen, die die Sphäre in sich selbst drehen, die Gruppe $O(n)$ enthält auch Spiegelungen mit Determinante $\det = -1$, z.B. die Spiegelung an einer Koordinaten-Hyperebene, wobei $x_1, \ldots, x_{n-1}$ fest bleiben und x_n in $-x_n$ übergeht, die also gewissermaßen die obere mit der unteren Hemisphäre vertauscht bei festgehaltenem Äquator (der dabei durch $x_n = 0$ beschrieben wird).

> **Definition 5.14** Die **sphärische Geometrie** ist erklärt durch die Sphäre im $\mathbb{R}^n$ als
> Punktraum und deren Schnitte mit Unter-Vektorräumen als sphärischen Unterräumen.
> Insbesondere sind die sphärischen „Geraden" die Großkreise als Durchschnitt eines 2-
> dimensionalen linearen Unterraumes mit der Sphäre.
>
> Die zugehörige Gruppe von **sphärischen Transformationen** ist einfach die **orthogonale
> Gruppe** $O(n)$, die auf der Sphäre und entsprechend der Menge der k-dimensionalen
> Unterräume wirkt. Die **eigentlichen sphärischen Transformationen** sind dabei durch die
> Untergruppe $SO(n)$ gegeben. Das Verhältnis beider ist wie bei der euklidischen Grup-
> pe zu sehen. Und wie in der euklidischen Geometrie kann man jeden Punkt in jeden
> anderen durch eine eigentliche sphärische Transformation überführen, und bei festge-
> haltenem Punkt kann man jede Richtung in jede andere überführen (Übung).

Bemerkung 5.15 Je zwei verschiedene, nicht antipodale Punkte auf der Sphäre liegen
auf genau einem Großkreis, also einer sphärischen „Geraden". Aber je zwei verschiedene
Großkreise schneiden sich in zwei antipodalen Punkten. Die Rollen der beiden (Punkte
und Geraden) sind also nicht gleichberechtigt. Dennoch gibt es einen sehr einfachen Trick,
sie als gleichberechtigt erscheinen zu lassen. Man betrachtet einfach die Menge aller Antipodenpaare als Punkte und die Mengen aller Antipodenpaare auf Großkreisen als „Geraden". Dann schneiden sich je zwei verschiedene „Geraden" in genau einem Punkt, und je
zwei verschiedene Punkte liegen auf genau einer „Geraden". Man nennt das auch die **elliptische Geometrie**. Zusätzlich gibt es dann eine **Polarität** (oder **Dualität**) zwischen Punkten
und Geraden: Jedem Großkreis liegt ja genau ein Antipodenpaar gegenüber und umgekehrt (so wie Nord- und Südpol dem Äquator gegenüber liegen). Diese Polarität wird von
der orthogonalen Gruppe bewahrt. Sie kann also als ein Teil der elliptischen Geometrie
betrachtet werden. Andere typische Bestandteile der sphärischen bzw. elliptischen Geometrie werden durch die sogenannte **sphärische Trigonometrie** definiert. Darunter versteht
man alles, was mit Längen von Großkreisbögen und mit Winkeln zwischen Großkreisen zusammenhängt. Insesondere gibt es einen **Sinussatz** sowie einen **Cosinussatz** (in zwei
Versionen) für sphärische Dreiecke, und der Flächeninhalt eines sphärischen Dreiecks ist
gleich der Innenwinkelsumme minus π (**sphärischer Exzess**). Da die Gesamtfläche nicht
über die der ganzen 2-Sphäre, also 4π, hinausgehen kann, kann folglich die Innenwinkelsumme eines sphärischen Dreiecks nicht über 5π hinausgehen. Oft wird ein sphärisches
Dreieck so definiert, dass es in einer offenen Halbsphäre enthalten sein muss, was dann
auch in der elliptischen Geometrie Sinn macht. In diesem Fall kann der Flächeninhalt
eines Dreiecks nicht über 2π hinausgehen, also die Innenwinkelsumme nicht über 3π.

5.4 Die projektive Gruppe

Es gibt gute Gründe, die affine Geometrie so zu erweitern, dass die Sonderrolle paralleler
Geraden aufgelöst wird. Wenn man jeder Schar paralleler Geraden je einen sogenannten
Fernpunkt zuordnet, erhält man den projektiven Raum als die projektive Erweiterung
des affinen Raumes. Dann schneiden sich alle diese vorher parallelen Geraden in eben
diesem (abstrakten) Fernpunkt. Für einen 1-dimensionalen affinen Raum erhält man genau einen Fernpunkt, für einen 2-dimensionalen affinen Raum gibt es eine Ferngerade
mit mehreren (ggfs. unendlich vielen) Fernpunkten usw. Zur Motivation der projektiven Geometrie durch Zentralprojektion und Perspektive vgl. auch G.FISCHER, Analytische Geometrie, Kap. 3, R.WALTER, Lineare Algebra und analytische Geometrie oder
J.RICHTER-GEBERT, T.ORENDT, Geometriekalküle, Kap. 4 u. 8.

Definition 5.16 (projektiver Raum,)
Der n-dimensionale projektive Raum $\mathbb{K}P^n$ ist erkärt als die Menge der $\mathbb{K}$-Geraden im $\mathbb{K}^{n+1}$ durch den Ursprung (also die Menge der über $\mathbb{K}$ 1-dimensionalen linearen Unterräume) oder, äquivalenterweise, als den Quotienten von $\mathbb{K}^{n+1} \setminus \{\mathbf{0}\}$ nach derjenigen Äquivalenzrelation $\sim$, bei der zwei Punkte äquivalent sind, wenn sie auf derselben Geraden durch den Ursprung gehen, also

$$\mathbf{x} \sim \mathbf{y} \iff \mathbf{x} = \lambda \mathbf{y} \quad \text{für ein } \lambda \in \mathbb{K}.$$

Als Schreibweise für die Äquivalenzklasse von $\mathbf{x} = (x_0, x_1, \ldots, x_n)$ wählen wir wie üblich $[\mathbf{x}] = [x_0, x_1, \ldots, x_n]$ und nennen $x_0, x_1, \ldots, x_n$ die **homogenen Koordinaten** des betreffenden Punktes, weil ja $x_0, x_1, \ldots, x_n$ und $\lambda x_0, \lambda x_1, \ldots, \lambda x_n$ denselben Punkt darstellen. Wir beschreiben also die Punkte des n-dimensionalen projektiven Raumes durch $n + 1$ homogene Koordinaten (nicht alle gleich 0), wobei eine davon eigentlich überflüssig zu sein scheint. Aber die Elimination einer solchen würde wieder zurück auf den affinen Raum führen, den wir gerade erweitern wollten.

In der gegebenen Situation wirkt die allgemeine lineare Gruppe $GL(n + 1, \mathbb{K})$ auf dem $\mathbb{K}^{n+1}$, also auch auf der Menge der Geraden durch den Ursprung, also auf der Menge der Punkte des n-dimensionalen projektiven Raumes. Wenn ein Element von $GL(n + 1, \mathbb{K})$ aber *jede* Gerade in sich selbst hinein abbildet, fixiert es jeden Punkt von $\mathbb{K}P^n$ und ist dort von der Identität nicht mehr zu unterscheiden. Diese Elemente sind aber gerade die skalaren Vielfachen der Einheitsmatrix.

Definition 5.17 (projektive Gruppe)
Man erklärt die **allgemeine projektive Gruppe** $PGL(n + 1, \mathbb{K})$ als den Quotienten von $GL(n + 1, \mathbb{K})$ nach der Äquivalenzrelation $\sim$, die wie folgt gegeben ist:

$$A \sim B \iff B = \lambda A \quad \text{für ein } \lambda \in \mathbb{K} \setminus \{0\}.$$

Dabei wird die Untergruppe $\{\lambda E \mid \lambda \in \mathbb{K} \setminus \{0\}\}$ auf ein einziges Element abgebildet. Die Elemente der projektiven Gruppe heißen **projektive Transformationen** oder auch **Projektivitäten**. Jede projektive Transformation $F \colon \mathbb{K}P^n \to \mathbb{K}P^n$ wird in homogenen Koordinaten durch eine Matrix $A \in GL(n + 1, \mathbb{K})$ beschrieben mit der Wirkung

$$F\big([\mathbf{x}]\big) = [A\mathbf{x}].$$

Man beachte, dass $A\mathbf{x}$ niemals der Nullvektor wird, weil $\mathbf{x}$ nicht der Nullvektor ist und weil A invertierbar ist. Dabei beschreiben A und λA dasselbe Gruppenelement und haben wegen $[A\mathbf{x}] = [\lambda A\mathbf{x}]$ auf dem projektiven Raum dieselbe Wirkung.

Wenn man nur von der speziellen linearen Gruppe $SL(n + 1, \mathbb{K})$ ausgeht und die analogen Betrachtungen anstellt, dann erhält man die **spezielle projektive Gruppe** $PSL(n+1, \mathbb{K})$ als Quotient von $SL(n+1, \mathbb{K})$ nach dem Normalteiler $\{\lambda E \mid \lambda^{n+1} = 1\}$.

Bemerkung 5.18 Die projektive Gruppe ist nicht als lineare Gruppe, also eine Untergruppe von Matrizen gegeben, sondern als ein Quotient davon. In folgender Weise ist es aber möglich, diese Gruppe als Gruppe von Matrizen aufzufassen.

Es gibt nämlich den Homomorphismus $\Phi : GL(n, \mathbb{K}) \to GL(n^2, \mathbb{K})$, der durch die Konjugation

$$\Phi(A)(X) := AXA^{-1}$$

definiert ist. Dabei wird ein Vektor X im $\mathbb{K}^{n^2}$ als (n,n)-Matrix aufgefasst, die folglich mit A multipliziert werden kann. Nun gilt $\Phi(\lambda E)(X) := \lambda X \lambda^{-1} = X$, folglich wird diejenige Untergruppe, die beim Übergang von $GL(n,\mathbb{K})$ zu $PGL(n,\mathbb{K})$ ausfaktorisiert wird, unter Φ ohnehin auf die Identität, also die Einheitsmatrix abgebildet. Man kann sehen, dass keine andere Matrix dieselbe Eigenschaft hat. Damit besteht der Kern von Φ genau aus diesen skalaren Vielfachen der Einheitsmatrix. Also ist $PGL(n,\mathbb{K})$ isomorph zu $GL(n,\mathbb{K})/\ker(\Phi)$, und der Homomorphiesatz liefert einen injektiven Gruppen-Homomorphismus $\widetilde{\Phi} : PGL(n,\mathbb{R}) \to GL(n^2,\mathbb{R})$, also eine **Einbettung**, weil die Bildmenge topologisch abgeschlossen ist. Somit können die Gruppen $PGL(n+1,\mathbb{K})$ und $PSL(n+1,\mathbb{K})$ als Gruppen von $((n+1)^2,(n+1)^2)$-Matrizen über $\mathbb{K}$ aufgefasst werden.

Definition 5.19 (Einbettung des affinen Raumes in den projektiven Raum)
Von den gewöhnlichen kartesischen Koordinaten $x_1,\ldots,x_n$ des $\mathbb{K}^n$ kann man zu inhomogenen Koordinaten $1,x_1,\ldots,x_n$ im $\mathbb{K}P^n$ übergehen und so den affinen n-dimensionalen Raum als Teilmenge des n-dimensionalen projektiven Raumes auffassen. Diese Teilmenge ist dann in homogenen Koordinaten beschrieben durch die Menge aller $[x_0,x_1,\ldots,x_n]$ mit $x_0 \neq 0$, und die zugehörige Fernhyperebene ist dann das Komplement, also die Menge der Punkte mit $x_0 = 0$. Diese Fernhyperebene ist nach Definition ein $(n-1)$-dimensionaler projektiver Raum, wenn man diese Koordinate x_0 einfach weglässt. Also haben wir eine Einbettung

$$\mathbb{K}^n \ni (x_1,\ldots,x_n) \mapsto [1,x_1,\ldots,x_n] \in \mathbb{K}P^n,$$

und jede affine Transformation kann auch als projektive Transformation aufgefasst werden: Ein Element $A \in GL(n,\mathbb{K})$ kann man durch

$$A \mapsto \left(\begin{array}{c|c} 1 & 0 \\ \hline 0 & A \end{array}\right)$$

als Element von $GL(n+1,\mathbb{K})$ auffassen, das dann auf dem projektiven Raum operiert und auf dem affinen Teil aller Punkte $[x_0,x_1,\ldots,x_n]$ mit $x_0 = 1$ dieselbe Wirkung hat wie A. Die Translationen des affinen Raumes setzen sich auf den projektiven Raum dadurch fort, dass die betreffende Fernhyperebene mit $x_0 = 0$ punktweise fix bleibt. Dies liegt einfach daran, dass Translationen jede Gerade in eine dazu parallele Gerade überführen, der dann derselbe Fernpunkt entspricht wie vorher. Ein Beispiel dazu: Die Geraden $x_2 = ax_1 + b$ und $x_2 = ax_1 + c$ sind parallel im $\mathbb{R}^2$. Eingebettet in den $\mathbb{R}P^2$ entsprechen sie den Geraden $[1,x_1,ax_1+b]$ und $[1,x_1,ax_1+c]$. Beide schneiden sich im Fernpunkt $[0,x_1,ax_1] = [0,1,a]$. Man beachte dazu $\lim_{x\to\infty}[1,x,ax+b] = \lim_{x\to\infty}[\frac{1}{x},1,a+\frac{1}{x}b] = [0,1,a]$. Dieser Punkt wird also durch die Translation im affinen Teil $\mathbb{R}^2$ um den Vektor $(0,c-b)$ fest gelassen.

Zusmmenfassend können wir feststellen, dass es eine Einbettung des n-dimensionalen affinen Raumes über $\mathbb{K}$ in den n-dimensionalen projektiven Raum $\mathbb{K}P^n$ gibt sowie eine Einbettung

$$A(n,\mathbb{K}) \longrightarrow PGL(n+1,\mathbb{K}),$$

so dass die beiden Gruppen-Wirkungen damit verträglich sind, als kommutatives Diagramm:

$$\begin{array}{ccc}
A(n,\mathbb{K}) \times \mathbb{K}^n & \longrightarrow & \mathbb{K}^n \\
\downarrow & & \downarrow \\
PGL(n+1,\mathbb{K}) \times \mathbb{K}P^n & \longrightarrow & \mathbb{K}P^n
\end{array}$$

Beispiel 5.20 Eine Gerade im projektiven Raum kann man in dem affinen Teil mit $x_0 = 1$ genauso durch die *Punkt-Richtungsform* beschreiben wie im affinen Raum selbst. Jede solche Gerade enthält dann zusätzlich noch je einen Fernpunkt mit $x_0 = 0$. Eine Gerade mit zwei Punkten $P, Q \in \mathbb{K}P^n$, beschrieben als $P = [\mathbf{x}], Q = [\mathbf{y}]$ kann auch als die Menge derjenigen Punkte beschrieben werden, die durch Linearkombination $[\alpha\mathbf{x} + \beta\mathbf{y}]$ dargestellt werden können, also als die Menge aller 1-dimensionalen linearen Unterräume des von $\mathbf{x}, \mathbf{y}$ aufgespannten 2-dimensionalen linearen Unterraumes des $\mathbb{K}^{n+1}$. Jede projektive Transformation bewahrt die Menge der Geraden, weil sie ja durch eine Matrix beschrieben wird. Der Unterschied ist jetzt aber, dass parallele Geraden (mit demselben Fernpunkt) durch eine projektive Transformation in Geraden überführt werden können, die sich in dem affinen Teil schneiden, also dort nicht mehr als parallel wahrgenommen werden. Denn die projektive Gruppe wirkt so auf dem Raum, dass jeder Punkt in jeden anderen durch eine projektive Transformation überführt werden kann. Das gilt auch für die Fernpunkte, und so wird die Sonderrolle von parallelen Geraden aufgehoben. Man vergleiche Bild 5.4. Es zeigt die projektive Transformation eines Quadrats. Rechts oben ist eine zusätzliche Gerade eingezeichnet, die auf der linken Seite der Ferngeraden entspricht und daher dort im Bild nicht sichtbar ist.

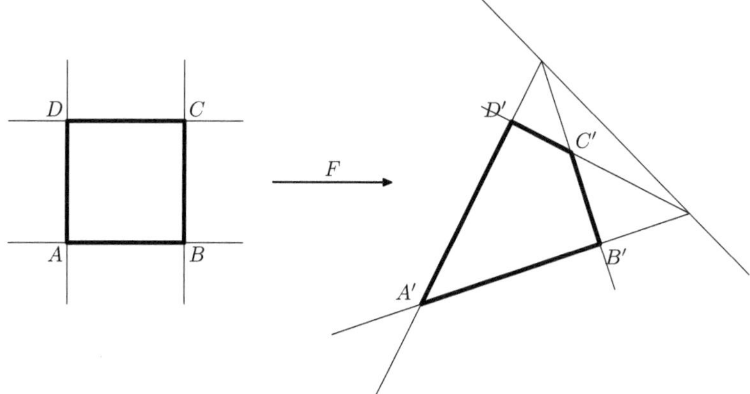

Bild 5.4: Eine typische projektive Transformation

Bemerkung 5.21 So wie man lineare Gruppen und affine Räume über endlichen Körpern betrachten kann, so gilt das auch für projektive Räume und projektive Gruppen. Ein einfaches Beispiel ist die projektive Ebene über dem Körper $\mathbb{Z}_2 = \{0, 1\}$ mit 2 Elementen, die auch als **Fano-Ebene** bezeichnet wird. Diese enthält die sieben Punkte von $\{0, 1\}^3 \setminus \{(0, 0, 0)\}$. Die zugehörigen sieben Geraden können durch die Polarität gewonnen werden, indem jeder der Punkte (a, b, c) als die Gleichung $ax + by + cz = 0$ in $\mathbb{Z}_2 P^2$ interpretiert wird. Eine dazu isomorphe Struktur können wir in Bild 5.2 sehen: Die Punkte entsprechen den Zahlen $0, 1, 2, \ldots, 6$, und die Geraden entsprechen allen jenen Tripeln $\langle 0, 1, 3 \rangle, \langle 1, 2, 4 \rangle, \langle 2, 3, 5 \rangle, \ldots$, die schachbrettartig die Hälfte der Dreiecke des 7-Ecken-Torus bilden, nämlich die mit einer waagerechten Kante unten und einer Spitze oben. Um die Koordinaten der Fano-Ebene zu erhalten, wende man in diesem Bild die Permutation $(36)(245)$ auf die Zahlen $0, 1, \ldots, 6$ an und betrachte die Dualdarstellungen dieser Zahlen als Koordinaten, (wobei $0 \equiv 7$ dem Punkt $(1, 1, 1) \in \mathbb{Z}_2 P^2$ und 1 dem Punkt $(0, 0, 1)$ entspricht). Die betreffende projektive Gruppe der Ordnung 168 tritt uns mit einem *sporadischen Isomorphismus* $GL(3, \mathbb{Z}_2) = PGL(3, \mathbb{Z}_2) \cong PSL(2, \mathbb{Z}_7)$ entgegen.

5.5 Die Möbius-Gruppe

„Wir wollen jetzt eine Gruppe betrachten, die sich in komplexer Schreibung besonders
einfach darstellt. Wenn wir

$$z' = \frac{\alpha z + \beta}{\gamma z + \delta} \tag{5.3}$$

setzen und unter $\alpha, \beta, \gamma, \delta$ vier komplexe Konstanten verstehen, die der Bedingung
$\alpha\delta - \beta\gamma \neq 0$ unterworfen sind, so liegt eine Transformation vor, die als Kreisverwandtschaft bezeichnet wird, weil sie Kreise in Kreise überführt. Läßt man die Konstanten variieren, so entsteht eine Schar von Transformationen, die, wie wir sogleich
sehen werden, sechs wesentliche Parameter aufweist. Diese Transformationen bilden
eine Gruppe."   (G.Kowalewski, a.a.O., S. 106)

Definition 5.22 (Die komplexe projektive Gerade und ihre Transformationen)
Wenn wir speziell den 1-dimensionalen projektiven Raum $\mathbb{C}P^1$ (auch *komplexe projektive Gerade* genannt) mit der zugehörigen projektiven Gruppe $PGL(2, \mathbb{C})$ betrachten,
dann ergibt sich in homogenen Koordinaten (als Zeilenvektoren geschrieben) die folgende Gruppenwirkung (so wie sie eigentlich bei einer Schreibweise mit Spaltenvektoren zu
erwarten wäre):

$$\begin{pmatrix} a & b \\ c & d \end{pmatrix} \cdot [z, w] = [az + bw, cz + dw] = \begin{cases} [\frac{az+bw}{cz+dw}, 1] & \text{falls } cz + dw \neq 0 \\[2ex] [1, 0] & \text{falls } cz + dw = 0 \end{cases}$$

Als Einbettung des 1-dimensionalen affinen Raumes $\mathbb{C}$ in den 1-dimensionalen projektiven
Raum $\mathbb{C}P^1$ betrachten wir hier $z \mapsto [z, 1]$ (als Zeilenvektor geschrieben). Dann ergibt sich
aus den obigen Formeln innerhalb dieses affinen Teils $\mathbb{C} \subseteq \mathbb{C}P^1$ mit $w = 1$ die Abbildung
$z \mapsto \frac{az+b}{cz+d}$, sofern der Nenner nicht gleich null ist.

Definition 5.23 (Möbius-Transformation)
Eine Abbildung f mit Werten in $\mathbb{C}$, die auf ganz $\mathbb{C}$ mit Ausnahme eines einzigen Punktes
definiert ist, heißt eine **Möbius-Transformation**, wenn sie sich durch

$$f(z) = \begin{pmatrix} a & b \\ c & d \end{pmatrix} \cdot z = \frac{az + b}{cz + d}$$

beschreiben lässt mit komplexen Zahlen a, b, c, d mit $ad - bc \neq 0$. Offensichtlich liefert
$a = d = 1$, $b = c = 0$ die Identität $f(z) = z$. Die komplexe (2,2)-Matrix $\begin{pmatrix} a & b \\ c & d \end{pmatrix}$ ist
dann natürlich auch ein Element von $GL(2, \mathbb{C})$, und jede solche Matrix induziert ei-
ne Möbius-Transformation. Wenn man a, b, c, d mit einer konstanten komplexen Zahl
$z_0 \neq 0$ multipliziert, dann erhält man dieselbe Funktion. Insofern kann man ohne Beschränkung der Allgemeinheit annehmen, dass a, b, c, d so normiert sind, dass $ad - bc = 1$
gilt, also zur Gruppe $SL(2, \mathbb{C})$ übergehen. Außerdem kann man aus der Gruppe alle
Vielfachen der Einheitsmatrix ausfaktorisieren, also kann man die Gruppe der Möbius-
Transformationen als die Gruppe $PGL(2, \mathbb{C}) = PSL(2, \mathbb{C})$ auffassen, wie in Definition 5.22. Dabei stimmt die Multiplikation von Matrizen in $GL(2, \mathbb{C})$ bzw. $PGL(2, \mathbb{C})$
mit der Komposition von Möbius-Transformationen überein. Das folgt aus der Gruppen-
Wirkung in Definition 5.22. Aber auch ohne eine projektive Interpretation sieht man das
wie folgt:

Es sei $f(z) = \frac{\alpha z + \beta}{\gamma z + \delta}$ und $g(z) = \frac{az + b}{cz + d}$. Durch Einsetzen folgt

$$g\big(f(z)\big) = \frac{a\frac{\alpha z + \beta}{\gamma z + \delta} + b}{c\frac{\alpha z + \beta}{\gamma z + \delta} + d} = \frac{a(\alpha z + \beta) + b(\gamma z + \delta)}{c(\alpha z + \beta) + d(\gamma z + \delta)} = \frac{(a\alpha + b\gamma)z + a\beta + b\delta}{(c\alpha + d\gamma)z + c\beta + d\delta}$$

Auf der rechten Seite erkennt man aber die vier Einträge der Matrix

$$\begin{pmatrix} a & b \\ c & d \end{pmatrix} \cdot \begin{pmatrix} \alpha & \beta \\ \gamma & \delta \end{pmatrix} = \begin{pmatrix} a\alpha + b\gamma & a\beta + b\delta \\ c\alpha + d\gamma & c\beta + d\delta \end{pmatrix}.$$

Daraus folgt auch, dass jede Möbius-Transformation invertierbar ist, und zwar durch die jeweilige inverse Matrix.

Das folgende Bild 5.5 zeigt die Wirkung einer typischen Möbius-Transformation auf die Standard-Kreispackung (diese besteht aus Kreisen mit gleichen Radien, wobei jeder Kreis sechs Nachbarn berührt). Die verschiedenen Radien der Kreise in Bild 5.5 deuten dann an, wie die Möbius-Transformation die komplexe Ebene verzerrt. Im Zentrum würde das Bild des Punktes ∞ liegen. Aber weiterhin berührt jeder Kreis sechs Nachbarn, weil jede Möbius-Transformation Kreise in Kreise überführt (vgl. Lemma 5.27).

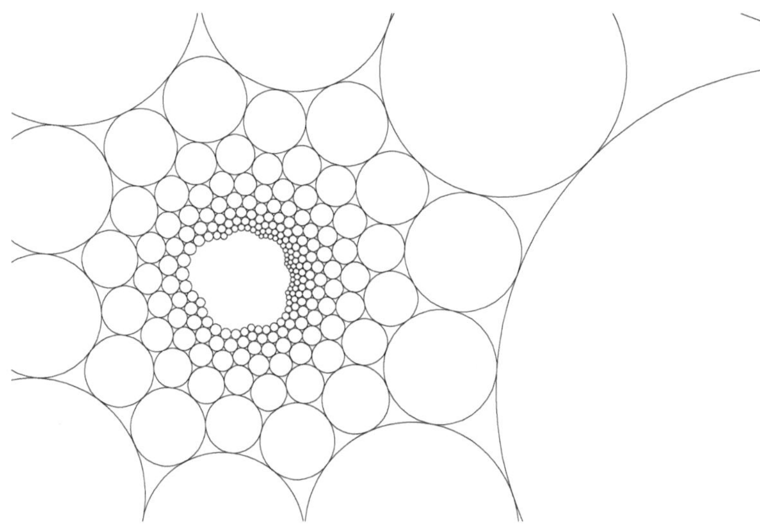

Bild 5.5: Bild einer typischen Möbius-Transformation[3]

Vorbemerkung 5.24 Man kann bekanntlich die komplexe Zahlenebene $\mathbb{C}$ um einen Punkt ∞ erweitern zur **Riemannschen Zahlensphäre** $\mathbb{C}P^1 = \widehat{C} = \mathbb{C} \cup \{\infty\}$.[4] In $\mathbb{C}P^1$ würde man den Punkt ∞ als Fernpunkt $[1, 0]$ interpretieren und jedes $z \in \mathbb{C}$ als $[z, 1]$. Topologisch kann man $\widehat{C}$ auch als 1-Punkt-Kompaktifizierung von $\mathbb{C}$ auffassen.[5] Darüber hinaus kann man bestimmte komplexen Funktionen f mit einem Pol an der Stelle z_0 durch den Wert $f(z_0) = \infty$ und $f(\infty) = \lim_{z \to \infty} f(z)$ ergänzen. Insbesondere macht

---

[3]reproduziert mit freundlicher Genehmigung von Tim Hoffmann (TU München)

[4]vgl. W.FISCHER, I.LIEB, Einführung in die komplexe Analysis, Abschnitt III.1

[5]vgl. E.OSSA, Topologie, Abschnitt 2.4

das Sinn für gebrochen rationale Funktionen, also auch für Möbius-Transformationen. Hier haben wir $f(z) = \infty$, falls $cz + d = 0$ sowie $f(\infty) = \frac{a}{c}$. Also sind dann Möbius-Transformationen, auf der runden Sphäre betrachtet, bijektive Transformationen, ebenso wie auf $\mathbb{C}P^1$. Durch die stereographische Projektion von Nord- oder Südpol kann man die runde Standard-Sphäre $S^2 \subset \mathbb{R}^3$ mit $\widehat{C}$ identifizieren. Weil die stereographische Projektion Kreise der Sphäre in Kreise oder Geraden in $\mathbb{C}$ überführt und außerdem Winkel bewahrt, hat man die durch Kreise und Winkel definierte Geometrie sowohl in $\mathbb{C}$ als auch auf der Zahlenkugel $\widehat{C}$ bzw. S^2 in gleicher Weise zur Verfügung.

Definition 5.25 (stereographische Projektion)
Auf der Standard-Einheits-Sphäre $S^2 = \{(x_1, x_2, x_3) \in \mathbb{R}^3 \mid x_1^2 + x_2^2 + x_3^2 = 1\}$ ohne den Nordpol $N = (0, 0, 1)$ ist die **stereographische Projektion** $\sigma \colon S^2 \setminus \{(0, 0, 1)\} \to \mathbb{R}^2$ erklärt durch

$$\sigma(x_1, x_2, x_3) = \left(\frac{x_1}{1 - x_3}, \frac{x_2}{1 - x_3} \right).$$

Diese projiziert jeden Punkt P der Sphäre auf den Schnittpunkt der Verbindungsgeraden von P und N mit der Ebene $\{(y_1, y_2, y_3) \mid y_3 = 0\}$. Die Fixpunkte von σ sind genau diejenigen mit $x_3 = 0$, also der Äquator. Durch $z = y_1 + iy_2$ können wir den $\mathbb{R}^2$ mit $\mathbb{C}$ identifizieren, also auch mit dem affinen Teil $\{[z, 1]\}$ von $\mathbb{C}P^1$. Durch $\widehat{\sigma}(0, 0, 1) = [1, 0]$ kann dann zusätzlich der Nordpol in den einen Fernpunkt von $\mathbb{C}P^1$ abgebildet werden. In dieser Weise ergibt sich eine natürliche stetige Bijektion $\widehat{\sigma} \colon S^2 \to \mathbb{C}P^1$.

Definition 5.26 (Möbius-Transformation der Sphäre, Möbius-Gruppe
Eine **Möbius-Transformation der Sphäre** S^2 ist erklärt als eine Abbildung $F \colon S^2 \to S^2$, die sich durch

$$F = \widehat{\sigma}^{-1} \circ f \circ \widehat{\sigma}$$

beschreiben lässt mit einer projektiven Transformation $f \colon \mathbb{C}P^1 \to \mathbb{C}P^1$, also einer Möbius-Transformation, wie oben definiert. Die **Möbius-Gruppe** ist dann erklärt als die Menge aller solchen F mit zugeordnetem $f \in PGL(2, \mathbb{C})$. Die Möbius-Gruppe ist also eine Transformationsgruppe, die auf S^2 wirkt, und sie ist isomorph zu $PGL(2, \mathbb{C})$. Die **Möbius-Geometrie** ist dann durch diejenigen geometrischen Größen definiert, die von der Möbius-Gruppe bewahrt werden.

Lemma 5.27 *Jede Möbius-Transformation der Einheits-Sphäre S^2 bewahrt den Winkel zwischen zwei Tangenten-Vektoren. Außerdem überführt sie Kreise (also Schnitte mit Ebenen) in ebensolche, wobei deren Mittelpunkte aber i.A. nicht bewahrt werden.*

Beweis: Jede komplex differenzierbare Funktion von $f \colon \mathbb{C} \to \mathbb{C}$ mit $f'(z_0) \neq 0$ ist winkeltreu in einer Umgebung von z_0, weil das Differential in jedem Punkt eine Multiplikation mit dem Faktor $f'(z) = re^{i\theta}$ ist, also reell betrachtet eine Drehstreckung mit dem Winkel θ. Insbesondere gilt das für die Möbius-Transformationen $f \colon \mathbb{C} \to \mathbb{C}$ mit $f(z) = (az + b)/(cz + d)$. Es genügt also zu zeigen, dass die stereographische Projektion σ winkeltreu ist. Dazu genügt es wiederum, dass die Funktionalmatrix in jedem Punkt eine Drehstreckung beschreibt. Es erscheint als einfacher, dies für die Umkehrabbildung σ^{-1} zu zeigen durch die folgende Rechnung:

Wir verwenden die Bezeichnung $\sigma(x_1, x_2, x_3) = (y_1, y_2) = \left(\frac{x_1}{1-x_3}, \frac{x_2}{1-x_3}\right)$ und setzen $\lambda = 1 - x_3$, dann gilt

$$\sigma^{-1}(y_1, y_2) = (\lambda y_1, \lambda y_2, 1 - \lambda)$$

mit der Nebenbedingung $\lambda^2(y_1^2 + y_2^2) + (1 - \lambda)^2 = 1$, also $\lambda = 2/(y_1^2 + y_2^2 + 1)$ und insbesondere $1 - \lambda = (y_1^2 + y_2^2 - 1)/(y_1^2 + y_2^2 + 1)$. Somit gilt in den kartesischen Koordinaten (y_1, y_2)

$$\sigma^{-1}(y_1, y_2) = \left(\frac{2y_1}{y_1^2 + y_2^2 + 1}, \frac{2y_2}{y_1^2 + y_2^2 + 1}, \frac{y_1^2 + y_2^2 - 1}{y_1^2 + y_2^2 + 1}\right).$$

Die Funktionalmatrix davon wird durch die beiden Vektoren

$$\frac{\partial \sigma^{-1}}{\partial y_1} = \frac{2}{(y_1^2 + y_2^2 + 1)^2}\left(1 - y_1^2 + y_2^2, \, -2y_1 y_2, \, 2y_1\right)$$

$$\frac{\partial \sigma^{-1}}{\partial y_2} = \frac{2}{(y_1^2 + y_2^2 + 1)^2}\left(-2y_1 y_2, \, 1 + y_1^2 - y_2^2, \, 2y_2\right)$$

gegeben. Diese beiden haben aber die gleiche Länge, nämlich $\frac{2}{y_1^2 + y_2^2 + 1}$, und stehen außerdem senkrecht aufeinander. Somit beschreibt die Funktionalmatrix von σ^{-1} eine Drehstreckung, und es ist σ^{-1} und folglich auch σ selbst winkeltreu.

Es bleibt zu zeigen, dass jede Möbius-Transformation der Sphäre Kreise bewahrt. Wir zeigen zunächst, dass die stereographische Projektion σ Kreise in Kreise oder in Geraden überführt. Der letzte Fall tritt dann ein, wenn der ursprüngliche Kreis den Nordpol enthält. Um dieses einzusehen, müssen wir berechnen, was σ aus einem Kreis macht, der als (nicht-leerer und nicht einpunktiger) Schnitt der Ebene

$$\alpha x_1 + \beta x_2 + \gamma x_3 + \delta = 0$$

mit der Sphäre beschrieben werden kann, wobei hier $\alpha, \beta, \gamma, \delta \in \mathbb{R}$. Durch Einsetzen der obigen Formel für $\sigma^{-1}(y_1, y_2)$ ergibt sich eine Umrechnung von x_1, x_2, x_3 in die Variablen y_1, y_2. Nach Multiplikation mit $y_1^2 + y_2^2 + 1$ nimmt diese Gleichung dann die Form

$$2\alpha y_1 + 2\beta y_2 + \gamma(y_1^2 + y_2^2 - 1) + \delta(y_1^2 + y_2^2 + 1) = 0$$

an oder äquivalenterweise die Form

$$(\gamma + \delta)(y_1^2 + y_2^2) + 2\alpha y_1 + 2\beta y_2 + \delta - \gamma = 0.$$

Diese Quadrik in der (y_1, y_2)-Ebene ist (außer in den genannten degenerierten Fällen) offensichtlich ein Kreis für $\gamma + \delta \neq 0$ und eine Gerade für $\gamma + \delta = 0$.

Damit verbleibt nur noch zu zeigen, dass jede Möbius-Transformation der komplexen Ebene vom Typ $f(z) = (az + b)/(cz + d)$ Kreise in Kreise überführt. Dies ist aber offensichtlich für die drei Grundtypen

$$\begin{pmatrix} a & b \\ c & d \end{pmatrix} = \begin{pmatrix} a & 0 \\ 0 & a^{-1} \end{pmatrix}, \quad \begin{pmatrix} a & b \\ c & d \end{pmatrix} = \begin{pmatrix} 1 & b \\ 0 & 1 \end{pmatrix}, \quad \begin{pmatrix} a & b \\ c & d \end{pmatrix} = \begin{pmatrix} 0 & -1 \\ 1 & 0 \end{pmatrix}.$$

Der erste Grundtyp ist eine zentrische Streckung um den Faktor $a^2 \in \mathbb{C}$ (also, reell betrachtet, eine Drehstreckung) der zweite Grundtyp ist eine Translation um eine feste Zahl $b \in \mathbb{C}$, und der dritte Grundtyp ist eine Inversion $f(z) = -1/z$ am Einheitskreis. Beim dritten Grundtyp sieht man das am besten auf der Sphäre, denn dort entspricht er einfach einer orthogonalen Transformation der Sphäre in sich, die folglich Kreise bewahrt. Diese drei Grundtypen erzeugen aber alle Möbius-Transformationen. $\qquad\qquad\square$

5.6   Die hyperbolische Bewegungsgruppe

Neben der klassischen euklidischen Geometrie hat die nicht-euklidische Geometrie immer mehr an Bedeutung gewonnen, seit sie im 19. Jahrhundert entdeckt wurde. Dahinter standen jahrhundertelange Bemühungen, das berühmte Parallelenaxiom der euklidischen Geometrie aus den übrigen Axiomen herzuleiten. Die Unmöglichkeit wurde erst erkannt, als man ein Modell der hyperbolischen Ebene gefunden hatte.

„Nachdem mehrere Mathematiker, namentlich A.-M.Legendre, zahlreiche vergebliche Versuche gemacht hatten, das Paralellenaxiom zu beweisen, gelang es zuerst N.I.Lobatschewski (1829) und kurz darauf J.Bolyai (1832) die Unbeweisbarkeit des Axioms indirect darzuthun, sie zeigten nämlich, dass sich eine Geometrie aufbauen lässt, in der das Parallelenaxiom gar nicht benutzt wird. Aus älteren Briefen von C.F.Gauß, die freilich erst viel später veröffentlicht worden sind, geht hervor, dass Gauß schon lange vorher zu ähnlichen Ergebnissen gelangt war."

(S.Lie, a.a.O., Band III, S. 393)

Definition 5.28 (hyperbolische Ebene)
Die hyperbolische Ebene ist in dem sogenannten Poincaré-Modell erklärt als die Menge H^2 der Punkte der oberen Halbebene

$$H^2 = \{z = x + iy \in \mathbb{C} \mid y > 0\}$$

zusammen mit einer Menge von „Geraden", die aus der Menge der (euklidischen) Halbgeraden mit konstantem x sowie aus der Menge der (euklidischen) Halbkreise mit Mittelpunkt auf der x-Achse besteht. Die Halbgeraden sind sozusagen Grenzlagen von Halbkreisen mit unendlichem Radius.

Definition 5.29 (hyperbolische Bewegungsgruppe)
Als hyperbolische Bewegungsgruppe definieren wir die Gruppe aller Transformationen $f\colon H^2 \to H^2$, die sich durch

$$f(z) = \begin{pmatrix} a & b \\ c & d \end{pmatrix} \cdot z = \frac{az + b}{cz + d}$$

beschreiben lassen mit $a, b, c, d \in \mathbb{R}$ und $ad - bc > 0$. Dies sind spezielle Möbius-Transformationen. Die Gruppe besteht also aus den reellen $(2,2)$-Matrizen

$$\begin{pmatrix} a & b \\ c & d \end{pmatrix}$$

mit positiver Determinante modulo den skalaren Vielfachen der Einheitsmatrix. Also stimmt sie mit der Gruppe $PSL(2, \mathbb{R}) \cong SL(2, \mathbb{R})/_\pm$ überein (vgl. Abschnitt 5.4 über die projektive Gruppe).

Genauer entspricht diese Gruppe den eigentlichen (orientierungserhaltenden) Bewegungen so wie die eigentlichen euklidischen Bewegungen in der euklidischen Ebene. Wenn man noch Spiegelungen hinzunehmen will, so kann man das in der hyperbolischen Ebene durch die Transformation $z \mapsto -\overline{z}$ tun. Diese spiegelt H^2 an der imaginären Achse, die dabei punktweise fest bleibt. Offensichtlich bewahrt sie die Menge der „Geraden".

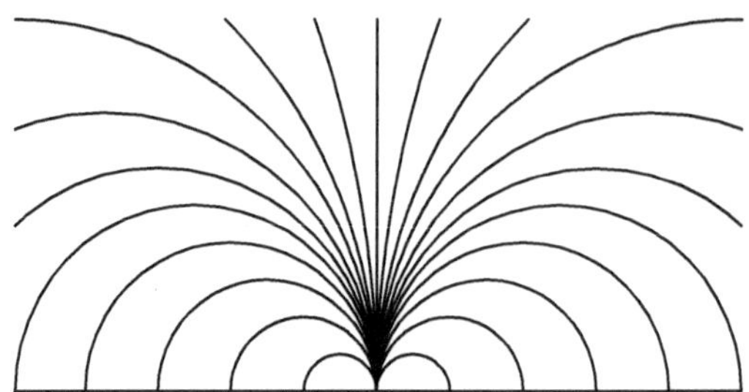

Bild 5.6: „Geraden" in der POINCARÉ-Halbebene

Lemma 5.30 *Es gelten die folgenden Eigenschaften für die Wirkung der hyperbolischen Gruppe auf der hyperbolischen Ebene:*

1. *Die Komposition der Funktionen entspricht der Multiplikation der $(2,2)$-Matrizen in $SL(2,\mathbb{R})$ bzw. $PSL(2,\mathbb{R})$.*

2. *Jede Möbius-Transformation f bildet H^2 nach H^2 ab, und jedes solche f ist bijektiv und winkeltreu.*

3. *Man kann durch die Gruppe jeden Punkt von H^2 in jeden anderen überführen, und bei festgehaltenem Punkt kann man jeden Richtungsvektor in diesem Punkt in jeden anderen überführen.*

4. *Jede solche Abbildung f bewahrt die Menge der „Geraden".*

Beweis: Die Eigenschaft 1 folgt bereits aus der entsprechenden Eigenschaft für die Möbius-Transformationen, siehe Abschnitt 5.5. Dann folgt die Bijektivität jeder einzelnen hyperbolischen Bewegung f daraus, dass jede Matrix eine inverse Matrix besitzt. Dass jedes solche f überdies winkeltreu ist, wurde im vorigen Abschnitt gezeigt. Es verbleibt also nur, die erste Behauptung von 2. zu verifizieren sowie 3. und 4.

2. Es gilt

$$f(z) = f(x + iy) = \frac{a(x + iy) + b}{c(x + iy) + d} = \frac{(ax + b + iay)(cx + d - icy)}{|cz + d|^2}.$$

Bis auf den positiven Nenner ist also der Imaginärteil gleich $ay(cx + d) - cy(ax + b) = (ad - bc)y > 0$. Also hat $f(z)$ einen positiven Imginärteil und liegt folglich in H^2.

3. Die spezielle Wahl $a = d = 1, c = 0$ liefert die Abbildung $f(z) = z + b$, also eine Translation um b in der reellen x-Richtung.
Die spezielle Wahl $d = \frac{1}{a}, b = c = 0$ liefert die Abbildung $f(z) = a^2 z$, also eine zentrische Streckung um den reellen Faktor a^2. Damit kann der Punkt i beliebig in waagerechter Richtung sowie beliebig in senkrechter Richtung bewegt werden. Zusammengenommen kann also i durch die Gruppe $PSL(2,\mathbb{R})$ in jeden anderen Punkt von H^2 überführt werden. Explizit liefert die Matrix $\left(\begin{smallmatrix} 1/a & ab \\ 0 & a \end{smallmatrix}\right)$ die Abbildung $f(i) = a^{-2}i + b$, und die rechte Seite durchläuft alle Punkte von H^2, wenn a und b geeignet gewählt werden.

Die Funktion $f_\varphi(z) = \frac{(\cos\varphi)z - \sin\varphi}{(\sin\varphi)z + \cos\varphi}$ beschreibt eine Art Drehung um den Punkt $z = i$, denn es gilt

$$f_\varphi(i) = \frac{i\cos\varphi - \sin\varphi}{i\sin\varphi + \cos\varphi} = i\frac{\cos\varphi + i\sin\varphi}{\cos\varphi + i\sin\varphi} = i$$

Wenn φ alle Winkel von 0 bis π durchläuft, dann dreht f_φ alle Richtungen um den Punkt $z = i$ mit einem ganzen Winkel herum. Man beachte $f_\pi = f_0$ (Identitätsabbildung).

Schließlich wirkt eine Abbildung, die einen Punkt und alle Richtungen durch diesen Punkt fixiert, wie die Identität.

4. Nach den Ausführungen im Abschnitt über die Möbius-Gruppe bewahren alle solchen Transformationen die Menge der verallgemeinerten Kreise, d.h. der Kreise und der Geraden. Es bleibt zu zeigen, dass die Menge der Halbkreise mit Mittelpunkt auf der reellen Achse zusammen mit der Menge der dazu senkrechten Geraden bewahrt wird. Wenn man die vollen Kreise mit Mittelpunkt auf der reellen Achse betrachtet, dann ist jeder invariant unter der komplexen Konjugation $z \mapsto \overline{z}$, und jede solche Abbildung $f(z) = (az + b)/(cz + d)$ mit reellen a, b, c, d erfüllt $f(\overline{z}) = \overline{f(z)}$, also muss die jeweilige Bildmenge ebenfalls invariant unter der Konjugation sein. Das heißt aber, dass der Bildkreis seinen Mittelpunkt ebenfalls auf der reellen Achse hat (wenn es ein Kreis in der komplexen Ebene ist) oder dass die Bildgerade senkrecht zur reellen Achse ist (falls es sich um eine Gerade handelt). Entsprechendes gilt, wenn wir die zur x-Achse senkrechten Geraden abbilden. Also wird die Menge der hyperbolischen „Geraden" von diesen hyperbolischen Bewegungen bewahrt. $\qquad\square$

Beispiele 5.31 Die ersten beiden der obigen Transformationen (zentrische Streckung von $z = 0$ aus und Translation in x-Richtung) bewahren offensichtlich die Halbkreise mit Mittelpunkt auf der reellen Achse und die Halbgeraden in imaginärer Richtung. Für die Drehmatrizen ergibt sich folgendes: Die zugehörige Abbildung f_φ überführt die imaginäre Achse in den Halbkreis mit Mittelpunkt m auf der reellen Achse mit $x = \frac{1}{2}(\cot\varphi - \tan\varphi)$ und Radius $r = \frac{1}{2}(\cot\varphi + \tan\varphi) = \frac{1}{2\sin\varphi\cos\varphi}$. Um das zu sehen, genügt es, die Gleichung

$$|f_\varphi(i) - m| = \frac{1}{2\sin\varphi\cos\varphi}$$

zu verifizieren, eine elementare, wenngleich etwas längere Rechnung mit den Winkelfunktionen sin und cos. Beide „Geraden" schneiden sich im Punkt $z = i$ unter dem Winkel 2φ (das ist der Effekt der Drehung um $z = i$). Somit kann jeder Halbkreis durch den Punkt $z = i$ durch ein geeignetes $f_{-\varphi}$ in die imaginäre Achse zurückgedreht werden.

Man beachte, dass die Gruppe $SL(2, \mathbb{R})$ eine lineare Gruppe ist, die auf der hyperbolischen Ebene wirkt. Aber die Wirkung ist durch nicht-lineare, nämlich gebrochen-lineare Transformationen gegeben. Speziell definiert die Menge aller „Drehungen" f_φ eine 1-dimensionale Untergruppe, die isomorph zu $SO(2)$ ist, wobei aber die einzelnen Abbildungen f_φ keineswegs linear sind, jedenfalls nicht in kartesischen Koordinaten. Also sind das keine euklidischen Drehungen, sondern Drehungen anderer Art.

Vorbemerkung 5.32 Nach den obigen Ausführungen sind die hyperbolischen Bewegungen winkeltreue Abbildungen der Halbebene auf sich. Aber was berechtigt uns dazu, diese als „Bewegungen" zu bezeichnen, wie bei euklidischen oder sphärischen Bewegungen? Die obige Transformation f_φ sieht nicht wie eine starre Bewegung aus (etwa so wie die euklidische Drehung um den Punkt i), sondern sie scheint den Raum und auch die „Geraden" irgendwie zu verzerren.

Dies ist aber nur dann so, wenn wir alles mit unseren euklidischen Augen betrachten und an die euklidische Geometrie denken. Man muss hier einfach eine andere „Brille" aufsetzen. Jede hyperbolische Bewegung bewahrt nicht nur die Winkel (die mit den euklidischen Winkeln übereinstimmen), sondern auch alle Längen und Abstände, sofern wie diese nur in geeigneter Weise einführen. Vorstellen kann man sich diese Sichtweise als eine Art „hyperbolische Brille" mit einer entsprechend angepassten Längenverzerrung.

Definition 5.33 (hyperbolischer Abstand, hyperbolisches Bogenelement)
Die euklidische Länge einer ebenen Kurve $c\colon [a,b] \to \mathbb{R}^2$ ist als $L(c) = \int_a^b ||c'(t)||\,dt$ erklärt. Der Abstand zwischen zwei Punkten ist die Länge des eindeutig bestimmten Geradenstücks zwischen ihnen, und das euklidische Bogenelement schreiben wir gewöhnlich als $ds^2 = dx_1^2 + dx_2^2$.

Analog erklären wir eine **hyperbolische Länge** von $\gamma\colon [a,b] \to H^2$ mit $\gamma(t) = x(t) + iy(t)$ durch

$$L_H(\gamma) = \int_a^b \frac{1}{y(t)} ||\gamma'(t)||\,dt.$$

Dabei bezeichnet $||\gamma'||$ weiterhin die euklidische Norm, also $||\gamma'||^2 = x'^2 + y'^2$. Entsprechend erklären wir einen **hyperbolischen Abstand** zwischen zwei Punkten als die hyperbolische Länge des eindeutig bestimmten „Geradenstücks" zwischen ihnen, und das **hyperbolische Bogenelement** erklären wir als $ds_H^2 = y^{-2}(dx^2 + dy^2)$.

Man erkennt, dass sich beide Bogenelemente nur um einen skalaren Faktor unterscheiden, der allerdings vom Punkt abhängt. Dies entspricht der Tatsache, dass der Übergang von der einen zur anderen Geometrie winkeltreu ist. Mit anderen Worten: Eine **hyperbolische Norm** von γ' kann man als $||\gamma'||_H = y^{-1}||\gamma'||$ einführen mit einem Faktor, der nur vom Punkt abhängt und insofern in alle Richtungen in gleicher Weise wirkt. Dann werden automatisch alle Winkel bewahrt. Ferner kann man schreiben $L_H(\gamma) = \int_a^b ||\gamma'(t)||_H\,dt$.

Folgerung 5.34 *Die hyperbolische Bewegungsgruppe bewahrt das hyperbolische Bogenelement $ds_H^2 = y^{-2}(dx^2 + dy^2)$ und folglich alle dadurch definierten hyperbolischen Abstände und Längen von Kurven. Ferner haben alle hyperbolischen „Geraden" nach beiden Seiten hin eine unendliche hyperbolische Länge (so wie euklidische Geraden in der euklidischen Geometrie eine unendliche euklidische Länge haben).*

Beweis: Wir haben schon oben gesehen, dass mit $f(z) = \frac{az+b}{cz+d}$ insbesondere gilt

$$f(x + iy) = x_* + iy_*,$$

wobei

$$y_* = \frac{ad - bc}{|cz + d|^2} \cdot y.$$

Für jede differenzierbare Kurve $\gamma(t) = z(t) = x(t) + iy(t)$ und $\gamma_* = f \circ \gamma$ gilt somit

$$\gamma_*'(t) = (f \circ \gamma)'(t) = \frac{df}{dz}\Big|_{z(t)} \cdot \gamma'(t) = \frac{(cz + d)a - c(az + b)}{(cz + d)^2} \cdot \gamma'(t) = \frac{ad - bc}{(cz + d)^2} \cdot \gamma'(t).$$

Daraus folgt

$$\frac{1}{y_*}||\gamma_*'|| = \frac{1}{y}||\gamma'|| \quad \text{bzw.} \quad ||\gamma_*'||_H = ||\gamma'||_H.$$

Also bleibt das hyperbolische Bogenelement ungeändert nach Anwendung von f. Als Resultat haben die Kurven γ und γ_* dieselbe hyperbolische Länge.

Für die „Gerade" $\gamma(t) = i \cdot t$ mit $0 < t < \infty$ rechnen wir aus $\gamma'(t) = i$ und folglich

$$L_H(\gamma|_{[a,b]}) = \int_a^b \frac{1}{t}||\gamma'(t)||dt = \int_a^b \frac{1}{t}dt = \log b - \log a.$$

Dieser Ausdruck geht nach ∞ sowohl für $a \to 0$ als auch für $b \to \infty$. Wegen der Wirkung der hyperbolischen Bewegungsgruppe gilt das gleiche dann für jede der „Geraden". $\quad \square$

Dieses hyperbolische Bogenelement interpretiert die hyperbolische Ebene mehr von der analytischen Seite her. Dies ist durchaus im Sinne der Riemannschen Geometrie, und zwar wie folgt:

„Die Geometrie der Zahlenmannigfaltigkeit begründet Riemann auf den Begriff des Bogenelements, aus dem sich durch Integration der Begriff der Länge einer endlichen Linie ergiebt. Er verlangt, dass das Quadrat des Bogenelements eine ganze homogene Function zweiten Grades von den Differentialen der Coordinaten[6] sei; indem er u.A. noch die Forderung hinzufügt, dass sich jede Linie beliebig ohne Aenderung ihrer Länge bewegen könne, gelangt er zu dem Ergebniss, dass ausser der Euklidischen Geometrie noch zwei andre Geometrien möglich seien. Von diesen fällt die eine mit der von Lobatschewski aufgestellten zusammen,[7] die andere entspricht der Geometrie auf der Kugeloberfläche.[8] "
(S.Lie, a.a.O., Band III, S. 395)

BEMERKUNG: Die obige Formel liefert $|\log b - \log a|$ als den hyperbolischen Abstand zwischen den Punkten ai und bi. Durch die Wirkung der hyperbolischen Bewegungsgruppe resultiert daraus eine Formel für den hyperbolischen Abstand zwischen zwei beliebigen Punkten.

Folgerung und Definition 5.35 *Wenn* $do = dxdy$ *das euklidische Flächenelement bezeichnet, dann ist das* hyperbolische Flächenelement do_H *erklärt als*

$$do_H = y^{-2}do = y^{-2}dxdy.$$

Entsprechend ist der hyperbolische Flächeninhalt einer Teilmenge $M \subset H^2$ *erklärt als das Integral*

$$\int_M y^{-2}dxdy,$$

falls dieses Integral existiert. Auch das hyperbolische Flächenelement wird von der hyperbolischen Bewegungsgruppe bewahrt und folglich auch der hyperbolische Flächeninhalt.

---

[6] Das ist z.B. $ds^2 = dx^2 + dy^2$ oder auch $ds_H^2 = y^{-2}(dx^2 + dy^2)$.

[7] Das ist die hyperbolische Ebene H^2 mit der Menge der „Geraden".

[8] Das ist die sphärische bzw. elliptische Geometrie mit den Großkreisen aus Abschnitt 5.3.

5.7   Die Lorentz-Gruppe und die Poincaré-Gruppe

Das euklidische Skalarprodukt $\langle \mathbf{x}, \mathbf{y} \rangle = \sum_{i=1}^{n} x_i y_i$ bestimmt letztlich die gesamte euklidische Geometrie und die euklidische Bewegungsgruppe. Insbesondere ist dann die Länge $||c'||$ des Tangentenvektors an eine differenzierbare Kurve $c(t)$ niemals negativ, und eine *reguläre Kurve* c wird erklärt dadurch, dass $||c'||$ nirgends verschwindet. Folglich sind zwei Punkte $x \neq y$ nicht durch beliebig kurze Kurven verbindbar, und daraus resultiert ein metrischer Abstand $d(x, y) > 0$. Es gibt aber gute Gründe, auch andere, nicht positiv definite Varianten von Skalarprodukten zu betrachten. In der speziellen Relativitätstheorie legt man eine Raumzeit von $3 + 1$ Dimensionen zugrunde, wobei die Zeit als eine Dimension aufgefasst wird. In der Richtung dieser Zeit-Koordinate wird dann das „Skalarprodukt" mit einem negativen Vorzeichen versehen. Dies hat dann aber automatisch zur Folge, dass die Länge eines Vektors verschwinden kann, ohne dass dieser gleich null ist, und dass durch wörtliche Anwendung der Abstandsformel in Definition 5.33 zwei verschiedene Punkte einen verschwindenden „Abstand" haben können.

Definition 5.36 (Minkowski–Raum)
Den Raum $\mathbb{R}_1^{n+1}$ erklären wir als den gewöhnlichen reellen $(n+1)$-dimensionalen affinen Raum mit Koordinaten $x_0, x_1, \ldots, x_n$ zusammen mit dem (Pseudo-)Skalarprodukt

$$\langle \mathbf{x}, \mathbf{y} \rangle_1 = -x_0 y_0 + \sum_{i=1}^{n} x_i y_i$$

auf dem Vektorraum der Verbindungsvektoren. Dies ist analog zum euklidischen Raum in Abschnitt 5.2 zu sehen. Diesen Raum nennt man **Minkowski–Raum** oder auch **Lorentz–Raum**. Tangentialvektoren von Kurven sind genau wie im euklidischen Raum erklärt. Ein solcher Vektor $\mathbf{x}$ heißt

raumartig, falls	$\langle \mathbf{x}, \mathbf{x} \rangle_1 > 0$
zeitartig, falls	$\langle \mathbf{x}, \mathbf{x} \rangle_1 < 0$
lichtartig oder **isotrop** oder **Nullvektor**, falls	$\langle \mathbf{x}, \mathbf{x} \rangle_1 = 0$, aber $\mathbf{x} \neq 0$.

Entsprechend heißt eine differenzierbare Kurve $c(t)$ raumartig, zeitartig bzw. isotrop, wenn dasselbe für jeden der Tangentenvektoren $c'(t)$ zutrifft.

Die Menge aller Nullvektoren des $\mathbb{R}_1^{n+1}$ bilden den sogenannten **Nullkegel** oder **Lichtkegel**

$$\{(x_0, \ldots, x_n) \mid x_0^2 = x_1^2 + \cdots + x_n^2, \ x_0 \neq 0\}.$$

Die „Sphären" $\{\mathbf{x} \mid \langle \mathbf{x}, \mathbf{x} \rangle = \pm 1\}$ sind, mit euklidischen Augen angesehen, Hyperboloide, vgl. Bild 5.7.

BEISPIELE: Die Hyperbel $x_1^2 = x_2^2 + 1, x_3 = 0$ ist raumartig. Das sieht man an der Parametrisierung $c(t) = (\cosh t, \sinh t, 0)$. Wegen $c'(t) = (\sinh t, \cosh t, 0)$ und folglich $\langle c', c' \rangle_1 = 1$ ist dann t sogar der Bogenlängenparameter. Entsprechend ist die Hyperbel $x_1^2 = x_2^2 - 1, x_3 = 0$ zeitartig mit der analogen Parametrisierung $c(t) = (\sinh t, \cosh t, 0)$. Die Gerade $c(t) = (t, t, 0)$ ist isotrop. Sie verläuft (für $t \neq 0$) innerhalb des Nullkegels.

Bemerkung 5.37 Die physikalische Interpretation des 4-dimensionalen Minkowski-Raumes ist die folgende: Der gewöhnliche 3-dimensionale affine Raum $\mathbb{R}^3$ mit kartesischen

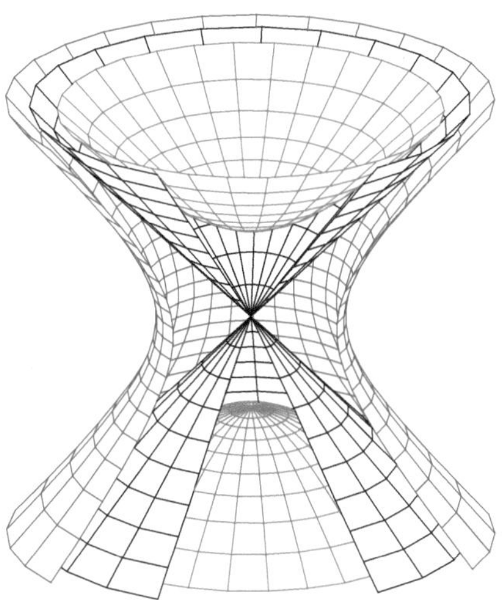

Bild 5.7: Nullkegel im $\mathbb{R}^3_1$ mit ein- und zweischaligem Hyperboloid

Koordinaten x_1, x_2, x_3 wird erweitert um eine vierte Koordinate $x_0 - t$, die als die Zeit interpretiert wird. Punkte des Raumes zu verschiedenen Zeiten werden somit jetzt als verschiedene Punkte der 4-dimensionalen Raumzeit aufgefasst. Als Skalarprodukt hat man dann

$$\langle \mathbf{x}, \mathbf{x} \rangle_1 = -c^2 t^2 + \sum_{i=1}^{3} x_i^2$$

mit der Lichtgeschwindigkeit c. Der Lichtkegel beschreibt dann die Ausbreitung des Lichtes vom Ursprung aus: Eine räumliche Bewegung $\gamma(t) = \big(x_1(t), x_2(t), x_3(t)\big)$ mit Lichtgeschwindigkeit c, also $||\gamma'(t)|| = c$, entspricht einer Kurve in der Raumzeit (einer sogenannten *Weltlinie*)

$$\mathbf{x}(t) = \big(t, x_1(t), x_2(t), x_3(t)\big)$$

mit $\langle \mathbf{x}'(t), \mathbf{x}'(t) \rangle_1 = 0$, also einer lichtartigen Kurve. Zeitartige Weltlinien entstammen einer räumlichen Bewegung mit einer Geschwindigkeit unterhalb der Lichtgeschwindigkeit (alle real möglichen Bewegungen in unserem Raum gehören also dazu), und raumartige Weltlinien würden aus Über-Lichtgeschwindigkeit resultieren, sind also nur gedacht. Für mehr Details vergleiche man H.GÜNTHER, Spezielle Relativitätstheorie.

Definition 5.38 (Lorentz-Gruppe, Poincaré-Gruppe)
Die Menge aller $(n + 1, n + 1)$-Matrizen A mit

$$\langle A\mathbf{x}, A\mathbf{y} \rangle_1 = \langle \mathbf{x}, \mathbf{y} \rangle_1$$

für alle $\mathbf{x}, \mathbf{y}$ heißt die **pseudo-orthogonale Gruppe** $O(1, n)$ oder auch die **Lorentz-Gruppe**. Die klassische Lorentz-Gruppe entspricht hier dem Fall $n = 3$, und eine Transformation $\mathbf{x} \mapsto A\mathbf{x}$ nennt man eine **Lorentz-Transformation**. Die von der Lorentz-Gruppe zusammen mit allen Translationen des $(n+1)$-dimensionalen Raumes erzeugte Gruppe heißt die **pseudo-euklidische Gruppe** oder die **Poincaré-Gruppe** $E(1, n)$. Die letztere ist ein Analogon der euklidischen Bewegungsgruppe, während die Lorentz-Gruppe in der euklidischen Geometrie der orthogonalen Gruppe entspricht.

Man unterscheidet noch die **eigentliche Lorentz-Gruppe** $SO(1, n)$ als die Menge derjenigen Lorentz-Transformationen mit positiver Determinante sowie die **eigentliche orthochrone Lorentz-Gruppe** $SO^+(1, n)$ als die Zusammenhangskomponente von $SO(1, n)$, die die Einheitsmatrix enthält. Diese bewahrt dann jede der beiden Komponenten von $\{\mathbf{x} \mid \langle \mathbf{x}, \mathbf{x} \rangle_1 = -1\}$ (mit euklidischen Augen angesehen, ist das das bekannte zweischalige Hyperboloid), und infolgedessen auch das Vorzeichen der Zeitkomponente von Tangentenvektoren (*„die Zeit läuft nur vorwärts"*).

Vom praktischen Standpunkt ist ein Element der Poincaré-Gruppe (wie schon in anderen Fällen in diesem Kapitel) nichts anderes als eine Abbildung $F\colon \mathbb{R}_1^{n+1} \to \mathbb{R}_1^{n+1}$, die sich als

$$F(\mathbf{x}) = A\mathbf{x} + \mathbf{b}$$

schreiben lässt mit einer Matrix $A \in O(n, 1)$ und einem festen Vektor $\mathbf{b} \in \mathbb{R}_1^{n+1}$.

Beispiele 5.39 Räumliche Drehmatrizen im euklidischen Sinne kann man als spezielle Lorentz-Transformationen

$$A = \begin{pmatrix} 1 & 0 & 0 & 0 \\ 0 & 1 & 0 & 0 \\ 0 & 0 & \cos\varphi & -\sin\varphi \\ 0 & 0 & \sin\varphi & \cos\varphi \end{pmatrix}$$

auffassen. Hier wird die x_2-Achse in die x_3-Achse gedreht, die beiden anderen bleiben fest. Ein anderer Typ ist eine Transformation, die die x_0-Achse in die x_1-Achse dreht. Eine solche Matrix erscheint als

$$A = \begin{pmatrix} \cosh\varphi & \sinh\varphi & 0 & 0 \\ \sinh\varphi & \cosh\varphi & 0 & 0 \\ 0 & 0 & 1 & 0 \\ 0 & 0 & 0 & 1 \end{pmatrix},$$

und man nennt eine Lorentz-Drehung dieser Art auch „boost", vgl. das folgende Bild.

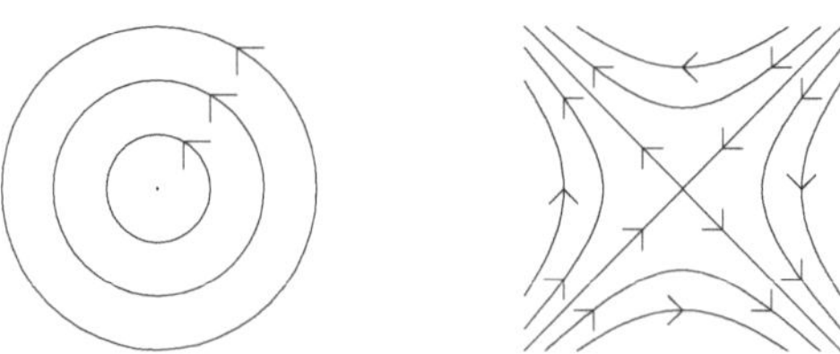

Bild 5.8: euklidische Drehung und Lorentz–Drehung (boost)

5.8 Die Standgruppen der Gruppen von geometrischen Transformationen

Als **Standgruppe eines Punktes** x einer Gruppenwirkung von G bezeichnet man die Untergruppe aller Gruppenelemente $g \in G$ mit $g \cdot x = x$. Wenn die Gruppe transitiv wirkt, also wenn man jeden Punkt in jeden anderen durch ein Gruppenelement transportieren kann, dann spricht man auch von der **Standgruppe** schlechthin.

In den in diesem Kapitel diskutierten Fällen haben wir die folgenden Standgruppen:

1. Die affine Gruppe $A(n, \mathbb{K})$ enthält als Standgruppe die Gruppe $GL(n, \mathbb{K})$.

2. Die euklidische Gruppe $E(n, \mathbb{R})$ enthält als Standgruppe die Gruppe $O(n)$.

3. Die orthogonale Gruppe $O(n + 1)$ enthält als Standgruppe die $O(n)$, entsprechend für $SO(n + 1)$ und $SO(n)$.

4. Die projektive Gruppe $PGL(n+1, \mathbb{K})$ enthält als Standgruppe des Punktes $[1, 0, \ldots, 0]$ die Gruppe aller invertierbaren Matrizen vom Typ

$$\begin{pmatrix} * & * & \cdots & * & * \\ 0 & * & \cdots & * & * \\ \vdots & & \ddots & & \vdots \\ 0 & * & \cdots & * & * \\ 0 & * & \cdots & * & * \end{pmatrix}$$

über $\mathbb{K}$ modulo der Untergruppe aller λE mit $\lambda \in \mathbb{K} \setminus \{0\}$.

5. Die Möbius-Gruppe $PSL(2, \mathbb{C}) = PGL(2, \mathbb{C})$ enthält als Standgruppe des Punktes $[1, 0]$ die Gruppe aller komplexen Matrizen $\begin{pmatrix} a & b \\ 0 & a^{-1} \end{pmatrix}$ mit $a \neq 0$ modulo $\pm\begin{pmatrix} 1 & 0 \\ 0 & 1 \end{pmatrix}$.

6. Die hyperbolische Bewegungsgruppe $PSL(2, \mathbb{R})$ enthält als Standgruppe des Punktes i die Drehgruppe $SO(2)$ aller Drehungen f_φ in Abschnitt 5.6. Diese sind durch die gewöhnlichen reellen Drehmatrizen $\begin{pmatrix} a & b \\ c & d \end{pmatrix} - \begin{pmatrix} \cos\varphi & -\sin\varphi \\ \sin\varphi & \cos\varphi \end{pmatrix}$ gegeben.

7. Die Poincaré-Gruppe enthält als Standgruppe die Lorentz-Gruppe.

Auch wenn diese Standgruppe nicht immer ein Normalteiler in der großen Gruppe ist, so macht es denoch Sinn, die Nebenklassen mit den Punkten des Raumes zu vergleichen, auf dem die große Gruppe wirkt, und zwar transitiv auf den Punkten. Dies ist die Grundidee des *homogenen Raumes*, vgl. Definition 14.7. In all den genannten Fällen steht der Punktraum in natürlicher Bijektion zu der Menge der Nebenklassen der Standgruppe.

Übungsaufgaben

1. Es seien A, B, C drei Punkte in der reellen affinen Ebene, die nicht alle auf einer gemeinsamen Geraden liegen. Wir erklären a, b, c als die drei Seitenmittelpunkte des von A, B, C aufgespannten Dreiecks. Man zeige:

   (i) a, b, c liegen ebenfalls nicht alle auf einer gemeinsamen Geraden.

   (ii) Diese Eigenschaft wird von jeder affinen Transformation bewahrt.

   (iii) Jede affine Transformation bewahrt den Quotienten des (euklidischen) Flächeninhalts der beiden von A, B, C und a, b, c aufgespannten Dreiecke.

2. Es seien P, Q, R drei verschiedene Punkte im euklidischen Raum, die nicht auf einer gemeinsamen Geraden liegen. Sie spannen dann ein Dreieck mit eben diesen Eckpunkten auf. Für dieses Dreieck zeige man den **Cosinussatz** in der Form

$$||\overrightarrow{PQ}||^2 + ||\overrightarrow{QR}||^2 = ||\overrightarrow{PR}||^2 + 2||\overrightarrow{PQ}|| \cdot ||\overrightarrow{QR}|| \cdot \cos \angle PQR,$$

wobei $\angle PQR$ der Innenwinkel des Dreiecks an der Ecke Q ist.

3. Man zeige, dass die Menge aller Drehmatrizen in $SO(2)$ mit vier rationalen Einträgen eine (nicht abgeschlossene) Untergruppe ist. Dies ist gleichzeitig die Drehgruppe über $\mathbb{Q}$, die auf der rationalen Zahlenebene $\mathbb{Q}^2$ wirkt. Man zeige ferner: Die Elemente dieser Gruppe stehen in einer natürlichen Bijektion zu der Menge aller **pythagoräischen Zahlentripel** $(a, b, c) \in \mathbb{Z}^3$ mit $a^2 + b^2 = c^2$ und $c \neq 0$ modulo der Teilbarkeitsrelation, bei der man (a, b, c) mit (na, nb, nc) identifiziert.

4. Für zwei gegebene Punkte $p, q \in S^n$ und zwei gegebene Einheits-Tangentenvektoren X in p und Y in q bestimme man eine eigentliche sphärische Transformation $f \in SO(n+1)$ mit $f(p) = q$ und $Df|_p(X) = Y$. Ist dieses f eindeutig bestimmt ?

   Hinweis: Die Gruppe $SO(n+1)$ wirkt nicht nur auf Punkte der Sphäre, sondern auch auf Großkreise. Und jeder Tangentenvektor $X \neq 0$ in p ist tangential an genau einen Großkreis durch p.

5. Man beschreibe explizit ein sphärisches Dreieck mit drei gleich großen Winkeln und drei gleichlangen Seiten und einem Flächeninhalt von $\pi/2$.

6. Man überlege, auf welche 4-Tupel von Punkten der reellen projektiven Ebene die vier Punkte $[1, 0, 0], [0, 1, 0], [0, 0, 1], [1, 1, 1]$ duch eine projektive Transformation abgebildet werden können. Man nennt diese vier Punkte auch die *projektive Standard-Basis* von $\mathbb{R}P^2$.

   Hinweis: Eine projektive Transformation ist invertierbar und bewahrt Geraden.

7. Durch die Menge aller Matrizen $\left(\begin{smallmatrix} e^t & 0 \\ 0 & e^{-t} \end{smallmatrix} \right) \in SL(2, \mathbb{C})$ mit $t \in \mathbb{R}$ wird eine Untergruppe der Möbius-Gruppe $PGL(2, \mathbb{C})$ definiert. Man beschreibe explizit deren Wirkung auf der Einheits-Sphäre. Insbesondere beschreibe man geometrisch die Bahnen von Punkten.

   Hinweis: Zwei antipodale Punkte bleiben unter der gesamten Gruppe fix.

8. Dieselbe Untergruppe wirkt auch auf der hyperbolischen Ebene durch hyperbolische Bewegungen, weil sie rein reell ist. Man beschreibe dort die Wirkung. Gibt es Fixpunkte?

9. Man berechne den hyperbolischen Flächeninhalt eines möglichst großen Dreiecks in der hyperbolischen Ebene.

   Hinweis: Man berechne den hyperbolischen Flächeninhalt desjenigen Teils von H^2, der von den beiden Halbgeraden $x = \pm r$ sowie dem Halbkreis um den Ursprung mit Radius r begrenzt wird (ein sogenanntes *ideales Dreieck*, dessen Eckpunkte im Unendlichen liegen).

10. Man zeige, dass durch geeignete Lorentz-Transformationen jeder Punkt der Quadrik $\{\mathbf{x} \mid \langle \mathbf{x}, \mathbf{x} \rangle_1 = -1\} \subset \mathbb{R}_1^{n+1}$ in jeden anderen abgebildet werden kann und zusätzlich bei festgehaltenem Punkt jede tangentiale Richtung in jede andere gedreht werden kann.

Kapitel 6

Exponentialreihe und Logarithmus von Matrizen

Die gewöhnliche Exponentialfunktion oder e-Funktion e^x in der Analysis ist (unabhängig voneinander) durch jede der folgenden drei Eigenschaften charakterisiert:

1. Als Lösung der Differentialgleichung $y' = y$ mit der Anfangsbedingung $y(0) = 1$,

2. Als (überall konvergente) Potenzreihe $\exp x = \sum_{n \geq 0} \frac{1}{n!} x^n$.

3. Als Grenzfunktion des „stetigen Wachstums" $\exp x = \lim_{k \to \infty} \left(1 + \frac{x}{k}\right)^k$.

Zur Begründung:

Zu 1. Wenn man elementare Kenntnisse über Differentialrechnung voraussetzt, dann ist für die gesuchte Lösung $y = y(x)$ (jedenfalls für $y(x) \neq 0$) die Differentialgleichung

$$(\log y)' = \frac{y'}{y} = 1$$

äquivalent zu $\log(y(x)) = x + C$ mit einer Integrationskonstanten C, die sich als $C = 0$ erweist, wenn man die Anfangsbedingung $y(0) = 1$ fordert. Also gilt $y(x) = e^x$.

Zu 2. Wenn man versucht, mit dem Potenzreihenansatz $y(x) = \sum_{n \geq 0} a_n x^n$ diese Differentialgleichung zu lösen (unter stillschweigender Annahme der Konvergenz), dann erhält man

$$\sum_{n \geq 0} a_n x^n = \left(\sum_{n \geq 0} a_n x^n\right)' = \sum_{n \geq 1} n a_n x^{n-1} = \sum_{n \geq 0} (n+1) a_{n+1} x^n$$

und folglich mit Koeffizientenvergleich $a_n = (n+1)a_{n+1}$, was zusammen mit der Anfangsbedingung $a_0 = 1$ eine rekursive Formel für alle Koeffizienten a_n liefert, und zwar

$$a_n = \frac{1}{n} \cdot a_{n-1} = \frac{1}{n} \cdot \frac{1}{n-1} \cdot a_{n-2} = \cdots = \frac{1}{n!} \cdot a_0 = \frac{1}{n!}.$$

Also folgt

$$y(x) = \sum_{n \geq 0} \frac{1}{n!} x^n.$$

Die Konvergenz dieser Reihe für beliebiges x folgt dann bekanntlich aus dem Quotientenkriterium. Aber auch für formale Potenzreihen kann man formal denselben Ansatz verfolgen mit demselben Resultat: Die Exponentialreihe ist die einzige formale Potenz-reihe in einer Variablen mit $a_0 = 1$, die die formale Differentialgleichung $y' = y$ erfüllt. Das Analoge gilt für die Differentialgleichung $y' = ay$ mit der Lösung $y(x) = e^{ax}$.

Zu 3. Die Eulersche Zahl $e = 2,71828\ldots$ ist als der Grenzwert $e = \lim_{n \to \infty} \left(1 + \frac{1}{n}\right)^n$ definiert. Daraus folgt für festes ganzzahliges $x \geq 0$

$$e^x = \left(\lim_{n \to \infty} \left(1 + \frac{1}{n}\right)^n\right)^x = \lim_{n \to \infty} \left(1 + \frac{1}{n}\right)^{nx} = \lim_{k \to \infty} \left(1 + \frac{x}{k}\right)^k,$$

wobei wir einfach $k = nx$ setzen (der Fall $x = 0$ ist trivial wegen $e^0 = 1$). Durch Grenzübergang gilt das dann auch für rationales und schließlich für reelles x.

Es ist ferner aus der Theorie der gewöhnlichen Differentialgleichungen bekannt,[1] dass die vektorielle DGL (bzw. das System) $Y' = A \cdot Y$ für eine konstante Matrix A durch den Exponentialreihenansatz

$$Y(x) = \sum_{n \geq 0} \frac{x^n}{n!} \cdot A^n$$

gelöst werden kann. Es gilt nämlich dann durch (formales) gliedweises Differenzieren nach dem reellen oder komplexen Parameter x

$$Y'(x) = \left(\sum_{n \geq 0} \frac{x^n}{n!} \cdot A^n\right)' = \sum_{n \geq 1} n\frac{x^{n-1}}{n!} \cdot A^n = A \cdot \left(\sum_{n \geq 1} \frac{x^{n-1}}{(n-1)!} \cdot A^{n-1}\right) = A \cdot Y(x).$$

Die dabei verwendeten Rechenregeln kann man als solche für formale Potenzreihen deu-ten (vgl. Definition 2.10). Sie werden aber weiter unten auch hinsichtlich Konvergenz begründet. Diese Exponentialreihe hat nun weitere Eigenschaften, die für die Theorie der Matrizengruppen von großer Bedeutung sind. Sie ist der Kern einer Theorie mit weitreichenden Konsequenzen.

6.1   Die Exponentialreihe von Matrizen

Definition 6.1 Für eine reelle oder komplexe $(n \times n)$-Matrix X definieren wir die Exponentialabbildung exp durch

$$\exp X := \sum_{k=0}^{\infty} \frac{1}{k!} X^k = E + X + \frac{X^2}{2} + \frac{X^3}{6} + \frac{X^4}{24} + \cdots$$

Diese unendliche Reihe heißt auch Exponentialreihe, und als Schreibweise gibt es auch e^X statt $\exp X$ in Anlehnung an die e-Funktion in der Analysis.

Es ist üblich, den Vektorraum aller (n, n)-Matrizen über $\mathbb{K}$ auch mit $\mathfrak{gl}(n, \mathbb{K})$ statt, wie in Kapitel 3, mit $\mathcal{M}^{n \times n}(\mathbb{K})$ zu bezeichnen. Durch den folgenden Satz wird begründet, dass dann die Exponentialabbildung eine wohldefinierte Abbildung

$$\exp \colon \mathfrak{gl}(n, \mathbb{R}) \to GL(n, \mathbb{R}) \quad \text{bzw.} \quad \exp \colon \mathfrak{gl}(n, \mathbb{C}) \to GL(n, \mathbb{C})$$

ist.

---

[1] vgl. R.WALTER, Analysis 3, Abschnitt 2.3

Man beachte, dass für konvergente Potenzreihen von Matrizen der Identitätssatz genauso gilt wie für gewöhnliche Potenzreihen über $\mathbb{R}$ oder $\mathbb{C}$, d.h. $\sum_n a_n X^n = \sum_n b_n X^n$ für alle X impliziert $a_n = b_n$ für alle n. Dazu setze man einfach $X = xE$ mit dem Resultat

$$\sum_n a_n (xE)^n = \Big(\sum_n a_n x^n\Big) E.$$

Satz 6.2 *Die Exponentialabbildung hat die folgenden Eigenschaften:*

(1) *Die Reihe* $\exp X$ *konvergiert für jede Matrix* X *im Raum aller quadratischen Matrizen, und zwar absolut.*

(2) *Die Exponentialabbildung ist verträglich mit der Transposition und der komplexen Konjugation, d.h. es gilt* $\exp(X^T) = (\exp X)^T$ *und* $\exp(\overline{X}) = \overline{\exp X}$.

(3) *Die Exponentialabbildung ist verträglich mit der Konjugation von Matrizen, d.h. es gilt* $\exp(PXP^{-1}) = P(\exp X)P^{-1}$ *für jede invertierbare Matrix* P.

(4) *Die Zuordnung* $X \mapsto \exp X$ *ist beliebig oft differenzierbar (sogar reell analytisch).*

(5) *Es gilt das* Exponentialgesetz $\exp(X + Y) = \exp(X) \cdot \exp(Y)$ *für je zwei Matrizen* X, Y *mit* $XY = YX$.

(6) *Für beliebiges* X *ist* $\exp X$ *invertierbar, und es gilt* $(\exp X)^{-1} = \exp(-X)$ *sowie* $\det(\exp X) = e^{\mathrm{spur} X}$.

(7) *Die Zuordnung* $t \mapsto \exp(tX)$ *definiert eine differenzierbare Kurve in* $GL(n, \mathbb{C})$ *mit* $0 \mapsto E$ *und* $\frac{d}{dt}\exp(tX) = X \cdot \exp(tX)$, *speziell* $\frac{d}{dt}\big|_{t=0} \exp(tX) = X$.

BEMERKUNG: Die Eigenschaft (7) ist ganz ähnlich der Differentialgleichung $y' = xy$ für festes x, deren Lösung die (reelle oder komplexe) e-Funktion $y(t) = e^{xt}$ ist. Man kann (7) auch als $Y' = X \cdot Y$ schreiben, wobei t der Parameter ist.

Ferner besagt das Exponentialgesetz (4), dass die Zuordnung $t \longmapsto \exp(tX)$ ein Homomorphismus von der additiven Gruppe der reellen Zahlen in die multiplikative Gruppe der invertierbaren Matrizen ist wegen

$$t + s \mapsto \exp((t + s)X) = \exp(tX + sX) = \exp(tX) \cdot \exp(sX)$$

für beliebige reelle Zahlen t, s.

Teil (3) bedeutet insbesondere, dass man in diesem Zusammenhang Normalformen von Matrizen verwenden kann, weil eine Normalform sich durch eine Basistransformation $X \mapsto PXP^{-1}$ ergibt.

Beweis: Wir verwenden hier die Operator-Norm $\|A\| := \sup\limits_{\mathbf{x} \neq \mathbf{0}} \dfrac{\|A\mathbf{x}\|}{\|\mathbf{x}\|}$ von Matrizen, wobei $\|\mathbf{x}\|$ die euklidische Norm von $\mathbf{x}$ sei.

Zu (1): Für festes N_1 gilt die Abschätzung

$$\Big\| \sum_{k=N_1}^{N_2} \frac{1}{k!} X^k \Big\| \leq \sum_{k=N_1}^{N_2} \frac{1}{k!} \|X^k\| \leq \sum_{k=N_1}^{N_2} \frac{1}{k!} \|X\|^k \to 0 \ \ \text{für} \ \ N_1 \to \infty.$$

Damit ist die Folge der Partialsummen $\sum_{k=0}^{N} \frac{1}{k!} X^k$ eine Cauchy-Folge, also konvergiert sie komponentenweise und für jedes feste X, und zwar gleichmäßig auf jeder kompakten Teilmenge. Die Konvergenz ist absolut, weil das gleiche für die Norm gilt und weil jeder Eintrag einer Matrix betragsmäßig nicht größer als die Norm der Matrix sein kann.

Zu (2): Dies folgt einfach aus den Gleichungen $(A^T)^n = (A^n)^T$ sowie $\overline{A^n} = \overline{A}^n$.

Zu (3): Es gilt $(PXP^{-1})^2 = PXP^{-1}PXP^{-1} = PX^2P^{-1}$. Analog gilt das für höhere Potenzen, also erhalten wir

$$\exp(PXP^{-1}) = \sum_{n\geq 0} \frac{1}{n!}(PXP^{-1})^n = \sum_{n\geq 0} \frac{1}{n!} PX^nP^{-1} = P\Big(\sum_{n\geq 0} \frac{1}{n!} X^n\Big)P^{-1}$$

Zu (4): Dies folgt mit gliedweiser Differentiation von Potenzreihen, wie in der Analysis reeller Funktionen.

Zu (5): Die Gleichung $XY = YX$ impliziert die übliche binomische Formel

$$(X + Y)^2 = X^2 + XY + YX + Y^2 = X^2 + 2XY + Y^2,$$

allgemein folgt durch Induktion

$$(X + Y)^n = \sum_{k=0}^{n} \binom{n}{k} X^k Y^{n-k}.$$

Daraus erhält man mit derselben Rechnung wie im Beweis der Gleichung $e^{x+y} = e^x e^y$

$$\begin{aligned}
\exp(X + Y) &= \sum_{n=0}^{\infty} \frac{1}{n!}(X + Y)^n = \sum_{n} \frac{1}{n!} \sum_{k=0}^{n} \binom{n}{k} X^k Y^{n-k} \\
&= \sum_{n} \sum_{k=0}^{n} \frac{X^k Y^{n-k}}{k!(n-k)!} = \sum_{n} \sum_{k+\ell=n} \frac{X^k Y^\ell}{k!\ell!} \\
&= \Big(\sum_{k} \frac{X^k}{k!}\Big)\Big(\sum_{\ell} \frac{Y^\ell}{\ell!}\Big) \\
&= (\exp X) \cdot (\exp Y)
\end{aligned}$$

Insbesondere folgt für positive ganzzahlige Exponenten $k \geq 1$ die Gleichung

$$\exp(kX) = (\exp X)^k$$

sowie $\exp(0) = E$.

Zu (6): Wenn wir $Y = -X$ setzen, dann folgt nach Teil (4)

$$E = \exp(0) = \exp(X - X) = (\exp X) \cdot (\exp(-X)),$$

also $\exp(-X) = (\exp(X))^{-1}$. Die Gleichung $\det(\exp X) = e^{\operatorname{spur}X}$ erhält man leicht, falls X eine obere Dreiecksmatrix ist, weil dann in der Hauptdiagonalen einfach die Elemente $e^{X_{ii}}$ stehen:

$$\det \exp X = \Pi_i e^{X_{ii}} = e^{\sum_i X_{ii}} = e^{\operatorname{spur}X}.$$

Für den allgemeinen Fall wendet man die Jordansche Normalform an[2]. Dann gilt die Gleichung für jeden Jordan-Block.

Zu (7): Hier rechnet man mit gliedweiser Differentiation folgendes aus:

$$\frac{d}{dt}(\exp(tX)) = \frac{d}{dt}\sum_{k}^{\infty}\frac{1}{k!}X^k \cdot k \cdot t^{k-1} = X\sum_{k=1}^{\infty}\frac{1}{(k-1)!}(tX)^{k-1} = X\exp(tX). \qquad \square$$

> **Folgerung 6.3** *Falls G eine Untergruppe von $GL(n,\mathbb{R})$ ist, in der Matrizen mit negativer Determinante vorkommen, so ist die (reelle) Exponentialabbildung nicht surjektiv, d.h. das Bild $\exp(\mathfrak{gl}(n,\mathbb{R}))$ überdeckt nicht ganz G. Dies gilt speziell für $G = GL(n,\mathbb{R})$ selbst sowie für $G = O(n)$.*

Beweis: Dies folgt direkt aus der Gleichung $\det(\exp X) = e^{\mathrm{spur}\,X} > 0$ in 6.2 (6). $\square$

Bemerkung 6.4 Das Exponentialgesetz $\exp(X+Y) = (\exp X)(\exp Y)$ gilt immer dann, wenn X mit Y kommutiert, also wenn $XY = YX$ gilt, aber nicht allgemein und nicht uneingeschränkt. Ein einfaches Beispiel:

$$X = \begin{pmatrix} 0 & 1 & 0 \\ 0 & 0 & 0 \\ 0 & 0 & 0 \end{pmatrix}, \quad Y = \begin{pmatrix} 0 & 0 & 0 \\ 0 & 0 & 1 \\ 0 & 0 & 0 \end{pmatrix}, \quad Z = \begin{pmatrix} 0 & 0 & 1 \\ 0 & 0 & 0 \\ 0 & 0 & 0 \end{pmatrix}.$$

Dann gilt $X^2 = Y^2 = YX = (X+Y)^3 = 0$, $XY = (X+Y)^2 = Z, XZ = ZX, YZ = ZY$. Also folgt

$$\begin{aligned} \exp(X+Y) &= E + X + Y + \tfrac{1}{2}Z, \quad \text{aber} \\ (\exp X)(\exp Y) &= (E+X)(E+Y) = E + X + Y + Z. \end{aligned}$$

Dieser Fall tritt bei der 3-dimensionalen Heisenberg-Gruppe und ihrer Lie-Algebra auf, vgl. auch die Beispiele in 4.4.6 und in 6.16.

Zur Erklärung der Differenz betrachte man auch die folgende Formel, in der das Landau-Symbol $O(t^3)$ wie üblich für alle Terme von dritter oder höherer Ordnung in t steht. Hier tritt der Kommutator zweier quadratischer Matrizen an entscheidender Stelle auf.

> **Satz 6.5** *Für beliebige feste quadratische Matrizen X, Y und kleine Werte von $|t|$ gilt die folgende Gleichung (Taylor-Entwicklung):*
>
> $$\begin{aligned} (\exp tX)(\exp tY) - \exp(t(X+Y)) &= \tfrac{t^2}{2}(XY - YX) + O(t^3) \\ (\exp(-tX))(\exp(-tY))(\exp tX)(\exp tY) &= E + t^2(XY - YX) + O(t^3) \end{aligned}$$

Beweis: Für die erste Gleichung vergleichen wir die quadratischen Taylor-Entwicklungen in t von $\exp(t(X+Y))$ einerseits und von $(\exp tX)(\exp tY)$ andererseits:

$$\begin{aligned} \exp(t(X+Y)) &= E + tX + tY + \tfrac{t^2}{2}\big(X^2 + XY + YX + Y^2\big) + O(t^3) \\ (\exp tX)(\exp tY) &= \big(E + tX + \tfrac{t^2}{2}X^2 + O(t^3)\big)\big(E + tY + \tfrac{t^2}{2}Y^2 + O(t^3)\big) \\ &= E + tX + tY + \tfrac{t^2}{2}\big(X^2 + 2XY + Y^2\big) + O(t^3) \end{aligned}$$

---

[2] vgl. dazu G.FISCHER, Lineare Algebra, Abschnitt 4.6

Offensichtlich differieren die quadratischen Terme um $\frac{t^2}{2}(XY - YX)$, woraus die erste der behaupteten Gleichungen folgt. Die zweite Gleichung folgt aus der ersten durch den Vergleich von

$$\Big((\exp(-tX))(\exp(-tY))\Big)\Big((\exp tX)(\exp tY)\Big)$$

mit der Reihenentwicklung von

$$\Big(\exp(-t(X+Y)) + \tfrac{t^2}{2}(XY - YX)\Big)\Big(\exp t(X+Y) + \tfrac{t^2}{2}(XY - YX)\Big),$$

jeweils bis auf Terme dritter oder höherer Ordnung in t. $\hfill\square$

Für die Differenzen der höheren Terme in solcher Taylor-Entwicklung vergleiche man Kapitel 8 (die Campbell-Baker-Hausdorff-Formel). Interessant an dem Satz 6.5 ist auch, dass man durch die zweite Gleichung den Kommutator $XY - YX$ aus den Exponentialreihen für X und Y zurückgewinnen kann, also auch aus den beiden 1-Parameter-Untergruppen im Sinne des späteren Abschnitts 6.3 oder aus den zugehörigen Flüssen von X und Y im Sinne von Kapitel 4: Der Kommutator $XY - YX$ ergibt sich nach der obigen Formel allein aus den Integralkurven der beiden linearen Vektorfelder $\mathbf{x} \mapsto X\mathbf{x}$ und $\mathbf{x} \mapsto Y\mathbf{x}$. Nach der zweiten Gleichung gilt genauer

$$XY - YX = \frac{d}{dt}\Big|_{t=0}\Big((\exp(-\sqrt{t}X))(\exp(-\sqrt{t}Y))(\exp\sqrt{t}X)(\exp\sqrt{t}Y)\Big),$$

wobei die rechte Seite stetig differenzierbar nach t ist für $t \geq 0$.

Beispiel 6.6 (Die Exponentialabbildung der 1-dimensionalen Drehgruppe $SO(2)$)
Man berechnet leicht für die spezielle Matrix $R = \begin{pmatrix} 0 & -t \\ t & 0 \end{pmatrix}$ die Potenzen

$$R^2 = \begin{pmatrix} -t^2 & 0 \\ 0 & -t^2 \end{pmatrix} = -t^2 E, \quad R^3 = -t^2 R, \quad R^4 = t^4 E.$$

Damit gilt

$$\exp R = E + \sum_{k=0}^{\infty} \frac{1}{(2k+1)!} R^{2k+1} + \sum_{k=1}^{\infty} \frac{1}{(2k)!} R^{2k}$$

$$= \begin{pmatrix} \sum_k (-1)^k \frac{t^{2k}}{(2k)!} & -\sum_k (-1)^k \frac{t^{2k+1}}{(2k+1)!} \\ \sum_k (-1)^k \frac{t^{2k+1}}{(2k+1)!} & \sum_k (-1)^k \frac{t^{2k}}{(2k)!} \end{pmatrix} = \begin{pmatrix} \cos t & -\sin t \\ \sin t & \cos t \end{pmatrix}.$$

$\exp(R)$ ist also eine Drehmatrix in der Ebene um den Winkel t.

> **Lemma 6.7** *Es gibt offene Umgebungen U von 0 in $\mathfrak{gl}(n, \mathbb{C})$ und V von E in $GL(n, \mathbb{C})$, so dass $\exp: U \to V$ ein Diffeomorphismus ist (d.h. bijektiv und in beiden Richtungen differenzierbar). Analoges gilt für $\mathfrak{gl}(n, \mathbb{R})$ und $GL(n, \mathbb{R})$.*

Beweis: Wir fassen eine komplexe (n, n)-Matrix als einen reellen Vektor mit $2n^2$ Einträgen auf und bezeichnen mit $x^1, \ldots, x^{2n^2}$ die entsprechenden kartesischen Koordinaten bzw. reellen Variablen und mit $E_1, \ldots, E_{2n^2}$ die entsprechenden Basis-Elemente, wobei E_j

eine 1 an der j-ten Stelle und sonst nur Nullen enthält. Wir können also schreiben $X = \sum_i x^i(X)E_i$ und $\exp X = \sum_i x^i(\exp X)E_i$, wobei $x^i(X)$ die i-te Koordinatenfunktion von X und $x^i(\exp X)$ die i-te Koordinatenfunktion von $\exp X$ beschreibt. Zu berechnen ist die Funktionalmatrix

$$J_0 \exp = \left(\frac{\partial x^i(\exp X)}{\partial x^j}\Big|_{X=0} \right)_{i,j}.$$

Hier gilt nun

$$\begin{aligned}
\frac{\partial x^i(\exp X)}{\partial x^j}\Big|_{X=0} &= \lim_{t\to 0} \frac{1}{t}\Big(x^i\big(\exp(tE_j)\big) - x^i(\exp 0) \Big) \\
&= x^i\Big(\lim_{t\to 0} \frac{1}{t}\big(\exp(tE_j) - \exp 0 \big) \Big) \\
&= x^i(E_j) = \delta^i_j.
\end{aligned}$$

Also ist die Funktionalmatrix im Element 0 die Einheitsmatrix. Nach dem Satz über die Umkehrabbildung in 1.9 gibt es folglich eine Umgebung U von 0, so dass exp dort ein Diffeomorphismus aufs Bild ist. Eine entsprechende Umkehrabbildung nennt man im Hinblick auf den Logarithmus (vgl. Abschnitt 6.2) auch eine **logarithmische Karte**. $\square$

Bemerkung 6.8 Global betrachtet ist exp keineswegs ein Diffeomorphismus. Schon im Fall $n = 1$ haben wir die gewöhnliche Exponentialfunktion (e-Funktion)

$$\exp\colon \mathbb{C} = \mathfrak{gl}(1,\mathbb{C}) \to GL(1,\mathbb{C}) = \mathbb{C} \setminus \{0\} \quad \text{mit} \quad z \mapsto e^z,$$

die bekanntlich nicht global invertierbar ist (Problem des komplexen Logarithmus). Schon aus topologischen Gründen gibt es hier gar keinen (globalen) Diffeomorphismus. Ferner ist auch $\exp\colon \mathfrak{gl}(n,\mathbb{R}) \to GL(n,\mathbb{R})$ kein globaler Diffeomorphismus, weil nicht surjektiv nach Folgerung 6.3.

Das folgende Lemma drückt die Eigenschaft der Exponentialfunktion aus, Grenzwert des „stetigen Wachstums" zu sein, was uns von der reellen e-Funktion her geläufig ist wegen der bekannten Formel $e = \lim_{k\to\infty} \left(1 + \frac{1}{k}\right)^k$. Man beachte, dass in der Gleichung

$$\exp x = \lim_{k\to\infty} \left(1 + \frac{x}{k}\right)^k$$

für jedes feste x der Limes bereits durch die Werte $1 + x/k$ in einer beliebig kleinen Umgebung der 1 bestimmt ist.

Lemma 6.9 (das „stetige Wachstum" für die Multiplikation von Matrizen)
Es sei $c(t)$ eine C^∞-Kurve in $GL(n,\mathbb{C})$ mit $c(0) = E, c'(0) = X$. Dann gilt für alle t die Gleichung

$$\exp(tX) = \lim_{k\to\infty} \left(c\big(\tfrac{t}{k}\big)\right)^k, \quad \textit{speziell gilt auch} \quad \exp(tX) = \lim_{k\to\infty} \left(E + \tfrac{t}{k}X\right)^k.$$

Beweis: Es sei $\exp : U \to V$ ein Diffeomorphismus gemäß Lemma 6.7 mit $tX \in U$ und $c(t) \in V$ für alle $|t| < \delta$. Wir setzen dann $\gamma(t) := \exp^{-1}(c(t))$. Dann gilt $\gamma(0) = 0$ (Nullmatrix) und

$$\frac{d}{dt}\Big|_{t=0} \gamma(t) = \underbrace{(D_0 \exp)^{-1}}_{=E} \underbrace{(c'(0))}_{=X} = X.$$

Folglich gibt es die Taylor-Entwicklung von γ in der Form

$$\gamma(t) = 0 + tX + \mathcal{O}(t^2).$$

Daraus ergibt sich $\gamma(\frac{t}{k}) = \frac{t}{k}X + \mathcal{O}(\frac{t^2}{k^2})$ und $k\gamma(\frac{t}{k}) = tX + \mathcal{O}(\frac{1}{k})$ für jedes feste t und für $k \to \infty$. Nach Definition ist

$$\left(c(\frac{t}{k})\right)^k = \left(\exp \gamma(\frac{t}{k})\right)^k = \exp\left(k \cdot \gamma(\frac{t}{k})\right) = \exp\left(tX + \mathcal{O}(\frac{1}{k})\right).$$

Daraus folgt die Behauptung für $|t| < \delta$. Für $|t| \geq \delta$ betrachte $N \in \mathbb{N}$ mit $\frac{t}{N} < \delta$ und wende die obigen Betrachtungen darauf an. $\qquad\qquad\Box$

Beispiel: Im „trivialen" Spezialfall $G = GL(1, \mathbb{R}) = (\mathbb{R} \setminus \{0\}, \cdot)$ mit $\mathfrak{gl}(1, \mathbb{R}) = (\mathbb{R}, +)$ ist die Exponentialfunktion tatsächlich die gewöhnliche e-Funktion $\exp x = e^x$ mit $\exp 0 = 1$. Als „Kurve" gemäß dem vorangegangenen Lemma kann man $c(t) := 1 + t$ mit $c'(0) = 1$ wählen mit dem Resultat $\exp(t \cdot 1) = e^t = \lim_{k \to \infty} \left(1 + \frac{t}{k}\right)^k$.

6.2   Der Logarithmus von Matrizen

Wir wissen aus 6.7, dass die Exponentialabbildung in einer gewissen Nullumgebung diffeomorph ist, also differenzierbar umkehrbar. Dies kann man noch expliziter beschreiben durch eine explizite Umkehrabbildung. In der reellen Analysis gibt es als Umkehrabbildung der Exponentialfunktion

$$e^x = \sum_{n \geq 0} \frac{x^n}{n!},$$

bekanntlich die Logarithmusfunktion. Diese stellt sich als Potenzreihe

$$\log(1 + x) = \sum_{n \geq 1} \frac{(-1)^{n+1} x^n}{n}$$

mit dem Konvergenzradius $R = 1$ dar, dann auch im Komplexen. Es gelten dabei die Gleichungen $\log e^x = x$ und $e^{\log(1+x)} = 1 + x$.

Definition 6.10 Der **Logarithmus** einer invertierbaren Matrix $E + A$ mit $\|A\| < 1$ ist definiert durch

$$\log(E + A) := \sum_{n \geq 1} (-1)^{n+1} \frac{A^n}{n} = A - \frac{A^2}{2} + \frac{A^3}{3} - \frac{A^4}{4} + \cdots$$

Diese Reihe konvergiert für jedes feste A mit $\|A\| < 1$ wegen

$$\left\| \sum_{n=N}^{\infty} (-1)^{n+1} \frac{A^n}{n} \right\| \leq \sum_{n=N}^{\infty} \frac{\|A\|^n}{n} \longrightarrow 0 \ \text{ für } \ N \longrightarrow \infty.$$

Satz 6.11 *Es gilt:* $\exp(\log A) = A$ *und* $\log(\exp X) = X$, *sofern jeweils* $\log$ *definiert ist.*

Beweis: Zunächst haben wir nach Definition $\exp X - E = X + \frac{X^2}{2!} + \frac{X^3}{3!} + \frac{X^4}{4!} + \cdots$
Dies impliziert durch Einsetzen

$$\begin{aligned}
\log(\exp X) &= \sum_{n \geq 1} (-1)^{n+1} \frac{(\exp X - E)^n}{n} \\
&= X + \frac{X^2}{2!} + \frac{X^3}{3!} - \frac{1}{2}\left(X + \frac{X^2}{2!} + \frac{X^3}{3!} + \cdots\right)^2 \\
&\quad + \frac{1}{3}\left(X + \frac{X^2}{2!} + \frac{X^3}{3!} + \cdots\right)^3 \pm \cdots \\
&= X + X^2\left(\frac{1}{2!} - \frac{1}{2}\right) + X^3\left(\frac{1}{3!} - \frac{1}{2} + \frac{1}{3}\right) + X^4(\cdots) + \cdots \\
&= X
\end{aligned}$$

sowie

$$\begin{aligned}
\exp(\log A) &= E + (A - E) - \frac{(A-E)^2}{2} + \frac{(A-E)^3}{3} \pm \cdots \\
&\quad + \frac{1}{2!}\left[(A-E) - \frac{(A-E)^2}{2} + \frac{(A-E)^3}{3} \pm \cdots\right]^2 \\
&\quad + \frac{1}{3!}\left[(A-E) - \frac{(A-E)^2}{2} + \frac{(A-E)^3}{3} + \pm \cdots\right]^3 \\
&= A + (A-E)^2\left(-\frac{1}{2} + \frac{1}{2!}\right) + (A-E)^3\left(\frac{1}{3} - \frac{1}{2!} + \frac{1}{3!}\right) + \cdots \\
&= A.
\end{aligned}$$

Dabei ist nur eine abgebrochene Reihenentwicklung hingeschrieben. Es verschwinden aber jeweils alle Koeffizienten der höheren Potenzen. Es ist nämlich so, dass diese Reihe (als formale Potenzreihe, vgl. 2.10) mit der Reihenentwicklung der skalaren Funktionen $\log \circ \exp$ bzw. $\exp \circ \log$, also der Identität, übereinstimmt, und dort kennen wir die Gleichungen bereits. Nach dem Identitätssatz übertragen sie sich daher unmittelbar auf den Fall von Matrizen. Die Umordnung der Summanden ist jeweils erlaubt wegen der absoluten Konvergenz. Mit vollständiger Induktion kann man aber auch nachweisen, dass alle einzelnen Koeffizienten der höheren Potenzen verschwinden. $\qquad\Box$

Folgerung 6.12 *Es gilt* $\log(A \cdot B) = \log A + \log B$, *sofern alle auftretenden Größen definiert sind und falls sie kommutieren, d.h. falls* $\log(A)\log(B) = \log(B)\log(A)$ *gilt.*

Beweis: Das Exponentialgesetz impliziert unter der genannten Annahme der Vertauschbarkeit die Gleichung

$$AB = \exp \log A \cdot \exp \log B = \exp(\log A + \log B),$$

weil in einer Einsumgebung log die Umkehrabbildung von exp ist. Also folgt dort auch

$$\log(AB) = \log \exp(\log A + \log B) = \log A + \log B.$$

$\square$

Satz 6.13   *Die Exponentialabbildung ist surjektiv, d.h. für jedes $A \in GL(n, \mathbb{C})$ gibt es eine Matrix $X \in \mathfrak{gl}(n, \mathbb{C})$ mit $A = \exp X$.*

Beweis: Es gibt die Jordan-Normalform[3] von A in der Weise, dass eine invertierbare Matrix P existiert, so dass $B = PAP^{-1}$ sich als Block-Matrix von Jordan-Blöcken $J_1, \ldots, J_m$ schreiben lässt: $B = J_1 \oplus \cdots \oplus J_m$. Weil bei Block-Matrizen die verschiedenen Blöcke miteinander kommutieren, gilt $\exp(X \oplus Y) = \exp(X \oplus 0) \cdot \exp(0 \oplus Y)$. Wegen der Gleichung $\exp(PXP^{-1}) = P(\exp X)P^{-1}$ aus Satz 6.2 genügt es also zu zeigen, dass jeder einzelne Jordan-Block J sich als Bild unter der Exponentialabbildung schreiben lässt. Ein Jordanblock hat die Gestalt einer invertierbaren (k, k)-Matrix

$$J = \lambda E + N = \lambda E + \begin{pmatrix} 0 & 1 & 0 & \cdots & 0 & 0 \\ 0 & 0 & 1 & \cdots & 0 & 0 \\ 0 & 0 & 0 & \cdots & 0 & 0 \\ \vdots & \vdots & & \ddots & & \vdots \\ 0 & 0 & & \cdots & 0 & 1 \\ 0 & 0 & & \cdots & 0 & 0 \end{pmatrix}.$$

Wegen $J \in GL(k, \mathbb{C})$ gilt $\lambda \neq 0$, also können wir schreiben $J = (\lambda E) \cdot (E + \lambda^{-1} N)$, wobei beide Matrizen λE und $E + \lambda^{-1} N$ kommutieren. Nun rechnet man leicht nach, dass $N^k = 0$ gilt (vgl. Übungsaufgabe 5 am Ende des Kapitels), also konvergiert die Potenzreihe des Logarithmus als endliche Summe

$$\log(E + \lambda^{-1} N) = \sum_{j \geq 1} \frac{(-1)^{j+1}}{j} (\lambda^{-1} N)^j = \sum_{j=1}^{k-1} (-1)^{j+1} \frac{\lambda^{-j}}{j} N^j.$$

Ferner lässt sich $\lambda = e^\mu$ schreiben mit einem gewissen $\mu \in \mathbb{C}$, also gilt

$$\exp\left(\mu E + \log(E + \lambda^{-1} N)\right) = e^\mu E \cdot \exp \log(E + \lambda^{-1} N) = (\lambda E) \cdot (E + \lambda^{-1} N) = J.$$

$\square$

6.3   1-Parameter-Untergruppen von Matrizen

Definition 6.14 (1-Parameter-Untergruppe)
Eine Untergruppe $H \leq G$ heißt eine **1-Parameter-Untergruppe** einer linearen Gruppe $G \leq GL(n, \mathbb{C})$, wenn sie als Bild eines stetig differenzierbaren Homomorphismus

$$h \colon (\mathbb{R}, +) \longrightarrow (H, \cdot)$$

auftritt, also als die Menge aller $h(t)$ mit $t \in \mathbb{R}$, wobei $h(t + s) = h(t) \cdot h(s)$ für alle Parameter t, s gilt. Die Bezeichnung erklärt sich selbst.

---

[3] vgl. dazu G. FISCHER, Lineare Algebra, Abschnitt 4.6

In der Terminologie von Sophus Lie ist das gerade eine 1-*gliedrige kontinuierliche Gruppe*.
Spezielle 1-Parameter-Untergruppen sind diejenigen, bei denen

$$h(t) = \exp(tX)$$

gilt mit einer festen (n, n)-Matrix X. Die Bedingung $h(t + s) = h(t) \cdot h(s)$ folgt dann aus
dem Exponentialgesetz $\exp((t + s)X) = \exp(tX) \cdot \exp(sX)$. Dies entspricht dem Fall von
linearen Differentialgleichungen mit konstanten Koeffizienten. Das klassische Beispiel ist
die Exponentialfunktion als Abbildung

$$\exp \colon (\mathbb{R}, +) \to (\mathbb{C} \setminus \{0\}, \cdot),$$

definiert durch $\exp(t) = e^{at}$ für eine Konstante $a \in \mathbb{C}$. Im Spezialfall $a = i$ ist das Bild
die Gruppe der komplexen Zahlen vom Betrage 1, die isomorph zu $U(1)$ ist.

Satz 6.15 *Jede 1-Parameter-Untergruppe von $GL(n, \mathbb{C})$ ist von der Form $t \mapsto \exp(tX)$ für eine feste Matrix X.*

Beweis: Es sei $t \mapsto c(t) \in GL(n, \mathbb{C})$ eine 1-Parameter-Untergruppe, also gilt insbesondere
$c(0) = E$, $c(t + s) = c(t) \cdot c(s)$. Für hinreichend kleines $|t|$ definiert dann $\gamma(t) := \log c(t)$
eine stetig differenzierbare Kurve γ im Vektorraum aller (n, n)-Matrizen. Wir berechnen
ihren Tangentenvektor $\gamma'(t_0)$ für t_0:

$$
\begin{aligned}
\gamma'(t_0) = \frac{d\gamma}{dt}(t_0) \;&=\; \lim_{x \to 0} \frac{1}{x}(\gamma(t_0 + x) - \gamma(t_0)) \\[2mm]
&=\; \lim_{x \to 0} \frac{1}{x}(\log c(t_0 + x) - \log c(t_0)) \\[2mm]
&=\; \lim_{t \to 0} \frac{1}{x}(\log(c(t_0) \cdot c(x)) - \log c(t_0)) \\[2mm]
&\overset{6.12}{=}\; \lim_{x \to 0} \frac{1}{x}(\log c(t_0) + \log c(x) - \log c(t_0)) \\[2mm]
&=\; \lim_{x \to 0} \frac{1}{x} \log c(x) \\[2mm]
&=\; \lim_{x \to 0} \frac{1}{x}(\gamma(x) - \gamma(0)) \\[2mm]
&=\; \gamma'(0)
\end{aligned}
$$

wegen $\gamma(0) = 0$. Es folgt, dass $\frac{d\gamma}{dt} = \gamma'$ eine konstante Matrix ist. Wir setzen dann $X := \gamma'$
mit dem Resultat $\gamma(t) = tX$, also $c(t) = \exp(tX)$. $\qquad\qquad\square$

PROBLEM: Aus dieser Rechnung folgt nicht, wie insgesamt das Verhältnis von 1-Parameter-
Untergruppen $\exp(tX)$ innerhalb von Untergruppen $G \leq GL(n, \mathbb{C})$ zu den jeweiligen
Tangentenvektoren X ist. Man wird erwarten, dass es dann einen der jeweiligen Gruppe G entsprechenden Unter-Vektorraum von solchen X in $\mathfrak{gl}(n, \mathbb{C})$ gibt. Dies wird im
nächsten Kapitel untersucht und präzisiert.

Beispiele 6.16   1. In der Gruppe $GL(1, \mathbb{C}) = \mathbb{C} \setminus \{0\}$ haben wir mit $X = i$ (imaginäre
Einheit) die 1-Parameter-Untergruppe $\exp(tX) = \exp(it) = e^{it}$. Ihr Bild stimmt
mit $U(1)$ überein. Dabei gilt das „klassische" Exponentialgesetz $e^{it} e^{is} = e^{i(t+s)}$.

2. Ein anderes Beispiel hatten wir schon oben in 6.6 gesehen:

$$\text{Mit } X = \begin{pmatrix} 0 & -1 \\ 1 & 0 \end{pmatrix} \quad \text{gilt} \quad \exp(tX) = \begin{pmatrix} \cos t & -\sin t \\ \sin t & \cos t \end{pmatrix}.$$

Es ist also $\exp(tX)$ eine Drehmatrix R_t in der Ebene um den Winkel t. Offenbar gilt dafür die bekannte Regel $R_t R_s = R_{t+s}$. Man pflegt damit die Additionstheoreme für sin und cos zu begründen. Man vergleiche dazu 3.10.

3. Zur Heisenberg-Gruppe: Mit

$$X = \begin{pmatrix} 0 & x & z \\ 0 & 0 & y \\ 0 & 0 & 0 \end{pmatrix} \quad \text{und} \quad X^2 = \begin{pmatrix} 0 & 0 & xy \\ 0 & 0 & 0 \\ 0 & 0 & 0 \end{pmatrix}$$

sowie $X^3 = 0$ ergibt sich

$$\exp(tX) = \begin{pmatrix} 1 & tx & tz + \frac{t^2}{2}xy \\ 0 & 1 & ty \\ 0 & 0 & 1 \end{pmatrix} \in H(3, \mathbb{R}),$$

vgl. auch das letzte Beispiel in Kapitel 4. Wir haben also eine (typische) 1-Parameter-Untergruppe der Heisenberg-Gruppe gefunden. Man überprüfe die Gleichung $\exp((t + s)X) = \exp(tX)\exp(sX)$ anhand dieses Beispiels.

4. Zur Drehgruppe $SO(3)$: Für die Matrix

$$X = \begin{pmatrix} 0 & -1 & 0 \\ 1 & 0 & 0 \\ 0 & 0 & 0 \end{pmatrix} \quad \text{mit} \quad X^2 = \begin{pmatrix} -1 & 0 & 0 \\ 0 & -1 & 0 \\ 0 & 0 & 0 \end{pmatrix}$$

sowie $X^3 = -X$, $X^4 = -X^2$, $X^0 = E$ gilt analog

$$\exp(tX) = \begin{pmatrix} \cos t & -\sin t & 0 \\ \sin t & \cos t & 0 \\ 0 & 0 & 1 \end{pmatrix}.$$

Bis auf Konjugation (und bis auf Parametertransformationen $t \mapsto \alpha t$) sehen alle 1-Parameter-Untergruppen in $SO(3)$ so aus, vgl. Abschnitt 7.2.

6.4   Reelle Potenzen von Matrizen

Wie kann man aus einer Matrix eine Quadratwurzel ziehen ? Das ist keine Scherzfrage. Vielmehr sollten wir uns erinnern, wie man zweckmäßigerweise mit Logarithmen eine Wurzel aus einer reellen Zahl $a > 0$ zieht: Man schreibt $a = e^{\log a}$ und erklärt die n-te Wurzel als

$$\sqrt[n]{a} = e^{\frac{1}{n} \log a}.$$

Zur Probe kann man $(\sqrt[n]{a})^n = (e^{\frac{1}{n} \log a})^n = e^{\log a} = a$ verifizieren.

Und das geht genauso mit invertierbaren quadratischen Matrizen A, für die $\log A$ existiert, für die also $A = \exp \log A$ gilt. Man kann dann analog setzen

$$\sqrt[n]{A} = \exp\left(\tfrac{1}{n} \log A\right).$$

Das gleiche ist auch für andere als rationale Exponenten möglich.

Definition 6.17 (reelle Potenzen von Matrizen)
Es sei $U \subset GL(n,\mathbb{C})$ diejenige offene Einsumgebung gemäß Abschnitt 6.2, für die die Abbildung log als Umkehrung von exp definiert ist. Es sei $A \in U$ gegeben. Dann können wir für jeden „kleinen" reellen Exponenten $0 < x < 1$ setzen

$$A^x = \exp\left(x \log A\right).$$

Damit ist gesichert, dass $A^x \in U$ gilt und damit $\log(A^x) = x \log A$ gilt. Analog kann man setzen $A^{-x} = (A^{-1})^x$ und $A^0 = E$. Für „große" nicht ganzzahlige Exponenten hat man analog $A^{n+x} = A^n \cdot A^x$ mit $n \in \mathbb{N}$ und $0 < x < 1$.

Global gibt es solche eindeutigen Wurzeln nicht, weil das bereits in $\mathbb{C}$ nicht möglich ist.[4] Im Allgemeinen ist ja exp nicht injektiv, und man hätte so mehrere Möglichkeiten, zu A einen Logarithmus X zu finden mit $\exp X = A$ und folglich mehrere mögliche Wurzeln als $\exp\left(\frac{1}{n}X\right)$. Das ist in $\mathbb{C}$ der Fall mit $\exp(i\pi) = \exp(-i\pi)$ und entsprechend zwei verschiedenen Quadratwurzeln $i = \exp(i\pi/2) \neq \exp(-i\pi/2) = -i$. Ganzzahlige Potenzen sind selbstverständlich immer eindeutig definiert. Innerhalb eine 1-Parameter-Untergruppe $\exp(tX)$ hat man stets beliebige reelle Potenzen durch $(\exp(tX))^x = \exp(txX)$. Diese sind eindeutig aber nur, solange $t \mapsto \exp(tX)$ injektiv ist.

Folgerung 6.18 *Es sei $c(t)$ eine differenzierbare Kurve in $GL(n,\mathbb{C})$ mit $c(0) = E$ und $c'(0) = X$, so dass $\exp X$ im Definitionsbereich der Abbildung log liegt. Dann gilt*

$$\lim_{k\to\infty} \sqrt[k]{\exp X} = \lim_{k\to\infty} \exp\left(\frac{1}{k}X\right) = \lim_{k\to\infty} c\left(\frac{1}{k}\right) = E.$$

Dies ergibt sich aus Lemma 6.9. Es entspricht der bekannten Regel $\lim_{n\to\infty} \sqrt[n]{a} = 1$ für beliebige reelle Zahlen $a > 0$. Die letztere begründet man zweckmäßigerweise mit der Stetigkeit des Logarithmus: $\log \sqrt[n]{a} = \frac{1}{n} \log a \to 0$ für $n \to \infty$, also $\sqrt[n]{a} \to e^0 = 1$.

Übungsaufgaben

1. Man wende die Konstruktion in Abschnitt 6.3 auf die Gruppe $GL(1,\mathbb{C}) = \mathbb{C} \setminus \{0\}$ an und erkläre so in eindeutiger Weise beliebige reelle Potenzen z^x (insbesondere auch Wurzeln) von komplexen Zahlen z mit $|z - 1| < 1$.

2. Man zeige für die Operator-Norm die Gleichung $||A|| = \sqrt{a^2 + b^2 + c^2}$, wobei

$$A = \begin{pmatrix} 0 & a & c \\ -a & 0 & b \\ -c & -b & 0 \end{pmatrix}.$$

   Hinweis: $-(a^2 + b^2 + c^2)$ ist (doppelter) Eigenwert von A^2, der dritte Eigenwert ist gleich 0.

---

[4]vgl. W.Fischer, I.Lieb, Einführung in die komplexe Analysis, Abschnitt III.5

3. Man berechne explizit die Exponentialabbildung $\exp(tA)$ für eine schiefsymmetrische reellen $(3,3)$-Matrix A mit $\|A\| = 1$ und zeige $\exp(A) \in SO(3)$ sowie

$$\exp(tA) = E + (\sin t)A + (1 - \cos t)A^2.$$

Ferner stimmt für $A \neq 0$ und $0 < t < 2\pi$ die Drehachse von $\exp(tA)$ mit dem reellen Eigenraum von A überein.

Hinweis: Die Normalform einer schiefsymmetrischen Matrix

$$A = \begin{pmatrix} 0 & a & c \\ -a & 0 & b \\ -c & -b & 0 \end{pmatrix} \quad \text{ist} \quad PAP^{-1} = \begin{pmatrix} 0 & \alpha & 0 \\ -\alpha & 0 & 0 \\ 0 & 0 & 0 \end{pmatrix}$$

mit $\alpha^2 = a^2 + b^2 + c^2$ und mit einer invertierbaren Matrix P. Dies ermöglicht die einfachere Berechnung von $P\exp(tA)P^{-1} = \exp(tPAP^{-1})$.

4. Mit dem Ergebnis der vorigen Aufgabe zeige man, dass $\exp\colon \mathfrak{so}(3) \to SO(3)$ injektiv ist genau im Bereich $0 \leq t < \pi, a^2 + b^2 + c^2 = 1$. Genauer heißt das, dass der angegebene Bereich der maximale Injektivitäts-Bereich ist, der die Nullmatrix enthält.

Hinweis: $(\sin t)A$ ist der schiefsymmetrische Anteil von $\exp(tA)$, und eine Drehmatrix ist symmetrisch genau dann, wenn ihr Drehwinkel gleich 0 oder gleich π ist. Man beachte $\exp(\pi A) = \exp(-\pi A) = \big(\exp(\pi A)\big)^{-1}$, falls $a^2 + b^2 + c^2 = 1$.

5. Für das Vektorfeld $V(\mathbf{x}) = a\mathbf{x}$ mit $\mathbf{x} \in \mathbb{R}^n, a \in \mathbb{R}$ bestimme man den Fluss der zugehörigen Differentialgleichung $\frac{d\mathbf{x}}{dt} = V(\mathbf{x})$.

Hinweis: Weil das Vektorfeld rotationssymmetrisch um den Ursprung ist, genügt es, die Differentialgleichung entlang einer Geraden durch den Ursprung zu lösen.

6. Man berechne $\exp(tA)$ explizit für den folgenden Jordan-Block zum Eigenwert λ

$$A = \lambda E + \begin{pmatrix} 0 & 1 & 0 & \cdots & 0 & 0 \\ 0 & 0 & 1 & \cdots & 0 & 0 \\ 0 & 0 & 0 & \cdots & 0 & 0 \\ \vdots & \vdots & & \ddots & & \vdots \\ 0 & 0 & & \cdots & 0 & 1 \\ 0 & 0 & & \cdots & 0 & 0 \end{pmatrix}.$$

Hinweis: Die Exponentialreihe reduziert sich in diesem Fall auf eine endliche Summe von Matrizen. Man vergleiche auch den Beweis von Satz 6.13.

7. Eine quadratische Matrix N heißt **nilpotent**, wenn eine endliche Potenz davon gleich null ist: $N^n = 0$. Beispiele sind alle oberen Dreiecksmatrizen mit Nullen auf der Hauptdiagonalen.

Man zeige: Für eine nilpotente Matrix N ist der Ausdruck $\exp(t(E + N))$ ein Polynom in t, multipliziert mit der skalaren Funktion e^t.

8. Man zeige für eine feste reelle Matrix A und für kleine $|t|$ die Gleichungen

$$\sqrt[n]{E + tA} = E + \tfrac{1}{n}tA + O(t^2),$$

$$\sqrt[n]{E + tA + \tfrac{1}{2}t^2A^2} = E + \tfrac{1}{n}tA + \tfrac{1}{2n^2}t^2A^2 + O(t^3).$$

Kapitel 7

Der Tangentialraum im Einselement und die zugehörige Lie-Algebra

Physikalisch wird man für einen gegebenen Punktraum den Tangentialraum in einem bestimmten Punkt p als die Menge aller möglichen Geschwindigkeitsvektoren von differenzierbaren Bahnen von Punkten durch eben diesen Punkt p ansehen. Für eine reguläre Kurve im $\mathbb{R}^n$ ist das einfach die Tangente (berührende Gerade) an die Kurve, für eine reguläre Fläche $f(u,v)$ im $\mathbb{R}^n$ ist das die Tangentialebene (berührende Ebene), die von den (linear unabhängigen) Vektoron $\frac{\partial f}{\partial u}$ und $\frac{\partial f}{\partial v}$ aufgespannt wird. Wenn man dieselbe Idee für eine Matrizengruppe als Punktraum verfolgt, dann wird man analog solche Bahnen von Matrizen betrachten in Abhängigkeit von einem reellen Parameter (z.B. der Zeit t) sowie deren Geschwindigkeitsvektoren, also jeweils den Ableitungsvektor nach t.

Für eine einzelne differenzierbare Bewegung eines Massenpunktes in Abhängigkeit von der Zeit kann man den Geschwindigkeitsvektor auch als eine *infinitesimale Bewegung* anschcn (z.B. den momentanen Geschwindigkeitsvektor). Durch Integrieren der infinitesimalen Bewegung erhält man die alte Bewegung zurück nach dem Hauptsatz der Differential- und Integralrechnung. Analog ergibt sich die Ableitung einer Bahn von Transformationen spezieller Art (z.B. orthogonale Transformationen) als eine *infinitesimale Transformation* derselben Art (z.B. infinitesimale orthogonale Transformation). Kehren wir für einen Moment noch einmal zu den Ausführungen in Kapitel 4 zurück, die sich eigentlich auf nichtlineare Transformationen beziehen, aber natürlich im linearen Fall ebenso anwendbar sind:

„Nach Formel 4.9, die sich sofort auf mehr als zwei Faktoren überträgt, kann man jede der Transformationen S_t als n-te Potenz der Transformation $S_{t/n}$ betrachten, da nach jener Formel

$$S_t = S_{t/n} \cdot S_{t/n} \cdot \cdots \cdot S_{t/n}. \tag{7.1}$$

ist, wobei man sich auf der rechten Seite n Faktoren denken muß. S_t entsteht also durch n-malige Anwendung von $S_{t/n}$. Wenn nun n sehr groß ist, wird t/n sehr klein. Dann können wir aber sagen, daß $S_{t/n}$ sich dadurch ergibt, daß man die Strömung, aus der wir die Transformationen 4.1 gewonnen haben, nur eine ganz kurze Zeit hindurch wirken läßt, nämlich während des Zeitintervalles t/n. Hierdurch werden die Punkte (x,y,z) nur sehr kleine Verschiebungen erfahren. Es vollzieht sich also, wie Lie sagt, eine *infinitesimale Transformation*. Er setzt $t/n = \delta t$ und bezeichnet mit $\delta x, \delta y, \delta z$ Komponenten der infinitesimalen Verschiebung, die der Punkt (x,y,z) bei dieser Transformation erfährt.“

„Bis auf Größen höherer Ordnung ist dann

$$\delta x = \xi(x,y,z)\delta t, \quad \delta y = \eta(x,y,z)\delta t, \quad \delta z = \zeta(x,y,z)\delta t. \tag{7.2}$$

Von der endlichen Transformation S_t sagt Lie, sie sei durch die infinitesimale Transformation 7.2 *erzeugt*. Dabei steht ihm die Gleichung 7.1 für sehr großes n vor Augen. In seinen älteren Arbeiten spricht er davon, man solle sich die infinitesimale Transformation *unendlich oft* wiederholt und so die ganze Gruppe erzeugt denken. Die Erzeugung der endlichen Transformationen durch infinitesimale ist nichts anderes als ein Integrationsprozeß, und zwar gewinnt man S_t, indem man das Differentialsystem

$$\frac{dx'}{dt} = \xi(x',y',z'), \quad \frac{dy'}{dt} = \eta(x',y',z'), \quad \frac{dz'}{dt} = \zeta(x',y',z') \tag{7.3}$$

unter Zugrundelegung der Anfangswerte x,y,z integriert. Die ∞-malige Wiederholung oder, wie man auch sagt, die *kontinuierliche Anwendung* einer infinitesimalen Transformation könnte man ebensogut *Integration* nennen und die dadurch gewonnen Transformationen S_t die *Integrale* der infinitesimalen Transformationen."

(G.Kowalewski, a.a.O., S. 7)

Der Altmeister selbst formuliert dies noch in etwas anderer Weise wie folgt:

„Unter den ∞^1 Transformationen einer eingliedrigen Gruppe spielt diejenige eine ausgezeichnete Rolle, deren Parameter t einen unendlich kleinen Werth hat, etwa den Werth δt. Diese „unendlich kleine" oder „infinitesimale" Transformation der Gruppe wollen wir jetzt etwas näher betrachten.

Wenn wir nur die erste Potenz von δt berücksichtigen, die zweite und alle höheren dagegen vernachlässigen, so erhalten wir die gewünschte infinitesimale Transformation in der Form:

$$x_i' = x_i + \xi(x_1,\ldots,x_n)\delta t \quad (i = 1,\ldots,n).$$

Wir wollen $\xi_i\delta t$ als den „Zuwachs" oder das „Increment" zuweilen auch als die „Variation" von x_i bezeichnen und dafür schreiben: δx_i. Dann können wir die infinitesimale Transformation auch in der Form

$$\delta x_1 = \xi_1\delta t, \quad \ldots, \quad \delta x_n = \xi_n\delta t$$

darstellen. ... Es leuchtet ein, dass der Ausdruck

$$X(f) = \sum_1^n \xi_i \frac{\partial f}{\partial x_i}$$

ganz allein schon die infinitesimale Transformation $\delta x_i = \xi_i\delta t$ vollständig bestimmt, wenn man unter $f(x_1,...,x_n)$ eine unbestimmte Function seiner Argumente versteht."

(S.Lie, a.a.O., Band 1, S. 53)

7.1 Der Tangentialraum im Einselement

Wenn wir eine differenzierbare Abbildung von einem reellen Intervall in $GL(n, \mathbb{K})$ betrachten (eine *Kurve*), dann ist klar, dass der Tangentenvektor (also die Ableitung nach dem reellen Parameter t) wieder eine quadratische Matrix ist, die dann eine infinitesimale lineare Transformation beschreibt, vgl. Definition 3.5. Umgekehrt können wir auf diesen Tangentenvektor (z.B. im „Punkt" der Einheitsmatrix) die Exponentialreihe aus Kap. 6 anwenden und erhalten wieder ein Element von $GL(n, \mathbb{K})$ und, darüber hinaus, die Untergruppe $\{\exp(tX) \mid t \in \mathbb{R}\}$ als 1-Parameter-Untergruppe im Sinne von Definition 6.14. Was passiert nun, wenn wir eine solche Abbildung (Kurve) in eine Untergruppe G von $GL(n, \mathbb{K})$ hinein betrachten ? Dann ist der Tangentenvektor wieder eine quadratische Matrix. Aber liegt er dann in einem der Untergruppe zugeordneten linearen Unterraum, und besteht dieser Unterraum nur aus solchen Tangentenvektoren ? Und was passiert, wenn wir auf eine solche Matrix X die Exponentialreihe anwenden ? Liegt das Resultat $\exp(tX)$ stets in derselben Untergruppe G ?

Diese Fragen wollen wir in diesem Kapitel klären. Dazu ein Beispiel vorweg: Für eine jede differenzierbare Funktion $\varphi(t)$ ist die Matrix

$$A(t) = \begin{pmatrix} \cos\varphi(t) & -\sin\varphi(t) \\ \sin\varphi(t) & \cos\varphi(t) \end{pmatrix}$$

eine differenzierbare Kurve in der Gruppe $SO(2) \leq GL(2, \mathbb{R})$. Wenn wir $\varphi(0) = 0$ annehmen und wenn wir nach t im Punkt $t = 0$ ableiten, erhalten wir die Matrix

$$X = A'(0) = \begin{pmatrix} 0 & -\varphi'(0) \\ \varphi'(0) & 0 \end{pmatrix}.$$

Wenn wir auf skalare Vielfache davon die Exponentialreihe wieder anwenden, also $\exp(tX)$ ausrechnen, erhalten wir eine Matrix in $SO(2)$, vgl. Beispiel 6.6. Dies ist natürlich kein Zufall. Die ursprüngliche Matrix $A(t)$ erhalten wir so allerdings nur dann zurück, wenn $\varphi(t)$ eine lineare Funktion in t ist. Dann beschreibt $A(t) = \exp(tX)$ eine 1-Parameter-Untergruppe. Andernfalls erhalten wir $A(t)$ durch Integration von $A'(t)$ nach t.

Definition und Lemma 7.1 (Tangentialraum im Einselement)
Es sei G eine Untergruppe von $GL(n, \mathbb{C})$. Wir betrachten differenzierbare Kurven $c\colon (-\varepsilon, \varepsilon) \to G$ mit $c(0) = E$ und mit beliebigem $\varepsilon > 0$. Dann ist die Menge aller möglichen Tangentenvektoren $c'(0)$ abgeschlossen gegen Summenbildung und Multiplikation mit reellen Skalaren. Also bildet diese Menge einen reellen Vektorraum, und zwar einen Unter-Vektorraum des Raumes aller (n, n)-Matrizen. Wir nennen diesen Unter-Vektorraum den Tangentialraum $T_E G$ *an G im Einselement.*

Beweis: Es gilt für jede solche Kurve c

$$\left.\frac{d}{dt}\right|_{t=0}\bigl(c(at)\bigr) = a \cdot c'(0)$$

für jedes $a \in \mathbb{R}$. Außerdem gilt für je zwei solche Kurven c_1, c_2 die Gleichung

$$\left.\frac{d}{dt}\right|_{t=0}\bigl(c_1(t) \cdot c_2(t)\bigr) = c_1'(0) \cdot \underbrace{c_2(0)}_{=E} + \underbrace{c_1(0)}_{=E} \cdot c_2'(0) = c_1'(0) + c_2'(0).$$

Damit ist der Raum aller Tangenten $c'(0)$ von differenzierbaren Kurven c in G mit $c(0) = E$ ein $\mathbb{R}$-Vektorraum. $\square$

Wir wissen a priori aber nicht, ob es genügend viele solche differenzierbare Kurven überhaupt gibt. Daher ist a priori nicht klar, ob der Tangentialraum dieselbe Dimension hat wie die Gruppe selbst, wobei auch die Dimension einer Untergruppe von $GL(n, \mathbb{C})$ erst einmal definiert werden muss. Durch eine logarithmische Karte in einer gewissen Einsumgebung U innerhalb der Weg-Zusammenhangskomponente $G^{(0)}$ der Eins finden wir eine injektive Abbildung log von U in den Raum aller (n, n)-Matrizen. Für jedes $g \in U$ ist dann $c_g(t) := \exp(t \log g)$ eine differenzierbare Kurve in $GL(n, \mathbb{C})$ mit $c'_g(0) = \log g$ und $c_g(1) = g$. Aber es ist bislang nicht klar, ob $\log U$ eine relativ offene Teilmenge eines Unter-Vektorraumes ist, und ob dieser etwas mit dem Tangentialraum im Einselement zu tun hat. Es ist auch nicht klar, ob $c(t)$ ganz in G liegt für hinreichend kleine $|t|$. Andererseits gilt nach Lemma 6.9 (das stetige Wachstum der Exponentialreihe)

$c_g(t) := \exp(t \log g) = \lim_{k \to \infty} \left(c_g\left(\frac{t}{k}\right) \right)^k$. Durch solche oder ähnliche Grenzbetrachtungen können wir hoffen, die hier entstehende Lücke noch zu füllen. Dies soll in Abschnitt 7.2 geschehen.

Vom praktischen Standpunkt ist die obige Definition 7.1 aber gut handhabbar. Wir berechnen mit ihr direkt und ohne weitere Theorie den Tangentialraum für die wichtigsten Beispiele von Untergruppen der $GL(n, \mathbb{C})$. Für $GL(n, \mathbb{C})$ selbst sowie für $GL(n, \mathbb{R})$ ist klar, dass jede gegebene komplexe oder reelle (n, n)-Matrix X als Ableitung von $c(t) = E + tX$ auftritt, wobei $c(t)$ für kleine Werte von $|t|$ invertierbar ist.

> Der Raum aller Tangenten im Einselement an $GL(n, \mathbb{C})$ bzw. $GL(n, \mathbb{R})$ wird so zu dem Vektorraum aller komplexen bzw. reellen (n, n)-Matrizen, den wir mit $\mathfrak{gl}(n, \mathbb{C})$ im komplexen Fall und mit $\mathfrak{gl}(n, \mathbb{R})$ im reellen Fall bezeichnen.

Bemerkung 7.2 (algebraische Struktur auf dem Tangentialraum)
Offensichtlich ist der $\mathbb{K}$-Vektorraum $\mathfrak{gl}(n, \mathbb{K})$ (der Tangentialraum an $GL(n, \mathbb{K})$) zusätzlich auch abgeschlossen gegen die Matrizenmultiplikation, also auch gegen beliebige Potenzen von Matrizen. Dies ist aber bei dem Tangentialraum an eine Untergruppe i.A. nicht mehr der Fall, siehe die Beispiele $SL(2, \mathbb{R})$ und $SO(2)$ unten. Stattdessen ist es so, dass der Tangentialraum abgeschlossen ist gegen Kommutatoren $AB - BA$ von zwei Matrizen A, B, siehe Lemma 7.17.

Beispiele 7.3 Wir bestimmen alle Tangenten an Kurven innerhalb der Untergruppen $SL(n, \mathbb{R}), O(n)$ bzw. $SO(n), U(n), SU(n)$ sowie der Heisenberg-Gruppe. Wir wählen jeweils als „Punkt" die Einheitsmatrix E und betrachten $A(t)$ als eine stetig differenzierbare Matrizenfunktion in der jeweiligen Untergruppe mit $t \in (-\epsilon, \epsilon)$ sowie $A(0) = E$.

1. Die spezielle lineare Gruppe $SL(n, \mathbb{R})$:

   Hier haben wir $\det A(t) = 1$ für alle t. Wir können A somit auch als eine Kurve in $SL(n, \mathbb{R}) \le GL(n, \mathbb{R})$ auffassen. Deren Tangentenvektor $\frac{dA}{dt}\big|_{t=0} = A'(0)$, der im Raum aller Matrizen wohldefiniert ist, berechnet man wie folgt:

   Die Gleichung $\det(A(t)) = 1$ für alle t impliziert zunächst $\frac{d}{dt}(\det A(t)) = 0$. Wir zeigen nun, dass die Gleichung $0 = \frac{d}{dt}\big|_{t=0} \det A(t) = \operatorname{spur}(A'(0))$ gilt.

1. Fall: $A(t)$ ist eine obere Dreiecksmatrix $\begin{pmatrix} c_1(t) & & * \\ & \ddots & \\ 0 & & c_n(t) \end{pmatrix}$.

Dann gilt $\det(A(t)) = \Pi_i c_i(t)$ und folglich

$$(\det A(t))'|_{t=0} = (\Pi_i(c_i(t)))'|_{t=0} = c_1'(0) + \ldots + c_n'(0) = \operatorname{spur}(A'(0))$$

wegen $c_1(0) = \cdots = c_n(0) = 1$.

allgemeiner Fall: Hier kann man die bekannte Formel

$$\det A(t) = \det\left((A_{ij}(t))_{ij}\right) = \sum_\sigma \operatorname{sign}(\sigma) A_{1\sigma_1}(t) \ldots A_{n\sigma_n}(t),$$

verwenden und summandenweise nach t ableiten. Wegen $A(0) = E$ bzw. $a_{ij}(0) = 0$ für $i \neq j$ liefert die Produktregel bei der Ableitung eines einzelnen Summanden immer Faktoren $a_{ij}(0) = 0$ außer für den Summanden mit $\sigma = Id$. Hier erhält man die Summe $\sum_i A_{ii}'(0) = \operatorname{spur}(A'(0))$. Etwas abstrakter kann man zeigen, dass die Ableitung der Determinantenfunktion im „Punkt" der Einheitsmatrix die Spurfunktion ist, und dann die Kettenregel anwenden:

$$\frac{d}{dt}\Big|_{t=0} \det\left(A(t)\right) = D(\det)|_E\left(\frac{d}{dt}\Big|_{t=0} A(t)\right) = \operatorname{spur} A'(0).$$

Die Gleichung $D(\det)|_E(B) = \operatorname{spur}(B)$ für alle B sieht man mittels der folgenden Rechnung :

$$\frac{\partial \det}{\partial x_{ij}}\Big|_E = \lim_{t\to 0} \frac{1}{t}\left(\det(E + tE_{ij}) - \det E\right) = \left\{ \begin{array}{ll} 1, & i = j \\ 0, & i \neq j \end{array} \right\} = \operatorname{spur}(E_{ij}).$$

Dabei bezeichnet E_{ij} diejenige Matrix, die nur Nullen enthält außer einer Eins an der Stelle ij. Damit gilt $D(\det)|_E E_{ij} = \operatorname{spur}(E_{ij})$, also $D(\det)|_E = \operatorname{spur}$, weil die E_{ij} eine Basis des Vektorraums aller quadratischen Matrizen bilden. Dies geht analog für $SL(n, \mathbb{C})$ mit dem gleichen Ergebnis.

Folgerung: Der Tangentialraum an $SL(n, \mathbb{R})$ bzw. $SL(n, \mathbb{C})$ im Einselement E ist die Menge aller reellen bzw. komplexen $(n \times n)$-Matrizen mit spur $= 0$. Schreibweise dafür: $\mathfrak{sl}(n, \mathbb{R})$ bzw. $\mathfrak{sl}(n, \mathbb{C})$.

Dieser Raum $\mathfrak{sl}(n, \mathbb{R})$ ist *nicht* abgeschlossen gegen die Matrizenmultiplikation, wie das Beispiel der Matrix $A = \left(\begin{smallmatrix} 1 & 0 \\ 0 & -1 \end{smallmatrix}\right) \in \mathfrak{sl}(2, \mathbb{R})$ zeigt mit $A^2 = E \notin \mathfrak{sl}(2, \mathbb{R})$.

2. Die orthogonale Gruppe $O(n)$:

Wegen $O(n) = \{A \mid AA^T = E\}$ erfüllt unsere Kurve $A(t)$ in $O(n)$ die Gleichung $A(t)(A(t))^T = E$. Wegen $A(0) = E$ liegt zusätzlich die gesamte Kurve innerhalb der Zusammenhangskomponente von E, also innerhalb von $SO(n)$. Durch Ableiten ergibt sich

$$\frac{d}{dt}\left(A(t) \cdot \left(A(t)\right)^T\right) = A'(t) \cdot (A(t))^T + A(t) \cdot (A'(t))^T = 0 \quad \text{(Nullmatrix)} .$$

Speziell für $t = 0$ ergibt sich

$$A'(0) \cdot E + E \cdot A'(0)^T = 0.$$

Dies heißt aber, dass $A'(0)$ schiefsymmetrisch ist. Diese Tatsache wird z.B. in der Theorie von Frenet-Kurven im $\mathbb{R}^n$ ausgenutzt, wenn man die Ableitungsgleichungen für die Bewegung einer ausgezeichneten, von Punkt zu Punkt varrierenden, ON-Basis studiert, des sogenannten *Frenet-n-Beins*. Ein ON-Bein im n-dimensionalen Raum ist nichts anderes als ein Element von $SO(n)$, und die Ableitungsgleichungen bestehen im Wesentlichen aus der abgeleiteten Matrix, der sogenannten *Frenet-Matrix*, die dann schiefsymmetrisch sein muss, vgl. W.KÜHNEL, Differentialgeometrie, Abschnitt 2D.

Folgerung: Der Tangentialraum an $O(n)$ (oder $SO(n)$) in E ist die Menge aller schiefsymmetrischen reellen $(n \times n)$-Matrizen. Man nennt diese auch die **orthogonale Algebra**. Schreibweise: $\mathfrak{so}(n)$.

Dieser Raum $\mathfrak{so}(n)$ ist *nicht* abgeschlossen gegen die Matrizenmultiplikation, wie das Beispiel der Matrix $A = \begin{pmatrix} 0 & -1 \\ 1 & 0 \end{pmatrix} \in \mathfrak{so}(2)$ zeigt mit $A^2 = -E \notin \mathfrak{so}(2)$.

3. Die unitäre Gruppe $U(n)$:

Wegen $U(n) = \{A \mid A \cdot (\overline{A})^T = E\}$ gilt für unsere Kurve $A(t) \cdot (\overline{A(t)})^T = E$ und somit für die Ableitung

$$\frac{d}{dt}\left(A(t) \cdot \left(\overline{A(t)}\right)^T\right) = A'(t) \cdot \left(\overline{A(t)}\right)^T + A(t) \cdot \left(\overline{A'(t)}\right)^T = 0 \quad \text{(Nullmatrix)},$$

also

$$A'(0) + \overline{A'(0)}^T = 0.$$

Folgerung: Der Tangentialraum an $U(n)$ in E ist die Menge aller konjugiert schiefsymmetrischen komplexen $(n \times n)$-Matrizen, auch **hermitesche Matrizen** genannt. Man nennt diese auch die **unitäre Algebra**. Schreibweise: $\mathfrak{u}(n)$.

---

4. Die spezielle unitäre Gruppe $SU(n)$:

In $SU(n)$ gelten beide Gleichungen $A(t) \cdot (\overline{A(t)})^T = E$ und $\det A(t) = 1$. Folglich erhalten wir durch Ableiten wie oben die beiden Gleichungen

$$A'(0) + \overline{A'(0)}^T = 0 \quad \text{und} \quad \operatorname{spur} A'(0) = 0.$$

Folgerung: Der Tangentialraum an $SU(n)$ in E ist die Menge aller konjugiert schiefsymmetrischen komplexen Matrizen mit Spur null. Schreibweise: $\mathfrak{su}(n)$.

---

5. Die Heisenberg-Gruppe $H(3, \mathbb{R})$:

Eine Kurve in der 3-dimensionalen Heisenberg-Gruppe ist beschrieben durch

$$\begin{pmatrix} 1 & a(t) & b(t) \\ 0 & 1 & c(t) \\ 0 & 0 & 1 \end{pmatrix} \text{ mit der offensichtlichen Ableitung } \begin{pmatrix} 0 & a'(0) & b'(0) \\ 0 & 0 & c'(0) \\ 0 & 0 & 0 \end{pmatrix}.$$

> **Folgerung:** Der Tangentialraum an die Heisenberg-Gruppe im Einselement ist also der Raum aller oberen Dreiecksmatrizen mit Nullen auf der Diagonalen. Man nennt diese auch die **Heisenberg-Algebra**. Schreibweise: $\mathfrak{h}(3,\mathbb{R})$.

Analoge Betrachtungen sind auch für andere Untergruppen G der $GL(n,\mathbb{C})$ möglich.

7.2 Abgeschlossene Untergruppen von Matrizen

Wenn wir nach differenzierbaren Kurven c suchen, deren Bild ganz in einer Untergruppe $G \leq GL(n,\mathbb{C})$ liegt, so sind die besten Kandidaten natürlich diejenigen, die sich als

$$c(t) = \exp(tX)$$

mit einer festen Matrix X schreiben lassen, also als Parametrisierung einer 1-Parameter-Untergruppe. Speziell mit $X = \log A$ für ein gegebenes Gruppenelement A haben wir $c(0) = E$ und $c(1) = A$, und nach Satz 6.2 (7) wissen wir, dass $c'(0) = X$ gilt. Also sind solche Matrizen X stets Elemente des Tangentialraumes an G im Einselement. Aber gilt dann auch $c(t) \in G$ für kleine (oder alle) t ? Ziel ist es im folgenden, die Gleichheit

$$\begin{aligned} T_E G &= \{X \mid \exp(tX) \in G \text{ für alle hinreichend kleinen } |t|\} \\ &= \{X \mid \exp(tX) \in G \text{ für alle } t\} \end{aligned}$$

zu zeigen. Dazu müssen wir nur die Zusatzannahme machen, dass unsere Gruppe G als Teilmenge von $GL(n,\mathbb{C})$ **abgeschlossen** ist, d.h. dass der Grenzwert jeder Folge in G, die in $GL(n,\mathbb{C})$ konvergiert, bereits in G liegt. Alle Matrizengruppen, die durch Gleichungen definiert sind, sind abgeschlossen in $GL(n,\mathbb{C})$, vgl. Abschnitt 3.1. Und alle kompakten Untergruppen von $GL(n,\mathbb{C})$ sind automatisch auch abgeschlossen.

Beispiele 7.4 Als Test betrachten wir vorab drei Standardfälle:

1. $\exp : \mathfrak{sl}(n,\mathbb{R}) \to GL(n,\mathbb{R})$
   Wir starten mit einer Matrix $X \in \mathfrak{sl}(n\mathbb{R})$, d.h. $\operatorname{spur} X = 0$. Dann folgt

$$\det(\exp X) = e^{\operatorname{spur} X} = e^0 = 1$$

   und damit $\exp(X) \in SL(n,\mathbb{R})$.

2. $\exp : \mathfrak{so}(n) \to GL(n,\mathbb{R})$
   Wir betrachten eine schiefsymmetrischen Matrix, also $X + X^T = 0$. Es folgt

$$(\exp X) \cdot (\exp X)^T = (\exp X) \cdot (\exp(X^T)) = \exp(X + X^T) = \exp(0) = E,$$

   also $\exp X \in O(n)$ und sogar $\exp X \in SO(n)$, weil zusätzlich gilt $\det(\exp X) = e^{\operatorname{spur} X} > 0$.

3. $\exp : \mathfrak{u}(n) \to GL(n, \mathbb{C})$

Hier betrachten wir eine konjugiert schiefsymmetrische Matrix, also $X + \overline{X}^T = 0$.
Damit folgt

$$(\exp X) \cdot \overline{(\exp X)}^T = (\exp X) \cdot (\exp \overline{X}^T) = \exp(X + \overline{X}^T) = \exp(0) = E,$$

also $\exp A \in \mathfrak{u}(n)$. Analog gilt das für $\mathfrak{su}(n)$.

In Lemma 7.8 wird gezeigt, dass wir in den genannten Fällen alle 1-Parameter-Untergruppen
ausrechnen können, nämlich als $\exp(tX)$ mit einem Element X in dem entsprechenden
Tangentialraum. Dazu vorab einige Beispiele.

Beispiele 7.5 (1-Parameter-Untergruppen)

1. in $SO(3)$: Bestimme alle 1-Parameter-Untergruppen

$$0 \neq X = \begin{pmatrix} 0 & x & -z \\ -x & 0 & y \\ z & -y & 0 \end{pmatrix} \in \mathfrak{so}(3), \quad \text{o.B.d.A. sei } x^2 + y^2 + z^2 = 1.$$

Die obige Matrix X hat nur einen reellen Eigenwert $\lambda = 0$ mit einem 1-dimensionaler
Eigenraum. Ferner gibt es einen invarianter Unterraum orthogonal zum Eigenraum.
Die Normalform $Y = PXP^{-1}$ von X ist damit

$$Y = \begin{pmatrix} 0 & -1 & 0 \\ 1 & 0 & 0 \\ 0 & 0 & 0 \end{pmatrix}.$$

Die Potenzen sind

$$Y^2 = \begin{pmatrix} -1 & 0 & 0 \\ 0 & -1 & 0 \\ 0 & 0 & 0 \end{pmatrix}, \quad Y^3 = -Y, \ Y^4 = -Y^2, \ Y^0 = E,$$

also gilt

$$\exp(tY) = \begin{pmatrix} \cos t & -\sin t & 0 \\ \sin t & \cos t & 0 \\ 0 & 0 & 1 \end{pmatrix}.$$

Die ist die bekannte Normalform von Drehmatrizen für. Sie beschreibt eine Drehung um die x_3-Achse mit Drehwinkel t. Bis auf Konjugation (und bis auf Parametertransformationen $t \mapsto \alpha t$) sehen alle 1-Parameter-Untergruppen in $SO(3)$
so aus. Konkret gilt mit den obigen Bezeichnungen $\exp(tX) = \exp(P^{-1}YP) =
P^{-1}(\exp Y)P$. Man vergleiche auch Übungsaufgabe 3 in Kapitel 6.

2. in $SU(2)$:

$$X = \begin{pmatrix} ix & y + iz \\ -y + iz & -ix \end{pmatrix} \in \mathfrak{su}(2), \quad x, y, z \in \mathbb{R}$$

o.B.d.A. sei wieder $x^2 + y^2 + z^2 = 1$. Es gilt $\overline{X}^T = -X$. Wir berechnen die Potenzen

$$X^2 = \begin{pmatrix} (ix)^2 + (y + iz)(-y + iz) & 0 \\ 0 & (ix)^2 + (-y + iz)(y + iz) \end{pmatrix}$$

$$= \begin{pmatrix} -x^2 - y^2 - z^2 & 0 \\ 0 & -x^2 - y^2 - z^2 \end{pmatrix} = -E, \quad X^3 = -X, \quad X^4 = E.$$

Es folgt

$$\exp(tX) = (\sin t)X + (\cos t)E \in SU(2) \cong S^3.$$

Geometrisch betrachtet ist die Bahn ein Großkreis in der Ebene, die von E und X aufgespannt wird.

3. Hier betrachten wir die 6-dimensionale Lie-Gruppe $E(3, \mathbb{R})$ aller eigentlichen euklidischen Bewegungen des $\mathbb{R}^3$, gegeben durch

$$E(3) = \left\{ \begin{pmatrix} x \\ y \\ z \end{pmatrix} \longmapsto A \cdot \begin{pmatrix} x \\ y \\ z \end{pmatrix} + \begin{pmatrix} a \\ b \\ c \end{pmatrix} \ \middle| \ A \in SO(3), \begin{pmatrix} a \\ b \\ c \end{pmatrix} \in \mathbb{R}^3 \right\}$$

Wir verwenden nun denselben Trick wie in Lemma 5.3 und 5.12, nämlich die Einbettung J von Abbildungen $F\mathbf{x} = A\mathbf{x} + \mathbf{b}$ mit einer Matrix $A \in SO(3)$ in die Gruppe $SL(4, \mathbb{R})$:

$$J(F) = \left(\begin{array}{c|c} A & \mathbf{b} \\ \hline 0 & 1 \end{array} \right) = \left(\begin{array}{ccc|c} & & & a \\ & A & & b \\ & & & c \\ \hline 0 & 0 & 0 & 1 \end{array} \right)$$

Wenn wir also $J(E(3))$ so als Untergruppe von $SL(4, \mathbb{R})$ auffassen mit dem Tangentialraum im Einselement $\mathfrak{g} \leq \mathfrak{sl}(4, \mathbb{R})$, dann können wir $\mathfrak{g}$ beschreiben als

$$\mathfrak{g} = \left\{ \left(\begin{array}{ccc|c} & & & \alpha \\ & X & & \beta \\ & & & \gamma \\ \hline 0 & 0 & 0 & 0 \end{array} \right) \ \middle| \ X \in \mathfrak{so}(3), \alpha, \beta, \gamma \in \mathbb{R} \right\}$$

Um für ein festes Element von $\mathfrak{g}$ die 1-Parameter-Untergruppe mit exp auszurechnen, brauchen wir wieder eine Normalform. Zunächst haben wir für solch eine Matrix die Normalform in $\mathfrak{so}(3)$ wie in Beispiel 1, also

$$\begin{pmatrix} 0 & 1 & 0 & \alpha \\ -1 & 0 & 0 & \beta \\ 0 & 0 & 0 & \gamma \\ 0 & 0 & 0 & 0 \end{pmatrix}.$$

Ferner ist das charakteristische Polynom gleich $\lambda^4 + \lambda^2 = \lambda^2(\lambda^2 + 1)$ mit einem Eigenwert $\lambda = 0$ und zugehörigem Eigenvektor $\begin{pmatrix} 0 \\ 0 \\ 1 \\ 0 \end{pmatrix}$. Der invariante Unterraum $\begin{pmatrix} x \\ y \\ 0 \\ 0 \end{pmatrix}$ führt dann zur Aufspaltung in (verallgemeinerte) Eigenräume und zur

Normalform

$$Y = \begin{pmatrix} 0 & 1 & & \\ -1 & 0 & & \\ & & 0 & h \\ & & 0 & 0 \end{pmatrix}$$

mit einer Zahl $h \in \mathbb{R}$ sowie den zugehörigen Potenzen

$$Y^0 = E, \quad Y^2 = \begin{pmatrix} -1 & 0 & & \\ 0 & -1 & & \\ & & 0 & 0 \\ & & 0 & 0 \end{pmatrix}, \quad Y^3 = \begin{pmatrix} 0 & -1 & & \\ 1 & 0 & & \\ & & 0 & 0 \\ & & 0 & 0 \end{pmatrix}$$

sowie

$$\exp(tY) = \begin{pmatrix} \cos t & -\sin t & 0 & 0 \\ \sin t & \cos t & 0 & 0 \\ 0 & 0 & 1 & ht \\ 0 & 0 & 0 & 1 \end{pmatrix}.$$

Vermöge der Einbettung J entspricht also $J^{-1}(\exp(tA))$ der Transformation

$$\begin{pmatrix} x \\ y \\ z \end{pmatrix} \longmapsto \begin{pmatrix} \cos t & \sin t & 0 \\ -\sin t & \cos t & 0 \\ 0 & 0 & 1 \end{pmatrix} \cdot \begin{pmatrix} x \\ y \\ z \end{pmatrix} + \begin{pmatrix} 0 \\ 0 \\ ht \end{pmatrix},$$

also ist die Menge aller $\exp(tA)$ einer 1-Parametergruppe von **Schraubungen**.

Allgemein verbleibt die Frage: Gilt dies für jede abgeschlossene Untergruppe von $GL(n, \mathbb{C})$?

Lemma 7.6 *Es sei $G \leq GL(n, \mathbb{C})$ eine abgeschlossene Untergruppe, und es sei A_m eine Folge in $G \setminus \{E\}$ mit $\lim_{m \to \infty} A_m = E$. Dann ist die Menge aller $\log A_m / \|\log A_m\|$ (mit „großem" m) enthalten in der kompakten Einheits-Sphäre im Raum aller quadratischen Matrizen und enthält folglich eine konvergente Teilfolge, die gegen eine Matrix X mit $\|X\| = 1$ konvergiert. Dann gilt $\exp(tX) \in G$ für alle $t \in \mathbb{R}$. Insbesondere gilt $X = c'(0)$ für eine gewisse differenzierbare Kurve $c(t)$ mit $c(0) = E$, die ganz in G enthalten ist.*

Beweis: Es sei ohne Beschränkung der Allgemeinheit $\log A_m / \|\log A_m\|$ diese Folge mit Grenzwert X im Raum aller quadratischen Matrizen über $\mathbb{C}$. Für ein beliebiges fest gewähltes $t > 0$ gilt folglich wegen der Stetigkeit von $\exp$

$$\exp(tX) = \lim_{m \to \infty} \exp\left(\frac{t}{\|\log A_m\|} \log A_m \right),$$

wobei die Folge der Koeffizienten $\frac{t}{\|\log A_m\|}$ gegen ∞ geht, weil ja $\lim_{m \to \infty} A_m = E$ und folglich $\lim_{m \to \infty} \log A_m = 0$ gilt. Wenn wir setzen $\frac{t}{\|\log A_m\|} = k_m + r_m$ mit maximalem $k_m \in \mathbb{N}$ und $0 \leq r_m < 1$, dann erhalten wir

$$\exp(tX) = \lim_{m \to \infty} \exp(k_m \log A_m) \exp(r_m \log A_m).$$

Wegen $0 \leq r_m < 1$ gilt für den störenden Term auf der rechten Seite $\lim_{m \to \infty} r_m \log A_m = 0$. Also folgt die Gleichung

$$\exp(tX) = \lim_{m \to \infty} \exp(k_m \log A_m) = \lim_{m \to \infty} \exp \log(A_m)^{k_m} = \lim_{m \to \infty} (A_m)^{k_m} \in G,$$

denn jedes einzelne $(A_m)^{k_m}$ liegt in G, der Grenzwert existiert in $GL(n, \mathbb{C})$, und G ist abgeschlossen, enthält also alle Grenzwerte konvergierender Folgen. Dies gilt dann auch für negatives t wegen $\exp(-tX) = \big(\exp(tX)\big)^{-1}$. $\qquad\square$

Folgerung 7.7 *Es sei $G \leq GL(n, \mathbb{C})$ eine abgeschlossene Untergruppe mit Tangentialraum $T_E G$. Dann gilt die Gleichheit*

$$\mathfrak{g} := \{X \mid \exp(tX) \in G \ \text{für alle} \ t\} = T_E G.$$

Insbesondere ist auch der Raum $\{X \mid \exp(tX) \in G \ \text{für alle} \ t\}$ ein reeller Unter-Vektorraum des Raumes aller (n, n)-Matrizen. Das Symbol $\mathfrak{g}$ dafür ist gewählt, um die Zugehörigkeit zur Gruppe G anzudeuten. Beide gehören sozusagen als Paar zusammen.

Beweis: Nach Lemma 7.6 gilt also die Inklusion $\{X \mid \exp(tX) \in G$ für alle $t\} \subseteq T_E G$. Für die Umkehrung betrachten wir eine differenzierbare Kurve $c(t)$ in G mit $c(0) = E$ und $c'(0) = X$. Es ist dann auch $\log(c(t))$ eine differenzierbare Kurve mit derselben Ableitung für $t = 0$, denn die Ableitung $D_E \log$ von $\log$ ist die Identität als Inverse der Ableitung $D_0 \exp$. Daher können wir in Lemma 7.6 $A_m = c\big(\frac{1}{m}\big)$ setzen mit dem Resultat

$$\lim_{m \to \infty} \log A_m / \parallel \log A_m \parallel = c'(0) = X.$$

Also ist $\exp(tX) \in G$ für alle t. Folglich gilt auch die Inklusion

$$T_E G \subseteq \{X \mid \exp(tX) \in G \text{ für alle } t\}.$$

Inbesondere ist auch der Raum auf der linken Seite ein Unter-Vektorraum einer gewissen Dimension k. $\qquad\square$

Satz 7.8 *Jede 1-Parameter-Untergruppe einer abgeschlossenen Untergruppe $G \leq GL(n, \mathbb{C})$ ist von der Form $t \mapsto \exp(tX)$ für ein festes $X \in \mathfrak{g}$.*

Beweis: Es sei $h \colon (\mathbb{R}, +) \to (G, \cdot)$ eine 1-Parameter-Untergruppe mit Tangente $h'(0) \in T_E G = \mathfrak{g}$. Dann ist mit $X = h'(0)$ auch $h_X(t) = \exp(tX)$ eine 1-Parameter-Untergruppe in $GL(n, \mathbb{C})$, und ihr Bild liegt nach Folgerung 7.7 ganz in G. Beide erfüllen dieselbe Differentialgleichung mit derselben Anfangsbedingung $h'(0) = h'_X(0) = X$ und stimmen daher überein. $\qquad\square$

Was uns jetzt noch fehlt, ist ein Vergleich der Dimension $k = \dim T_E G$ mit der Dimension von G selbst, wobei diese Dimension überhaupt erst definiert werden muss. Wir wissen bereits, dass die Einschränkung der Exponentialabbildung

$$\exp_| \colon T_E G \to G$$

reell analytisch und außerdem in einer gewissen Nullumgebung injektiv ist. Es ist aber noch nicht bewiesen, dass die Einschränkung des Logarithmus auf eine gewisse Einsumgebung in G diese wirklich in $\mathfrak{g} = T_E G$ hinein abbildet. Mit anderen Worten: Wir müssen noch zeigen, dass für eine gewisse offene Einsumgebung $U \subset GL(n, \mathbb{C})$ die Gleichheit

$$G \cap U = \exp(T_E G) \cap U$$

gilt.

Satz 7.9 *Es sei $G \leq GL(n, \mathbb{C})$ eine abgeschlossene Untergruppe, und $U \subset GL(n, \mathbb{C})$ sei eine offene Einsumgebung, auf der $\log$ eindeutig definiert ist. $\mathfrak{g} = T_E G$ bezeichne den Tangentialraum von G der reellen Dimension k und $\mathfrak{g}^\perp$ sei das orthogonale Komplement im $\mathbb{R}$-Vektorraum $\mathbb{R}^{2n^2}$ aller (n, n)-Matrizen über $\mathbb{C}$ (oder auch einfach nur ein lineares Komplement im Sinne der direkten Summe $\mathfrak{g} \oplus \mathfrak{g}^\perp = \mathfrak{gl}(n, \mathbb{C})$). Dann ist die Abbildung $F \colon U \to \mathbb{R}^{2n^2}$*

$$F(g) = (\log g)^\perp \in \mathfrak{g}^\perp$$

differenzierbar (sogar reell analytisch) und von maximalem Rang. Darüber hinaus stimmt die Nullstellenmenge von F mit $G \cap U$ überein. Dabei bezeichnet $X^\perp$ für eine beliebige gegebene (n, n)-Matrix X den Anteil von X in $\mathfrak{g}^\perp$ nach orthogonaler Projektion.

Beweis: Nach Konstruktion ist klar, dass F differenzierbar (sogar reell analytisch) ist von maximalem Rang als Komposition von $\log$ und der linearen orthogonalen Projektion auf $\mathfrak{g}^\perp$. Ferner ist klar, dass die Nullstellenmenge in $G \cap U$ enthalten ist:

$$F(g) = 0 \implies \log g \in \mathfrak{g} \implies \exp \log g \in G \implies g \in G$$

Zu zeigen bleibt noch, dass für eine geeignete Einsumgebung U kein Element $g \in G \cap U$ einen Wert $F(g) \neq 0$ liefern kann.

Mit der eindeutigen Zerlegung $X \in \mathfrak{g}, Y \in \mathfrak{g}^\perp$ von Elementen von $\mathfrak{gl}(n, \mathbb{C})$ definieren wir zunächst eine modifizierte Exponentialabbildung Ex durch $\mathrm{Ex}(X + Y) = \exp X \cdot \exp Y$. So wie das Differential $D_0 \exp$ die Einheitsmatrix ist, so ist auch das Differential $D_0 \mathrm{Ex}$ die Einheitsmatrix mit praktisch derselben Rechnung (siehe Lemma 6.7). Daher ist auch Ex nach dem Satz über die Umkehrabbildung lokal diffeomorph, also differenzierbar umkehrbar. Wir können dabei annehmen, dass dieselbe Umgebung U eine solche Umkehrung (einen modifizierten Logarithmus) zulässt. Und es gilt $\mathrm{Ex}(\mathfrak{g}) = \exp(\mathfrak{g}) \subset G$.

Widerspruchsannahme: Es sei $g_m \neq E$ eine Folge von Elementen in $G \cap U \setminus \exp \mathfrak{g}$ mit $\lim_{m \to \infty} g_m = E$, also insbesondere mit $F(g_m) \neq 0$ für alle m. Dann schreiben wir $\mathrm{Ex}^{-1}(g_m) = X_m + Y_m$ mit $X_m \in \mathfrak{g}, Y_m \in \mathfrak{g}^\perp$. Dabei gilt notwendig $\lim_{m \to \infty} X_m = \lim_{m \to \infty} Y_m = 0$, aber es gilt $Y_m \neq 0$ für alle m. Also gilt $g_m = \exp X_m \cdot \exp Y_m$ und folglich $\exp Y_m = \exp(-X_m) \cdot g_m \in G$. Wir können also auf die Folge $\exp Y_m$ Lemma 7.6 anwenden und bekommen einen Häufungspunkt Y der Folge $Y_m / \|Y_m\|$ als Einheitsvektor in $\mathfrak{g}^\perp$. Nach Lemma 7.6 liegt Y auch in $\mathfrak{g}$. Dies ist aber unmöglich wegen $\mathfrak{g} \cap \mathfrak{g}^\perp = \{0\}$. Eine solche Folge g_m kann es also nicht geben. Damit ist für eine gewisse (eventuell kleinere) offene Einsumgebung $U_0 \subset U$ die Behauptung des Satzes gezeigt. $\qquad\square$

Folgerung 7.10 *Für jede abgeschlossene Untergruppe $G \leq GL(n, \mathbb{C})$ mit Tangentialraum $\mathfrak{g} = T_E G$ definiert die Exponentialabbildung $\exp$ einen reell-analytischen Diffeomorphismus zwischen einer gewissen offenen Nullumgebung V im Raum aller (n, n)-Matrizen einerseits und einer offenen Einsumgebung U in $GL(n, \mathbb{C})$ derart, dass $\mathfrak{g} \cap V$ auf $G \cap U$ abgebildet wird:*

$$\exp(\mathfrak{g} \cap V) = G \cap U \quad und \quad \log(G \cap U) = \mathfrak{g} \cap V$$

Man kann dann insbesondere $G \cap U$ durch die k unabhängige Koordinaten in $\mathfrak{g}$ parametrisieren, und der Logarithmus liefert die zugehörige sogenannte *logarithmische Karte* von G in einen k-dimensionalen Vektorraum hinein. Infogedessen ist eine Einsumgebung in G selbst als *k-dimensional* zu bezeichnen.

In anderer Terminologie pflegt man zu sagen: Eine Einsumgebung von G ist eine k-dimensionale differenzierbare (sogar reell analytische) Untermannigfaltigkeit des umgebenden $\mathbb{R}^{2n^2}$ mit $k = \dim \mathfrak{g}$. Dies wird näher geklärt in Abschnitt 7.3. In jedem Fall wurde das hier nicht vorausgesetzt, sondern bewiesen, und zwar lediglich unter der Zusatz-Voraussetzung, dass G abgeschlossen ist. Auch diskrete Untergruppen, z.B. $GL(n, \mathbb{Z}) \leq GL(n, \mathbb{C})$, sind hierbei mit erfasst durch $k = 0$. In diesem Fall gilt $\mathfrak{g} = \{0\}$.

Folgerung 7.11 *Jede abgeschlossene Untergruppe $G \leq GL(n, \mathbb{C})$ mit Tangentialraum $\mathfrak{g} = T_E G$ kann man mit einer Familie von offenen Teilmengen $U_i \subset G, i \in I$ so überdecken, dass jedes U_i das Bild einer bijektiven analytischen Abbildung $f_i : V \to U_i$ von maximalem Rang ist (einer sogenannten Immersion), wobei $V \subset \mathfrak{g}$ eine offene Nullumgebung ist. Diese f_i können als lokale Parametrisierungen interpretiert werden und die Umkehrabbildungen f_i^{-1} als Karten. Darüber hinaus sind die Parametertransformationen $f_j^{-1} \circ f_i$ analytische Abbildungen.*

Beweis: Nach Folgerung 7.10 wissen wir schon, dass es eine offene Einsumgebung $U \subset G$ und eine offene Nullumgebung $V \subset \mathfrak{g}$ gibt mit der geforderten Eigenschaft. Für jedes beliebige $g \in G$ können wir dieses übertragen auf eine Umgebung von g durch $U_g = g \cdot U$ und

$$f_g(X) := g \cdot f(X).$$

Die Familie der so definierten U_g mit zugehörigen Abbildungen $f_g, g \in G$ überdeckt sicher ganz G. Die Multiplikation mit der konstanten Matrix g ändert weder die Bijektivität noch die Analytizität noch den Rang der Abbildung.

Zu prüfen bleibt nur die Parametertransformation $f_h^{-1} \circ f_g$. Hier gilt nun

$$f_h^{-1}(f_g(X)) = f_h^{-1}(g \cdot f(X)) = f_h^{-1}(h \cdot (h^{-1}g) \cdot f(X)) = f^{-1}\big((h^{-1}g) \cdot f(X)\big).$$

Es ist aber f die Einschränkung von exp, also ist f^{-1} die Einschränkung des Logarithmus. Diese Abbildung ist also zusammengesetzt aus analytischen Abbildungen, denn die Multiplikation mit der festen Matrix $h^{-1}g$ ist eine algebraische, also auch analytische Abbildung. $\qquad\square$

Diese Folgerung beweist, dass jede abgeschlossene Untergruppe von $GL(n, \mathbb{C})$ eine analytische Untermannigfaltigkeit des umgebenden Raumes $\mathbb{R}^{2n^2}$ ist im Sinne von Abschnitt 7.3 weiter unten. Bemerkenswert ist, dass wir hinsichtlich der Differenzierbarkeit nichts weiter voraussetzen mussten. Die Exponentialabbildung ist analytisch, und die Untergruppe G kann lokal durch deren Einschränkung auf den linearen Unterraum $\mathfrak{g} = T_E G$ parametrisiert werden und ist damit selbst analytisch.

7.3   Untergruppen und Untermannigfaltigkeiten

Im Falle der linearen Gruppen $G \leq GL(n, \mathbb{C})$ wie zum Beispiel $SL(2, \mathbb{K}), SO(n)$ usw. haben wir oben in Abschnitt 7.2 gesehen, dass die Dimension des Tangentialraumes im Einselement mit der Zahl der freien Parameter übereinstimmt, mit denen wir eine Einsumgebung in der Gruppe parametrisieren können. Zum Beispiel ist die Drehgruppe $SO(3)$ mit drei reellen Parametern beschreibbar, und der Tangentialraum ist 3-dimensional als der Raum der reellen schiefsymmetrischen $(3,3)$-Matrizen. Dies ist natürlich kein Zufall. Dahinter steckt die in Folgerung 7.11 beschriebene Tatsache, dass man in diesen

Fällen durch eine umkehrbar stetig differenzierbare Abbildung den umgebenden Raum $\mathbb{K}^{n^2}$ so verformen kann, dass lokal die Untergruppe als ein Stück eines linearen Unterraumes erscheint, und der hat dann genau dieselbe Dimension wie der Tangentialraum an die Untergruppe. Man spricht dann auch von einer *Untermannigfaltigkeit* im Sinne der folgenden Definition.[1]

Definition 7.12 Eine differenzierbare Untermannigfaltigkeit des $\mathbb{R}^n$ (oder kurz eine Untermannigfaltigkeit) ist definiert als eine Teilmenge M, die sich lokal (oder sogar global) als Urbild eines Punktes unter einer differenzierbaren Abbildung $F : \mathbb{R}^n \supseteq V \to \mathbb{R}^{n-k}$ beschreiben lässt, deren Rang gleich $n - k$ ist, wobei k die Dimension der Untermannigfaltigkeit ist. Genauer ist die Bedingung, dass zu jedem $p \in M$ eine offene Teilmenge V mit $p \in V$ existiert, so dass $M \cap V = F^{-1}(q)$ gilt für ein gewisses q. In jedem Punkt p einer Untermannigfaltigkeit M gibt es dann einen Tangentialraum T_pM, der als Kern des Differentials DF im Punkt p beschrieben werden kann. Man kann auch sagen: Eine k-dimensionale Untermannigfaltigkeit sieht lokal bis auf einen (lokalen) Diffeomorphismus des umgebenden Raumes aus wie ein linearer Unterraum der Dimension k.

Nach den Folgerungen 7.10 und 7.11 ist insbesondere jede abgeschlossene Untergruppe von $GL(n, \mathbb{C})$ eine differenzierbare (sogar analytische) Untermannigfaltigkeit. Im Falle von Matrizen-Gruppen ist natürlich der umgebende Raum der Raum aller quadratischen Matrizen, also ein $\mathbb{R}^{n^2}$ im reellen Fall bzw. ein $\mathbb{R}^{2n^2}$ im komplexen Fall. Die Funktion F hat dann entsprechend n^2 bzw. $2n^2$ reelle Variable.

Weil wir hier speziell an solche Teilmengen denken, die auch Untergruppen sind, ist es so, dass diese Bedingung nur in einer Umgebung des Einselementes geprüft zu werden braucht. Sie überträgt sich dann automatisch auf die anderen Punkte. Das vereinfacht die Sache erheblich. Wenn nämlich eine Einsumgebung als Nullstellenmenge der Funktion F beschreibbar ist, dann ist eine Umgebung des fest gewählten Gruppenelements A durch die Abbildung F_A beschreibbar mit $F_A(B) = F(A^{-1}B)$. Die Differenzierbarkeitseigenschaften und der Rang von F_A sind dieselben wie die von F, weil ja A konstant ist. Das Problem der verschiedenen lokal definierten Funktionen tritt aber gar nicht erst auf, wenn wir die Untergruppe global als Nullstellenmenge einer Abbildung deuten können. Dazu betrachten wir die folgenden Beispiele.

Beispiele 7.13 Es ist $SL(n, \mathbb{R}) = F^{-1}(0)$ für die Abbildung $F : \mathbb{R}^{n^2} \to \mathbb{R}$, definiert durch $F(A) := \det A - 1$. Zunächst ist es so, dass diese Abbildung invariant ist unter der Multiplikation mit einer beliebigen Matrix $B \in SL(n, \mathbb{R})$ wegen $F(AB) = \det(AB) - 1 = \det A \det B - 1 = \det A - 1 = F(A)$, Daher genügt es, die Bedingung $\mathrm{grad} F \neq 0$ in einem speziellen Punkt von $SL(n, \mathbb{R})$ nachzuweisen, z.B. der Einheitsmatrix E. Hier haben wir

$$\frac{\partial F}{\partial x_{ii}}\Big|_E = \lim_{t \to 0} \frac{1}{t} \left(\det \begin{pmatrix} 1 & \cdots & 0 \\ \vdots & 1+t & \vdots \\ 0 & \cdots & 1 \end{pmatrix} - \det E \right) = 1$$

und

$$\frac{\partial F}{\partial x_{ij}}\Big|_E = \lim_{t \to 0} \frac{1}{t} \left(\det \begin{pmatrix} 1 & \cdots & 0 \\ \vdots & 1 & t \\ 0 & \cdots & 1 \end{pmatrix} - \det E \right) = 0$$

---

[1]Zur Definition und grundlegenden Eigenschaften vergleiche man auch O.Forster, Analysis 3, §14 oder R.Walter, Analysis 3, Abschn. 3.2.

für $i \neq j$. Also gilt $\mathrm{grad} F \neq 0$ im Punkt $A = E$. Hier bezeichnet x_{ij} diejenige Variable, die zur i-ten Zeile und zur j-ten Spalte in der Matrix gehört. Es ist also $SL(n, \mathbb{R}) = F^{-1}(0)$ eine $(n^2 - 1)$-dimensionale Untermannigfaltigkeit des $\mathbb{R}^{n^2}$ (eine sogenannte Hyperfläche). Für die orthogonale Gruppe $O(3)$ sieht man, dass sie die Urbildmenge der Nullmatrix unter der folgenden Abbildung ist $F(A) = AA^T - E$. Weil die Matrix $F(A)$ stets symmetrisch ist, ist der Bildraum nur 6-dimensional, der Urbildraum ist 9-dimensional. Wieder ist die Abbildung invariant unter der Multiplikation mit einer beliebigen orthogonalen Matrix. Durch direktes Ableiten sieht man, dass das Differential von F im Punkt der Einheitsmatrix E den Rang 6 hat (Übung). Also ist $O(3)$ und ebenso auch $SO(3)$ eine 3-dimensionale Untermannigfaltigkeit. Analog ist das für $O(n)$ und $SO(n)$ mit derselben Abbildung $F(A) = AA^T - E$. Für die unitäre Gruppe $U(n)$ geht das ebenso, denn diese ist die Nullstellenmenge der Abbildung $F(A) = A\overline{A}^T - E$.

Da alle oben betrachteten Untergruppen durch ähnliche Gleichungen definiert sind, sind sie ebenfalls Untermannigfaltigkeiten mit einer analogen Rechnung als Nullstellenmenge einer global definierten Abbildung mit den geforderten Eigenschaften.

Definition 7.14 (Tangentialraum einer Untermannigfaltigkeit, Differential)
Der Tangentialraum $T_p M$ *in einem Punkt p an eine (differenzierbare) Untermannig-
faltigkeit M des $\mathbb{R}^n$ oder $\mathbb{C}^n$ ist die Menge aller Tangentenvektoren $\frac{dc}{dt}\big|_p$ von diffe-
renzierbaren Kurven $c(t)$ in M durch diesen Punkt p. Das* Differential *einer Abbildung
$f \colon M \to M'$ zwischen zwei differenzierbaren Untermannigfaltigkeiten kann dann als die
Abbildung erklärt werden, die jedem Tangentenvektor $\frac{dc}{dt}\big|_p$ an M den Tangentenvektor
$\frac{d(f \circ c)}{dt}\big|_{f(p)}$ zuordnet, vgl. auch die allgemeinere Definition in Kapitel 9.*

Diese Definition ist kompatibel mit Definition 7.1, denn dieser Raum stimmt mit dem dort erklärten Tangentialraum überein. Äquivalenterweise kann der Tangentialraum auch als der Kern des Differentials der Funktion F gedeutet werden, deren Nullstellenmenge lokal mit M übereinstimmt.

Folgerung 7.15 *Jede abgeschlossene Untergruppe G von $GL(n, \mathbb{C})$ ist eine differenzierbare Untermannigfaltigkeit von $\mathfrak{gl}(n, C) \cong \mathbb{R}^{2n^2}$. Ferner stimmt der Tangentialraum $\mathfrak{g} = T_1 G$ im Einselement mit dem Tangentialraum an diese Untermannigfaltigkeit überein (als reeller Unter-Vektorraum des $\mathbb{R}^{2n^2}$), und die Einschränkung der
Exponentialabbildung $\exp_{\mathfrak{g}} \colon \mathfrak{g} \to G$ ist überall differenzierbar (sogar analytisch) auch
im Sinne von Definition 7.14. Das Differential von $\exp_{\mathfrak{g}}$ im Nullpunkt bildet jedes
$X \in \mathfrak{g}$ auf den Tangentenvektor an die Kurve $\exp_{\mathfrak{g}}(tX)$, also auf X selbst ab. Damit ist dieses Differential also ein Isomorphismus von Vektorräumen, gewissermaßen
sogar die Identität, genau wie in Lemma 6.7 bezüglich der ganzen Gruppe $GL(n, \mathbb{C})$.*

Folgerung 7.16 *Jede Untermannigfaltigkeit des $\mathbb{R}^{n^2}$ bzw. $\mathbb{R}^{2n^2}$ erfüllt die Hausdorffsche
Trennungseigenschaft (T_2-Axiom), d.h. zu je zwei verschiedenen Punkten gibt es disjunkte
offene Umgebungen. Außerdem besitzt die Topologie jeder solchen Untermannigfaltigkeit
eine abzählbare Basis.*

Dies liegt daran, dass der umgebende Raum diese Trennungseigenschaft hat und die Untermannigfaltigkeit nach Definition eine Teilmenge davon ist mit der Unterraum-Topologie. Das Analoge gilt für die abzählbare Basis der Topologie.

7.4   Die Lie-Algebra einer Untergruppe von Matrizen

Lemma und Definition 7.17 (Die Lie-Klammer auf dem Tangentialraum)

Es bezeichne G eine Untergruppe der $GL(n, \mathbb{R})$ oder $GL(n, \mathbb{C})$. Dann ist der Tangentialraum im Einselement

$$\mathfrak{g} = T_E G$$

ein $\mathbb{R}$-Vektorraum, der abgeschlossen ist gegen eine zusätzliche zweistellige Verknüpfung

$$[X, Y] = XY - YX,$$

die die Abweichung von der Gültigkeit des Kommutativgesetzes bei der Matrizenmultiplikation misst.

$[X, Y]$ heißt der **Kommutator** *oder auch die* **Lie-Klammer** *von X und Y.*

<u>*Beweis*</u>: Dass $T_E G$ ein reeller Vektorraum ist, hatten wir schon in Lemma 7.1 gesehen. Als Zusatzstruktur haben wir die Konjugation in G, geschrieben als

$$\mathbf{Ad}(g)(x) := gxg^{-1}, \quad \text{wobei } g, x \in G$$

Für jede differenzierbare Kurve $c(t)$ in G mit $c(0) = E$ betrachten wir die Konjugation $t \mapsto g \cdot c(t) \cdot g^{-1}$ mit einem festen $g \in G$. Dies ist wiederum eine differenzierbare Kurve $c_g(t)$ in G. Deren Tangentenvektor im Einselement ist

$$c_g'(0) = \frac{d}{dt}\Big|_{t=0} (g \cdot c(t) \cdot g^{-1}) = g \cdot c'(0) \cdot g^{-1} \in \mathfrak{g}.$$

Es ist aber nach Definition jedes $X \in \mathfrak{g}$ als solch ein $X = c'(0)$ darstellbar. Daraus ergibt sich, dass $\mathfrak{g}$ abgeschlossen ist unter der folgenden Abbildung $\mathrm{Ad}\,(g)$ für jedes $g \in G$:

$$(\mathrm{Ad}\,(g))(X) := gXg^{-1}$$

Die Bezeichnungen „**Ad**" und „Ad" resultieren von dem Wort „adjungiert". Es wird dabei das Element g zu X **adjungiert** (oder auch, in anderer Sprechweise, konjugiert). Die Abbildung $X \mapsto gXg^{-1}$ heißt auch die „adjungierte Wirkung".

In einem zweiten Schritt können wir $X \in \mathfrak{g}$ festhalten und das bislang feste $g \in G$ durch eine differenzierbare Kurve $g(t)$ mit $g(0) = E$ ersetzen, wodurch wir eine neue Kurve

$$C(t) = \mathrm{Ad}\,(g(t))(X) = g(t)X(g(t))^{-1}$$

mit $C(0) = E$ und mit Werten in $\mathfrak{g}$ erhalten. Deren Tangentenvektor ist mit der Nebenrechnung $g(t) \cdot (g(t))^{-1} = E \implies g' \cdot g^{-1} + g \cdot (g^{-1})' = 0 \implies (g^{-1})' = -g^{-1} \cdot g' \cdot g^{-1}$

$$
\begin{aligned}
C'(0) &= \frac{d}{dt}\Big|_{t=0}\Big(g(t) \cdot X \cdot (g(t))^{-1}\Big) \\
&= g'(0) \cdot X \cdot \underbrace{(g(0))^{-1}}_{=E} + \underbrace{g(0)}_{=E} \cdot X \cdot \Big(-\underbrace{g^{-1}(0)}_{=E} \cdot g'(0) \cdot \underbrace{g^{-1}(0)}_{=E}\Big) \\
&= g'(0) \cdot X - X \cdot g'(0).
\end{aligned}
$$

Das Resultat ist also nichts anderes als der Kommutator von $g'(0)$ und X, und wir haben

$$(g'(0), X) \quad \longmapsto \quad [g'(0), X] := g'(0) \cdot X - X \cdot g'(0)$$

als eine zusätzliche zweistellige Verknüpfung (oder eine „Multiplikation") in $\mathfrak{g}$. Dabei sind X und $Y = g'(0)$ beliebige Elemente von $\mathfrak{g}$. Man beachte, dass das Assoziativgesetz für diese „Multiplikation" i.A. nicht gilt. Wir merken noch an, dass wir im Grunde nichts anderes gemacht haben, als die Ableitung ad der Abbildung Ad im Einselement E zu berechnen:

$$[g'(0), X] = \frac{d}{dt}\Big|_{t=0} \Big(\mathrm{Ad}(g(t))(X) \Big) = D_E \mathrm{Ad}\,(g'(0))(X) = \mathrm{ad}\,(g'(0))(X).$$

Diese Bezeichnungen **Ad**, Ad , ad sind so allgemein üblich und werden uns noch in den späteren Kapiteln begegnen. $\qquad\qquad\square$

In einer Kurzversion gilt das folgende (jeweils für die Ableitung im Einselement E):

Die Ableitung der Gruppenmultiplikation in G ist die Addition in $\mathfrak{g}$,

die Ableitung der Bildung des Inversen in G ist die Multiplikation mit -1 in $\mathfrak{g}$,

die Ableitung der Konjugation in G ist die Lie-Klammer in $\mathfrak{g}$ (bzw. der Operator ad).

Bemerkung 7.18 Falls eine offene Einsumgebung in G durch komplexe Parameter beschreibbar ist im Sinne von Folgerung 7.10, dann ist darüberhinaus der Tangentialraum ein $\mathbb{C}$-Vektorraum, definiert als Menge der möglichen Tangenten $c'(0)$ von Kurven $c(z)$ mit einem komplexen Parameter z.
Dies sieht man genauso wie in Lemma 7.1: $\quad \frac{d}{dz}\big|_{z=0}(c(az)) = a \cdot c'(0)$ für jedes $a \in \mathbb{C}$.

Man beachte, dass $\mathfrak{g}$ im Allgemeinen nicht abgeschlossen ist gegen Produkte oder Potenzen von Matrizen, wie schon in Bemerkung 7.2 gesagt. Zum Beispiel ist X^2 symmetrisch, wenn X schiefsymmetrisch ist. Vielmehr ist der Kommutator $X, Y \mapsto XY - YX$ die „richtige" Operation, die man als eine neue Art „Multiplikation" betrachten muss. Es gibt auch Untergruppen von Matrizen, für die das Kommutativgesetz gilt, z.B. solche, die nur aus Diagonalmatrizen bestehen. Dann ist der Kommutator immer gleich null.

Die Eigenschaften dieser Multiplikation fasst man üblicherweise in der folgenden Definition zusammen:

Definition 7.19 (Lie-Algebra)
Eine **reelle** [bzw. **komplexe**] **Lie-Algebra** ist ein reeller [bzw. komplexer] Vektorraum V zusammen mit einer inneren Multiplikation $V \times V \to V$ (geschrieben $[X, Y]$) derart, dass folgendes gilt:

1 Die Zuordnung $(X, Y) \mapsto [X, Y]$ ist $\mathbb{R}$-linear [bzw. $\mathbb{C}$-linear] in jedem Argument,

2 $[X, Y] = -[Y, X]$ für alle $X, Y \in V$,

3 $\big[X, [Y, Z]\big] + \big[Y, [Z, X]\big] + \big[Z, [X, Y]\big] = 0$ für alle $X, Y, Z \in V$.

Insbesondere folgt: $[X, X] = 0$ für alle $X \in V$. Das Ergebnis der Multiplikation $[X, Y]$ heißt auch die **Lie-Multiplikation** oder die **Lie-Klammer** von X und Y (engl.: „Lie bracket").

Eine Lie-Algebra heißt **abelsch** (oder **kommutativ**), wenn $[X, Y] = 0$ für alle X, Y gilt. Eine Lie-Algebra wird gelegentlich auch als ein **Liescher Ring** bezeichnet. Die Gleichung 3 ist bekannt als die **Jacobi-Identität**. Sie gilt generell für Kommutatoren von Matrizen durch die folgende Rechnung:

$$X(YZ - ZY) - (YZ - ZY)X + Y(ZX - XZ) - (ZX - XZ)Y + Z(XY - YX) - (XY - YX)Z = 0$$

Folgerung und Definition 7.20 (Lie-Algebra einer Matrizengruppe)
Der Tangentialraum $\mathfrak{g} = T_E G$ im Einselement an eine abgeschlossene Untergruppe G von $GL(n, \mathbb{C})$ ist eine reelle Lie-Algebra. Für komplexe Untergruppen von $GL(n, \mathbb{C})$ ist $\mathfrak{g}$ eine komplexe Lie-Algebra. In jedem Fall heißt $\mathfrak{g}$ die **zugehörige Lie-Algebra** *zu G.*

Beispiele 7.21 1. Der Raum aller reellen bzw. komplexen (n, n)-Matrizen mit dem Kommutator

$$[X, Y] = X \cdot Y - Y \cdot X$$

als Verknüpfung ist eine Lie-Algebra. Bezeichnungsweise: $\mathfrak{gl}(n, \mathbb{R})$ bzw. $\mathfrak{gl}(n, \mathbb{C})$.

2. Die Lie-Algebra $\mathfrak{so}(3)$ von $SO(3, \mathbb{R})$ ist nach den obigen Betrachtungen die Menge der schiefsymmetrischen $(3, 3)$-Matrizen, also

$$\mathfrak{so}(3) = \left\{ \begin{pmatrix} 0 & -a & c \\ a & 0 & -b \\ -c & b & 0 \end{pmatrix} \,\middle|\, a, b, c \in \mathbb{R} \right\}.$$

Jede solche Matrix ist gleich $aE_1 + bE_2 + cE_3$ mit der Basis

$$E_1 = \begin{pmatrix} 0 & 0 & 0 \\ 0 & 0 & -1 \\ 0 & 1 & 0 \end{pmatrix}, \quad E_2 = \begin{pmatrix} 0 & 0 & 1 \\ 0 & 0 & 0 \\ -1 & 0 & 0 \end{pmatrix}, \quad E_3 = \begin{pmatrix} 0 & -1 & 0 \\ 1 & 0 & 0 \\ 0 & 0 & 0 \end{pmatrix}.$$

Für die Basis haben wir $[E_1, E_2] = E_1 E_2 - E_2 E_1 = \begin{pmatrix} 0 & 0 & 0 \\ 1 & 0 & 0 \\ 0 & 0 & 0 \end{pmatrix} - \begin{pmatrix} 0 & 1 & 0 \\ 0 & 0 & 0 \\ 0 & 0 & 0 \end{pmatrix} = E_3$,

analog gilt $[E_2, E_3] = E_1$ und $[E_3, E_1] = E_2$.

Diese Struktur tritt genauso bei dem Vektorprodukt im $\mathbb{R}^3$ auf mit der Multiplikation $e_1 \times e_2 = e_3, e_2 \times e_3 = e_1, e_3 \times e_1 = e_2$ für die Standard-Basis e_1, e_2, e_3. Damit ist $\mathfrak{so}(3)$ mit der Lie-Klammer *isomorph* zum $\mathbb{R}^3$ mit dem Vektorprodukt in dem Sinne, dass die Abbildung $E_i \mapsto e_i$ die Zuordnung $[E_i, E_j] \mapsto e_i \times e_j$ induziert. Man spricht dann von einem *Isomorphismus*, vgl. Definition 13.1.

3. Die Lie-Algebra der Gruppe $SL(2, \mathbb{R})$ ist der Raum aller reellen $(2, 2)$-Matrizen mit Spur null. Auf der Basis

$$X_0 = \begin{pmatrix} 1 & 0 \\ 0 & -1 \end{pmatrix}, \quad X_1 = \begin{pmatrix} 0 & 1 \\ 0 & 0 \end{pmatrix}, \quad X_2 = \begin{pmatrix} 0 & 0 \\ 1 & 0 \end{pmatrix}$$

haben wir die folgenden wechselseitigen Lie-Klammern:

$$[X_0, X_1] = 2X_1, \quad [X_0, X_2] = -2X_2, \quad [X_1, X_2] = X_0.$$

Es sieht so aus, als sei diese Struktur wesentlich verschieden von der in $\mathfrak{so}(3)$. Dies lässt sich präzisieren, vgl. Kapitel 17.

4. In der Gruppe aller Diagonalmatrizen mit nicht-verschwindenden Einträgen auf der Diagonalen gilt das Kommutativgesetz. Es gilt dann also $[X, Y] = 0$. Weil die Gruppe abelsch ist, heisst dann auch die Lie-Algebra abelsch.

5. Eine Lie-Algebra, die nicht endlich-dimensional ist: Der Raum aller C^∞-Vektorfelder (definiert auf einer offenen Teilmenge des $\mathbb{R}^n$) ist eine Lie-Algebra, wenn man $[X, Y] :=$ $D_X Y - D_Y X$ setzt, wobei $D_X Y$ die Richtungsableitung von Y in Richtung X bezeichnet, vgl. auch Definition 11.10. Dabei gilt die Identität $D_X D_Y Z - D_Y D_X Z - D_{[X,Y]} Z = 0$, die ihrerseits durch zyklische Vertauschungen die Jacobi-Identität impliziert, vgl. auch Bemerkung 11.12.

Notation: Die Lie-Algebra zu G wird mit $\mathfrak{g}$ bezeichnet, zu H mit $\mathfrak{h}$ etc. Speziell haben wir für die oben betrachteten Fälle die folgende Tabelle, wobei $O(n)$ und $SO(n)$ dieselbe Lie-Algebra $\mathfrak{so}(n)$ haben:

G	$\mathfrak{g}$
$GL(n, \mathbb{C})$	$\mathfrak{gl}(n, \mathbb{C})$
$SL(n, \mathbb{C})$	$\mathfrak{sl}(n, \mathbb{C})$
$GL(n, \mathbb{R})$	$\mathfrak{gl}(n, \mathbb{R})$
$SL(n, \mathbb{R})$	$\mathfrak{sl}(n, \mathbb{R})$
$H(3, \mathbb{R})$	$\mathfrak{h}(3, \mathbb{R})$
$O(n)$	$\mathfrak{so}(n)$
$SO(n)$	$\mathfrak{so}(n)$
$U(n)$	$\mathfrak{u}(n)$
$SU(n)$	$\mathfrak{su}(n)$
$Sp(n)$	$\mathfrak{sp}(n)$
$SO(n, \mathbb{C})$	$\mathfrak{so}(n, \mathbb{C})$

Bemerkung 7.22 Die Exponentialabbildung $\exp: \mathfrak{g} \to G$ ist auch für zusammenhängende und abgeschlossene Untergruppen $G \leq GL(n, \mathbb{C})$ nicht immer surjektiv, und die Bildmenge $\exp(\mathfrak{g})$ ist nicht immer eine Untergruppe von G, weil die Gruppenmultiplikation aus $\exp(\mathfrak{g})$ herausführen kann.

Kurz: *Die Bildmenge* $\exp(\mathfrak{g})$ *ist nicht notwendig eine Gruppe.*

Dazu ein konkretes Beispiel mit $G = SL(2, \mathbb{R})$. Die Bildmenge $\exp(\mathfrak{sl}(2, \mathbb{R}))$ ist keine Untergruppe, weil $\exp X$ für $X \in \mathfrak{sl}(2, \mathbb{R})$ stets nur positive Einträge in der Hauptdiagonalen hat, sofern in der Nebendiagonalen ein Eintrag null ist und der andere nicht (Übung). Daher ist die Matrix $\begin{pmatrix} -1 & 1 \\ 0 & -1 \end{pmatrix}$ nicht im Bild von $\exp$. Andererseits gilt

$$\begin{pmatrix} -1 & 1 \\ 0 & -1 \end{pmatrix} = \begin{pmatrix} 1 & -1 \\ 0 & 1 \end{pmatrix} \cdot \begin{pmatrix} -1 & 0 \\ 0 & -1 \end{pmatrix} = \exp \begin{pmatrix} 0 & -1 \\ 0 & 0 \end{pmatrix} \cdot \exp \begin{pmatrix} 0 & \pi \\ -\pi & 0 \end{pmatrix}.$$

Ebenso ist die Matrix $\begin{pmatrix} -e & 0 \\ 0 & -e^{-1} \end{pmatrix}$ nicht im Bild von $\exp$, wenngleich

$$\begin{pmatrix} -e & 0 \\ 0 & -e^{-1} \end{pmatrix} = \begin{pmatrix} e & 0 \\ 0 & e^{-1} \end{pmatrix} \cdot \begin{pmatrix} -1 & 0 \\ 0 & -1 \end{pmatrix} = \exp \begin{pmatrix} 1 & 0 \\ 0 & -1 \end{pmatrix} \cdot \exp \begin{pmatrix} 0 & \pi \\ -\pi & 0 \end{pmatrix}.$$

Bemerkung 7.23 Falls die Exponentialabbildung bijektiv ist, kann man natürlich durch Zurückholen der Gruppenstruktur von G auf $\mathfrak{g}$ erreichen, dass mit der modifizierten Struktur die Exponentialabbildung ein Isomorphismus wird und formal das Exponentialgesetz uneingeschänkt gilt. Dazu haben wir als ein konkretes Beispiel die Exponentialabbildung der Heisenberg-Gruppe:

$$\text{Mit } A = \begin{pmatrix} 0 & a & b \\ 0 & 0 & c \\ 0 & 0 & 0 \end{pmatrix} \in \mathfrak{h}(3,\mathbb{R}) \text{ erhalten wir}$$

$$\exp A = E + A + \frac{1}{2}A^2 = \begin{pmatrix} 1 & a & b+\frac{ac}{2} \\ 0 & 1 & c \\ 0 & 0 & 1 \end{pmatrix} \in H(3,\mathbb{R}),$$

weil alle dreifachen und höheren Produkte verschwinden. Die Exponentialabbildung der Heisenberg-Gruppe ist also bijektiv, weil jede Matrix in $H(3,\mathbb{R})$ eindeutig die Parameter a, c und damit auch b bestimmt, also eine eindeutige Matrix $A \in \mathfrak{h}(3,\mathbb{R})$. Setzen wir

$$A * A' := \log(\exp A \cdot \exp A'),$$

dann gilt das Exponentialgesetz formal in der folgenden Form

$$\exp(A * A') = \exp A \cdot \exp A',$$

es ist also $\exp: (\mathfrak{h}(3,\mathbb{R}), *) \to (H(3,\mathbb{R}), \cdot)$ ein Isomorphismus. Dabei gilt in diesem speziellen Fall

$$A * A' = A + A' + \tfrac{1}{2}[A, A'].$$

Man kann nämlich verifizieren

$$\begin{aligned}
\exp\left(A + A' + \tfrac{1}{2}[A,A']\right) &= E + A + A' + \tfrac{1}{2}[A,A'] + \tfrac{1}{2}(A^2 + A'^2 + AA' + A'A) \\
&= E + A + A' + AA' + \tfrac{1}{2}(A^2 + A'^2) \\
&= (E + A + \tfrac{1}{2}A^2)(E + A' + \tfrac{1}{2}A'^2) \\
&= \exp A \cdot \exp A' = \exp(A * A').
\end{aligned}$$

Man beachte wieder, dass alle dreifachen Produkte verschwinden. Aus diesem Grunde definiert man gelegentlich auch die Heisenberg-Gruppe als die folgende Multiplikation auf dem $\mathbb{R}^3$:

$$(a,b,c) * (a',b',c') := \left(a + a', b + b' + \tfrac{1}{2}(ac' - a'c), c + c'\right).$$

Übungsaufgaben

1. Man beweise die Aussage in dem Beispiel nach Bemerkung 7.22 durch explizite Berechnung von $\exp X$ mit

$$X = \begin{pmatrix} a & b \\ c & -a \end{pmatrix}.$$

Man berechne alle möglichen a, b, c, wobei $\exp X$ die Gestalt $\begin{pmatrix} * & * \\ 0 & * \end{pmatrix}$ hat.

Hinweis: es gilt $X^2 = (a^2 + bc)E$ und folglich $X^3 = (a^2 + bc)X$.

2. Man kann jeden Einheitsvektor im $\mathbb{R}^4$ auch als Einheits-Quaternion, also als Element in $\mathbb{H}_1$ deuten. Also kann man jedes Element in $SO(4)$ auch als ein 4-Tupel (q_1, q_2, q_3, q_4) von Einheits-Quaternionen beschreiben, die paarweise senkrecht aufeinander stehen (als Vektoren im $\mathbb{R}^4$ betrachtet). Die Einheitsmatrix entspricht so dem 4-Tupel $(1, i, j, k)$. Die Quaternionen-Multiplikation mit einer festen Zahl $q \in \mathbb{H}_1$ definiert dann eine orthogonale Transformation des $\mathbb{R}^4$. Wenn also (q_1, q_2, q_3, q_4) ein solches 4-Tupel ist, dann auch (qq_1, qq_2, qq_3, qq_4). Setzen wir speziell $q = \overline{q_1}$, so erhalten wir $(qq_1, qq_2, qq_3, qq_4) = (1, \overline{q_1}q_2, \overline{q_1}q_3, \overline{q_1}q_4)$. Daher sind $\overline{q_1}q_2, \overline{q_1}q_3, \overline{q_1}q_4$ rein imaginär und definieren somit ein Element von $SO(3)$, weil sie ja paarweise senkrecht aufeinander stehen in einem 3-dimensionalen reellen Vektorraum. Nun definieren wir eine Abbildung $F\colon SO(4) \to S^3 \times SO(3)$ durch

$$F(q_1, q_2, q_3, q_4) = \left(q_1, (\overline{q_1}q_2, \overline{q_1}q_3, \overline{q_1}q_4)\right).$$

Dabei gilt $F(1, i, j, k) = (1, E)$, also bewahrt F das Einselement.

Ist diese Abbildung bijektiv oder homöomorph oder diffeomorph oder ein Gruppen-Isomorphismus ?

3. Man berechne explizit die Lie-Klammer im Tangentialraum $\mathfrak{so}(4) = T_E SO(4)$ mittels einer geeigneten Basis und zeige, dass diese Lie-Algebra sich in eine direkte Summe $\mathfrak{so}(4) \cong \mathfrak{su}(3) \oplus \mathfrak{su}(3)$ aufspalten lasst, wobei der erste Summand mit dem zweiten kommutiert im Sinne der Lie-Klammer.

4. Man zeige: Die Interpretation der Einheits-Quaternionen als komplexe Matrizen in Abschnitt 3.2 (d.h. die Isomorphie $\mathbb{H}_1 \cong SU(2)$ als Gruppen) impliziert, dass es einen Gruppen-Isomorphismus $\mathbb{H} \setminus \{0\} \cong \mathbb{R}_+ \times SU(2)$ gibt, jeweils als multiplikative Gruppen interpretiert.

5. Man zeige: Jede assoziative $\mathbb{K}$-Algebra $(A, +, \cdot)$ wird zu einer Lie-Algebra $(A, +, [., .])$ über $\mathbb{K}$ mit dem Kommutator $[X, Y] = X \cdot Y - Y \cdot X$.

   Dabei ist eine $\mathbb{K}$-Algebra definiert als ein $\mathbb{K}$-Vektorraum A mit einer zusätzlichen Multiplikation $A \times A \to A$ derart, dass die Gesetze der Distributivität gelten. Die Assoziativität der Multiplikation wird hier gesondert vorausgesetzt. Auch eine Lie-Algebra ist eine Algebra in diesem Sinne, aber sie ist im i.A. nicht assoziativ.

6. Man zeige, dass es einen $\mathbb{R}$-Vektorraum-Isomorphismus zwischen den Quaternionen $\mathbb{H}$ und $\mathbb{R} \cdot E \oplus \mathfrak{su}(2)$ gibt mit $1 \mapsto E, i \mapsto I, j \mapsto J, k \mapsto K$, wobei

$$E = \begin{pmatrix} 1 & 0 \\ 0 & 1 \end{pmatrix}, \quad I = \begin{pmatrix} i & 0 \\ 0 & -i \end{pmatrix}, \quad J = \begin{pmatrix} 0 & 1 \\ -1 & 0 \end{pmatrix}, \quad K = \begin{pmatrix} 0 & i \\ i & 0 \end{pmatrix},$$

   der zusätzlich die Multiplikation bewahrt (z.B. $i \cdot j = k$ und $I \cdot J = K$). Man beachte, dass I, J, K gerade die mit der Zahl i multiplizierten Pauli-Matrizen sind. Diese drei Matrizen zusammen sind eine Basis des 3-dimensionalen $\mathbb{R}$-Vektorraumes $\mathfrak{su}(2)$. Werden damit die Quaternionen zu einer 4-dimensionalen reellen oder zu einer 2-dimensionalen komplexen Lie-Algebra ?

7. Man zeige, dass die Lie-Algebra der Kommutatorgruppe einer abgeschlossenen Untergruppe von $G \leq GL(n, \mathbb{C})$ (diese wird erzeugt von allen $ghg^{-1}h^{-1}$ mit $g, h \in G$) gleich der Kommutatoralgebra der zugehörigen Lie-Algebra ist (diese wird erzeugt von allen Kommutatoren $XY - YX$). Hinweis: Satz 6.5.

8. Es seien $G_1 \leq GL(n, \mathbb{C})$ und $G_2 \leq GL(m, \mathbb{C})$ zwei abgeschlossene Untergruppen mit zugehörigen Lie-Algebren $\mathfrak{g}_1, \mathfrak{g}_2$, und es bezeichne

$$G_1 \times G_2 \leq GL(n, \mathbb{C}) \times GL(m, \mathbb{C}) \leq GL(n + m, \mathbb{C})$$

das kartesische Produkt im Sinne von Block-Matrizen: Je zwei Matrizen $A_1 \in G_1, A_2 \in G_2$ wird die Blockmatrix

$$\left(\begin{array}{c|c} A_1 & 0 \\ \hline 0 & A_2 \end{array} \right)$$

zugeordnet.

Man zeige: Die zugehörige Lie-Algebra von $G_1 \times G_2$ ist isomorph zu der direkten Summe $\mathfrak{g}_1 \oplus \mathfrak{g}_2$ (ebenfalls im Sinne von Block-Matrizen) mit der komponentenweise erklärten Lie-Klammer

$$\big[(X_1 \oplus X_2), (Y_1 \oplus Y_2)\big]_{\mathfrak{g}_1 \oplus \mathfrak{g}_2} = [X_1, Y_1]_{\mathfrak{g}_1} \oplus [X_2, Y_2]_{\mathfrak{g}_2}.$$

Insbesondere kommutieren dabei je zwei Elemente (g, E_m) und (E_n, h) in der Gruppe sowie je zwei Elemente $(X \oplus 0)$ und $(0 \oplus Y)$ in der Lie-Algebra.

9. Unter Benutzung der vorigen Aufgabe zeige man für die Exponentialabbildung $\exp \colon \mathfrak{g}_1 \oplus \mathfrak{g}_2 \to G_1 \times G_2$ die Gleichung $\exp(X_1 \oplus X_2) = \big(\exp X_1, \exp X_2 \big)$.

10. Man zeige die Isomorphie $\mathfrak{gl}(n, \mathbb{K}) \cong \mathfrak{sl}(n, \mathbb{K}) \oplus \{\alpha E \mid \alpha \in \mathbb{K}\}$.

Hinweis: Jede (n, n)-Matrix A erlaubt eine eindeutige Zerlegung $A = A^* + \frac{\mathrm{spur}(A)}{n} E$ mit $\mathrm{spur}(A^*) = 0$.

11. Wir erklären einen 4-dimensionalen $\mathbb{R}$-Vektorraum mit einer Basis X_0, X_1, X_2, X_3, so dass X_1, X_2, X_3 die Lie-Algebra $\mathfrak{h}(3, \mathbb{R})$ bilden mit

$$[X_1, X_2] = X_3, \quad [X_0, X_1] = X_2, \quad [X_0, X_2] = -X_1$$

(wobei alle anderen wechselseitigen Lie-Klammern verschwinden). Man zeige, dass dies eine Lie-Algebra definiert, die sogenannte **Oszillator-Algebra**.

12. Man berechne die wechselseitigen Lie-Klammern in der folgenden, von X_1, X_2, X_3, H erzeugten, 4-dimensionalen Lie-Algebra von Differentialoperatoren, definiert für beliebig oft differenzierbare reelle Funktionen $f \colon \mathbb{R} \to \mathbb{R}$:

$$(X_1 f)(x) = f'(x), \quad (X_2 f)(x) = x \cdot f(x), \quad (X_3 f)(x) = f(x)$$

$$\text{sowie} \quad (Hf)(x) = \frac{1}{2}\big(f''(x) + x^2 \cdot f(x)\big).$$

Die Lie-Klammer ist dabei im Sinne des Kommutators von Operatoren zu verstehen, also $[A, B] = A \circ B - B \circ A$. Es gilt z.B. $X_1 \circ X_1(f) = f''(x)$ und $X_2 \circ X_2(f) = x^2(f(x))^2$. Man zeige, dass X_1, X_2, X_3 eine Unteralgebra aufspannen, die zu $\mathfrak{h}(3, \mathbb{R})$ isomorph ist, und dass die ganze Lie-Algebra isomorph zur oben erklärten Oszillator-Algebra ist. Das Wort „isomorph" bedeutet hier einfach, dass entsprechende Basiselemente zu denselben Lie-Klammern führen, wobei X_0 und H einander entsprechen. Allgemeiner wird dies präzisiert durch den Begriff *Isomorphismus* in Definition 13.1.

Kapitel 8

Lie-Unteralgebren und die CBH-Formel

8.1 Lie-Unteralgebren im Vektorraum aller Matrizen

Wir haben gesehen, dass der Vektorraum aller komplexen Matrizen $\mathfrak{gl}(n,\mathbb{C})$ zusammen mit dem Kommutator $[X,Y] = XY - YX$ eine Lie-Algebra ist und die Exponentialabbildung auf die Gruppe $GL(n,\mathbb{C})$ zulasst. Ferner besitzt jede abgeschlossene Untergruppe von $GL(n,\mathbb{C})$ eine zugehörige Lie-Algebra, die sich als Unter-Vektorraum von $\mathfrak{gl}(n,\mathbb{C})$ mit demselben Kommutator $[X,Y] = XY - YX$ ergibt. Dies liefert einen natürlichen Begriff einer Lie-Unteralgebra als Unterstruktur, analog zu dem einer Untergruppe, eines Unter-Ringes oder eines Unter-Vektorraumes.

Definition 8.1 Eine Lie-Unteralgebra $\mathfrak{g} \leq \mathfrak{gl}(n,\mathbb{C})$ ist erklärt als ein reeller Unter-Vektorraum von $\mathfrak{gl}(n,\mathbb{C})$, der abgeschlossen ist gegen die Lie-Klammer, d.h.

$$\text{für alle } X,Y \in \mathfrak{g} \quad \text{gilt auch} \quad [X,Y] \in \mathfrak{g}.$$

Für jede abgeschlossene Untergruppe $G \leq GL(n,\mathbb{C})$ ist nach Abschnitt 7.3 der Tangentialraum im Einselement $\mathfrak{g} = T_E G$ eine Lie-Unteralgebra von $\mathfrak{gl}(n,\mathbb{C})$. Nun fragt sich, ob man umgekehrt zu einer gegebenen Lie-Unteralgebra immer eine Untergruppe finden kann, die die gegebene Lie-Unteralgebra als Lie-Algebra hat. Der folgende Satz bestätigt dies. Allerdings ist die Untergruppe i.A. nicht mehr abgeschlossen im topologischen Sinne. Dennoch ist der Tangentialraum $T_E G$ im Einselement auch bei nicht abgeschlossenen Untergruppen ein wohldefinierter $\mathbb{R}$-Vektorraum nach Definition 7.1. Wenn wir sicherstellen können, dass er dieselbe Dimension hat wie die Gruppe selbst, dann benötigen wir diejenigen Betrachtungen in Abschnitt 7.2 nicht mehr, die die Abgeschlossenheit der Untergruppe als zusätzliche Voraussetzung verwendet haben.

Theorem 8.2 *Es sei eine Lie-Unteralgebra $\mathfrak{g} \leq \mathfrak{gl}(n,\mathbb{C})$ gegeben. Dann gibt es eine eindeutig bestimmte zusammenhängende Untergruppe G von $GL(n,\mathbb{C})$, deren zugehörige Lie-Algebra $T_1 G$ gleich $\mathfrak{g}$ ist. Die Einschränkung der Exponentialabbildung $\exp$ auf $\mathfrak{g}$ bildet $\mathfrak{g}$ in G hinein ab. Die Inklusionsabbildung $G \hookrightarrow GL(n,\mathbb{C})$ ist dabei (in geeigneten logarithmischen Karten) differenzierbar von maximalem Rang (und dieser ist gleich der Dimension von $\mathfrak{g}$). Es ist aber G nicht notwendig topologisch abgeschlossen in $GL(n,\mathbb{C})$, und G ist nicht notwendig eine Untermannigfaltigkeit.*

Ohne die Forderung des Zusammenhangs wäre G i.A. nicht eindeutig bestimmt. Zum Beispiel haben $O(3)$ und $SO(3)$ als Untergruppen von $GL(3,\mathbb{R}) \leq GL(3,\mathbb{C})$ dieselbe Lie-Unteralgebra $\mathfrak{so}(3) \leq \mathfrak{gl}(3,\mathbb{R}) \leq \mathfrak{gl}(3,\mathbb{C})$ als Lie-Algebra.

Beweis: Der Beweis ist schwieriger, als es zunächst den Anschein hat. Man würde ja am liebsten einfach $G := \exp(\mathfrak{g})$ setzen und hätte damit auch sofort die zugehörige Exponentialabbildung

$$\exp_{\mathfrak{g}} \colon \mathfrak{g} \longrightarrow G$$

als Einschränkung der gewöhnlichen Exponentialreihe. Aber es ist im Allgemeinen nicht wahr, dass die Bildmenge von exp überhaupt eine Gruppe ist, also auch keine Untergruppe von $GL(n,\mathbb{C})$, vgl. das Beispiel nach Bemerkung 7.22. Also ist schon die Definition (bzw. Konstruktion) von G nicht so einfach.

Wir definieren G als diejenige Untergruppe, die von $\exp(\mathfrak{g})$ erzeugt wird, also die kleinste Untergruppe von $GL(n,\mathbb{C})$, die $\exp\mathfrak{g}$ enthält. Diese ist dann zusammenhängend, weil ja $\exp(\mathfrak{g})$ als stetiges Bild eines Vektorraumes zusammenhängend ist. Wir müssen beweisen, dass G eine Matrizengruppe derselben Dimension wie $\mathfrak{g}$ ist mit einer Immersion $G \hookrightarrow GL(n,\mathbb{C})$, und dass $\mathfrak{g}$ tatsächlich die Lie-Algebra von G ist. Jedenfalls ist die Exponentialabbildung $\exp_{\mathfrak{g}} \colon \mathfrak{g} \to G$ wohldefiniert als Einschränkung der Exponentialreihe, und eine gewisse offene Umgebung U der Null in $\mathfrak{g}$ wird diffeomorph auf ihr Bild $\exp_{\mathfrak{g}}(U) \subseteq G$ unter exp abgebildet. Damit kann man auf der Bildmenge $\exp_{\mathfrak{g}}(U)$ einen Logarithmus als Einschränkung von log erklären und somit $\exp_{\mathfrak{g}} \colon U \to \exp(U)$ invertieren.

Wir müssen aber zeigen, dass der Erzeugungsprozess, der $\exp(\mathfrak{g})$ in G überführt, nicht die Dimension erhöht und dass insbesondere $\exp(U)$ offen in G ist. Hier geht ein, dass $\mathfrak{g}$ als Lie-Unteralgebra abgeschlossen ist gegenüber $\operatorname{ad} X$ für beliebiges $X \in \mathfrak{g}$, d.h. $Y \in \mathfrak{g} \implies \operatorname{ad}(X)(Y) = [X,Y] \in \mathfrak{g}$. Also impliziert die im folgenden Abschnitt als Theorem 8.7 bewiesene CBH-Formel, dass für beliebige X, Y in einer gewissen Umgebung der Null in $\mathfrak{g}$ gilt:

$$\log(\exp(X)\exp(Y)) \in \mathfrak{g}.$$

Man kann das auch so formulieren, dass die Bildmenge $\exp(\mathfrak{g})$ zwar keine Gruppe ist, aber eine lokale Gruppe im Sinne von Definition 3.8: Für eine hinreichend kleine Umgebung der Eins bleibt das Matrizen-Produkt innerhalb von $\exp(\mathfrak{g})$, vgl. Folgerung 8.8. Damit ist auch klar, dass dasselbe für einen beliebigen linearen Unterraum V von $\mathfrak{gl}(n,\mathbb{C})$ anstelle von $\mathfrak{g}$ _nicht_ gilt. Man benötigt zwingend die Abgeschlossenheit unter der Lie-Klammer.

Somit ist die Einschränkung der Exponentialabbildung exp auf eine gewisse offene Nullumgebung $U \subseteq \mathfrak{g}$ injektiv von maximalem Rang, und auf dem offenen Bild $\exp(U) \subseteq G$ ist die Umkehrung davon als Logarithmus erklärt. Dieser definiert folglich eine Karte der Untermannigfaltigkeit $\exp(U)$. Damit ist die Dimension dieser Einsumgebung gleich der Dimension von $\mathfrak{g}$. Zum Dimensionsbegriff von Untermannigfaltigkeiten vergleiche man Abschnitt 7.3. Wie in Folgerung 7.11 kann man lokal eine logarithmische Karte in einer gewissen Umgebung jedes beliebigen $x \in G$ durch $y \mapsto \log(x^{-1}y)$ definieren. Kartentransformationen sind differenzierbar, weil sie durch Potenzreihen und Multiplikationen mit Matrizen beschrieben werden können.

Für eine Basis $X_1, \ldots, X_m$ von $\mathfrak{g}$ bilden die Tangentenvektoren $\frac{dc_i}{dt}\big|_{t=0}$ an die Kurven $c_i(t) = \exp(tX_i)$ eine Basis des Tangentialraumes $\mathfrak{g} = T_E G$ an G im Einselement. Somit ist $\mathfrak{g}$ tatsächlich die Lie-Algebra von G.

Dass darüber hinaus die Inklusionsabbildung $G \hookrightarrow GL(n, \mathbb{C})$ auch global eine Immersion ist, also überall den Rang $m = \dim \mathfrak{g}$ hat, folgt wiederum aus dem maximalen Rang der Exponentialabbildung in U: Für jedes $g \in G$ ist die Abbildung $U \to GL(n, \mathbb{C})$ mit $x \mapsto g \cdot \exp(x)$ von maximalem Rang. Dies ist wichtig bei einer nicht abgeschlossenen Untergruppe (als ein gewisser Ersatz für die Eigenschaft, eine Untermannigfaltigkeit zu sein). Schließlich folgt die Eindeutigkeit von G als Untergruppe von $GL(n, \mathbb{C})$ dadurch, dass für jede weitere zusammenhängende Untergruppe G' mit der gleichen Lie-Algebra $\mathfrak{g}$ notwendig lokal $G = G'$ in einer Umgebung des Einselements gilt. Wegen der Formel in Lemma 6.9 muss G' alle Potenzen von Elementen in einer Einsumgebung enthalten, also auch alle Elemente von G. Damit ist G eine Zusammenhangskomponente in G'. Wegen des Zusammenhanges stimmen dann beide global überein. $\qquad\square$

Es folgt allerdings *nicht*, dass ganz G abgeschlossen in $GL(n, \mathbb{C})$ ist. Es gibt Beispiele dafür, dass der topologische Abschluss eine höhere Dimension hat, z.B. Beispiel 8.3.

Spezialfall: Jedes $0 \neq X \in \mathfrak{gl}(n, \mathbb{C})$ erzeugt eine 1-dimensionale Lie-Algebra $\mathfrak{g}$. Dann ist nach Kap. 6 die zugeordnete Gruppe G eine 1-Parameter-Untergruppe von Matrizen.

Beispiel 8.3 Die Lie-Unteralgebra $\mathfrak{g}$ aller $t\left(\begin{smallmatrix} i & 0 \\ 0 & i\sqrt{2} \end{smallmatrix}\right) \in \mathfrak{u}(2) \leq \mathfrak{gl}(2, \mathbb{C})$ mit $t \in \mathbb{R}$ erzeugt die Gruppe $G \leq U(1) \times U(1) \leq U(2)$ aller Matrizen $\left(\begin{smallmatrix} e^{it} & 0 \\ 0 & e^{it\sqrt{2}} \end{smallmatrix}\right)$. Weil $U(1) \times U(1) \cong S^1 \times S^1$ kompakt ist, müsste eine abgeschlossene Untergruppe auch kompakt sein. Aber G ist wegen der Irrationalität von $\sqrt{2}$ nicht kompakt. Dies liegt daran, dass die beiden Gleichungen $t - s = 2\pi p$ und $(t - s)\sqrt{2} = 2\pi q$ für $t \neq s$ und $p, q \in \mathbb{Z}$ nie simultan erfüllt sein können, sonst wäre $\sqrt{2} = q/p \in \mathbb{Q}$. Also ist $\exp\colon \mathfrak{g} \to G$ bijektiv, und daher ist G nicht kompakt. Vielmehr liegt G sogar dicht in der kompakten Untergruppe $U(1) \times U(1)$.

Folgerung 8.4 *Falls G, G_* zwei konjugierte Untergruppen von $GL(n, \mathbb{C})$ sind mit $G_* = xGx^{-1}$ für ein festes $x \in GL(n, \mathbb{C})$, dann gilt für die zugehörigen Lie-Unteralgebren $\mathfrak{g}, \mathfrak{g}_*$ von $\mathfrak{gl}(n, \mathbb{C})$ die Gleichung $\mathfrak{g}_* = x\mathfrak{g}x^{-1}$. Sie sind dann adjungiert zueinander in der Terminologie des Beweises von Lemma 7.17. Falls G und G_* sogar unter einer differenzierbare Kurve $x(t)$ von Konjugationen mit $x(0) = E$ konjugiert sind, falls also $G_* = x(t)Gx^{-1}(t)$ für alle t in einer Nullumgebung gilt, dann gilt $\mathfrak{g}_* = \big(\operatorname{ad} x'(0)\big)(\mathfrak{g})$.*

Beweis: Wenn $c(t)$ eine differenzierbare Kurve in G ist mit $c(0) = \mathbf{1}$, dann ist $c_*(t) = Xc(t)X^{-1}$ eine entsprechende differenzierbare Kurve in G_*. Für die Tangentenvektoren $c'(0)$ und $c_*'(0)$ gilt dann $c_*'(0) = xc'(0)x^{-1}$ nach dem Beweis von Lemma 7.17. Also entspricht jedem $Y \in \mathfrak{g}$ ein $Y_* = xYx^{-1}$ in $\mathfrak{g}_*$ und umgekehrt. Es folgt $\mathfrak{g}_* = x\mathfrak{g}x^{-1}$. Die zweite Behauptung folgt durch Ableiten von $\mathfrak{g}_* = x(t)\mathfrak{g}x^{-1}(t)$ nach t wie im Beweis von Lemma 7.17. $\qquad\square$

8.2   Die Campbell–Baker–Hausdorff–Formel

Die Campbell–Baker–Hausdorff-Formel (kurz: CBH-Formel) ist nicht ganz leicht einzusehen. Sie ist auch zunächst nicht naheliegend, weil eine explizite Version davon überaus kompliziert aussieht und nicht zur direkten Auswertung einlädt, vgl. den Anhang. Die explizite Formel ist aber für uns weniger bedeutend als die Existenz einer solchen Formel. Entscheidend ist viel mehr, welche Art von Termen in diese Formel eingeht, und wovon diese abhängen. Dies liefert sozusagen eine *qualitative* Formel. Für den Beweis des obigen Theorems 8.2 ist dieses qualitative Argument vollkommen ausreichend.

Für den Beweis der CBH-Formel in Theorem 8.7 brauchen wir die folgende Vorbemerkung zur Operator-Algebra der linearen Endomorphismen eines $\mathbb{K}$-Vektorraumes V.

Bemerkung 8.5 Die Menge aller $\mathbb{K}$-linearen Endomorphismen $A\colon V \to V$ bildet einerseits einen Vektorraum und andererseits einen Ring (den *Endomorphismenring*), wenn man als Produkt definiert $A \cdot B = A \circ B$ (Hindereinanderausführung), also $(A \cdot B)(X) = A(B(X))$. Wenn man diese beiden Strukturen zusammennimmt, spricht man auch von der **Operator-Algebra** der linearen Operatoren auf V. Das **Einselement** dieser Algebra ist die Identität, und ein Operator A ist **invertierbar** durch einen anderen Operator B, wenn $A \cdot B$ die Identität ist. Wenn wir uns A in einer Basis durch eine quadratische Matrix beschrieben vorstellen, dann ist natürlich der inverse Operator gerade durch die inverse Matrix beschrieben.

Man kann nun auch konvergente Potenzreihen $\sum_{n\geq 0} a_n A^n$ von solchen Operatoren betrachten, z.B. $\exp A = \sum_{n\geq 0} \frac{1}{n!} A^n$, wobei jedes einzelne A^n als Produkt im obigen Sinne zu interpretieren ist, also $A^n = A \circ \cdots \circ A$. Wir hatten schon in Kapitel 6 gesehen, dass $\exp X$ durch $\exp(-X)$ invertiert wird, aber $\exp$ selbst durch $\log$. Insofern ist der inverse Operator von $\exp A$ nicht durch die Potenzreihe des Logarithmus gegeben, sondern durch den Operator $\exp(-A)$, denn $\exp(-A)(\exp A(X)) = (\exp(-A) \circ \exp A)(X) = (\exp(-A) \cdot \exp A)(X) = X$ für alle $X \in V$. Allgemein wird im Falle $a_0 \neq 0$ die Potenzreihe $\sum_{n\geq 0} a_n A^n$ für „kleine" A durch den Operator $1/\sum_{n\geq 0} a_n A^n$ invertiert, wobei man diesen in eine Potenzreihe entwickeln kann wie bei reellen oder komplexen Potenzreihen oder wie bei der Neumannschen Reihe $\sum_{n\geq 0} A^n$ als inversen Operator zu $Id - A$.

Speziell kann man dies auf den Vektorraum $\mathfrak{g}$ und dort insbesondere auf den Operator $\mathrm{ad}\,X : \mathfrak{g} \to \mathfrak{g}$ anwenden, der durch $\mathrm{ad}\,X(Y) = [X,Y] = XY - YX$ definiert ist, und die Exponentialreihe $\exp(\mathrm{ad}\,X)$ für diesen Operator durch die folgende recht elementare Rechnung auswerten (man vergleiche dazu auch Folgerung 10.6 im allgemeineren Kontext der Operatoralgebra $L(\mathfrak{g},\mathfrak{g})$ einer Lie-Algebra $\mathfrak{g}$, die dann mit dem Kommutator selbst wieder eine Lie-Algebra wird).

Lemma 8.6 *Für die Potenzen von* $\mathrm{ad}\,X$ *gilt die Gleichung*

$$(\mathrm{ad}\,X)^n(Y) = \sum_{k=0}^{n} (-1)^k \binom{n}{k} X^{n-k} Y X^k$$

und für die Exponentialreihe gilt

$$\big(\exp(\mathrm{ad}\,X)\big)(Y) = \exp X \cdot Y \cdot \exp(-X).$$

Beweis: Wir verwenden vollständige Induktion nach n.
Für $n = 1$ ist die Gleichung $\mathrm{ad}\,X(Y) = XY - YX = \sum_{k=0}^{1}(-1)^k \binom{1}{k} X^{1-k} Y X^k$ offensichtlich. Wir nehmen jetzt an, dass die behauptete Gleichung für $n-1$ gilt, und rechnen aus

$$\begin{aligned}
(\mathrm{ad}\,X)^n(Y) &= (\mathrm{ad}\,X)^{n-1}(\mathrm{ad}\,X(Y)) \\
&= \sum_{k=0}^{n-1}(-1)^k \binom{n-1}{k} X^{n-k}(\mathrm{ad}\,X(Y))X^k
\end{aligned}$$

$$\begin{aligned}
&= \sum_{k=0}^{n-1}(-1)^k \binom{n-1}{k} X^{n-1-k}(XY - YX)X^k \\
&= \sum_{k=0}^{n-1}(-1)^k \binom{n-1}{k}\left(X^{n-k}YX^k - X^{n-1-k}YX^{k+1}\right) \\
&= \sum_{k=0}^{n}(-1)^k\left(\binom{n-1}{k} + \binom{n-1}{k-1}\right)X^{n-k}YX^k \\
&= \sum_{k=0}^{n}(-1)^k \binom{n}{k} X^{n-k}YX^k .
\end{aligned}$$

Für die zweite behauptete Gleichung setzen wir die erste in die Exponentialreihe ein:

$$\begin{aligned}
\big(\exp(\operatorname{ad} X)\big)(Y) &= \sum_{n\geq 0}\frac{1}{n!}\sum_{k=0}^{n}(-1)^k \binom{n}{k} X^{n-k}YX^k \\
&= \sum_{p\geq 0}\sum_{q\geq 0}(-1)^q \frac{1}{p!q!} X^p Y X^q \\
&= \sum_{p\geq 0}\frac{1}{p!}X^p \cdot Y \cdot \sum_{q\geq 0}\frac{1}{q!}(-X)^q \\
&= \exp X \cdot Y \cdot \exp(-X). \qquad\qquad \square
\end{aligned}$$

Die CBH-Formel stellt nun für kleine Werte von $|t|$ einen qualitativen Vergleich zwischen $\exp(t(X+Y))$ einerseits und $\exp(tX)\cdot\exp(tY)$ andererseits her, und zwar nicht in der Gruppe selbst, sondern direkt in der Lie-Unteralgebra $\mathfrak{g}$, die von X und Y erzeugt wird. Somit vergleichen wir $\log\exp(t(X+Y)) = t(X+Y)$ mit $\log\big(\exp(tX)\cdot\exp(tY)\big)$. Beide stimmen nur dann überein, wenn X und Y kommutieren. Als qualitatives Resultat erhält man (unabhängig von der genauen Gestalt der expliziten Formel), dass die Differenz – wie immer sie genau aussehen mag – jedenfalls innerhalb der Lie-Unteralgebra $\mathfrak{g}$ verbleibt.

Theorem 8.7 (CBH-Formel)

Wir betrachten eine Lie-Unteralgebra $\mathfrak{g} \leq \mathfrak{gl}(n,\mathbb{C})$ und die Einschränkung der Exponentialabbildung $\exp\colon \mathfrak{g} \to GL(n,\mathbb{C})$ mit lokal definierter Umkehrabbildung $\log$, die auf einer Eins-Umgebung definiert ist mit Werten in $\mathfrak{gl}(n,\mathbb{C})$. Für gegebene $X,Y \in \mathfrak{g}$ ist dann $\log\big((\exp tX)(\exp tY)\big) \in \mathfrak{gl}(n,\mathbb{C})$ wohldefiniert für alle hinreichend kleinen Werte von $|t|$. Dann gibt es eine Taylor-Entwicklung

$$\log\big((\exp tX)(\exp tY)\big) = H_t(X,Y) = \sum_{n} h_n(X,Y)t^n,$$

deren Koeffizienten $h_n(X,Y)$ nur von $X,Y,[X,Y]$ sowie iterierten Lie-Produkten von diesen gebildet werden. Genauer besagt das, dass die $h_n(X,Y)$ in der von X,Y erzeugten Lie-Unteralgebra liegen. Daraus folgt insbesondere

$$\log((\exp tX)(\exp tY)) \in \mathfrak{g},$$

und es gibt eine differenzierbare Kurve $Z(t)$ in $\mathfrak{g}$ mit $\exp Z(t) = (\exp tX)(\exp tY))$ für alle hinreichend kleinen $|t|$.

Solche Koeffizienten $h_n(X, Y)$ können zum Beispiel Terme vom Typ

$$[X, [X, Y]] \quad \text{oder} \quad [X, [X, [X, Y]]]$$

enthalten. In der Operator-Algebra der linearen Endomorphismen von $\mathfrak{g}$ sind die beiden genannten Terme einfach Potenzen von $\mathrm{ad}\,(X)$: Es gilt nämlich

$$[X, [X, Y]] = \mathrm{ad}\,(X)(\mathrm{ad}\,(X)(Y)) = (\mathrm{ad}\,(X))^2(Y)$$

und

$$[X, [X, [X, Y]]] = (\mathrm{ad}\,(X))^3(Y).$$

Die explizite Formel dieser Art heißt die *Campbell-Baker-Hausdorff-Formel*, kurz CBH-Formel. Sie ist im Anhang aufgelistet ohne Beweis. Nach dem Exponentialgesetz gilt

$$\log((\exp tX)(\exp tY)) = t(X + Y),$$

falls X und Y kommutieren. Im allgemeinen Fall sind die ersten Terme der Taylor-Entwicklung die folgenden:

$$\log((\exp tX)(\exp tY))$$
$$= t(X + Y) + \frac{t^2}{2}[X, Y] + \frac{t^3}{12}\Big([X, [X, Y]] + [Y, [Y, X]]\Big) - \frac{t^4}{24}\Big([Y, [X, [X, Y]]] + O(t^5).$$

Beweis: (nach D.Djoković[1]): Wir verwenden die Gleichung

$$\exp(X) \cdot Y \cdot \exp(-X) = \exp(\mathrm{ad}\,(X))(Y)$$

aus Lemma 8.6 und schließen mit $\exp H_t(X, Y) = (\exp tX)(\exp tY)$ auf die folgende Gleichung für die Ableitung nach t für alle hinreichend kleinen $|t|$:

$$
\begin{aligned}
(\exp(H_t))' \exp(-H_t) &= (\exp(tX)\exp(tY))' \exp(-H_t(X, Y)) \\
&= \Big(X \cdot \exp(H_t(X, Y)) + \exp(H_t(X, Y)) \cdot Y\Big) \exp(-H_t(X, Y)) \\
&= X + \exp(\mathrm{ad}\,(H_t(X, Y)))(Y).
\end{aligned}
$$

Andererseits kann man den Ausdruck auf der linken Seite noch einmal als Potenzreihe berechnen, wobei sich die Potenzen auf das Matrizenprodukt in $\mathfrak{gl}(n, \mathbb{C})$ beziehen:

$$(\exp(H_t))' \exp(-H_t) = \Big(\sum_{m \geq 1} \frac{1}{m!}(H_t^m(X, Y))' \Big)\Big(\sum_{k \geq 0} \frac{(-1)^k}{k!} H_t^k(X, Y) \Big).$$

Weil aber die Koeffizienten von $H_t(X, Y)$ nicht kommutieren, gilt hier nicht die aus der Analysis bekannte Regel $(H_t^m)' = mH_t'H_t^{m-1}$, sondern stattdessen nur die Produktregel in der Form

$$(H_t^m)' = \sum_{j=0}^{m-1} H_t^j H_t' H_t^{m-j-1},$$

---

[1] An elementary proof of the Baker-Campbell-Hausdorff-Dynkin formula, *Mathematische Zeitschrift* **143**, 209–211 (1975)

z.B. $(H_t \cdot H_t)' = H_t' H_t + H_t H_t'$ und $(H_t \cdot H_t \cdot H_t)' = H_t' H_t^2 + H_t H_t' H_t + H_t^2 H_t'$. Damit folgt

$$(\exp(H_t))' \exp(-H_t) = \Big(\sum_{m \geq 1} \frac{1}{m!} \sum_{j=0}^{m-1} H_t^j H_t' H_t^{m-j-1} \Big) \Big(\sum_{k \geq 0} \frac{(-1)^k}{k!} H_t^k \Big).$$

Wenn wir $n = m + k$ setzen, erhalten wir mit $\frac{n!}{m!k!} = \binom{n}{m}$ die Gleichung

$$(\exp(H_t))' \exp(-H_t) = \sum_{n \geq 1} \frac{1}{n!} \sum_{m=1}^{n} \sum_{j=0}^{m-1} (-1)^{n-m} \binom{n}{m} H_t^j H_t' H_t^{n-j-1}$$

$$= \sum_{n \geq 1} \frac{1}{n!} \sum_{j=0}^{n-1} \sum_{m=j+1}^{n} (-1)^{n-m} \binom{n}{m} H_t^j H_t' H_t^{n-j-1}.$$

Nun ist die Identität $\sum_{i=0}^{p} (-1)^i \binom{n}{i} = (-1)^p \binom{n-1}{p}$ wohlbekannt aus der Theorie von Binomialkoeffizienten, siehe M.AIGNER, Diskrete Mathematik, S. 15. Daraus folgt in unserem Fall

$$\sum_{m=j+1}^{n} (-1)^{n-m} \binom{n}{m} = \sum_{i=0}^{n-j-1} (-1)^i \binom{n}{i} = (-1)^{n-j-1} \binom{n-1}{j},$$

also auch

$$(\exp(H_t))' \exp(-H_t) = \sum_{n \geq 1} \frac{1}{n!} \sum_{j=0}^{n-1} (-1)^{n-j-1} \binom{n-1}{j} H_t^j H_t' H_t^{n-j-1}$$

$$= \sum_{n \geq 1} \frac{1}{n!} \big(ad(H_t)\big)^{n-1}(H_t'),$$

die letzte Gleichung nach Lemma 8.6 mit $k = n - j - 1$. Auf der rechten Seite erkennen wir eine Art modifizierte Exponentialreihe in der Form

$$\Phi(x) = \sum_{n \geq 1} \frac{1}{n!} \frac{x^n}{x} = 1 + \frac{x}{2} + \frac{x^2}{6} + \cdots = \frac{e^x - 1}{x}.$$

Die linke Seite können wir also als $\Big(\Phi(\mathrm{ad}\,(H_t(X,Y)))\Big)(H_t'(X,Y))$ schreiben, im Sinne dieser Reihe. Der Ausdruck $\Phi(\mathrm{ad}\,H_t)$ ist hier als ein durch eine Potenzreihe dargestellter linearer Operator aufzufassen, der auf $\mathfrak{g}$ operiert. Diesen Operator müssen wir nun nur noch gemäß der Vorbemerkung 8.5 invertieren. Wegen $\Phi(0) = 1$ existiert lokal eine inverse Funktion

$$\Psi(x) = \frac{1}{\Phi(x)} = \frac{x}{e^x - 1} = 1 - \frac{x}{2} + \frac{x^2}{12} \pm \cdots$$

in Form einer Potenzreihe, die für kleine Werte von $|t|$ konvergiert, und mit dieser erhalten wir

$$H_t'(X,Y) = \Psi\big(\mathrm{ad}\,(H_t(X,Y))\big)\Big((\exp(H_t(X,Y)))' \exp(-H_t(X,Y))\Big)$$

$$= \Psi\big(\mathrm{ad}\,(H_t(X,Y))\big)\Big(X + \exp(\mathrm{ad}\,(H_t(X,Y)))(Y)\Big).$$

Wenn man dies als Gleichung zwischen Potenzreihen in t betrachtet, dann sieht man bei einem Koeffizientenvergleich, dass der $(n+1)$te Koeffizient $h_{n+1}(X,Y)$ von $H_t(X,Y)$ (nämlich der $n$te Koeffizient von $H_t'(X,Y)$) auf der linken Seite als algebraischer Ausdruck (wo insbesondere ad eingeht, also die Lie-Klammer) in den Koeffizienten

$$h_0(X,Y), h_1(X,Y), h_2(X,Y), \ldots, h_n(X,Y)$$

auf der rechten Seite geschrieben werden kann. Aus dieser Formel ergibt sich aber direkt

$$h_0 = 0, \quad h_1(X,Y) = X+Y, \quad h_2(X,Y) = \tfrac{1}{2}[X,Y],$$

und dies impliziert induktiv, dass alle $h_n(X,Y)$ in der von X,Y erzeugten Lie-Unteralgebra enthalten sind, weil diese invariant unter ad ist. $\qquad\square$

Folgerung 8.8 *Insbesondere ist* $\exp(\mathfrak{g})$ *für jede gegebene Lie-Unteralgebra* $\mathfrak{g} \leq \mathfrak{gl}(n,\mathbb{C})$ *eine lokale Gruppe. Dabei ist eine gewisse Umgebung der Eins eine Untermannigfaltigkeit derselben Dimension wie* $\mathfrak{g}$.

Darüber hinaus gilt: Zwei Untergruppen von $GL(n,\mathbb{C})$ *sind genau dann lokal isomorph, wenn ihre zugehörigen Lie-Algebren isomorph sind.*

Beweis: Der Beweis der letzten Aussage ergibt sich daraus, dass zwei isomorphe Lie-Unteralgebren nach Theorem 8.7 zu denselben Ausdrücken in der CBH-Formel führen, die in deren Gültigkeitsbereich zu isomorphen Multiplikationen in den Gruppen führen. Dies impliziert, dass in einer gewissen Einsumgebung die Ergebnisse der Multiplikationen in den beiden Gruppen einander entsprechen, so wie in Definition 3.8 verlangt. $\qquad\square$

Beispiel 8.9 Es ist aber *nicht* so, dass zwei zusammenhängende Untergruppen von $GL(n,\mathbb{C})$ isomorph sind genau dann, wenn ihre zugehörigen Lie-Algebren isomorph sind. Es gibt bis auf Isomorphie nur eine 1-dimensionale Lie-Algebra (und diese ist abelsch), aber zwei verschiedene Gruppen $\mathbb{R}$ und $U(1) \cong S^1$, die eine kompakt, die andere nicht, und beide treten zum Beispiel als Untergruppen des Produkts $\mathbb{R} \times U(1)$ auf. Dieses Problem tritt ganz allgemein bereits bei den 1-Parameter-Untergruppen $\{\exp(tX) \mid t \in \mathbb{R}\}$ mit einem festen $X \in \mathfrak{g}$ auf. Ein Gegenbeispiel spezieller Art ist die Gruppe in Beispiel 8.3, die isomorph zur nicht-kompakten multiplikativen Gruppe $\mathbb{R} \setminus \{0\}$ ist. Die zugehörige 1-dimensionale Lie-Unteralgebra $\mathfrak{g} = \{(t, \sqrt{2}t)\} \subset \mathbb{R}^2$ ist isomorph zur Lie-Unteralgebra $\mathfrak{g}_0 = \{(t,t)\} \subset \mathbb{R}^2$, die zu einer kompakten Untergruppe (isomorph zu $U(1) \cong S^1$) gehört. Die beiden Gruppen sind nur lokal isomorph, aber nicht isomorph, obwohl sie beide zusammenhängend sind. Dies zeigt, dass wir unterscheiden müssen zwischen der abstrakten Isomorphie der Lie-Unteralgebren und ihren konkreten Einbettungen als Unteralgebren von $\mathfrak{gl}(n,\mathbb{C})$.

Folgerung 8.10 *Für jede k-dimensionale Lie-Unteralgebra $\mathfrak{g}$ von $\mathfrak{gl}(n,\mathbb{C})$ gibt es eine eindeutig bestimmte zusammenhängende k-dimensionale Untergruppe G von $GL(n,\mathbb{C})$, so dass $\mathfrak{g}$ die Lie-Algebra von G ist. Umgekehrt hat nach Lemma 7.17 jede Untergruppe eine eindeutig bestimmte Lie-Unteralgebra $\mathfrak{g} \leq \mathfrak{gl}(n,\mathbb{C})$ als Tangentialraum im Einselement. Damit gibt es jedenfalls für Lie-Unteralgebren einerseits und zusammenhängende Untergruppen andererseits eine eineindeutige Zuordnung zwischen Algebren und Gruppen*

$$\mathfrak{gl}(n,\mathbb{C}) \geq \mathfrak{g} \longmapsto G \leq GL(n,\mathbb{C}).$$

Dabei ist die jeweilige Einbettung $\mathfrak{g} \longrightarrow \mathfrak{gl}(n,\mathbb{C})$ entscheidend, nicht allein der Isomorphietyp von $\mathfrak{g}$. Wie im Beispiel 8.9 ausgeführt, kann es durchaus vorkommen, dass zwei isomorphe Lie-Unteralgebren zu zusammenhängenden, aber nicht isomorphen Untergruppen der $GL(n,\mathbb{C})$ führen. Man vergleiche dazu auch Übungsaufgabe 6.

Als kommutatives Diagramm haben wir dabei in jedem Fall das folgende:

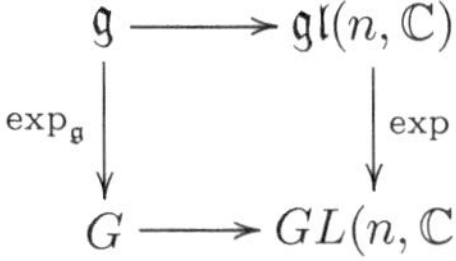

Übungsaufgaben

1. Für eine 2-dimensionale Lie-Algebra $\mathfrak{g}$ mit einer Basis X, Y und $[X, Y] = Y$ berechne man alle Terme von $\exp(t(X+Y)) - \exp(tX)\cdot\exp(tY)$ bis zur dritten Ordnung, also bis auf $O(t^4)$, analog wie in Satz 6.5.

2. Für die von den $(3,3)$-Matrizen

$$X = \begin{pmatrix} 0 & -1 & 0 \\ -1 & 0 & 0 \\ 0 & 0 & 0 \end{pmatrix} \quad \text{und } Y = \begin{pmatrix} 0 & 0 & 1 \\ 0 & 0 & -1 \\ 0 & 0 & 0 \end{pmatrix}$$

   erzeugte Lie-Unteralgebra von $\mathfrak{sl}(3,\mathbb{R})$ berechne man explizit $\exp(t(X+Y))$ sowie $\exp(tX)\cdot\exp(tY)$ und vergleiche beide.

   Hinweis: Reihenentwicklungen von $e^t, \sinh t, \cosh t$.

3. Man beschreibe diejenige Untergruppe der affinen Gruppe $A(2,\mathbb{R})$ als Untergruppe von $GL(3,\mathbb{R})$, die der in der vorangegangenen Aufgabe diskutierten Lie-Unteralgebra entspricht. Liegt die Untergruppe innerhalb der äquiaffinen Gruppe ? Liegt sie innerhalb der Poincaré-Gruppe der 2-dimensionalen Lorentz-Ebene, d.h. bewahrt sie das „Lorentz-Skalarprodukt" $\langle x, y \rangle = x_1 y_1 - x_2 y_2$ auf dem $\mathbb{R}^2$?

   Hinweis: Lemma 5.3.

4. Man berechne die Lie-Algebra der Lorentzgruppe $O(1,3) \le GL(4,\mathbb{R})$ aus Abschnitt 5.7 als Tangentialraum im Einselement.

5. Man verifiziere die Gleichungen aus Satz 6.5, (nach Anwendung von log auf der linken Seite) vermöge der CBH-Formel.

6. Man zeige die Isomorphie $\mathfrak{so}(3) \cong \mathfrak{su}(2)$ sowie die Nicht-Isomorphie $SO(3) \ncong SU(2)$, obwohl beide zusammenhängende Untergruppen ein und derselben Gruppe $GL(3,\mathbb{C})$ sind. Man vergleiche dieses Ergebnis mit Folgerung 8.10.

   Hinweis: Abschnitt 3.2.

7. Wir können $SO(2)$ als Untergruppe von $O(3)$ auf verschiedene Weise auffassen und entsprechend $\mathfrak{so}(2)$ als Lie-Unteralgebra von $\mathfrak{so}(3)$. Wir erklären Untergruppen $G_1, G_2 \le SO(3)$ als die Mengen der Block-Matrizen

$$\left(\begin{array}{c|c} A & 0 \\ \hline 0 & 1 \end{array} \right) \quad \text{bzw.} \quad \left(\begin{array}{c|c} 1 & 0 \\ \hline 0 & A \end{array} \right),$$

jeweils mit beliebigem $A \in SO(2)$. Man zeige, dass G_1 und G_2 in $SO(3)$ zueinander konjugiert sind mit einer orthogonalen $(3,3)$-Matrix und verifiziere auch für die betreffenden Lie-Unteralgebren $\mathfrak{g}_1, \mathfrak{g}_2$, dass sie zueinander adjungiert sind. Gibt es ein $X \in \mathfrak{so}(3)$, so dass sogar $\operatorname{ad} X(\mathfrak{g}_1) = \mathfrak{g}_2$ gilt ?

Hinweis: Folgerung 8.4 und Beispiele 7.21.

8. Man bestimme zu der Lie-Unteralgebra $\mathfrak{g} \leq \mathfrak{su}(4)$ die zugehörige zusammenhängende Untergruppe $G \leq SU(4)$, wobei $\mathfrak{g}$ von den beiden Matrizen

$$X = \begin{pmatrix} i & 0 & 0 & 0 \\ 0 & -i & 0 & 0 \\ 0 & 0 & 0 & 0 \\ 0 & 0 & 0 & 0 \end{pmatrix} \quad \text{und} \quad Y = \begin{pmatrix} 0 & 0 & 0 & 0 \\ 0 & 0 & 0 & 0 \\ 0 & 0 & 0 & i \\ 0 & 0 & i & 0 \end{pmatrix}$$

aufgespannt wird.

9. Man schließe aus dem Ergebnis von Übungsaufgabe 1 in Kapitel 2, dass für einen linearen Operator $A\colon \mathbb{V} \to \mathbb{V}$ von einem endlich-dimensionalen Vektorraum $\mathbb{V}$ in sich der inverse Operator A^{-1} durch die Neumannsche Reihe $\sum_{n \geq 0}(\mathbf{1} - A)^n$ gegeben ist (wann immer diese Reihe in der Operatornorm konvergiert), wobei hier $\mathbf{1}$ die identische Abbildung bezeichnet.

10. Man stelle die explizite CBH-Formel für die 3-dimensionale Heisenberg-Gruppe $H(3, \mathbb{R})$ mit der zugehörigen Lie-Algebra $\mathfrak{h}(3, \mathbb{R})$ auf.

Hinweis: Beispiel 7.23.

11. Man versuche das Analoge für die 6-dimensionale Heisenberg-Gruppe $H(4, \mathbb{R})$ mit der zugehörigen Lie-Algebra $\mathfrak{h}(4, \mathbb{R})$, die beide in gleicher Weise durch obere Dreiecksmatrizen definiert sind.

Kapitel 9

Abstrakte Lie-Gruppen

Von diesem Kapitel an wollen wir auch abstrakte Lie-Gruppen betrachten, d.h. solche, die nicht notwendig bereits in der Form von Matrizengruppen (oder Quotienten davon) gegeben sind. Dies erfordert natürlich eine Präzisierung jener Eigenschaften, die eine solche Gruppe zusätzlich haben soll (außer der Eigenschaft, halt eine Gruppe zu sein).

Dabei brauchen wir den Begriff einer abstrakten Mannigfaltigkeit mit Karten und den des zugehörigen Tangentialraumes. Auch müssen die Lie-Klammer sowie die Exponentialabildung dann auf andere Weise gewonnen werden als in den Kapiteln 7 und 8, insbesondere ohne die Verwendung eines umgebenden (Vektor-)Raumes. Dies ist auch dadurch motiviert, dass dieser umgebende Raum keineswegs eindeutig ist: Man kann solche Gruppen durchaus als Gruppen von (n, n)-Matrizen realisieren, wobei für ein und dieselbe Gruppe verschiedene Werte von n auftreten können. Man spricht dann von verschiedenen Darstellungen derselben Gruppe. Wichtig sind hier besonders die folgenden Eigenschaften:

- Eine Umgebung des Einselements soll durch endlich viele freie reelle Parameter beschreibbar sein in dem Sinne, dass jede Wahl von Parametern einem und nur einem Gruppenelement entspricht. Diese Zahl heißt die *Dimension*.

- Ein Übergang von einem Parametersystem zu einem anderen soll differenzierbar (am besten reell analytisch) sein.

- Die Gruppenstruktur selbst (also die Multiplikation und das Bilden des inversen Elements) soll durch differenzierbare (am besten reell analytische) Abbildungen in diesen Parametern beschrieben werden.

Für Transformationsgruppen hat Lie selbst die erste dieser Bedingungen als *wesentlich r-gliedrig und kontinuierlich* bezeichnet, vgl. Kap. 1. Dabei ist r die Zahl der freien Parameter, also die Dimension der Gruppe, und „kontinuierlich" bedeutet, dass diese r Parameter reelle Parameter sind und nicht etwa nur ganze Zahlen, und dass es einen Tangentialraum gibt (den Raum der infinitesimalen Transformationen). Über genaue Voraussetzungen hinsichtlich Stetigkeit oder Differenzierbarkeit sprach man in Lehrbüchern des 19. Jahrhunderts nicht explizit. Die beiden weiteren oben genannten Bedingungen zur Differenzierbarkeit wurden dabei aber immer implizit unterstellt. Ob das alles nur mit Stetigkeit statt Differenzierbarkeit genauso geht, ist ein ganz anderes Problem.[1]

---

[1] Das ist das 5. Problem in der berühmten Liste von Hilberts Problemen. Für Transformationsgruppen von Mannigfaltigkeiten ist es in Form der Hilbert-Smith-Vermutung noch ungelöst.

Wenn die drei oben genannten Bedingungen für eine Gruppe erfüllt sind, spricht man von einer *Lie-Gruppe*. Es zeigt sich dann in Kapitel 10, dass die Gruppenstruktur einer Lie-Gruppe auf dem Tangentialraum im Einselement die Struktur einer Lie-Algebra induziert, genau wie bei Matrizengruppen (vgl. die Kapitel 7 und 8). Beide (die Lie-Gruppe und ihre zugehörige Lie-Algebra) sind somit nahezu untrennbar verbunden.

9.1 Der Mannigfaltigkeitsbegriff

Die heute übliche Definition einer differenzierbaren Mannigfaltigkeit ist – ganz allgemein – die folgende:

Definition 9.1 Eine k-dimensionale differenzierbare Mannigfaltigkeit (ohne Rand) ist eine Menge M zusammen mit einer Familie $(M_i)_{i \in I}$ von Teilmengen derart, dass gilt:

1 $M = \bigcup_{i \in I} M_i$

2 Für jedes $i \in I$ existiert eine injektive Abbildung $\varphi_i : M_i \to \mathbb{R}^k$, so dass $\varphi_i(M_i)$ offen in $\mathbb{R}^k$ ist

3 für $M_i \cap M_j \neq \emptyset$ ist $\varphi_i(M_i \cap M_j)$ offen in $\mathbb{R}^k$ und die Komposition $\varphi_j \circ \varphi_i^{-1} :$ $\varphi_i(M_i \cap M_j) \to \varphi_j(M_i \cap M_j)$ ist stetig differenzierbar für beliebige i, j (mindestens von der Klasse C^2).

Jedes $\varphi_i : M_i \to \mathbb{R}^k$ heißt eine **Karte**, $\varphi_j \circ \varphi_i^{-1}$ heißt **Kartentransformation**, und die Umkehrabbildung φ_i^{-1} heißt **Parametrisierung**.

Für den Begriff einer k-dimensionalen komplexen Mannigfaltigkeit ersetzen wir den $\mathbb{R}^k$ durch den $\mathbb{C}^k$ sowie die gewöhnliche Differenzierbarkeit der Kartentransformationen durch deren komplexe Differenzierbarkeit.

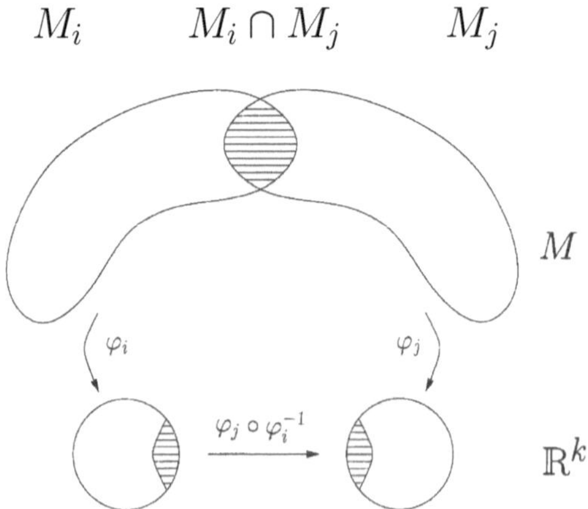

Bild 9.1: Karten einer Mannigfaltigkeit

BEZEICHNUNGEN: Mit $u^1, \ldots, u^k$ bezeichnen wir die Koordinaten im Parameterbereich $\mathbb{R}^k$, und $x^1, \ldots, x^k$ bezeichnen die Koordinatenfunktionen auf der Mannigfaltigkeit selbst, wobei immer eine Karte φ gegeben sein muss. Die x^i sind definiert durch $x^i(p) := u^i(\varphi(p))$. Die Differenzierbarkeit einer Abbildung kann man dann wahlweise in den u^i oder den x^i ausdrücken.

Definition 9.2 (Topologie einer Mannigfaltigkeit)
Für jede Karte φ nennen wir eine Menge **offen** in M, wenn sie sich als Urbild einer offenen Menge im $\mathbb{R}^k$ unter φ beschreiben lässt. Damit wird dann φ automatisch eine stetige Abbildung. Die Gesamtheit aller dieser offenen Mengen zu allen Karten ist die Basis einer Topologie auf M, der sogenannten **induzierten Topologie** oder der **natürlichen Topologie**. Insbesondere sind die "kleinen" offenen Mengen vermöge der Abbildung φ genau dieselben wie in den Kartenumgebungen, aufgefasst als Teilmengen des $\mathbb{R}^k$. Damit ist eine k-dimensionale Mannigfaltigkeit insbesondere ein topologischer Raum, der lokal homöomorph zum $\mathbb{R}^k$ ist. Um pathologische Beispiele auszuschließen, setzt man üblicherweise voraus, dass diese Topologie eine **abzählbare Basis** besitzt. Dies bedeutet, dass es abzählbar viele offene Mengen gibt, deren mögliche Vereinigungen jede beliebige offene Menge darstellen können.

Folgerung 9.3 *Die induzierte Topologie einer jeden differenzierbare Mannigfaltigkeit M erfüllt das Trennungsaxiom T_1, d.h. zu je zwei Punkten $x \neq y$ in M gibt es offene Umgebungen U_x, U_y mit $x \notin U_y$ und $y \notin U_x$. Dies hat zur Folge, dass für jeden Punkt $x \in M$ die Menge $\{x\} \subset M$ abgeschlossen ist.*

Beweis: Es seien $x \neq y$ zwei Punkte von M, und es seien $\varphi_x\colon U_x \to \mathbb{R}^k$, $\varphi_y\colon U_y \to \mathbb{R}^k$ Kartenumgebungen um diese beiden Punkte herum mit offenen $U_x, U_y \subset M$.

Fall 1: $x \in U_y$ oder $y \in U_x$. Dann lassen sich $\varphi_x(x)$ und $\varphi_x(y)$ [bzw. $\varphi_y(x)$ und $\varphi_y(y)$] im $\mathbb{R}^k$ durch disjunkte offene Umgebungen trennen, also auch die Urbilder x und y, denn der $\mathbb{R}^k$ mit der Standard-Topologie gemäß Definition 2.6 erfüllt sogar das stärkere Trennungsaxiom T_2, nämlich die Existenz disjunkter offener Umgebungen für je zwei verschiedene Punkte, auch **Hausdorffsches Trennungsaxiom** genannt.

Fall 2: $x \notin U_y$ und $y \notin U_x$. Dann ist das T_1-Axiom erfüllt mit genau diesen U_x, U_y. $\quad\square$

Bemerkung 9.4 Das Hausdorffsche Trennungsaxiom T_2 ist für eine differenzierbare Mannigfaltigkeit nicht notwendig erfüllt. Man pflegt es oft zusätzlich vorauszusetzen. Ein Beispiel einer 1-dimensionalen Mannigfaltigkeit ist $M := (\mathbb{R} \setminus \{0\}) \cup \{p, q\}$ mit zwei Karten $\varphi_p\colon M \setminus \{q\} \to \mathbb{R}$ und $\varphi_q\colon M \setminus \{p\} \to \mathbb{R}$, wobei $\varphi_p(x) = x = \varphi_q(x)$ für $x \neq 0$ und $\varphi_p(p) = 0 = \varphi_q(q)$. Damit sind p und q nicht trennbar im Sinne des T_2-Axioms.

Beispiele 9.5   1. Der Vektorraum $\mathbb{K}^n$ selbst mit der Standard-Topologie aus 2.6 ist eine n-dimensionale (für $\mathbb{K} = \mathbb{R}$) bzw. $2n$-dimensionale (für $\mathbb{K} = \mathbb{C}$) differenzierbare Mannigfaltigkeit. Es genügt dabei eine einzige Karte, nämlich die Identitätsabbildung. Der $\mathbb{C}^n$ ist auch eine n-dimensionale komplexe Mannigfaltigkeit.

    2. Jede differenzierbare Untermannigfaltigkeit des $\mathbb{R}^n$ im Sinne von 7.12 ist eine differenzierbare Mannigfaltigkeit im Sinne von Definition 9.1. Das gilt insbesondere für die Standard-Sphäre $S^n \subset \mathbb{R}^{n+1}$, aber nach den Ergebnissen von Kapitel 7 ebenso für jede abgeschlossene Untergruppe von $GL(n, \mathbb{C})$. Ein System von Kartenumgebungen kann dabei im Prinzip mit dem Satz über implizite Funktionen gewonnen werden. Eine explizite Angabe von Kartenumgebungen kann im Einzelfall mühsam sein. Ein konkretes Beispiel wird weiter unten für die Drehgruppe $SO(3)$ gegeben.

3. Die projektiven Räume über $\mathbb{R}$ und $\mathbb{C}$ (sogar über $\mathbb{H}$) sind differenzierbare Mannigfaltigkeiten. Man kann dies am einfachsten durch die sogenannte *Standard-Einbettungen* $\mathbb{R}P^n \hookrightarrow \mathbb{R}^{n(n+3)/2}$ bzw. $\mathbb{C}P^n \hookrightarrow \mathbb{R}^{n^2-1}$ in einen euklidischen Raum verifizieren, weil sie dann als Untermannigfaltigkeiten aufgefasst werden können. Die Standardeinbettung realisiert jeden Einheitsvektor $\mathbf{x}$ im $\mathbb{K}^{n+1}$ durch die (konjugiert) symmetrische $(n+1, n+1)$-Matrix $\mathbf{x} \cdot \overline{\mathbf{x}}^T$. Es werden dann stets $\mathbf{x}$ und $\lambda \mathbf{x}$ mit $|\lambda| = 1$ auf denselben Punkt abgebildet. Eine konkrete Angabe von vier Karten für $\mathbb{R}P^3$ ist Teil der Übungsaufgaben. Die komplexen projektiven Räume $\mathbb{C}P^k$ sind zudem k-dimensionale komplexe Mannigfaltigkeiten.

Definition 9.6 (differenzierbar, Ableitung reeller Funktionen)
Es seien M, M' differenzierbare Mannigfaltigkeiten mit einer Abbildung $F : M \to M'$. Dann heißt F **differenzierbar**, wenn für alle Karten φ_i von M und ψ_j von M'

$$\psi_j \circ F \circ \varphi_i^{-1} : \varphi_i(M_i) \to \psi_j(M_j')$$

differenzierbar (im üblichen Sinne, d.h. im $\mathbb{R}^k$) ist. Das heißt konkret, dass die Koordinaten in M' differenzierbar von den Koordinaten in M abhängen, und zwar bei jeder Wahl einer Karte. Ferner können wir für eine reellwertige Funktion $f : M \to \mathbb{R}$ die **Ableitung** in einem Punkt $p \in M$ vermöge einer Karte φ um p wie folgt erklären:

$$\frac{\partial f}{\partial x^i}\Big|_p := \frac{\partial (f \circ \varphi^{-1})}{\partial u^i}\Big|_{\varphi(p)},$$

denn $f \circ \varphi^{-1}$ ist definiert in einem offenen Teil des $\mathbb{R}^k$

Vorbemerkung zum Tangentialraum
Anschaulich ist der Tangentialraum in einem Punkt $p \in M$ am ehesten als die Menge aller Tangentenvektoren an differenzierbare Kurven durch diesen Punkt vorstellbar. Aber für formelmäßiges Rechnen ist die folgende Definition als Ableitungsoperatoren praktischer. Dabei sei daran erinnert, dass im $\mathbb{R}^n$ die Richtungsableitung einer skalaren Funktion f im Punkt p in Richtung eines Vektors X einfach als

$$X(f)\big|_p = \lim_{t \to 0} \frac{1}{t}\Big(f(p + tX) - f(p)\Big)$$

erklärt ist. Folglich kann man den Tangentialvektor X als den Ableitungsoperator $f \mapsto X(f)$ interpretieren.

Definition 9.7 (Tangentialraum)
Es sei M eine k-dimensionale Mannigfaltigkeit und $p \in M$. Der **Tangentialraum** $T_p M$ in p ist dann definiert als der Vektorraum aller Ableitungsoperatoren $f \mapsto X(f)$ mit den folgenden Regeln:

(i) $X(\alpha f + \beta g) = \alpha X(f) + \beta X(g), \quad \alpha, \beta \in \mathbb{R}$

(ii) $X(f \cdot g) = X(f) \cdot g(p) + f(p) \cdot X(g) \quad$ (Produktregel),

wobei f eine skalare in einer Umgebung von p definierte Funktion ist. Ein solches X kann man als Richtungsableitung interpretieren. Spezielle Elemente sind $\frac{\partial}{\partial x^i}\big|_p : f \mapsto \frac{\partial f}{\partial x^i}\big|_p$. Es spannen dann $(\frac{\partial}{\partial x^1}, \ldots, \frac{\partial}{\partial x^k})$ den k-dimensionalen **Tangentialraum** als Vektorraum auf, und zwar koordinatenunabhängig. Wenn M von der Klasse C^∞ ist, dann kann jeder

Tangentialvektor X in p als eine Linearkombination $X = \sum_{i=1}^{k} X(x^i)\frac{\partial}{\partial x^i}|_p$ dargestellt werden (x_i ist hier als die i-te Koordinatenfunktion interpretiert). Damit ist der abstrakte Tangentialraum k-dimensional. Also kann letztlich ein Tangentialvektor auch einfach als ein Tupel $(\xi^1,\ldots,\xi^k) \in \mathbb{R}^k$ reeller Zahlen mit $\xi^i = X(x^i)$ definiert werden. Dies hängt aber von den Koordinaten $x^1,\ldots,x^k$ ab. Wenn man diese Definition verwendet, muss man sicherstellen (bzw. postulieren), dass für andere Koordinaten $\tilde{x}^1,\ldots\tilde{x}^k$ mit entsprechenden Größen $(\tilde{\xi}^1,\ldots\tilde{\xi}^k) \in \mathbb{R}^k$ der folgende Zusammenhang zwischen den Zahlentupeln gilt:

$$\tilde{\xi}^j = \sum_{i=1}^{k} \frac{\partial \tilde{x}^j}{\partial x^i}|_p \xi^i$$

Dies ist das, was man auch *tensorielles Transformationsverhalten* nennt: Die Komponenten $\tilde{\xi}^j$ hängen nur von den ξ^i und der Transformationsmatrix ab. Es werden keine Ableitungen der ξ^i benötigt.

Definition 9.8 (Differential, Ableitung)
Es seien M, N differenzierbare Mannigfaltigkeiten der Dimensionen k und l, und $F : M \to N, p \mapsto f(p) =: q$ sei eine differenzierbare Abbildung. Diese induziert einen Transport von Tangentialvektoren

$$DF|_p = D_pF : T_pM \to T_qN$$

in der Weise, dass ein Ableitungsoperator X übergeht in $D_pF(X)$, erklärt durch

$$D_pF(X)(f) := X(f \circ F).$$

Diese $\mathbb{R}$-lineare Abbildung $D_pF = DF|_p$ heißt das **Differential** (oder die **Ableitung**) von F in p. Mit Koordinaten $x^1,\ldots,x^k$ in M und $y^1,\ldots,y^l$ in N gilt dann

$$X = \sum_{i=1}^{k} X(x^i)\frac{\partial}{\partial x^i}|_p$$

und

$$D_pF(X) = \sum_{j=1}^{l} D_pF(X)(y^j)\frac{\partial}{\partial y^j}|_{F(p)} = \sum_{j=1}^{l} X(y^j \circ F)\frac{\partial}{\partial y^j}|_{F(p)}.$$

Daher transformiert sich ein zugehöriges Koeffiziententupel $(\xi^1,\ldots,\xi^k) \in \mathbb{R}^k$ mit der Funktionalmatrix von F in $(\eta^1,\ldots,\eta^l) \in \mathbb{R}^l$ wie folgt:

$$\begin{pmatrix} \xi^1 \\ \vdots \\ \xi^k \end{pmatrix} \mapsto \begin{pmatrix} \frac{\partial(y^1 \circ F)}{\partial x^1} & \cdots & \frac{\partial(y^1 \circ F)}{\partial x^k} \\ \vdots & & \vdots \\ \frac{\partial(y^l \circ F)}{\partial x^1} & \cdots & \frac{\partial(y^l \circ F)}{\partial x^k} \end{pmatrix} \cdot \begin{pmatrix} \xi^1 \\ \vdots \\ \xi^k \end{pmatrix} = \begin{pmatrix} \eta^1 \\ \vdots \\ \eta^l \end{pmatrix}$$

Alternativ kann man sich auch vorstellen, dass eine differenzierbare Kurve $c : I \to M$ von F in die differenzierbare Kurve $F \circ c$ abgebildet wird und dass dasselbe für die Tangentenvektoren in beliebigen Punkten gilt, womit wir dann im Punkt $p = c(0)$ die Ableitung erhalten, die dem Vektor $c'(0)$ den Vektor $D_pF(c'(0)) = (F \circ c)'(0)$ zuordnet.

Folgerung 9.9 (Kettenregel)
Für die Komposition $G \circ F$ zweier differenzierbarer Abbildungen zwischen differenzierbaren Mannigfaltigkeiten gilt die **Kettenregel** *in der Form*

$$D_p(G \circ F) = D_{F(p)}G \circ D_pF.$$

Dies entspricht in Koordinaten genau der Multiplikation der beiden Funktionalmatrizen.

9.2 Abstrakte Lie-Gruppen

Speziell für Gruppen können wir die Definition 9.1 an die konkrete Situation anpassen und damit in gewisser Weise vereinfachen wie folgt:

Definition 9.10 (Lie-Gruppe)
Eine Gruppe G heißt eine k-dimensionale **Lie-Gruppe**, wenn die folgenden Bedingungen erfüllt sind:

1. Es gibt eine Teilmenge $U \subset G$ gibt mit $\mathbf{1} \in U$ und eine injektive Abbildung $\varphi \colon U \to \mathbb{R}^k$ mit $\varphi(\mathbf{1}) = \mathbf{0}$ und $\varphi(g^{-1}) = -\varphi(g)$, so dass die Bildmenge $\varphi(U)$ offen in $\mathbb{R}^k$ ist.

2. Offenbar überdeckt dann die Gesamtheit aller induzierten Teilmengen $U_g^L := g \cdot U$ sowie $U_g^R := U \cdot g$ (mit beliebigem $g \in G$) ganz G, und wir haben induzierte bijektive Abbildungen $\varphi_g^L \colon U_g^L \to \varphi(U)$ und $\varphi_g^R \colon U_g^R \to \varphi(U)$, definiert durch $\varphi_g^L(h) = \varphi(g^{-1} \cdot h)$ und $\varphi_g^R(h) = \varphi(h \cdot g^{-1})$.

3. Diese Abbildungen φ_g^L, φ_g^R, bezeichnet als die Gesamtheit aller $\varphi_i \colon U_i \to \mathbb{R}^k$ mit $i \in I$, sind differenzierbar verträglich in folgendem Sinne: Wann immer $U_i \cap U_j$ nicht leer ist, dann ist $\varphi_i(U_i \cap U_j)$ offen in $\mathbb{R}^k$ und die Komposition

$$\varphi_j \circ \varphi_i^{-1} : \varphi_i(U_i \cap U_j) \to \varphi_j(U_i \cap U_j)$$

ist stetig differenzierbar (mindestens von der Klasse C^2).

Es wird zusätzlich vorausgesetzt, dass abzählbar viele dieser U_g^L und U_g^R ausreichen, um eine Basis der induzierten Topologie zu bilden. Für eine **komplexe Lie-Gruppe** ersetzen wir wieder den $\mathbb{R}^k$ durch den $\mathbb{C}^k$ und die reelle Differenzierbarkeit durch die komplexe.

Jedes $\varphi_i : U_i \to \mathbb{R}^k$ heißt eine **Karte**, $\varphi_j \circ \varphi_i^{-1}$ heißt **Kartentransformation**, und die Umkehrabbildung φ_i^{-1} heißt **Parametrisierung**. Die obige Definition 9.10 ist dann nichts anderes als das, was wir im Beweis von Folgerung 7.11 für Matrizengruppen verifiziert hatten. Die anfangs fest gewählte Karte $\varphi \colon U \to \mathbb{R}^k$ entspricht einer logarithmischen Karte bei Matrizengruppen. Man kann auf die Bedingung $\varphi(g^{-1}) = -\varphi(g)$ verzichten und stattdessen fordern, dass die Abbildung $X \mapsto \varphi\big((\varphi^{-1}(X))^{-1}\big)$ mit $X \in \varphi(U)$ differenzierbar ist. In der obigen Definition 9.10 ist diese Abbildung einfach das Negative der Identität.

Zur Rechtfertigung der Definition:

1. Es sind auch alle φ_g^L, φ_g^R injektiv mit einem offenen Bild, denn die Abbildungen $h \mapsto gh$ und $h \mapsto hg$ sind injektiv und bilden folglich U bijektiv auf U_g^L bzw. U_g^R ab. Somit ist eine Lie-Gruppe G im Sinne von Definition 9.10 auch eine differenzierbare Mannigfaltigkeit im Sinne von Definition 9.1. Dann trägt G auch eine induzierte Topologie im Sinne von Definition 9.2. Wenn G mit dieser Topologie zusammenhängend ist, dann genügen abzählbar viele Karten, um sie zu überdecken (dies wird später in Lemma 12.9 gezeigt). Folglich hat dann diese Topologie auch eine abzählbare Basis.

2. Für festes $g \in G$ ist jede der beiden Abbildungen L_g und R_g mit $L_g(h) = gh$ und $R_g(h) = hg$ eine bijektive und differenzierbare Abbildung von G nach G. Die Bijektivität

folgt schon aus der Gruppen-Eigenschaft. Für die Differenzierbarkeit beobachten wir, dass $\varphi_{gh}^L \circ L_g \circ (\varphi_h^L)^{-1} \colon \varphi(U) \to \varphi(U)$ die identische Abbildung ist, also ist L_g differenzierbar nach Definition 9.8. Entsprechendes gilt für $\varphi_{hg}^R \circ R_g \circ (\varphi_h^R)^{-1} \colon \varphi(U) \to \varphi(U)$. Dabei heißt L_g auch **Links-Translation** und R_g heißt **Rechts-Translation**.

Beispiel 9.11 (Drehgruppe $SO(3)$ als 3-Mannigfaltigkeit)
Hier ist ein Beispiel, bei dem die Abbildung φ keine logarithmische Karte ist: Wir bezeichnen mit $\mathbf{1}$ das Einselement (Einheitsmatrix) von $SO(3)$ und definieren die **Cayley-Abbildung** $CAY \colon \mathfrak{so}(3) \to SO(3)$ durch

$$CAY(A) := (\mathbf{1} + A)(\mathbf{1} - A)^{-1},$$

wobei A eine schiefsymmetrische $(3,3)$-Matrix sei, also ein Element von $\mathfrak{so}(3)$. Man beachte, dass sich $\mathfrak{so}(3)$ auch als 3-dimensionaler $\mathbb{R}$-Vektorraum auffassen lässt. Es soll dann CAY^{-1} für ein geeignetes $U \subset SO(3)$ als Karte φ im obigen Sinne dienen. Dies weist dann noch einmal nach, dass $SO(3)$ eine 3-dimensionale Mannigfaltigkeit ist. Offenbar gilt $CAY(0) = \mathbf{1}$, und wir verifizieren die Bedingung

$$CAY(-A) = (\mathbf{1} - A)(\mathbf{1} + A)^{-1} = \big((\mathbf{1} + A)(\mathbf{1} - A)^{-1}\big)^{-1} = \big(CAY(A)\big)^{-1}.$$

Wir haben zusätzlich die Vertauschbarkeit $(\mathbf{1} + A)(\mathbf{1} - A) = \mathbf{1} - A^2 = (\mathbf{1} - A)(\mathbf{1} + A)$. Wegen der Schiefsymmetrie $A^T = -A$ folgt dann auch, dass

$$(CAY(A))^T \cdot CAY(A) = CAY(-A) \cdot CAY(A) = \mathbf{1}$$

gilt, dass also jedes $CAY(A)$ eine orthogonale Matrix ist. Dies liegt sogar in $SO(3)$, weil sie mit der Einheitsmatrix $\mathbf{1}$ durch den stetigen Weg $t \mapsto CAY(tA)$ verbunden werden kann. Also ist für $\varphi = CAY^{-1}$ die Bedingung 1 erfüllt, wenn wir noch das U angeben können und die Injektivität von φ verifizieren.

Dazu stellen wir fest, dass CAY „fast invertierbar" ist. Es gilt nämlich

$$
\begin{aligned}
CAY(A) = B \quad &\Longleftrightarrow \quad B(\mathbf{1} - A) = \mathbf{1} + A \\
&\Longleftrightarrow \quad B - \mathbf{1} = A + BA \\
&\Longleftrightarrow \quad B - \mathbf{1} = (\mathbf{1} + B)A \\
&\Longleftrightarrow \quad (B + \mathbf{1})^{-1}(B - \mathbf{1}) = A,
\end{aligned}
$$

falls $B + \mathbf{1}$ invertierbar ist. Und dies ist der Fall immer dann, wenn es kein $\mathbf{x}$ gibt mit $B(\mathbf{x}) + \mathbf{x} = 0$, also wenn -1 kein Eigenwert von B ist, also wenn der zu B gehörige Drehwinkel verschieden von π ist. Wenn wir nun U als ganz $SO(3)$ ohne alle Drehmatrizen mit dem Drehwinkel π (mit beliebiger Drehachse) erklären, dann gibt es eine Umkehrabbildung $CAY^{-1} \colon U \to \mathfrak{so}(3) \cong \mathbb{R}^3$, die dann folglich injektiv und sogar surjektiv ist.

Die Bedingung 3 in der obigen Definition ist dann erfüllt, weil alle Kartentransformationen durch algebraische Ausdrücke definiert werden und folglich reell analytisch sind.

Vom praktischen Standpunkt aber brauchen wir natürlich nicht alle Karten φ_g^L, φ_g^R. Um die ganze Drehgruppe zu überdecken, brauchen wir vielmehr nur 4 Versionen, nämlich die Umkehrabbildungen $\varphi, \varphi_{E_1}^L, \varphi_{E_2}^L, \varphi_{E_3}^L$ von

$$CAY, \quad R_1 \cdot CAY, \quad R_2 \cdot CAY, \quad R_3 \cdot CAY,$$

wobei R_i die Drehmatrix um i-te Achse mit Winkel π bezeichnet (Übung).

Definition 9.12 (Lie-Gruppe, alternative Definition)
Eine Lie-Gruppe ist eine Gruppe G, die zusätzlich auch eine endlich-dimensionale differenzierbare Mannigfaltigkeit im Sinne von Definition 9.1 ist (mindestens von der Klasse C^2 und einschließlich einer abzählbaren Basis der induzierten Topologie im Sinne von Definition 9.2), so dass zusätzlich die Gruppen-Operationen als Abbildungen

$$m\colon G \times G \to G \quad \text{mit} \quad m(g,h) = g \cdot h \quad \text{(Multiplikation)}$$
$$j\colon G \to G \quad \text{mit} \quad j(g) = g^{-1} \quad \text{(Inversion)}$$

differenzierbar sind (mindestens von der Klasse C^2).

Bei dieser (allgemein üblichen) Definition wird verwendet, dass das kartesische Produkt zweier differenzierbarer Mannigfaltigkeiten wieder als eine differenzierbare Mannigfaltigkeit aufgefasst werden kann, und zwar mit den kartesischen Produkten der jeweiligen Karten. Wenn also $\varphi_1\colon M_1 \to \mathbb{R}^k$ und $\varphi_2\colon M_2 \to \mathbb{R}^l$ Kartenabbildungen sind mit $p_1 \in M_1, p_2 \in M_2$, dann ist $\varphi_1 \times \varphi_2\colon M_1 \times M_2 \to \mathbb{R}^k \times \mathbb{R}^l \cong \mathbb{R}^{k+l}$ eine Kartenabbildung mit $(p_1, p_2) \in M_1 \times M_2$ (Übung).

Satz 9.13 *Eine Gruppe G ist eine Lie-Gruppe im Sinne von Definition 9.10 genau dann, wenn sie auch eine Lie-Gruppe im Sinne von Definition 9.12 ist. Dabei gilt $D_{(1,1)}m(X,Y) = X + Y$ und $D_1 j(X) = -X$.*

Beweis: Wenn wir zunächst die Definition 9.10 voraussetzen, dann müssen wir die Differenzierbarkeit der beiden Abbildungen m und j (Multiplikation und Inversion) zeigen. Die Abbildung, die jedem Gruppenelement h das inverse Element h^{-1} zuordnet, ist nach Annahme bereits differenzierbar in der Einsumgebung U. Durch die Abbildungen L_g und R_g überträgt sich das wie folgt auf die anderen Karten-Umgebungen U_g^L und U_g^R: Nehmen wir an, dass $h \in g \cdot U$ beliebig ist mit festem g. Dann ist die Abbildung

$$h = gx = (\varphi_g^L)^{-1}(\varphi(x)) \longmapsto h^{-1} = x^{-1}g^{-1} = (\varphi_{g^{-1}}^R)^{-1}(\varphi(x^{-1}))$$

differenzierbar, weil sie in den entsprechenden Karten als $\varphi(x) \mapsto \varphi(x^{-1})$, also als das Negative der Identität erscheint.

Wir müssen also nur noch zeigen, dass auch die Gruppenmultiplikation m als Abbildung differenzierbar ist. Dazu wählen wir uns einen beliebigen Punkt $(g,h) \in G \times G$. In der Karten $\varphi_g^L \times \varphi_h^R$ entspricht dies dem Nullpunkt in $\varphi(U) \times \varphi(U) \subset \mathbb{R}^k \times \mathbb{R}^k$. Die Frage ist also, ob die Multiplikation in dieser Karte stetig differenzierbar ist, und zwar im Nullpunkt. Dies überprüfen wir komponentenweise. Es ist die Zuordnung

$$(X,0) \mapsto \left((\varphi_g^R)^{-1}X, h\right) = \left(\varphi^{-1}X \cdot g, h\right) \mapsto (\varphi^{-1}X) \cdot g \cdot h \mapsto \varphi_{gh}^R(\varphi^{-1}X \cdot gh) = X$$

offensichtlich differenzierbar als eine lineare Projektion. Analog gilt das für

$$(0,Y) \mapsto \left(g, (\varphi_h^L)^{-1}Y\right) = \left(g, h \cdot \varphi^{-1}Y\right) \mapsto g \cdot h \cdot (\varphi^{-1}Y) \mapsto \varphi_{gh}^L(gh \cdot \varphi^{-1}Y) = Y.$$

Insbesondere existieren alle partiellen Ableitungen nach den Koordinaten $x_1, \ldots, x_k$ im ersten Faktor von $\varphi(U) \times \varphi(U)$ und ebenso im zweiten Faktor. Wegen der vorausgesetzten Stetigkeit der Ableitungen ist dann die Abbildung insgesamt stetig differenzierbar. Das Entsprechende gilt dann auch für die zweiten Ableitungen.

Wenn wir umgekehrt die Definition 9.12 voraussetzen, dann sind insbesondere die Links-Translationen L_g und Rechts-Translationen R_g stetig differenzierbar. Wenn wir dann eine beliebige Kartenumgebung des Einselements fest wählen, etwa $\psi \colon U \to \mathbb{R}^k$, dann ist klar, dass die entsprechend modifizierten Karten ψ_g^L mit $g \in G$ damit differenzierbar verträglich sind im Sinne von Definition 9.10, denn die Links-Translationen erscheinen in diesen Karten als Identität. Entsprechendes gilt für die Karten ψ_g^R mit $g \in G$. Und weil die Multiplikation insgesamt auch stetig differenzierbar ist, sind auch die ψ_g^R und ψ_h^L wechselseitig verträglich, denn die Kartentransformationen erscheinen hier als Abbildungen $x \mapsto gxh^{-1}$ mit festem g, h (nach Anwendung der Kartenabbildungen).

Es verbleibt zu zeigen, dass wir eine Karte φ um das Einselement finden können mit $\varphi(g^{-1}) = -\varphi(g)$ für alle X in einer Nullumgebung. Nach Voraussetzung sind die Abbildungen m mit $m(g, h) = gh$ und j mit $j(g) = g^{-1}$ stetig differenzierbar. Daraus folgt, dass die Ableitungen $D_{(1,1)}m$ und $D_1 j$ die Gleichungen $D_{(1,1)}m(X, Y) = X + Y$ (dies folgt z.B. auch aus der obigen Rechnung) und damit auch $D_1 j(X) = -X$ erfüllen. Also ist $D_1 j$ das Negative der Identität. Nach dem Rangsatz in 2.9 können wir also durch einen Diffeomorphismus die Kartenabbildung ψ so modifizieren in ein φ, dass nicht nur die Ableitung, sondern die Abbildung $X \mapsto \varphi^{-1}X \mapsto j(\varphi^{-1}X) \mapsto \varphi(j(\varphi^{-1}X))$ selbst als das Negative der Identität erscheint. $\qquad \Box$

Folgerung 9.14 (Hausdorffsches Trennungsaxiom)
Die induzierte Topologie im Sinne von Definition 9.2 einer Lie-Gruppe G erfüllt das Hausdorffsche Trennungsaxiom T_2, d.h. zu je zwei Punkten $x \neq y$ gibt es disjunkte offene Umgebungen U_x und U_y. Darüberhinaus gibt es zu jeder Umgebung U jedes Punktes x eine abgeschlossene Umgebung V mit $x \in V \subseteq U$. Diese Bedingungen zusammen sind äquivalent zu der sogenannten Regularität *der Topologie.*[2]

Beweis: Weil das T_1-Axiom bereits nach Folgerung 9.3 erfüllt ist, genügt es zu zeigen, dass jede offene Umgebung jedes Punktes eine abgeschlossene Umgebung desselben Punktes enthält. Weil G eine Gruppe ist, genügt es, dies für das Einselement zu zeigen. Es sei also U eine Umgebung des Einselements $1 \in G$. Wegen der Stetigkeit der Gruppen-Operationen gibt es dann eine offene Umgebung V des Einselements mit $V \cdot V^{-1} \subseteq U$. Wir zeigen $\overline{V} \subseteq U$. Wenn $x \in \overline{V}$ ein beliebiger Punkt ist, dann ist $x \cdot V$ eine offene Umgebung von x, also gilt insbesondere $(x \cdot V) \cap V \neq \emptyset$, also gibt es $a, b \in V$ mit $xa = b$, und damit gilt $x = ba^{-1} \in V \cdot V^{-1} \subseteq U$. Somit gilt $x \in U$ und folglich $\overline{V} \subseteq U$.

Das T_2-Axiom folgt dann daraus, dass $G \setminus \{x\}$ eine offene Umgebung von y ist, die nach dem Obigen eine abgeschlossene Umgebung $\overline{V}_y$ von y enthält. Dabei können wir V_y selbst als offen annehmen. Es sind dann V_y und $G \setminus \overline{V}_y$ die gesuchten disjunkten offenen Umgebungen von x und y. $\qquad \Box$

Bemerkung 9.15 Es ist also nicht nötig, bei einer Lie-Gruppe vorauszusetzen, dass das Hausdorffsche Trennungsaxiom erfüllt ist.[3] In den meisten Büchern wird dies gleichwohl als Voraussetzung genannt, nämlich bereits bei der Definition einer Mannigfaltigkeit. Weil die obigen Schlüsse keine Differenzierbarkeit erfordern, zeigen sie analog, dass jede topologische Gruppe, die auch eine topologische Mannigfaltigkeit ist, das T_2-Axiom erfüllt und sogar regulär ist.

---

[2]vgl. E.Ossa, Topologie, Abschnitt 2.3

[3]so steht es auch in F.Brickell, R.S.Clarke, Differentiable Manifolds, van Nostrand Reinhold 1970, Abschnitt 12.2.

Übungsaufgaben

1. Man zeige explizit unter Verwendung der Definition 9.1, dass der 3-dimensionale reelle projektive Raum eine 3-dimensionale differenzierbare (sogar reell analytische) Mannigfaltigkeit ist. Dazu beschreibe man den Raum in homogenen Koordinaten $\mathbb{R}P^3 = \{[x_0, x_1, x_2, x_3] \mid \text{nicht alle } x_i = 0\}$, wie in Abschnitt 5.4. Man kann nun den Raum $\mathbb{R}P^3$ durch vier Karten (Übergang zu inhomogenen Koordinaten) überdecken wie folgt:

$$[x_0, x_1, x_2, x_3] \mapsto \left(\tfrac{x_1}{x_0}, \tfrac{x_2}{x_0}, \tfrac{x_3}{x_0}\right), \text{ wobei } x_0 \neq 0$$

$$[x_0, x_1, x_2, x_3] \mapsto \left(\tfrac{x_0}{x_1}, \tfrac{x_2}{x_1}, \tfrac{x_3}{x_1}\right), \text{ wobei } x_1 \neq 0$$

$$[x_0, x_1, x_2, x_3] \mapsto \left(\tfrac{x_0}{x_2}, \tfrac{x_1}{x_2}, \tfrac{x_3}{x_2}\right), \text{ wobei } x_2 \neq 0$$

$$[x_0, x_1, x_2, x_3] \mapsto \left(\tfrac{x_0}{x_3}, \tfrac{x_1}{x_3}, \tfrac{x_2}{x_3}\right), \text{ wobei } x_3 \neq 0.$$

2. Es beschreibe $R_z(\phi)$ die Drehung im $\mathbb{R}^3$ um die z-Achse mit Winkel ϕ, $R_x(\theta)$ sei die Drehung um die x-Achse mit Winkel θ, und F sei definiert durch

$$F(\phi, \theta, \psi) = R_z(\phi) \cdot R_x(\theta) \cdot R_z(\psi) \in SO(3).$$

Die drei Winkel ϕ, θ, ψ heißen die **Euler-Winkel** der betreffenden Drehmatrix. Man bestimme eine maximale offene Teilmenge im Raum aller Tripel von Winkeln, so dass F injektiv ist, dass also die Euler-Winkel auf der Bildmenge eindeutig definiert sind und dass folglich F^{-1} eine Kartenabbildung ist. Man begründe gleichzeitig, dass $SO(3)$ zusammenhängend ist.

3. Man zeige, dass jede Drehmatrix $A \in SO(3)$ in mindestens einer der Bildmengen der vier oben in Beispiel 9.11 definierten Abbildungen CAY, $R_1 \cdot CAY$, $R_2 \cdot CAY$, $R_3 \cdot CAY$ liegt. Man folgere daraus, dass $SO(3)$ zusammenhängend ist.

   Hinweis: Wenn -1 kein Eigenwert einer gegebenen Drehmatrix A ist, dann liegt A im Bild von CAY. Andernfalls beschreibt A eine Drehung um π. Man zeige, dass dann A im Bild einer der drei anderen Karten liegt oder, äquivalenterweise, dass $R_i A$ im Bild von CAY für ein i liegt. Zum Zusammenhang: Jede der vier Karten ist zusammenhängend, und je zwei haben einen nicht leeren Durchschnitt.

4. Für den Homomorphismus $R \colon \mathbb{H}_1 \to SO(3)$ aus 3.13 berechne man das Differential von R im Punkte 1. Hinweis: Der Tangentialraum $T_1\mathbb{H}_1$ kann mit der Menge aller $ai + bj + ck$ mit reellen a, b, c identifiziert werden, den Tangentialraum von $SO(3)$ im Einselement kennen wir aus Abschnitt 7.1.

5. Man zeige, dass jede abgeschlossene Matrizengruppe $G \leq GL(n, \mathbb{C})$ eine Lie-Gruppe im Sinne von Definition 9.10 ist, wenn man als U eine logarithmische Karte verwendet, also eine geeignete offene Einsumgebung $U \subset G$, auf der ein eindeutiger Logarithmus $\log \colon U \to \mathfrak{g}$ definiert ist mit $\exp(\log(x)) = x$ für $x \in U$.

6. Man zeige, dass das kartesische Produkt $G_1 \times G_2$ zweier abstrakter Lie-Gruppen G_1, G_2 wieder eine Lie-Gruppe ist.

7. Durch Kombination der Definitionen 7.12 und 9.1 erkläre man eine Untermannigfaltigkeit einer abstrakten Mannigfaltigkeit. Man zeige, dass das Bild der Abbildung $F \colon \mathbb{R}^2 \to \mathbb{H}_1 \cong S^3$ mit $F(\phi, \theta) = \frac{1}{\sqrt{2}}\left(\cos\phi + i\sin\phi + j\cos\theta + k\sin\theta\right)$ eine Untermannigfaltigkeit ist (und zwar diffeomorph zu $S^1 \times S^1$), aber keine Untergruppe von $\mathbb{H}_1$. Diese Untermannigfaltigkeit heißt auch *Clifford-Torus*.

Kapitel 10

Die adjungierte Darstellung und die Lie-Klammer

In diesem Kapitel sollen die Ergebnisse von Kapitel 7 auf den Fall von abstrakten Lie-Gruppen übertragen werden. Insbesondere erklären wir eine abstrakte Lie-Algebra, die in derselben Weise und mit denselbem Gesetzen einer abstrakten Lie-Gruppe zugeordnet ist wie der Tangentalraum im Einselement einer Gruppe von Matrizen in 7.14. Es sei also in diesem Kapitel G eine reelle oder komplexe Lie-Gruppe mit Tangentialraum T_xG an G in x, und $\mathfrak{g} := T_1G$ bezeichne den Tangentialraum an G im Einselement 1. Dieser wird auch als die *zugehörige Lie-Algebra* bezeichnet, so wie in Kapitel 7 für Matrizengruppen. Dass $\mathfrak{g}$ tatsächlich eine Lie-Algebra im Sinne von Definition 7.19 ist, muss erst noch gezeigt werden. Dies ist der Inhalt von Satz 10.7.

Jedenfalls wissen wir schon das Folgende: Das Differential der Multiplikation in G liefert die Addition in $\mathfrak{g}$ wie in Lemma 7.1 und in Satz 9.13, die Inversion $x \mapsto x^{-1}$ liefert die Abbildung $X \mapsto -X$, und eine Multiplikation mit Skalaren ist in $\mathfrak{g}$ ebenso definiert. Also ist $\mathfrak{g}$ mit dieser Struktur ein reeller bzw. komplexer Vektorraum. Die Lie-Klammer muss dafür allerdings noch erklärt werden, weil ein Kommutator dafür nicht zur Verfügung steht.

Die Lie-Klammer basiert auf der zusätzlichen Struktur der Konjugation mit x in G. Diese ist eine differenzierbare Abbildung

$$\mathbf{Ad}x : G \to G, \text{ definiert durch } g \mapsto xgx^{-1}.$$

Deren Differential definiert nun bei geeigneter Interpretation die Lie-Klammer, in Analogie mit den Betrachtungen im Beweis von Satz 7.17.

Es ist klar, dass die Gesamtheit dieser Abbildungen $\mathbf{Ad}x$ mit variablem $x \in G$ die Struktur von G ziemlich genau widerspiegelt. Bei einer abelschen Gruppe ist beispielsweise jedes $\mathbf{Ad}x$ die Identität, weil jedes Element mit jedem kommutiert. Wenn die Gruppe nicht abelsch ist, wird es vielleicht dennoch gewisse Elemente geben, die mit allen anderen Elementen kommutieren. Für solche speziellen x ist dann $\mathbf{Ad}x$ ebenfalls die Identität, aber es wird andere Elemente $y \in G$ geben, bei denen $\mathbf{Ad}y$ nicht die Identität ist. Und in einer Lie-Gruppe ist $\mathbf{Ad}x$ für jedes $x \in G$ eine differenzierbare Abbildung. Wir können also die Ableitung davon studieren und hoffen, dass diese etwas über die Struktur von G aussagt. Und schließlich können wir in einem zweiten Schritt auch noch die Ableitung nach x selbst studieren. Diese zwei Schritte definieren nun die sogenannte adjungierte Darstellung von G und die von $\mathfrak{g}$.

10.1 Von der Konjugation zur adjungierten Darstellung

Definition 10.1 (adjungierte Abbildung, adjungierte Darstellung)
Das Differential der Konjugation $\mathbf{Ad}x$ im Einselement

$$\mathrm{Ad}\, x := D_1(\mathbf{Ad}x) : \mathfrak{g} \to \mathfrak{g}$$

heißt die **adjungierte Abbildung** von G. Sie ist eine Art „infinitesimale Konjugation"
mit x. Wegen

$$\mathbf{Ad}(xy) = \mathbf{Ad}x \circ \mathbf{Ad}y \quad \text{sowie} \quad (\mathbf{Ad}x)^{-1} = \mathbf{Ad}(x^{-1}),$$

folgt nach der Kettenregel auch

$$\mathrm{Ad}\,(xy) = \mathrm{Ad}\,x \circ \mathrm{Ad}\,y \quad \text{sowie} \quad (\mathrm{Ad}\,x)^{-1} = \mathrm{Ad}\,(x^{-1}).$$

Damit wird die Zuordnung $x \mapsto \mathrm{Ad}\,x$ ein Gruppen-Homomorphismus von G in die
Gruppe der $\mathbb{K}$-linearen Automorphismen $GL(\mathfrak{g})$ von $\mathfrak{g}$:

$$\mathrm{Ad} : G \longrightarrow GL(\mathfrak{g})$$

Dieser Homomorphismus Ad heißt die **adjungierte Darstellung** von G.

Lemma 10.2 *Der Tangentialraum der Gruppe $GL(\mathfrak{g})$ im Einselement (das ist die Identität) ist der $\mathbb{K}$-Vektorraum $L(\mathfrak{g},\mathfrak{g})$ aller $\mathbb{K}$-linearen Endomorphismen von $\mathfrak{g}$ in sich.*

Beweis: Mit der Wahl einer festen Basis $b_1,\ldots,b_n$ in $\mathfrak{g}$ über $\mathbb{K}$ wird $GL(\mathfrak{g})$ isomorph
zu $GL(n,\mathbb{K})$, und $L(\mathfrak{g},\mathfrak{g})$ wird isomorph zu $\mathfrak{gl}(n,\mathbb{K})$. Insbesondere ist $GL(\mathfrak{g})$ isomorph
zu einer Matrizengruppe, und vermöge dieser Isomorphie liefert der Tangentenvektor
$c'(0)$ an eine differenzierbare Kurve $c(t)$ in $GL(\mathfrak{g})$ ein Element von $L(\mathfrak{g},\mathfrak{g})$, und zwar
unabhängig von der Wahl der Basis. Also können wir $L(\mathfrak{g},\mathfrak{g})$ als die zu $GL(\mathfrak{g})$ zugehörige
Lie-Algebra ansehen, genau wie bei den Matrizengruppen. $\qquad\square$

Definition 10.3 (adjungierte Darstellung der zugehörigen Lie-Algebra, Lie-Klammer)
Die Ableitung der adjungierten Darstellung Ad von G im Einselement heißt die **adjungierte Darstellung** von $\mathfrak{g}$

$$\mathrm{ad} := D_1(\mathrm{Ad}) : \mathfrak{g} \longrightarrow L(\mathfrak{g},\mathfrak{g}).$$

Dabei bezeichnet wie in Lemma 10.2 $L(\mathfrak{g},\mathfrak{g})$ den Vektorraum der $\mathbb{K}$-linearen Endomorphismen von $\mathfrak{g}$. Für festes $X \in \mathfrak{g}$ heißt $\mathrm{ad}\,X$ auch die **Adjungierte** von X.

Die **Lie-Klammer** in $\mathfrak{g}$ ist schließlich definiert durch

$$[X,Y] := (\mathrm{ad}\,X)(Y) \in \mathfrak{g}, \quad X,Y \in \mathfrak{g}.$$

Bemerkung 10.4 1. Falls G eine Matrizengruppe (d.h. eine Untergruppe von $GL(n,\mathbb{C})$) ist, dann stimmt die hier definierte Abbildung Ad mit der in Kap. 7 verwendeten Abbildung Ad überein, und die Lie-Klammer stimmt mit der dort erklärten überein. Man beachte, dass wir in 7.17 die Lie-Klammer ebenfalls durch die Ableitung von Ad gewonnen hatten, also durch ad im obigen Sinne. Aber der explizite Ausdruck der Lie-Klammer als Kommutator erleichtert bei Matrizengruppen den Umgang damit. Im allgemeinen Fall bedarf es hier noch eines Beweises, siehe Satz 10.7.

2. Wenn wir $\mathrm{ad}\,X$ als einen linearen Operator auf $\mathfrak{g}$ auffassen, dann ist die Jacobi-Identität für die Lie-Klammer äquivalent dazu, dass dieser Operator die Produktregel $(\mathrm{ad}\,X)([Y,Z]) = [(\mathrm{ad}\,X)(Y),Z] + [Y,(\mathrm{ad}\,X)(Z)]$ erfüllt, also gewissermaßen einen abstrakten Differentialoperator oder eine Derivation im Sinne von Definition 11.19 repräsentiert, siehe Übungsaufgabe 1 am Ende des Kapitels. In Satz 10.7 wird gezeigt, dass die Jacobi-Identität tatsächlich gilt. Ganz offensichtlich ist das mit der obigen Definition nicht. Das liegt auch daran, dass die beiden Argumente X,Y zunächst nicht gleichberechtigt zu sein scheinen. Somit ist nicht einmal die Schief-Symmetrie offensichtlich.

3. Wenn mehrere Lie-Gruppen bzw. Lie-Algebren betrachtet werden, so wird gelegentlich die betreffende adjungierte Darstellung sowie die betreffende Lie-Klammer mit einem unteren Index versehen, z.B. $\mathrm{Ad}_G, \mathrm{ad}_{\mathfrak{g}}, [X,Y]_{\mathfrak{g}}, [A,B]_{L(\mathfrak{g},\mathfrak{g})}$, der den Raum angibt, auf dem sie definiert ist.

Beispiele 10.5 1. Falls G abelsch ist, dann ist $\mathbf{Ad}x$ für jedes x die Identität, also ist auch $\mathrm{Ad}\,x$ die Identität. Damit ist aber Ad konstant und folglich ad die Null-Abbildung. Es gilt somit $[X,Y] = 0$ für alle $X,Y \in \mathfrak{g}$, falls G abelsch ist, vgl. dazu auch Kap. 15. Die adjungierte Darstellung einer abelschen Lie-Gruppe sowie ihrer zugehörigen Lie-Algebra sind somit beide trivial.

2. Speziell gilt dies für den $\mathbb{R}^n$ als additive Gruppe. Die Lie-Algebra ist dann wieder isomorph zum $\mathbb{R}^n$ selbst, und es gilt stets $[X,Y] = 0$.

3. Die adjungierte Darstellung der Gruppe $GL(n,\mathbb{K})$ selbst ist einfach durch

$$(\mathrm{Ad}\,B)(X) = BXB^{-1}$$

gegeben, wobei B,X beliebige (n,n)-Matrizen $B \in GL(n,\mathbb{C})$ und $X \in \mathfrak{gl}(n,\mathbb{K})$ sind. Entsprechend gilt

$$(\mathrm{ad}\,X)(Y) = XY - YX$$

für $X,Y \in \mathfrak{gl}(n,\mathbb{C})$. Man vergleiche dazu den Beweis von Lemma 7.17. Analog ist dies bei Untergruppen von Matrizen: Die adjungierte Darstellung der Untergruppe bzw. Unteralgebra ist jeweils die Einschränkung der adjungierten Darstellung der großen Gruppe bzw. Algebra.

4. Für $G = SO(3)$ wird $\mathfrak{g} = \mathfrak{so}(3)$ von den Matrizen E_1, E_2, E_3 aufgespannt mit $[E_i, E_j] = E_k$ in zyklischer Reihenfolge i,j,k modulo 3, vgl. die Beispiele in Kap. 7. Isomorph dazu ist der $\mathbb{R}^3$ mit dem Vektorprodukt $e_i \times e_j = e_k$. Analog haben wir die Drehmatrizen $R_1(\varphi), R_2(\psi), R_3(\vartheta)$ mit den entsprechenden Winkeln um die drei Koordinatenachsen des $\mathbb{R}^3$. Die adjungierte Darstellung von $SO(3)$ bildet dann

$R_1(\varphi)$ auf die Drehung um φ in der (e_2, e_3)-Ebene ab, analog für R_2, R_3. Allgemein wird $\mathrm{Ad}\,(A)$ für eine Drehmatrix A genau dieselbe Drehmatrix im e_1, e_2, e_3-Raum bzw. im E_1, E_2, E_3-Raum sein. In dieser Basis erscheint also Ad als Identität. Analog ist $\mathrm{ad}\,(E_1)$ die Abbildung $E_1 \mapsto 0, E_2 \mapsto E_3, E_3 \mapsto -E_2$, entsprechend für die anderen E_i mit $\mathbb{R}$-linearer Fortsetzung auf den ganzen Raum $\mathfrak{so}(3)$. Also ist insbesondere ad ein linearer Isomorphismus. Die Matrix von $\mathrm{ad}\,(E_i)$ in dieser Basisdarstellung sieht dann genauso aus wie die Matrix E_i selbst, also ist auch hier ad gewissermaßen die Identität.

5. Die euklidische Gruppe $E(3)$ enthält die abelsche Untergruppe aller Translationen, die isomorph zum $\mathbb{R}^3$ ist. Auf dieser Untergruppe ist folglich die Lie-Klammer identisch null. Ebenso enthält $E(3)$ die Drehgruppe $SO(3)$ als Standgruppe eines festen Punktes. Als Gruppe von $(4,4)$-Matrizen aufgefasst (vgl. Lemma 5.3), besteht $E(3)$ aus der Menge aller Block-Matrizen

$$\left(\begin{array}{c|c} A & \mathbf{b} \\ \hline 0 & 1 \end{array} \right)$$

mit $A \in SO(3), \mathbf{b} \in \mathbb{R}^3$. Entsprechendes gilt für die Lie-Algebra als Menge aller Block-Matrizen

$$\left(\begin{array}{c|c} X & \mathbf{y} \\ \hline 0 & 0 \end{array} \right)$$

mit $X \in \mathfrak{so}(3), \mathbf{y} \in \mathbb{R}^3$. Die Lie-Klammer ist dabei durch den Kommutator gegeben. Man wird erwarten, dass die adjungierte Darstellung den abelschen Teil der Gruppe ausfaktorisiert und nur den Anteil von $SO(3)$ bzw. von $\mathfrak{so}(3)$ übriglässt (Übung).

Folgerung 10.6 *Der Raum der Endomorphismen $L(\mathfrak{g}, \mathfrak{g})$ ist die der Lie-Gruppe $GL(\mathfrak{g})$ zugeordnete Lie-Algebra. Dabei ist die Lie-Klammer in $L(\mathfrak{g}, \mathfrak{g})$ der Kommutator*

$$[A, B]_{L(\mathfrak{g},\mathfrak{g})} = A \circ B - B \circ A.$$

Ferner ist die adjungierte Darstellung der Lie-Algebra $\mathrm{ad} : \mathfrak{g} \to L(\mathfrak{g}, \mathfrak{g})$ ein linearer Homomorphismus, der die oben definierte Lie-Klammer bewahrt. Es gilt also stets

$$\mathrm{ad}\,[X, Y]_{\mathfrak{g}} = [\mathrm{ad}\,X, \mathrm{ad}\,Y]_{L(\mathfrak{g},\mathfrak{g})} = \mathrm{ad}\,X \circ \mathrm{ad}\,Y - \mathrm{ad}\,Y \circ \mathrm{ad}\,X.$$

Für diese Lie-Algebra haben wir die Exponentialabbildung $\exp \colon L(\mathfrak{g}, \mathfrak{g}) \to GL(\mathfrak{g})$ als Exponentialreihe

$$\exp_{L(\mathfrak{g},\mathfrak{g})}(A) = \sum_{n \geq 0} \frac{1}{n!} A^n,$$

angewendet auf Endomorphismen $A \colon \mathfrak{g} \to \mathfrak{g}$ mit $A^n = \underbrace{A \circ \cdots \circ A}_{n-mal}$, vgl. 8.5.

<u>*Beweis*</u>: Der erste Teil der Behauptung ist offensichtlich, weil jeder Kommutator von Matrizen (analog auch von Endomorphismen) die Jacobi-Identität erfüllt, vgl. 7.19. Damit ist $L(\mathfrak{g}, \mathfrak{g})$ eine Lie-Algebra. Das Verhältnis von $L(\mathfrak{g}, \mathfrak{g})$ zu $GL(\mathfrak{g})$ ist wie das von $\mathfrak{gl}(n, \mathbb{K})$ zu $GL(n, \mathbb{K})$, einfach durch die Wahl einer festen Basis, vgl. Lemma 10.2.

Für den zweiten Teil nutzen wir aus, dass die adjungierte Darstellung $\mathrm{Ad}\colon G \to GL(\mathfrak{g})$ ein Gruppenhomomorphismus ist, also insbesondere

$$\mathrm{Ad}\left(\mathbf{Ad}_G x(y)\right) = \mathrm{Ad}\left(xyx^{-1}\right) = (\mathrm{Ad}\,x)(\mathrm{Ad}\,y)(\mathrm{Ad}\,x^{-1}) = \left(\mathbf{Ad}_{GL(\mathfrak{g})}(\mathrm{Ad}\,x)\right)(\mathrm{Ad}\,y).$$

Die Ableitung dieser Gleichung im Einselement nach x und y liefert

$$\mathrm{ad}\,[X,Y]_{\mathfrak{g}} = \left(\mathrm{ad}_{L(\mathfrak{g},\mathfrak{g})}(\mathrm{ad}\,X)\right)(\mathrm{ad}\,Y) = [\mathrm{ad}\,X, \mathrm{ad}\,Y]_{L(\mathfrak{g},\mathfrak{g})} = \mathrm{ad}\,X \circ \mathrm{ad}\,Y - \mathrm{ad}\,Y \circ \mathrm{ad}\,X.$$

Der dritte Teil wird klar, wenn man in $\mathfrak{g}$ eine feste Basis wählt, wodurch man Isomorphismen $GL(\mathfrak{g}) \cong GL(n,\mathbb{K})$ und $L(\mathfrak{g},\mathfrak{g}) \cong \mathfrak{gl}(n,\mathbb{K})$ erhält, wobei n die Dimension von $\mathfrak{g}$ über $\mathbb{R}$ bzw. $\mathbb{C}$ bezeichnet. Die 1-Parameter-Untergruppen in der einen Gruppe entsprechen dann genau den 1-Parameter-Untergruppen in der anderen. Folglich entspricht auch die Exponentialreihe der einen der Exponentialreihe der anderen, vgl. Lemma 8.6. $\qquad\square$

Der zweite Teil ist auch ein Spezialfall der Folgerung 13.4, die später bewiesen wird.

10.2 Die Lie-Klammer einer abstrakten Lie-Gruppe

Wir wollen nun zeigen, dass $\mathfrak{g} - T_1 C$ auch für abstrakte Lie-Gruppen G zusammen mit der oben definierten Lie-Klammer zu einer Lie-Algebra wird. Der Kommutator von Matrizen oder von Endomorphismen steht dabei nicht zur Verfügung. Vielmehr müssen wir direkt auf die Definition

$$[X,Y] := \mathrm{ad}\,X(Y)$$

in 10.3 Bezug nehmen, die ihrerseits aus der Konjugation in G resultiert. Diese Definition ist nicht von optimaler Handlichkeit, aber sie drückt im Kern dasselbe aus wie die Definition der Lie-Klammer für den Tangentialraum im Einselement von Matrizengruppen. Letztlich sind immer die Rechenregeln entscheidend, und diese sind dieselben. Die Auffassung von $\mathrm{ad}\,X$ als Endomorphismus oder als Operator von $\mathfrak{g}$ kann durchaus hilfreich sein und interessante Aspekte nach sich ziehen, so wie die Formel für die Exponentialreihe in Folgerung 10.6, indem man etwa $\exp(\mathrm{ad}\,X)$ als Exponentialreihe $\sum_{n\geq 0} \frac{1}{n!}(\mathrm{ad}\,X)^n$ im Raum $L(\mathfrak{g},\mathfrak{g})$ aller Endomorphismen von $\mathfrak{g}$ auswertet, vgl. Lemma 8.6.

> **Satz 10.7** *Für jede Lie-Gruppe G wird $\mathfrak{g} = T_1 G$ zusammen mit der oben in Definition 10.3 definierten Lie-Klammer $[X,Y] = (\mathrm{ad}\,X)(Y)$ zu einer Lie-Algebra.*

Beweis: Die Bilinearität der Lie-Klammer ist offensichtlich. Wir müssen nur die Schiefsymmetrie und die Jacobi-Identität zeigen.

Zur Schiefsymmetrie $[X,Y] = -[Y,X]$:

Wir betrachten die differenzierbare Abbildung (den *Kommutator* in G)

$$K\colon G \times G \to G \quad \text{mit} \quad (x,y) \mapsto xyx^{-1}y^{-1}.$$

Diese ist zusammengesetzt aus der Multiplikation m und der Inversion j im Sinne von Definition 9.12, und zwar gilt $K(x,y) = m\big(m(x,y), m(jx,jy)\big)$. Die Ableitung von K berechnet sich somit aus den Ableitungen von m und j nach der Kettenregel:

$$(D_{(1,1)}K)(X,Y) = (D_{(1,1)}m)(X+Y, -X+(-Y)) = X + Y - X - Y = 0.$$

Also ist die Ableitung vom K im Punkt $(\mathbf{1},\mathbf{1})$ als Abbildung von $\mathfrak{g} \times \mathfrak{g} \to \mathfrak{g}$ die Nullabbildung. Wir berechnen auch die zweite Ableitung dieser Abbildung in diesem Punkt. Dazu müssen wir die erste Ableitung auch außerhalb dieser Punktes verstehen.

Für festes x ist die Ableitung nach y in Richtung Y die folgende:

$$K(x,y) = (xyx^{-1})y^{-1} = (\mathbf{Ad}x(y))y^{-1} \stackrel{1.Ableitung}{\mapsto} \operatorname{Ad}x(Y) + (-Y) = (\operatorname{Ad}x - id)(Y).$$

Analog für festes y ist die Ableitung nach x in Richtung X:

$$K(x,y) = x(yx^{-1}y^{-1}) = x(\mathbf{Ad}y(x^{-1})) \stackrel{1.Ableitung}{\mapsto} X + \operatorname{Ad}y(-X) = (id - \operatorname{Ad}y)(X).$$

Man sieht noch einmal, dass für $x = \mathbf{1}$ und $y = \mathbf{1}$ die ersten Ableitungen jeweils verschwinden, denn $\operatorname{Ad}\mathbf{1}$ ist die Identität. Ferner ist in diesem Punkt die Hessesche Bilinearform dieser Abbildung (d.h. die Matrix der zweiten Ableitungen) symmetrisch:

$$\operatorname{Hess} : (\mathfrak{g} \times \mathfrak{g}) \times (\mathfrak{g} \times \mathfrak{g}) \to \mathfrak{g}$$

Dabei ist die Ableitung nach y in $\mathbf{1}$ in Richtung Y die folgende:

$$(\operatorname{Ad}x - id)(Y) \stackrel{2.Ableitung}{\mapsto} \operatorname{ad}(X)(Y) = [X,Y]$$

Die Ableitung nach x in $\mathbf{1}$ in Richtung X ist die folgende:

$$(id - \operatorname{Ad}y)(X) \stackrel{2.Ableitung}{\mapsto} -\operatorname{ad}(Y)(X) = -[Y,X]$$

Wegen der Symmetrie der Hesseschen muss gelten $[X,Y] = -[Y,X]$.

Zur Jacobi-Identität:

Nach der obigen Folgerung 10.6 gilt die Jacobi-Identität für den Kommutator in $L(\mathfrak{g},\mathfrak{g})$, also gilt sie in $\mathfrak{g}$ jedenfalls nach Anwendung von ad. Aber ad ist i.A. nicht injektiv, so dass eine Gleichung im Bild nicht automatisch die im Urbild nach sich zieht. Man erhält die Jacobi-Identität jedoch durch die folgende Rechnung:

$$[X,[Y,Z]] + [Y,[Z,X]] + [Z,[X,Y]] = (\operatorname{ad}X)[Y,Z] + (\operatorname{ad}Y)[Z,X] + (\operatorname{ad}Z)[X,Y]$$

$$= -(\operatorname{ad}[Y,Z])(X) + (\operatorname{ad}Y)[Z,X] - (\operatorname{ad}Z)[Y,X]$$

$$= (\operatorname{ad}Z \circ \operatorname{ad}Y)(X) - (\operatorname{ad}Y \circ \operatorname{ad}Z)(X)$$

$$+ (\operatorname{ad}Y)((\operatorname{ad}Z)(X)) - (\operatorname{ad}Z)((\operatorname{ad}Y)(X))$$

$$= 0. \hspace{6cm} \square$$

Definition 10.8 Wenn $\mathfrak{g}$ als abstrakte Lie-Algebra mit einer Lie-Klammer $[X,Y]$ gegeben ist, dann ist umgekehrt eine (abstrakte) adjungierte Darstellung $\operatorname{ad}:\mathfrak{g} \to L(\mathfrak{g},\mathfrak{g})$ von $\mathfrak{g}$ definiert als

$$(\operatorname{ad}X)(Y) := [X,Y], \quad X,Y \in \mathfrak{g}.$$

Bemerkung 10.9 Man kann fragen, welche speziellen Eigenschaften die Bilder der adjungierten Darstellungen von G bzw. von $\mathfrak{g}$ haben In Kapitel 13 wird gezeigt, dass jedes $\operatorname{Ad} x$ die Lie-Klammer bewahrt, d.h. $\operatorname{Ad} x([X, Y]_\mathfrak{g}) = [\operatorname{Ad} x(X), \operatorname{Ad} x(Y)]_\mathfrak{g}$ für alle $X, Y \in \mathfrak{g}$. Dies ergibt sich daraus, dass $\operatorname{Ad} x$ als die Ableitung des Gruppenhomomorphismus $\operatorname{\mathbf{ad}} x$ ein Homomorphismus von Lie-Algebren ist. In Übungsaufgabe 1 wird gezeigt, dass jedes $\operatorname{ad} X$ die Produktregel $\operatorname{ad} X([Y, Z]_\mathfrak{g}) = [(\operatorname{ad} X(Y)), Z]_\mathfrak{g} + [Y, (\operatorname{ad} X)(Z)]_\mathfrak{g}$ für alle $X, Y, Z \in \mathfrak{g}$ erfüllt. Man sagt dann auch, dass $\operatorname{ad} X$ eine Derivation auf $\mathfrak{g}$ ist, vgl. Definition 11.19. Es ist aber *nicht* so, dass das Bild von ad (oder der Raum aller Derivationen) abgeschlossen gegenüber der Komposition von Endomorphismen ist. Wohl aber gilt dies für den Kommutator von Endomorphismen.

Übungsaufgaben

1. Man zeige, dass der $\mathbb{K}$-lineare Operator $\operatorname{ad} X : \mathfrak{g} \to \mathfrak{g}$ auf der Lie-Algebra $\mathfrak{g}$ zu einer Lie-Gruppe genau dann die Produktregel

$$(\operatorname{ad} X)([Y, Z]) = [(\operatorname{ad} X)(Y), Z] + [Y, (\operatorname{ad} X)(Z)]$$

   erfüllt, wenn die damit definierte Lie-Klammer $[X, Y] = (\operatorname{ad} X)(Y)$ die Jacobi-Identität

$$[X, [Y, Z]] + [Y, [Z, X]] + [Z, [X, Y]] = 0$$

   für alle $Y, Z \in \mathfrak{g}$ erfüllt.

2. Man leite die Produktregel aus Aufgabe 1 dadurch her, dass man eine Kurve $g(t)$ in G betrachtet mit $g'(0) = X \in \mathfrak{g}$ und dann die Gleichung $\operatorname{Ad} g(t)([Y, Z]_\mathfrak{g}) = [\operatorname{Ad} g(t)(Y), \operatorname{Ad} g(t)(Z)]_\mathfrak{g}$ nach t ableitet.

   Hinweis: Allein die Bilinearität der Lie-Klammer erzwingt eine gewisse Produktregel. Außerdem ist die Kettenregel für die zusammengesetzte Abbildung $(\operatorname{Ad} \circ g)(t)$ zu beachten.

3. Man zeige: Die adjungierte Darstellung Ad des Produkts $G_1 \times G_2$ zweier Lie-Gruppen lässt sich aus den beiden adjungierten Darstellungen Ad_1 und Ad_2 von G_1 und G_2 durch $\operatorname{Ad}(g_1, g_2) = \operatorname{Ad}_1(g_1) \oplus \operatorname{Ad}_2(g_2)$ berechnen im Sinne von Block-Matrizen.

   Hinweis: Jedes Element von G_1 kommutiert mit jedem Element von G_2. Vgl. auch die Übungsaufgaben aus Kapitel 9.

4. Man berechne den Kommutator für die 9-dimensionale Lie-Algebra $L(\mathfrak{so}(3), \mathfrak{so}(3))$.

   Hinweis: Man bestimme zuerst eine Basis als $\mathbb{R}$-Vektorraum.

5. Man berechne die adjungierte Darstellung der euklidischen Gruppe $E(3, \mathbb{R})$ sowie der zugehörigen Lie-Algebra.

   Hinweis: Die adjungierten Darstellungen von $SO(3)$ und $\mathfrak{so}(3)$ sind in den obigen Beispielen 10.4 genannt.

6. Es sei $J : \mathfrak{g} \to \mathfrak{g}$ ein $\mathbb{R}$-linearer Endomorphismus auf der reellen Lie-Algebra $\mathfrak{g}$ mit der Eigenschaft $J^2 = -Id$. Dies nennt man auch eine *fast-komplexe Struktur* auf $\mathfrak{g}$. Für die zugehörige Exponentialabbildung $\exp = \exp_{L(\mathfrak{g}, \mathfrak{g})}$ zeige man die Gleichung

$\exp(tJ) = \cos t \cdot Id + \sin t \cdot J$. Für einen Projektionsoperator $A\colon \mathfrak{g} \to \mathfrak{g}$ mit $A^2 = A$ zeige man die Gleichung $\exp(tA) = Id + (e^t - 1) \cdot A$.

Bemerkung: die fast-komplexe Struktur ermöglicht die Multiplikation von Vektoren im $\mathbb{R}$-Vektorraum auch mit komplexen Skalaren. Man setze einfach $e^{it} \cdot X = \exp(tJ)(X)$. Insbesondere gilt dann $i \cdot X = e^{i\pi/2} \cdot X = J(X)$. Damit wird $\mathfrak{g}$ zu einem komplexen Vektorraum (aber nicht notwendig zu einer komplexen Lie-Algebra, vgl. die folgende Übungsaufgabe). Man sagt dann auch, dass die zu $\mathfrak{g}$ gehörige Lie-Gruppe G eine fast-komplexe Struktur trägt. Dies bedeutet aber *nicht* automatisch, dass G eine komplexe Mannigfaltigkeit wird.[1]

7. Wenn eine Lie-Gruppe G auch eine komplexe Mannigfaltigkeit ist mit komplex differenzierbaren Gruppenoperationen, dann nennt man sie eine *komplexe Lie-Gruppe*. Als Standard-Beispiel haben wir hier $GL(n, \mathbb{C})$. In diesem Fall ist dann die Lie-Algebra ein komplexer Vektorraum. Sie trägt daher insbesondere diejenige fast-komplexe Struktur J, die sich durch Multiplikation mit der komplexen Einheit i ergibt, also $JX = iX$.

   Man zeige: Dann ist $\mathfrak{g}$ eine komplexe Lie-Algebra.

   Dazu genügt es zu zeigen: Diese fast-komplexe Struktur J ist mit ad verträglich im Sinne der Gleichung $J \circ \operatorname{ad} X = \operatorname{ad} X \circ J$ für jedes $X \in \mathfrak{g}$. Dies entspricht der zu erwartenden Gleichung $[X, iY] = i[X, Y]$ in einer komplexen Lie-Algebra.

8. Für eine reelle Lie-Algebra $\mathfrak{g}$ kann man deren **Komplexifizierung** $\mathfrak{g}_{\mathbb{C}}$ erklären als $\mathfrak{g}_{\mathbb{C}} = \mathfrak{g} \oplus i\mathfrak{g}$ mit der imaginären Einheit $i \in \mathbb{C}$. Es ist $\mathfrak{g}_{\mathbb{C}}$ damit ein $\mathbb{C}$-Vektorraum, wenn man $i(X + iY) = -Y + iX$ setzt. Man zeige: $\mathfrak{g}_{\mathbb{C}}$ wird zu einer komplexen Lie-Algebra, wenn man als Komplexifizierung der Lie-Klammer definiert

$$[X + iY, Z + iW]_{\mathbb{C}} = [X, Z] - [Y, W] + i\big([X, W] + [Y, Z]\big).$$

9. Für eine abstrakte reelle Lie-Algebra $\mathfrak{g}$ überlege man, ob die adjungierte Darstellung der Komplexifizierung $\mathfrak{g}_{\mathbb{C}}$ gemäß Definition 10.8 sich als Komplexifizierung der adjungierten Darstellung von $\mathfrak{g}$ deuten lässt.

10. Man zeige: Die Komplexifizierung von $\mathfrak{gl}(n, \mathbb{R})$ ist isomorph zu $\mathfrak{gl}(n, \mathbb{C})$, und die adjungierte Darstellung von $\mathfrak{gl}(n, \mathbb{C})$ ist die Komplexifizierung der adjungierten Darstellung von $\mathfrak{gl}(n, \mathbb{R})$.

---

[1] vgl. PH. TONDEUR, Fast-komplexe Strukturen auf einer Lieschen Gruppe, Commentarii Math. Helvetici **38** (1963), 14–25

Kapitel 11

Linksinvariante Vektorfelder

Bei dem Begriff einer abstrakten Lie-Gruppe in Definition 9.10 hatten wir außer einer Einsumgebung U auch alle anderen Umgebungen $U_g^L = gU$ und $U_g^R = Ug$ betrachtet. Damit übertragen sich die lokalen analytischen Eigenschaften der Gruppe in einer Umgebung des Einselements auf einer Umgebung jedes anderen Elements in gleicher Weise. Dies ist eine Besonderheit von Gruppen, weil die Multiplikation mit einem festen Element (von links oder von rechte) stets eine Bijektion der Gruppe auf sich induziert. Man nennt diese die *Links-Translationen* bzw. die *Rechts-Translationen*, je nachdem ob die Gruppe auf sich selbst von links oder von rechts operiert. Wirkliche Translationen im klassischen Sinne sind diese freilich nur im Falle von kommutativen Gruppen, z.B. für $G = \mathbb{R}^n$ als additive Gruppe. Im Falle einer Lie-Gruppe ist jede solche Bijektion darüber hinaus stetig differenzierbar. Und daher bewirkt deren Ableitung einen Transport von Tangentialvektoren von jedem Punkt in jeden anderen.

Beispiel 11.1 Für die 3-dimensionale Sphäre $S^3 = \{\mathbf{x} = (x_0, x_1, x_2, x_3) \in \mathbb{R}^4 \mid ||\mathbf{x}|| = 1\}$ ist zunächst nicht offensichtlich, wie man den 3-dimensionalen Tangentialraum in einem Punkt in die Tangentialräume aller anderen Punkte transportieren soll, und zwar simultan und in einer differenzierbaren Weise. Wenn man aber die 3-Sphäre als die Lie-Gruppe $\mathbb{H}_1$ der Einheits-Quaternionen auffasst, dann gibt es dort die Multiplikation mit festen Einheits-Quaternionen als eine global definierte Abbildung. Wenn wir dann $\mathbf{x} = x_0 + x_1 i + x_2 j + x_3 k$ schreiben, dann bewirkt beispielsweise die Multiplikation mit i von links die Abbildung $\mathbf{x} \mapsto i\mathbf{x}$ bzw.

$$x_0 + x_1 i + x_2 j + x_3 k \longmapsto -x_1 + x_0 i - x_3 j + x_2 k.$$

Der Tangentialraum im Einselement, der von den Vektoren

$$E_1 = (0,1,0,0), \ E_2 = (0,0,1,0), \ E_3 = (0,0,0,1)$$

aufgespannt wird, geht dann in den Tangentialraum im Punkt i über durch

$$E_1 \mapsto (-1,0,0,0), \ E_2 \longmapsto (0,0,0,1), \ E_3 \mapsto (0,0,-1,0).$$

Für jeden anderen Punkt q statt i geht das analog, also erhalten wir aus den drei Tangentialvektoren E_1, E_2, E_3 im Einselement drei Vektorfelder, die sozusagen E_1, E_2, E_3 in stetig differenzierbarer Weise fortsetzen. Weil die Multiplikation mit einem festen Einheits-Quaternion eine Drehung des umgebenden $\mathbb{R}^4$ bewirkt, sind diese drei Vektorfelder in jedem Punkt orthonormiert, weil sie es im Punkt 1 sind. Eine analoge Konstruktion für die 2-Sphäre S^2 ist grundsätzlich nicht möglich.[1]

---

[1] Dies folgt aus dem bekannten *Satz vom Igel* in der Topologie, vgl. E.Ossa, Topologie, Satz 1.6.2.

11.1 Die Lie-Algebra der linksinvarianten Vektorfelder

Definition 11.2 (Links- und Rechts-Translation)
G sei eine Lie-Gruppe. Jedes feste $x \in G$ induziert in G eine **Links-Translation**

$$L(x) : G \to G \quad \text{durch} \quad y \mapsto xy$$

als eine differenzierbare invertierbare Abbildung sowie eine **Rechts-Translation**

$$R(x) : G \to G \quad \text{durch} \quad y \mapsto yx.$$

Man schreibt auch $L_x = L(x)$ und $R_x = R(x)$.

Folgerung 11.3 Die **Assoziativität** $(xy)z = x(yz)$ impliziert die folgenden Gleichungen für die Links-Translationen und die Rechts-Translationen:

$$
\begin{aligned}
R(z) \circ L(x) &= L(x) \circ R(z) \qquad \text{(Vertauschbarkeit)} \\
L(xy) &= L(x) \circ L(y) \\
R(yz) &= R(z) \circ R(y).
\end{aligned}
$$

Ferner können wir schreiben

$$\mathbf{Ad}(x) = L(x) \circ (R(x))^{-1} = L(x) \circ R(x^{-1}).$$

Mit dieser Schreibweise können wir noch einmal verifizieren, dass die Zuordnung $x \mapsto \mathbf{Ad}x$ ein Homomorphismus ist:

$$\mathbf{Ad}(xy) = L(xy) \circ R(xy)^{-1} = L(x) \circ L(y) \circ R(x^{-1}) \circ R(y^{-1})$$

$$= L(x) \circ R(x^{-1}) \circ L(y) \circ R(y^{-1}) = \mathbf{Ad}(x) \circ \mathbf{Ad}(y).$$

Definition 11.4 (Vektorfeld)
Ein **differenzierbares Vektorfeld** V auf einer differenzierbaren Mannigfaltigkeit M ist eine Zuordnung $p \mapsto V_p \in T_pM$ derart, dass in einer (und damit jeder) Karte die Koeffizientenfunktionen V^i in der Darstellung

$$V_p = \sum_i V^i(p) \frac{\partial}{\partial x^i}\big|_p$$

differenzierbare Funktionen auf der Mannigfaltigkeit sind. Als Schreibweise verwendet man auch $V(p)$ statt V_p.

BEISPIEL: In der Lie-Gruppe $\mathbb{H}_1 = S^3$ wird durch $V_q = q \cdot (0,1,0,0)$ (Quaternionen-Multiplikation) ein differenzierbares Vektorfeld auf der Mannigfaltigkeit S^3 erklärt. Es ist linksinvariant in folgendem Sinne:

Definition 11.5 (linksinvariantes Vektorfeld)
Jede Links-Translation L_x bzw. Rechts-Translation R_x von Punkten (d.h. von Elementen von G) induziert einen Transport von Tangentialvektoren vermöge ihres Differentials

$$D_y(L_x) : T_y G \to T_{xy} G \quad \text{bzw.} \quad D_y(R_x) : T_y G \to T_{yx} G.$$

Ein differenzierbares Vektorfeld V auf einer Lie-Gruppe G (d.h. eine Zuordnung $G \ni x \mapsto V_x \in T_x G$ im Sinne der obigen Definition) heißt **linksinvariant** bzw. **rechtsinvariant**, wenn es invariant unter allen Links-Translationen bzw. Rechts-Translationen ist, d.h. wenn für alle $x, y \in G$ gilt

$$V_{xy} = (D_y L_x)(V_y) \quad \text{bzw.} \quad V_{yx} = (D_y R_x)(V_y).$$

Das bedeutet, dass unter der Links-Translation L_x der Tangentialvektor V_y nach V_{xy} transportiert wird, entsprechend für R_x. Insbesondere gilt stets

$$V_x = (D_1 L_x)(V_1) \quad \text{bzw.} \quad V_x = (D_1 R_x)(V_1),$$

also ist das Vektorfeld eindeutig bestimmt durch seinen Wert im Einselement.

Beispiele 11.6   1. In der abelschen Lie-Gruppe $\mathbb{R}^n$ gilt $L_x(y) = x + y = R_x(y)$ für jedes y, also gilt auch $DL_x(Y) = Y = DR_x(Y)$ für jedes Y. Somit ist sowohl DL_x als auch DR_x einfach die Parallelverschiebung vom Tangentialraum $T_y \mathbb{R}^n$ nach $T_{x+y} \mathbb{R}^n$, die den Vektoranteil ungeändert lässt. Folglich ist ein Vektorfeld V auf dem $\mathbb{R}^n$ linksinvariant oder rechtsinvariant genau dann, wenn es konstant ist, wenn also der Vektor V_x im Punkt $\mathbf{x}$ derselbe wie im Punkt $\mathbf{0}$ ist.

2. In einer Untergruppe $G \leq GL(n, \mathbb{C})$ gilt $L_x(y) = x \cdot y$ und folglich $DL_x(Y) = x \cdot Y$. Folglich erhält man ein linksinvariantes Vektorfeld V durch Links-Multiplikation eines festen $Y \in \mathfrak{g}$ im Einselement mit jedem Gruppenelement, wie oben im Beispiel $S^3 = \mathbb{H}_1$. Genauer bewirkt die Ableitung der Links-Translation L_x, dass der Tangentialraum

$$T_y G \subset T_y \mathfrak{gl}(n, \mathbb{C}) = \{y\} \times \mathfrak{gl}(n, \mathbb{C})$$

in den Tangentialraum

$$T_{xy} G \subset T_{xy} \mathfrak{gl}(n, \mathbb{C}) = \{xy\} \times \mathfrak{gl}(n, \mathbb{C})$$

so abgebildet wird, dass ein Tangentialvektor (y, Y) in $(x \cdot y, x \cdot Y)$ übergeht. Dabei bezeichnet Y eine Matrix in $\mathfrak{gl}(n, \mathbb{C})$. Ein Vektorfeld (y, V_y) ist also linksinvariant genau dann, wenn $V_{xy} = x \cdot V_y$ gilt für alle $x \in G$.

> **Folgerung und Definition 11.7** (Linksinvariante Vektorfelder als Lie-Algebra)
> Die Lie-Algebra $\mathfrak{g}$ einer Lie-Gruppe G ist als Vektorraum isomorph zu dem Vektorraum aller linksinvarianten (bzw. rechtsinvarianten) Vektorfelder auf G. Und weil $\mathfrak{g}$ abgeschlossen ist unter der Lie-Klammer $[X, Y]$, kann man auf dem Vektorraum aller linksinvarianten (bzw. rechtsinvarianten) Vektorfelder eine **Lie-Klammer** zweier Vektorfelder V, W erklären durch
>
> $$[V, W](x) = (D_1 L_x)[V_1, W_1] \quad \text{bzw.} \quad [V, W](x) = (D_1 R_x)[V_1, W_1].$$
>
> Damit wird der Raum aller linksinvarianten (bzw. rechtsinvarianten) Vektorfelder zu einer Lie-Algebra, die isomorph zu $\mathfrak{g}$ ist. Wir können sie daher mit $\mathfrak{g}$ identifizieren.

Beweis: Ein linksinvariantes (bzw. rechtsinvariantes) Vektorfeld ist durch seinen Wert im Einselement eindeutig bestimmt und umgekehrt. Jedes $X \in \mathfrak{g} = T_1 G$ bestimmt nämlich eindeutig ein differenzierbares linksinvariantes Vektorfeld X^L durch $X_x^L := (D_1 L_x)(X)$ und ein differenzierbares rechtsinvariantes Vektorfeld X^R durch $X_x^R := (D_1 R_x)(X)$. $\quad \Box$

Folgerung und Definition 11.8 (Strukturkonstanten)
Wenn man für eine Basis $X_1, \ldots, X_n$ im Raum der linksinvarianten Vektorfelder einer n-dimensionalen Lie-Gruppe die wechselseitigen Lie-Klammern wiederum in dieser Basis durch

$$[X_i, X_j] = \sum_{k=1}^{n} C_{ij}^k X_k$$

darstellt, so sind die Koeffizienten C_{ij}^k konstant. Sie heißen die **Strukturkonstanten** und hängen offensichtlich nur von der Lie-Klammer ab. Verschiedene Strukturen von Lie-Multiplikationen führen dabei zu verschiedenen Konstanten.

Beweis: In dem Vektorraum der linksinvarianten Vektorfelder kann man in jedem Punkt $[X_i, X_j]$ als Linearkombination der X_k darstellen. Aber die Koeffizienten könnten a priori vom Punkt abhängen. Dies ist aber nicht der Fall, weil jedes X_i durch seinen Wert im Einselement eindeutig bestimmt ist (nach der obigen Folgerung) und weil die Lie-Klammer von X_i und X_j bereits im Einselement festliegt. Es gilt dann jeweils

$$X_i = \big(X_i(1)\big)^L, \quad X_j = \big(X_j(1)\big)^L, \quad [X_i, X_j] = \big([X_i, X_j](1)\big)^L = [X_i(1), X_j(1)]^L.$$

Beispiele 11.9 In der Lie-Algebra $\mathfrak{so}(3)$ liefert die in 7.21 gewählte Basis E_1, E_2, E_3 die Strukturkonstanten

$$C_{12}^3 = -C_{21}^3 = 1, \quad C_{23}^1 = -C_{32}^1 = 1, \quad C_{31}^2 = -C_{13}^2 = 1,$$

wobei alle anderen C_{ij}^k verschwinden.

In der Lie-Algebra $\mathfrak{sl}(2, \mathbb{R})$ liefert die in 7.21 gewählte Basis X_0, X_1, X_2 die Strukturkonstanten

$$C_{01}^1 = -C_{10}^1 = 2, \quad C_{12}^0 = -C_{21}^0 = 1, \quad C_{20}^2 = -C_{02}^2 = 2,$$

wobei alle anderen C_{ij}^k verschwinden.

11.2 Die Lie-Ableitung von differenzierbaren Vektorfeldern

Wenn wir an die Lösungen nicht-linearer autonomer Differentialgleichungen in Kapitel 4 denken, dann haben wir es mit nicht-linearen Vektorfeldern zu tun, die auf dem $\mathbb{R}^n$ oder auf einer differenzierbaren Mannigfaltigkeit definiert sind. Völlig unabhängig von den Betrachtungen über Lie-Gruppen kann man nun je zwei zweimal stetig differenzierbaren Vektorfeldern auf einer Mannigfaltigkeit rein analytisch eine Lie-Klammer anderer Art wie folgt zuordnen:

> **Definition 11.10** (Die Lie-Algebra aller glatten Vektorfelder)
> Für zwei Vektorfelder X, Y sei deren **Lie-Klammer** $[X, Y]$ erklärt als dasjenige Vektorfeld, das als Richtungsableitung auf skalare Funktionen f durch
>
> $$[X, Y](f) = X\big(Y(f)\big) - Y\big(X(f)\big)$$
>
> wirkt. Wenn X und Y als C^∞-Vektorfelder angenommen werden, dann ist $[X, Y]$ wieder ein C^∞-Vektorfeld.
>
> Formal kann man diese Lie-Klammer auch als Kommutator $[X, Y] - XY - YX$ schreiben, wobei hier aber nicht Matrizen miteinander multipliziert werden, sondern die Produkte im Sinne des Einsetzens wie in der obigen Definition zu interpretieren sind. Wie bei Kommutatoren gilt dann die Jacobi-Identität durch dieselbe Rechnung wie nach Definition 7.19. Also ist der Raum aller beliebig oft stetig differenzierbaren Vektorfelder auf einer C^∞-Mannigfaltigkeit mit dieser Lie-Klammer eine reelle Lie-Algebra, die **Lie-Algebra aller glatten Vektorfelder**.

Lemma 11.11 *Ein linksinvariantes Vektorfeld auf einer Lie-Gruppe G ist automatisch auch differenzierbar, und zwar so oft, wie die differenzierbare Struktur das zulässt.*

Beweis: Ein differenzierbares Vektorfeld X ist linksinvariant genau dann, wenn $X(f) = (DL_g X)(f) = X(f \circ L_g)$ für jedes $g \in G$ und jede differenzierbare skalare Funktion f gilt. Die Differenzierbarkeit von X bedeutet aber gerade, dass $X(f)$ differenzierbar ist für jedes solche f. Also genügt es zu zeigen, dass die Abbildung $G \ni g \longmapsto X_1(f \circ L_g) \in \mathbb{R}$ differenzierbar ist. Dabei setzen wir $X_1 = X(1)$. Dazu sei Y irgendein differenzierbares Vektorfeld, das im Einselement mit X übereinstimmt und dort folglich dieselben Richtungsableitungen induziert. Dann ist $(0, Y)$ differenzierbar auf dem Produkt $G \times G$, und mit den differenzierbaren Inklusionen $I(g) = (g, 1)$ und $J_g(h) = (g, h)$ sowie der differenzierbaren Multiplikation $m \colon G \times G \to G$ können wir schreiben
$$X_1(f \circ L_g) = X_1(f \circ m \circ J_g) = Y_1(f \circ m \circ J_g) = (0, Y)_{(g,1)}(f \circ m) = \big((0, Y)(f \circ m)\big) \circ I(g),$$
und diese Abbildung ist differenzierbar in g. $\qquad\square$

Bemerkung 11.12 1. Im $\mathbb{R}^n$ kann man auch alternativ schreiben $[X, Y] = D_X Y - D_Y X$, wobei $D_X Y$ die Richtungsableitung von Y in Richtung X bezeichnet. Dabei gilt die Identität $D_X D_Y Z - D_Y D_X Z - D_{[X,Y]} Z = 0,$[2] die ihrerseits durch zyklische Vertauschungen die Jacobi-Identität impliziert. In Komponenten X^i, Y^j ist dann die k-te

---

[2] Für einen Beweis siehe z.B. W.Kühnel, Differentialgeometrie, Lemma 4.17.

Komponente der Lie-Klammer gleich

$$[X,Y]^k = \sum_i \left(X^i \frac{\partial Y^k}{\partial x^i} - Y^i \frac{\partial X^k}{\partial x^i} \right).$$

2. Jede Lie-Unteralgebra von Vektorfeldern muss mit X und Y auch $[X,Y]$ enthalten. Der Altmeister selbst formuliert dies in einem Satz wie folgt:

Satz 1: *Enthält eine endliche continuirliche Gruppe die beiden infinitesimalen Transformationen*

$$X(f) = \sum_{i=1}^{n} \xi_i(x_1,\ldots,x_n) \frac{\partial f}{\partial x_i}, \quad Y(f) = \sum_{i=1}^{n} \eta_i(x_1,\ldots,x_n) \frac{\partial f}{\partial x_i},$$

so enthält sie auch die infinitesimale Transformation $\quad X\big(Y(f)\big) - Y\big(X(f)\big)$."

(S.Lie, a.a.O., Band 1, S. 151)

Das Wort „endlich" bedeutet dabei „endlich-dimensional". Das Symbol f bezeichnet bei Lie allerdings etwas anderes als eine skalare Funktion. Bei ihm steht f für eine Punkttransformation als vektorielle Funktion, so dass $\frac{\partial f}{\partial x_1},\ldots,\frac{\partial f}{\partial x_n}$ eine Basis des Tangentialraumes bilden, und Xf beschreibt die betreffende infinitesimale Transformation, also das Vektorfeld. Daher setzt Lie sozusagen die eine Transformation in die andere ein und dann umgekehrt. Dennoch beschreiben die beiden optisch gleichlautenden Formeln im Kern dasselbe.

3. Auch die in Teil 1 angegebene Formel für die Komponenten von $[X,Y]$ in Abhängigkeit von denen von X und Y steht bereits explizit bei Lie:

„Bei der Rechnung mit infinitesimalen Transformationen spielen Ausdrücke von der Form

$$X(Y(f)) - Y(X(f)) = (XY)$$

eine wichtige Rolle. Sind daher Xf und Yf in der Umgebung des Punktes x_i^0 nach Potenzen der $x_i - x_i^0$ entwickelt, so liegt die Frage nahe, wie sich die Transformation (XY) in diesem Punkte verhält.

Es möge die Reihenentwickelung von Xf mit Gliedern μ-ter Ordnung beginnen, die von Yf mit solchen ν-ter, so möge also sein:

$$Xf = \sum_{k=1}^{n}(\xi_k^{(\mu)} + \cdots)\frac{\partial f}{\partial x_k}, Yf = \sum_{=1}^{n}(\eta_j^{(\nu)} + \cdots)\frac{\partial f}{\partial x_j},$$

wo die $\xi^{(\mu)}$ und die $\eta^{(\nu)}$ homogene Functionen von μ-ter bezüglich ν-ter Ordnung in den $x_i - x_i^0$ bedeuten, während die Glieder höherer Ordnung in den $x_i - x_i^0$ weggelassen sind. Die Reihenentwickelung für (XY) wird unter diesen Voraussetzungen, bei alleiniger Berücksichtigung der Glieder niedrigster Ordnung, folgende:"

$$(XY) = \sum_{j=1}^{n}\left\{ \sum_{k=1}^{n}\left(\xi_k^{(\mu)}\frac{\partial \eta_j^{(\nu)}}{\partial x_k} - \eta_k^{(\nu)}\frac{\partial \xi_j^{(\mu)}}{\partial x_k} \right) + \cdots \right\}\frac{\partial f}{\partial x_j}.$$

(S.Lie, a.a.O., Band 1, S. 193)

4. Linksinvariante Vektorfelder sind differenzierbar nach Lemma 11.11. Ferner ist die in 11.10 definierte Lie-Klammer von zwei linksinvarianten Vektorfeldern wieder linksinvariant (Übung).

5. Die so definierte Lie-Klammer $[X, Y]$ stimmt für linksinvariante Vektorfelder mit demjenigen linksinvarianten Vektorfeld überein, das durch Links-Translation von $\mathrm{ad}(X_1)(Y_1)$ entsteht. Dies wird weiter unten in Lemma 11.18 gezeigt.

6. Für je zwei Koordinaten-Vektorfelder $X = \frac{\partial}{\partial x_i}, Y = \frac{\partial}{\partial x_j}$ auf einer C^∞-Mannigfaltigkeit verschwindet die Lie-Klammer, weil $X(Y(f))$ mit der zweiten partiellen Ableitung $\frac{\partial^2 f}{\partial x_i \partial x_j}$ übereinstimmt, welche nach der Schwarzschen Regel symmetrisch in i und j ist.

7. Obwohl der Raum aller Vektorfelder keine endliche Dimension hat als $\mathbb{R}$-Vektorraum, so kann man dennoch endlich-dimensionale Unterräume davon betrachten, die gegen die Lie-Klammer abgeschlossen sind. Diese verhalten sich dann in ihrer Gesamtheit so wie der Raum der linksinvarianten Vektorfelder, auch hinsichtlich der Strukturkonstanten in 11.8. Dies erkannt zu haben, ist sicher eines der großen Verdienste von Lie. Zu dem Thema führt der Altmeister folgendes aus:

„Es seien r unabhängige infinitesimale Transformationen

$$X_k f = \sum_{\nu=1}^{n} \xi_{k\nu}(x_1, \ldots, x_n) \frac{\partial f}{\partial x_\nu} \qquad (k = 1, \ldots, r)$$

vorgelegt, welche paarweise Relationen von der Form

$$X_i(X_k(f)) - X_k(X_i(f)) = (X_i X_k) = \sum_{s=1}^{r} c_{iks} X_s(f) \qquad (i, k = 1, \ldots, r)$$

mit gewissen Constanten c_{iks} befriedigen, sodass also nach Theorem 24, S. 158[3] der Inbegriff aller eingliedrigen Gruppen von der Form

$$\lambda_1 X_1(f) + \cdots + \lambda_r X_r(f)$$

eine r-gliedrige Gruppe bildet. Wir werden zeigen, dass die Constanten c_{iks} in den obigen Relationen ihrerseits durch gewisse Gleichungen verknüpft sind."

(S. Lie, a.a.O., Band 1, S. 169)

Bis auf die runden statt eckigen Klammern ist das genau die heute noch übliche Schreibweise

$$X_i(X_k(f)) - X_k(X_i(f)) = [X_i, X_k](f) = \sum_{s=1}^{r} C_{ik}^s X_s(f) \qquad (i, k = 1, \ldots, r)$$

für die Lie-Klammer von differenzierbaren Vektorfeldern, wobei diese allerdings als Ableitungsoperatoren auf skalaren Funktionen f (oder Funktionskeimen) aufgefasst werden.

Die angekündigten Gleichungen zwischen den Strukturkonstanten ergeben sich einfach aus der Schiefsymmetrie einerseits und der Jacobi-Identität andererseits:

---

[3]Dieses Theorem enthält im Wesentlichen dieselbe Aussage und dieselben Formeln.

> **Folgerung 11.13** *Die Strukturkonstanten C_{ij}^k erfüllen die Gleichungen*
>
> *1.* $C_{ij}^k = -C_{ji}^k$
>
> *2.* $\sum_l \left(C_{ij}^l C_{lk}^m + C_{jk}^l C_{li}^m + C_{ki}^l C_{lj}^m \right) = 0$,
>
> *jeweils für alle auftretenden Indizes i, j, k, m.*

Dabei ist Teil 1 offensichtlich, und für Teil 2 muss man nur die Terme der iterierten Lie-Klammern auswerten mit zyklischer Vertauschung der Indizes i, j, k:

$$[[X_i, X_j], X_k] = \left[\sum_l C_{ij}^l X_l, X_k \right] = \sum_l C_{ij}^l \sum_m C_{lk}^m X_m = \sum_m \left(\sum_l C_{ij}^l C_{lk}^m \right) X_m$$

Rückblick: Im Falle von linearen infinitesimalen Transformationen (also linearen Vektorfeldern im $\mathbb{R}^n$) gilt für die durch die Exponentialreihe definierten 1-Parametergruppen von Punkttransformationen $(t, \mathbf{x}) \mapsto \exp(tX) \cdot \mathbf{x}$ und $(s, \mathbf{x}) \mapsto \exp(sY) \cdot \mathbf{x}$ in Abhängigkeit von t und s das Folgende: In der Notation von Lie sind die Vektorfelder $X(f), Y(f)$ dann gerade durch die linearen Vektorfelder $\mathbf{x} \mapsto X \cdot \mathbf{x}$ bzw. $\mathbf{x} \mapsto Y \cdot \mathbf{x}$ mit konstanten Matrizen X, Y beschrieben. Es verwundert nicht, dass wir als Lie-Klammer $[X, Y](f) = X\big(Y(f)\big) - Y\big(X(f)\big)$ das herausbekommen, was wir schon als Kommutator kennen, allerdings mit dem anderen Vorzeichen, also als das lineare Vektorfeld

$$\mathbf{x} \mapsto YX \cdot \mathbf{x} - XY \cdot \mathbf{x},$$

vgl. Folgerung 11.16. Zwei konstante Vektorfelder liefern stets eine verschwindende Lie-Klammer. Es geht hier aber auch um nichtlineare infinitesimale Transformationen, die durch irgendwie definierte differenzierbare Vektorfelder beschrieben werden. Dazu wiederholen wir noch einmal einen Begriff aus Kapitel 4 für abstrakte Mannigfaltigkeiten und damit auch für Lie-Gruppen.

> **Definition 11.14** (Fluss eines Vektorfeldes)
> Der (lokale) Fluss eines auf einer differenzierbaren Mannigfaltigkeit M definierten Vektorfeldes V ist eine Familie $\Phi_t : M \supset M_t' \to M$ von auf gewissen offenen Teilmengen $M_t' \subset M$ definierten differenzierbaren Abbildungen derart, dass die folgenden Bedingungen erfüllt sind:
>
> 1 $\Phi_0 = id$ (Identität)
>
> 2 $\Phi_{t+s} = \Phi_t \circ \Phi_s$ für alle t, s, für die Φ_t, Φ_s und $\Phi_t \circ \Phi_s$ definiert sind.
>
> 3 $\frac{\partial \Phi_t}{\partial t}\big|_{t=0}(p) = V_p$ in jedem Punkt p.

Der Fluss ist eindeutig bestimmt durch ein System gewöhnlicher Differentialgleichungen. Dabei muss Φ_t nur für alle t in einer Umgebung von $t = 0$ erklärt sein. Der Definitionsbereich M_t' kann jeweils von t abhängen. Falls $M_t' = M$ für jedes $t \in \mathbb{R}$ gewählt werden kann, spricht man von einem **globalen Fluss**, und das Vektorfeld (bzw. der Fluss) heißt **vollständig**.

Der Fluss entspricht nicht nur eineindeutig dem Vektorfeld, sondern ermöglicht auch eine Berechnung der Lie-Klammer zweier Vektorfelder in folgendem Sinne:

Satz 11.15 *Wenn für zwei gegebene mindestens zweimal stetig differenzierbare Vektorfelder X, Y der lokale Fluss von X mit Φ_t bezeichnet wird, dann lässt sich die Lie-Klammer von X und Y im Sinne von Definition 11.10 wie folgt ausdrücken:*

$$[X,Y]_p = \lim_{t \to 0} \frac{1}{t} \left(Y_{\Phi_t(p)} - \left((D_p \Phi_t) Y \right)_{\Phi_t(p)} \right)$$

Beweis: Es sei f eine reelle zweimal stetig differenzierbare Funktion, die in einer gewissen Umgebung U eines Punktes p definiert ist. Dann gilt

$$[X,Y]_p(f) = (XY - YX)_p(f) = X_p(Yf) - Y_p(Xf).$$

Wenn wir die zweimal stetig differenzierbare Funktion $h(t,q)$ für hinreichend kleine $|t|$ und $q \in U$ durch $h(t,q) := f(\Phi_t(q)) - f(q)$ erklären, dann gilt jedenfalls $h(0,q) = 0$ für alle q. Folglich gibt es eine stetig differenzierbare Funktion $g(t,q)$ mit $h(t,q) = tg(t,q)$. Man kann dazu einfach $g(t,q) = \int_0^1 \frac{\partial h(ts,q)}{\partial (ts)} ds$ für $t \neq 0$ setzen sowie $g(0,q) = \frac{\partial h(t,q)}{\partial t}\big|_{t=0}$. Damit gilt dann

$$(f \circ \Phi_t)(q) = f(q) + tg(t,q) \text{ und } g(0,q) = \frac{\partial}{\partial t}(f \circ \Phi_t)(q) = (Xf)(q).$$

Andererseits haben wir durch Ableitung der letzten Gleichung nach Y

$$\left((D_q \Phi_t Y)(f) \right)\big|_{\Phi_t(q)} = \left(Y(f \circ \Phi_t) \right)\big|_q = (Yf)\big|_q + t(Yg)\big|_{(t,q)}.$$

Damit folgt

$$X_p(Yf) - Y_p(Xf) = \lim_{t \to 0} \frac{1}{t} \left((Yf)\big|_{\Phi_t(p)} - (Yf)\big|_p \right) - (Yg)\big|_{(0,p)}$$

$$= \lim_{t \to 0} \frac{1}{t} \left(Yf\big|_{\Phi_t(p)} - (D_p \Phi_t Y)(f)\big|_{\Phi_t(p)} + t(Yg)\big|_{(t,p)} \right) - (Yg)\big|_{(0,p)}$$

$$= \lim_{t \to 0} \frac{1}{t} \left(Yf\big|_{\Phi_t(p)} - (D_p \Phi_t Y)(f)\big|_{\Phi_t(p)} \right),$$

also die behauptete Gleichung für beliebiges f. $\qquad\qquad\square$

Folgerung 11.16 (lineare Vektorfelder)
Es seien V, W zwei lineare Vektorfelder auf einem offenen Teil des $\mathbb{R}^n$, d. h. für zwei konstante Matrizen A, B gelte $V_x = A \cdot \mathbf{x}$ und $W_x = B \cdot \mathbf{x}$. Dann ist die Lie-Klammer im Sinne von Definition 11.10 die folgende:

$$[V,W]_x = (BA - AB) \cdot \mathbf{x}.$$

Man beachte die Vertauschung der Reihenfolge.

Beweis: Wir verwenden den obigen Satz 11.15. Der Fluss Φ_t von V ist

$$\Phi_t(\mathbf{x}) = \exp(tA) \cdot \mathbf{x}$$

mit der Ableitung $D\Phi_t = \exp(tA)$ (unabhängig vom Punkt). Also erhalten wir

$$[V,W]_x = \lim_{t \to 0} \frac{1}{t} \left(B \cdot \Phi_t(\mathbf{x}) - D\Phi_t(B \cdot \mathbf{x}) \right) = \lim_{t \to 0} \frac{1}{t} \left(B \cdot \exp(tA) \cdot \mathbf{x} - \exp(tA) \cdot B \cdot \mathbf{x} \right)$$

$$= \lim_{t \to 0} \frac{1}{t} \Big(B \cdot (E + tA + O(t^2)) - (E + tA + O(t^2)) \cdot B \Big) \cdot \mathbf{x} = (BA - AB) \cdot \mathbf{x}. \qquad \square$$

Bemerkung: Ein einzelnes differenzierbares und nirgends verschwindende Vektorfeld X auf einer Mannigfaltigkeit kann lokal als $X = \frac{\partial}{\partial t}$ gedeutet werden für eine Koordinatenfunktion t. Dazu betrachtet man ein Stück einer Hyperfläche, auf dem X niemals tangential ist, und erklärt die Koordinatenfunktion t durch das Bild desselben unter dem Fluss Φ_t von X. Die übrigen Koordinaten kann man auf dem Hyperflächenstück beliebig wählen.

Dagegen ist es *nicht* immer möglich, zwei linear unabhängige Vektorfelder X, Y simultan als Koordinatenfelder $X = \frac{\partial}{\partial u}, Y = \frac{\partial}{\partial v}$ zu deuten. Eine notwendige (und lokal auch hinreichende) Bedingung dafür ist das Verschwinden der Lie-Klammer $[X, Y] = 0$. Entsprechendes gilt für mehr als zwei Vektorfelder. Dies folgt aus dem Satz von Frobenius:

Satz von Frobenius (vgl. den Anhang in Kapitel 18)
Eine k-dimensionale Distribution im Tangentialbündel einer n-dimensionalen Mannigfaltigkeit besitzt dann und nur dann eine k-dimensionale Integralmannigfaltigkeit, wenn sie abgeschlossen gegen die Lie-Klammer (beliebiger Vektorfelder daraus) ist.

Dabei ist eine *Distribution* nichts anderes als eine Zuordnung

$$p \mapsto N_p^k \subseteq T_p M$$

mit einem k-dimensionaler Unterraum N_p^k in jedem Punkt. Eine *Integralmannigfaltigkeit* ist (lokal) erklärt als eine Untermannigfaltigkeit $N \subseteq M$ so, dass $N_p^k = T_p N$ in jedem Punkt $p \in N$ gilt. Wenn eine solche existiert, dann heißt die Distribution *integrabel*.

Wenn wir also zwei in jedem Punkt linear unabhängige Vektorfelder X und Y betrachten, dann erzeugen sie eine 2-dimensionale Distribution, die punktweise durch den linearen Spann von X und Y erklärt wird. Wenn aber X und Y tangential an eine 2-dimensionale Integralmannigfaltigkeit N sind, dann gilt nach dem Satz von Frobenius notwendig, dass auch $[X, Y]$ tangential an N sein muss, also $[X, Y] = aX + bY$ mit gewissen Funktionen a, b. Wenn darüberhinaus $X = \frac{\partial}{\partial u}$ und $Y = \frac{\partial}{\partial v}$ gelten soll für zwei Koordinatenfunktionen u, v, dann müssen a und b beide identisch verschwinden wegen $[\frac{\partial}{\partial u}, \frac{\partial}{\partial v}] = 0$.

Folgerung 11.17 (Fluss von linksinvarianten Vektorfeldern)
Der Fluss Φ_t eines linksinvarianten bzw. rechtsinvarianten Vektorfeldes V erfüllt die Gleichung

$$\Phi_t = R(\Phi_t(\mathbf{1})) \quad bzw. \quad \Phi_t = L(\Phi_t(\mathbf{1})).$$

Er wirkt somit durch Rechts-Translationen bzw. Links-Translationen. Genauer gilt $\Phi_t(g) = g \cdot \Phi_t(\mathbf{1})$ bzw. $\Phi_t(g) = \Phi_t(\mathbf{1}) \cdot g$.

Beweis: Wir nehmen zunächst an, dass V linksinvariant ist.
Es gilt $\frac{\partial \Phi_t}{\partial t}\big|_{t=0} = V$ nach Definition. Wenn wir mit

$$x(t) := L_x(\Phi_t(\mathbf{1})) = x \cdot \Phi_t(\mathbf{1}) = R(\Phi_t(\mathbf{1}))(x)$$

die Links-Translation um x der Integralkurve durch das Einselement bezeichnen, dann gilt $x(0) = x$ und

$$\frac{d}{dt}(x(t)) = \frac{d}{dt} L_x(\Phi_t(\mathbf{1})) = DL_x\big|_{\Phi_t(\mathbf{1})}\Big(\frac{d}{dt}\Phi_t(\mathbf{1})\Big)$$

$$= DL_x|_{\Phi_t(\mathbf{1})}\Big(V(\Phi_t(\mathbf{1}))\Big) \overset{\text{linksinv.}}{=} V(L_x(\Phi_t(\mathbf{1}))) = V(x(t))$$

für alle t, für die die Ausdrücke definiert sind. Es folgt $R(\Phi_t(\mathbf{1}))(x) = x(t) = \Phi_t(x)$ für alle t, x (und $x(t)$ ist gleichzeitig die Integralkurve durch x), weil beide Seiten Lösungen derselben Differentialgleichung mit derselben Anfangsbedingung sind. Man beachte, dass sich gewissermaßen rechts und links vertauschen durch die Vertauschung der beiden Argumente x und t. Analoges gilt, falls V rechtsinvariant ist. $\qquad\qquad\square$

Die Lie-Klammer für Vektorfelder $[X, Y](f) = X(Yf) - Y(Xf)$ aus Definition 11.10 ist a priori nicht identisch mit der Lie-Klammer für Elemente der Lie-Algebra $\mathfrak{g} = T_1 G$, die wir bisher betrachtet haben. Aber für linksinvariante Vektorfelder liefern beide Definitionen dasselbe Vektorfeld. Mit anderen Worten: Dasjenige linksinvariante Vektorfeld, das aus der punktal gebildeten (sozusagen *algebraischen*) Lie-Klammer $[X, Y] = \mathrm{ad}(X)(Y)$ in $\mathfrak{g} = T_1 G$ resultiert, stimmt überein mit der (sozusagen *analytischen*) Lie-Klammer der beiden von X und Y induzierten linksinvarianten Vektorfelder X^L und Y^L gemäß Definition 11.10. Dies ist der Inhalt des folgenden Lemmas.

Lemma 11.18 *Für zwei Elemente $X, Y \in \mathfrak{g} = T_1 G$ stimmen die beiden Definitionen der Lie-Klammer überein, d.h. es gilt*

$$X^L(Y^L(f)) - Y^L(X^L(f)) = [X^L, Y^L](f) = [X, Y]^L(f) = (\mathrm{ad}(X)(Y))^L(f)$$

für jede differenzierbare reelle Funktion f.

Beweis: Der Beweis verwendet ganz wesentlich die Flüsse Φ, Ψ der beiden Vektorfelder X^L, Y^L, deren Flusslinien durch das Einselement wir durch $h_X(s) = \Phi(s, \mathbf{1})$ bzw. $h_Y(t) = \Psi(t, \mathbf{1})$ beschreiben können. Nach dem Ergebnis von Folgerung 11.17 gilt dann

$$h_X(s) \cdot h_Y(t) = h_X(s) \cdot \Psi(t, \mathbf{1}) = \Psi(t, h_X(s)),$$

entsprechend

$$h_Y(t) \cdot h_X(s) = h_Y(t) \cdot \Phi(s, \mathbf{1}) = \Phi(s, h_Y(t)),$$

analog für andere Produkte.

Wegen der Linksinvarianz genügt es, die behauptete Gleichung im Einselement nachzuweisen. Wenn wir eine Abbildung $h(s, t)$ in zwei reellen Veränderlichen s, t wie folgt definieren

$$h(s, t) := \mathbf{Ad}(h_X(s))(h_Y(t)) = h_X(s) \cdot h_Y(t) \cdot h_X(-s),$$

so ergibt sich durch Ableiten erst nach t und dann nach s

$$\mathrm{Ad}(h_X(s))(Y) = \frac{\partial}{\partial t}\Big|_{t=0} h(s, t) \quad \text{und} \quad \mathrm{ad}(X)(Y) = \frac{\partial}{\partial s}\Big|_{s=0} \frac{\partial}{\partial t}\Big|_{t=0} h(s, t).$$

Wir wollen nun den Tangentialvektor $\mathrm{ad}(X)(Y)$ im Einselement auswerten auf der Funktion f, was gerade bedeutet, die Richtungsableitung von f in Richtung $\mathrm{ad}(X)(Y)$ zu bestimmen. Man kann sich überlegen, dass diese Richtungsableitung sich als

$$(\mathrm{ad}(X)(Y))(f) = \frac{\partial^2}{\partial s \partial t}\Big|_{t=s=0} f(h(s, t))$$

schreiben lässt, ein Ausdruck, der nur von den ersten und zweiten Ableitungen von f im Einselement der Gruppe abhängt. Jetzt müssen wir diese Ableitung nur noch auswerten, d. h. wir müssen den folgenden Grenzwert ausrechnen:

$$\frac{\partial^2}{\partial s \partial t}\Big|_{t=s=0} f(h(s,t))$$

$$= \lim_{s\to 0} \frac{1}{s}\left(\lim_{t\to 0}\left(\frac{1}{t}(f(h_X(s)\cdot h_Y(t)\cdot h_X(-s)) - f(h_X(s)\cdot h_X(-s)))\right) - \lim_{t\to 0}\frac{1}{t}(f(h_Y(t)) - f(\mathbf{1}))\right)$$

Nach Definition gilt $\frac{d}{dt}\big|_{t=0} h_Y(t) = Y^L$ und folglich

$$\lim_{t\to 0}\frac{1}{t}(f\circ h_Y - f) = \frac{d}{dt}\big|_{t=0} f(h_Y(t)) = Y^L(f),$$

analog

$$\lim_{s\to 0}\frac{1}{s}(f\circ h_X - f) = \frac{d}{ds}\big|_{s=0} f(h_X(s)) = X^L(f).$$

Wir verwenden nun die Gleichung $h_X(-s) = h_{-X}(s)$ und zerlegen den obigen Grenzwert in vier einzelne Summanden mit dem Resultat

$$\lim_{s\to 0}\lim_{t\to 0}\frac{1}{st}\Big(\big(f(h_X(s)\cdot h_Y(t)\cdot h_X(-s)) - f(h_Y(t)\cdot h_X(-s))\big)$$

$$+ \big(f(h_Y(t)\cdot h_X(-s)) - f(h_X(-s))\big) + \big(f(h_X(-s)) - f(\mathbf{1})\big) - \big(f(h_Y(t)) - f(\mathbf{1})\big)\Big)$$

$$= \lim_{t\to 0}\frac{1}{t}\Big(X^L(f\circ h_Y) + (-X^L)(f)\Big) + \lim_{s\to 0}\frac{1}{s}\Big(Y^L(f\circ h_{-X} - Y^L(f)\Big)$$

$$= X^L(Y^L(f)) - Y^L(X^L(f)),$$

wie behauptet. Dabei sind jeweils der erste und der dritte Summand sowie der zweite und der vierte unter einem Limes-Zeichen zusammengefasst worden. $\qquad\square$

Definition 11.19 (Lie-Ableitung, Derivation)
Man kann für $X \in \mathfrak{g}$ den Operator $\mathrm{ad}\,(X)$ als **Lie-Ableitung in Richtung** X interpretieren, die auf $\mathfrak{g}$ als $\mathbb{K}$-lineare Abbildung operiert und für die die Produktregel

$$(\mathrm{ad}\,X)([Y,Z]) = [(\mathrm{ad}\,X)(Y), Z] + [Y, (\mathrm{ad}\,X)(Z)]$$

gilt, die zur Jacobi-Identität äquivalent ist, vgl. Übungsaufgabe 1 in Kapitel 10. Im Hinblick auf die gewöhnliche Produktregel in der Analysis $(f\cdot g)' = f'\cdot g + f\cdot g'$ nennt man einen Operator $\delta\colon \mathfrak{g}\to\mathfrak{g}$ auch eine **Derivation** (d.h. einen abstrakten Ableitungs-Operator), wenn die analoge Produktregel $\delta([Y,Z]) = [\delta(Y),Z]+[Y,\delta(Z)]$ für die Lie-Klammer erfüllt ist, und interpretiert so $\mathrm{ad}\,(X)$ als eine **innere Derivation** analog zu inneren Automorphismen bei Gruppen.

Zudem kann man für ein differenzierbares Vektorfeld X die Lie-Klammer $[X,-]$ als **Lie-Ableitung in Richtung** X erklären, die jetzt aber auf dem Vektorraum der beliebig oft differenzierbaren Vektorfelder operiert. Als Schreibweise dafür hat sich $\mathcal{L}_X Y = [X,Y]$ eingebürgert.

Für skalare Funktionen f hat man eine **Lie-Ableitung in Richtung** X durch $\mathcal{L}_X f = X(f)$, die mit der gewöhnlichen Richtungsableitung übereinstimmt.

Analog kann man auch Lie-Ableitungen für Tensorfelder definieren, zum Beispiel für 1-Formen ω durch $(\mathcal{L}_X \omega)(Y) = X(\omega(Y)) - \omega(\mathcal{L}_X Y)$.

BEMERKUNG: In der Differentialgeometrie interpretiert man das Verschwinden der Lie-Ableitung eines Tensorfeldes in Richtung X als die (infinitsimale) Konstanz des Tensorfelder entlang der Flusslinien von X. Beispielsweise bedeutet für eine Riemannsche Metrik g das Verschwinden von $\mathcal{L}_X g$, dass das Vektorfeld X **isometrisch** ist (auch *Killing-Vektorfeld* genannt), dass also der Fluss die Metrik bewahrt. Das Vektorfeld X selbst wird dann auch als eine *infinisimale Isometrie* interpretiert.

Übungsaufgaben

1. Man zeige, dass die in Definition 11.10 erklärte Lie-Klammer je zweier linksinvarianter Vektorfelder wieder linksinvariant ist.

   Hinweis: Die Gleichung $X_{gh}(f) = (DL_g X_h)_{gh}(f) = X_h(f \circ L_g)$ aus dem Beweis von Lemma 11.11.

2. Zwischen Vektorfeldern X und 1-Formen ω gibt es eine nichtdegenerierte Bilinearform $(X, \omega) \mapsto \omega(X)$, sozusagen als Auswertungsabbildung. Man überlege, wie eine Produktregel für die Lie-Ableitung dabei aussehen müsste.

3. Man zeige, dass jede Linearform auf der Lie-Algebra $\mathfrak{g}$ einer Lie-Gruppe G eindeutig eine linksinvariante 1-Form induziert und umgekehrt.

   Hinweis: Wenn $f\colon M \to N$ differenzierbar ist, und wenn ω eine gegebene 1-Form auf N ist dann ist $f^*\omega$ eine 1-Form auf M, definiert durch $f^*\omega(X) = \omega(Df(X))$ für jede Vektorfeld X. Genauer hat man $(f^*\omega)_p(X_p) = \omega_{f(p)}(D_p f(X_p))$ in jedem Punkt p. Man wende dieses auf die Links-Translationen $L_g\colon G \to G$ an.

4. Man zeige: Wenn die linearen Transformationen $\mathbf{x} \mapsto A_1 \cdot \mathbf{x}$ und $\mathbf{x} \mapsto A_2 \cdot \mathbf{x}$ mit konstanten quadratischen Matrizen A_1, A_2 miteinander kommutieren (also wenn $A_1 A_2 = A_2 A_1$ gilt), dann kommutieren auch die beiden Flüsse Φ_t^1 und Φ_t^2 der beiden linearen Vektorfelder V_1, V_2 miteinander. Insbesondere gilt in diesem Fall $[V_1, V_2] = 0$ für die durch Definition 11.10 erklärte Lie-Klammer.

5. Man zeige, dass die Behauptung der vorangehenden Aufgabe für affin-lineare Transformationen nicht mehr gilt:

   Die lineare Transformation $A\mathbf{x} = \left(\begin{smallmatrix} 1 & 1 \\ 0 & 1 \end{smallmatrix}\right)\mathbf{x}$ und die Translation $B\mathbf{x} = \mathbf{x} + \left(\begin{smallmatrix} 1 \\ 0 \end{smallmatrix}\right)$ kommutieren miteinander, aber die betreffenden Flüsse kommutieren nicht. Die beiden Vektorfelder sind in diesem Fall $V_1 = \left(\begin{smallmatrix} x+y \\ y \end{smallmatrix}\right), V_2 = \left(\begin{smallmatrix} 1 \\ 0 \end{smallmatrix}\right)$. Tatsächlich gilt hier $[V_1, V_2] \neq 0$.

6. Man berechne die Lie-Klammer der beiden auf dem $\mathbb{R}^2$ definierten Vektorfelder $V\left(\begin{smallmatrix} x \\ y \end{smallmatrix}\right) = \left(\begin{smallmatrix} x+2y \\ y \end{smallmatrix}\right)$ und $W\left(\begin{smallmatrix} x \\ y \end{smallmatrix}\right) = \left(\begin{smallmatrix} 4x \\ x+y \end{smallmatrix}\right)$ auf zwei Arten:

   (a) Direkt durch Berechnung aller partiellen Ableitungen

   (b) Unter Verwendung von Folgerung 11.16.

   Hinweis: Das Vektorfeld $Z\left(\begin{smallmatrix} x \\ y \end{smallmatrix}\right) = \left(\begin{smallmatrix} y \\ 0 \end{smallmatrix}\right)$ liefert zum Beispiel die Richtungsableitung $Z(f) = y f_x$ für jede differenzierbare reelle Funktion f.

7. Es seien X, Y zwei überall linear unabhängige C^∞-Vektorfelder derart, dass die beiden Flüsse Φ_t^X und Φ_s^Y miteinander kommutieren: $\Phi_t^X \circ \Phi_s^Y = \Phi_s^Y \circ \Phi_t^X$ für alle hinreichend kleinen $|t|, |s|$. Man zeige, dass dann die Lie-Klammer $[X, Y]$ im Sinne von Definition 11.10 identisch verschwindet.

8. Es bezeichne $\mathbf{V}(\mathbb{R}^n)$ die Lie-Algebra aller glatten Vektorfelder auf dem $\mathbb{R}^n$. Man zeige: Die Abbildung $\Theta : \mathfrak{gl}(n, \mathbb{R}) \to \mathbf{V}(\mathbb{R}^n)$, definiert durch $\Theta(A)(\mathbf{x}) = A \cdot \mathbf{x}$, ist ein injektiver Vektorraum-Homomorphismus, der zusätzlich die Lie-Klammer bewahrt bis aufs Vorzeichen.

9. Man zeige: Auf dem Vektorraum der beliebig oft differenzierbaren Funktionen $f : \mathbb{R} \to \mathbb{R}$ definiert $[f, g] := f'g - fg'$ die Struktur einer Lie-Algebra.

10. Man zeige, dass der $\mathbb{R}$-Vektorraum aller beliebig oft differenzierbaren reellen Funktionen auf einer offenen Teilmenge $U \subset \mathbb{R}^{2n}$ zu einer Lie-Algebra wird durch die **Poisson-Klammer**

$$\{f, g\} = \sum_{i=1}^{n} \left(\frac{\partial f}{\partial q_i} \frac{\partial g}{\partial p_i} - \frac{\partial f}{\partial p_i} \frac{\partial g}{\partial q_i} \right),$$

wobei die Koordinaten eines Punktes in U durch $(p_1, \ldots, p_n, q_1, \ldots, q_n)$ beschrieben werden.

11. Für die Lie-Ableitung, als Endomorphismus $X \mapsto \mathcal{L}_X$ der Lie-Algebra der glatten Vektorfelder betrachtet, kann man den Kommutator $[\mathcal{L}_X, \mathcal{L}_Y] = \mathcal{L}_X \circ \mathcal{L}_Y - \mathcal{L}_Y \circ \mathcal{L}_X$ einführen, vgl. Folgerung 10.6. Man zeige für alle X, Y die Identität

$$[\mathcal{L}_X, \mathcal{L}_Y] = \mathcal{L}_{[X,Y]}.$$

Dies kann man so interpretieren, dass die Lie-Ableitung einen Homomorphismus von Lie-Algebren mit $\mathcal{L}(X) = \mathcal{L}_X$ definiert.

Hinweis: Jacobi-Identität.

12. Wir betrachten den $\mathbb{R}^n$ mit dem euklidischen Skalarprodukt, der Standard-ON-Basis $E_1, \ldots, E_n$, den dazu dualen 1-Formen $dx^1, \ldots, dx^n$ und der Standard-Volumenform $dV = dx^1 \wedge \cdots \wedge dx^n$, für die $dV(E_1, \ldots, E_n) = 1$ gilt. Für eine n-Form ω erklärt man die Lie-Ableitung in Richtung X durch

$$(\mathcal{L}_X \omega)(Y_1, \ldots, Y_n) = X\big(\omega(Y_1, \ldots, Y_n)\big) - \textstyle\sum_i \omega\big(Y_1, \ldots, Y_{i-1}, \mathcal{L}_X Y_i, Y_{i+1}, \ldots Y_n\big),$$

analog zu der Produktregel in Aufgabe 2. Ferner bezeichne für ein Vektorfeld $X = \sum_i X^i E_i$ der Ausdruck $\mathrm{div} X$ die übliche *Divergenz* im $\mathbb{R}^n$

$$\mathrm{div} X = \sum_i \frac{\partial X^i}{\partial x^i}.$$

Man zeige die Gleichung $\mathcal{L}_X(dV) = (\mathrm{div} X) dV$.

Hinweis: Es genügt, beide Seiten der Gleichung für $Y_i = E_i$ auszuwerten.

Kapitel 12

1-Parameter-Untergruppen und die Exponentialabbildung

Ziel dieses Abschnitts ist es zunächst, auch für abstrakte Lie-Gruppen G mit der Lie-Algebra $\mathfrak{g} = T_1 G$ eine Exponentialabbildung $\exp: \mathfrak{g} \to G$ zu definieren, die die gleichen Eigenschaften wie die Exponentialreihe von Matrizen besitzt, für die also dieselben Rechenregeln gelten. Sie soll analog den Tangentialraum im Einselement in die Gruppe G hinein abbilden mit $0 \mapsto 1$, so dass das Exponentialgesetz wenigstens für Vektoren tX und sX gilt bzw. für X, Y mit $[X, Y] = 0$ (nicht allgemein für beliebige X, Y). Dazu machen wir Gebrauch von jener Differentialgleichung $\frac{d}{dt} Y(t) = X \cdot Y(t)$, die bei Matrizengruppen für festes X durch den Potenzreihenansatz $Y(t) = \exp(tX) = \sum_n \frac{1}{n!}(tX)^n$ gelöst wird. Die Flusslinien bzw. Integralkurven dieser Differentialgleichung helfen dabei, die Exponentialabbildung zu erklären.

Es bezeichnet stets G eine Lie-Gruppe mit zugehöriger Lie-Algebra $\mathfrak{g}$, falls nichts anderes gesagt wird.

12.1 1-Parameter-Untergruppen und Potenzen

Satz und Definition 12.1 (1-Parameter-Untergruppe)

Es sei $X \in \mathfrak{g}$ fest gewählt. Dann existiert ein eindeutiger (global definierter) Homomorphismus

$$h_X : (\mathbb{R}, +) \to (G, \cdot),$$

der differenzierbar ist und $\left. \dfrac{dh_X}{dt} \right|_{t=0} = X$ *erfüllt.*

Ferner stimmt das Bild von h_X überein mit der Flusslinie des von X erzeugten linksinvarianten Vektorfeldes X^L (bzw. rechtsinvarianten Vektorfeldes X^R), die im Einselement $\mathbf{1}$ mit dem Parameter $t = 0$ startet.

Ferner gilt für jedes $a \in \mathbb{R}, X \in \mathfrak{g}$ mit $a \neq 0, X \neq 0$ die Gleichung

$$h_{aX}(t) = h_X(at) \quad \text{sowie insbesondere} \quad h_{-X}(t) = h_X(-t).$$

Jeder solche Homomorphismus h (bzw. das Bild von h als Untergruppe von G) heißt auch eine 1-Parameter-Untergruppe *von G.*

Beweis: Es bezeichne Φ_t^X den Fluss des linksinvarianten Vektorfeldes X^L. Dann setzen wir $h_X(t) := \Phi_t^X(1)$. Damit erhalten wir eine stetig differenzierbare Abbildung h_X mit $h_X(0) = 1$ und

$$\frac{dh_X}{dt}\bigg|_{t=0} = X$$

sowie

$$h_X(t + s) = \Phi_{t+s}^X(1) = \Phi_t^X(\Phi_s^X(1)) = \Phi_t^X(h_X(s)) = h_X(s) \cdot h_X(t).$$

Dabei gilt die letzte Gleichung nach der obigen Folgerung 11.17. Man beachte die Vertauschbarkeit $t + s \mapsto s + t$. Eine 1-Parameter-Untergruppe ist daher stets abelsch. Für h_{aX} und h_X gilt

$$\frac{dh_{aX}(t)}{dt}\bigg|_{t=0} = aX = a\frac{dh_X(t)}{dt}\bigg|_{t=0} = \frac{dh_X(at)}{dt}\bigg|_{t=0},$$

also muss wegen der Eindeutigkeit der Lösung $h_{aX}(t) = h_X(at)$ gelten. Mit dem Fluss des rechtsinvarianten Vektorfeldes X^R kommen wir auf dasselbe Ergebnis. $\square$

Geometrische Interpretation: Wir können uns $\mathfrak{g}$ als die Vereinigungsmenge aller Geraden g durch den Ursprung vorstellen. Jede Gerade g wird von Vektoren $X \neq 0$ aufgespannt, wobei je zwei solche Vektoren dieselbe Gerade liefern, wenn sie linear abhängig sind. Dann wird jede dieser Geraden auf das Bild $h_X(\mathbb{R}) \subset G$ abgebildet, also es wird ganz $\mathfrak{g}$ auf diese Weise nach G hinein abgebildet, und zwar so, dass entlang jeder Geraden stets das Exponentialgesetz $h_X(t + s) = h_X(t) \cdot h_X(s)$ gilt.

In der Differentialgeometrie definiert man eine ganz ähnlich strukturierte Exponentialabbildung $\exp_p: T_pM \to M$ für einen festen Punkt $p \in M$ in einer Riemannschen Mannigfaltigkeit M. Dabei geht jede Gerade im Tangentialraum T_pM in die geodätische Linie durch p in Richtung eines festen (Einheits-)Tangentialvektors in p über, vgl. W.KÜHNEL, *Differentialgeometrie*, Abschnitt 5D.

Folgerung 12.2   (reelle Potenzen von Gruppen-Elementen)
Wenn ein Element $x \in G$ im Bild einer dieser 1-Parameter-Untergruppen h_X liegt, etwa $x = h_X(t)$, dann kann man für jedes $a \in \mathbb{R}$ die Potenz x^a erklären als

$$x^a = h_{aX}(t) = h_X(at).$$

Insbesondere kann man in gleicher Weise Wurzeln erklären wie in Abschnitt 6.3 für Matrizen.

Beweis: Für ganzzahliges a folgt sofort

$$h_X(at) = h_X(t + \cdots + t) = h_X(t) \cdot \;\cdots\; \cdot h_X(t) = \big(h_X(t)\big)^a = x^a,$$

und dies ist klarerweise die a-te Potenz von x. Allgemein hat man eben das Element

$$x^a = \big(h_X(t)\big)^a := h_X(at).$$

Es gilt dann auch das **Potenzgesetz** $x^{a+b} = h_X((a + b)t) = h_X(at) \cdot h_X(bt) = x^a \cdot x^b$ wie bei reellen Zahlen, aber nur dann, wenn die Darstellung $x = h_X(t)$ fest gewählt ist. $\square$

Warnung: Wenn h_X nicht injektiv ist bzw. wenn die Bilder von verschiedenen h_X und h_Y sich schneiden, dann ergeben sich verschiedene Potenzen, insbesondere auch verschiedene Wurzeln, genau wie in Abschnitt 6.3 für Matrizen. Ganzzahlige Potenzen sind dagegen immer eindeutig definiert allein durch die Gruppenstruktur von G. Dieses Phänomen tritt ja bereits bei den komplexen Zahlen auf, kommt also nicht überraschend.[1]

12.2   Die Exponentialabbildung

> **Definition 12.3** (Exponentialabbildung)
> Es sei $X \in \mathfrak{g}$. Wir bezeichnen mit $\exp(X) \in G$ das Element $h_X(1)$, wobei h_X durch 12.1 erklärt wird. Diese Abbildung
>
> $$\exp : \mathfrak{g} \to G, \text{ definiert durch } X \mapsto h_X(1)$$
>
> heißt die Exponentialabbildung von $\mathfrak{g}$ nach G.

Für jede Lie-Gruppe G existiert $\exp : \mathfrak{g} \to G$ als eine globale definierte Abbildung. Wie in Lemma 6.9 ist sie bereits durch die Werte in einer beliebig kleinen Nullumgebung in $\mathfrak{g}$ eindeutig festgelegt: Es gilt nämlich nach Definition

$$\exp(X) = \left(\exp\left(\frac{1}{n}X\right) \right)^n$$

für jedes $n \in \mathbb{N}$.

> **Folgerung und Definition 12.4** *Für jedes feste $X \in \mathfrak{g}$ ist die Abbildung*
>
> $$t \mapsto \exp(tX) \quad \big(= h_X(t) \big)$$
>
> *ein Gruppenhomomorphismus $h_X : (\mathbb{R}, +) \to (G, \cdot)$ und definiert folglich eine 1-Parameter-Untergruppe von G.*
>
> *Ferner ist $\exp$ differenzierbar (sogar reell analytisch), und $D_0 \exp$ hat maximalen Rang. Folglich ist $\exp$ lokal umkehrbar als Diffeomorphismus.*
>
> *Die so definierte Umkehrabbildung von $\exp$ heißt auch eine logarithmische Karte, weil $\log := \exp^{-1}$ sozusagen einen Logarithmus definiert (der gleichwohl nur lokal definiert ist), genau wie in Abschnitt 6.2.*

Beweis: Für die Differenzierbarkeit müssen wir uns auf die differenzierbare Abhängigkeit der Lösung einer Differentialgleichung von den Anfangswerten berufen. Die Ableitung von $\exp$ in $\mathbf{1}$ in Richtung X ist

$$(D_0 \exp)(X) = \left.\frac{d(\exp(tX))}{dt}\right|_{t=0} = \left.\frac{dh_X}{dt}\right|_{t=0} = X,$$

also ist $D_0 \exp$ die Identität. Somit können wir den Satz über die Umkehrabbildung aus Kapitel 2 anwenden. $\qquad\square$

---

[1] vgl. W. Fischer, I. Lieb, Einführung in die komplexe Analysis, Abschnitt III.5

Beispiel 12.5 (Exponentialabbildung bei linearen Gruppen)
Wir betrachten die allgemeine lineare Gruppe $G := GL(n, \mathbb{C})$ mit der Lie-Algebra $\mathfrak{g} = \mathfrak{gl}(n, \mathbb{C}) = L(\mathbb{C}^n, \mathbb{C}^n)$ (= Raum der linearen Endomorphismen). Die Links-Translation ist dann einfach durch die Matrizenmultiplikation

$$L_x(y) = x \cdot y$$

gegeben, also gilt für das Differential $D_z(L_x)(Y) = x \cdot Y, \quad Y \in T_z G.$
Speziell für das Einselement $z = E = \mathbf{1}$ erhalten wir $D_1(L_x)(Y) = x \cdot Y$ für beliebiges $Y \in \mathfrak{g}$. Ein Vektorfeld V in $GL(n, \mathbb{C})$ ist damit linksinvariant genau dann, wenn

$$V_x = x \cdot V_E$$

gilt. Der zugehörige Fluss Φ_t von V hat dann die Eigenschaft

$$\left. \frac{d\Phi_t}{dt} \right|_{t=0} (x) = V_x = x \cdot V_E = x \cdot X$$

mit $X := V_E \in \mathfrak{gl}(n, \mathbb{C})$. Diese Differentialgleichung hat die Lösung $\Phi_t(x) = x \cdot \exp(tX)$.
Dabei bezeichnet exp die Exponentialreihe aus Kapitel 6. Daher induziert jedes feste $X \in \mathfrak{gl}(n, \mathbb{C})$ eine 1-Parameter-Untergruppe von $GL(n, \mathbb{C})$ durch $t \mapsto h_X(t) = \exp(tX)$, und die oben definierte Exponentialabbildung (in der abstrakten Lie-Gruppe) stimmt überein mit der in Kapitel 6 definierten Exponentialabbildung von Matrizen

$$tX \mapsto \exp(tX) = \sum_n \frac{t^n}{n!} X^n.$$

Satz 12.6 *Jede 1-Parameter-Untergruppe einer Lie-Gruppe G ist von der Form $t \mapsto \exp(tX)$ für ein festes $X \in \mathfrak{g}$.*

Beweis: Jede 1-Parameter-Untergruppe $h \colon \mathbb{R} \to G$ bestimmt eindeutig ein $X = h'(0) \in \mathfrak{g}$, und dieses X bestimmt eindeutig ein linksinvariantes Vektorfeld X^L. Die Flusslinie bzw. Integralkurve von X^L durch das Einselement mit Tangente X stimmt mit $t \mapsto \exp(tX)$ überein und hat dieselbe Tangente im Einselement als Anfangsbedingung. Daher gilt $h(t) = \exp(tX)$ für alle t. $\qquad\qquad\square$

Folgerung 12.7 *Die Exponentialabbildung ist mit der adjungierten Darstellung verträglich im Sinne von*

$$\mathrm{Ad} \circ \exp_{\mathfrak{g}} = \exp_{L(\mathfrak{g},\mathfrak{g})} \circ \mathrm{ad}.$$

Dabei ist $\exp_{L(\mathfrak{g},\mathfrak{g})}$ einfach die Exponentialreihe, angewendet auf lineare Endomorphismen von $\mathfrak{g}$ wie in 10.6.

Ein Beweis wird hier nicht gegeben, denn für Matrizengruppen G mit zugehöriger Lie-Algebra $\mathfrak{g}$ haben wir das bereits in Lemma 8.6 gesehen. Für abstrakte Lie-Gruppen und -Algebren ist es eine Folgerung aus Folgerung 13.4 (3) im nächsten Kapitel, weil ad die Ableitung des Homomorphismus von Lie-Gruppen $\mathrm{Ad} \colon G \to GL(\mathfrak{g})$ ist.

Um alle 1-Parameter-Untergruppen zu bestimmen, muss man also nur $\exp(tX)$ für jedes $X \in \mathfrak{g}$ ausrechnen. Bei Matrizengruppen ist dies in vielen Fällen eine leichte Übung, weil man die Lie-Algebra explizit gegeben hat durch einen speziellen Typ von Matrizen und weil man dort insbesondere Normalformen für solche Matrizen verwenden kann, die nach 6.2 mit der Exponentialabbildung verträglich sind.

Beispiel 12.8 Die Exponentialabbildung der affinen Gruppe $A(n, \mathbb{K})$ gewinnen wir durch die Einschänkung der Exponentialabbildung von $GL(n + 1, \mathbb{K})$ auf das Bild $J(A(n, \mathbb{C}))$, vgl. Lemma 5.3. Wenn also ein $X \in \mathfrak{gl}(n, \mathbb{K})$ und ein $\mathbf{b} \in \mathbb{K}^n$ gegeben sind, dann repräsentiert die Matrix

$$Y = \left(\begin{array}{c|c} X & \mathbf{b} \\ \hline 0 & 0 \end{array} \right)$$

das Bild in der Lie-Algebra von $J(A(n, \mathbb{K}))$. Dann ist die 1-Parameter-Untergruppe in Richtung $(X, \mathbf{b})$ durch

$$\exp(tY) = \left(\begin{array}{c|c} \exp(tX) & t\mathbf{b} \\ \hline 0 & 1 \end{array} \right)$$

gegeben. Die Wirkung auf dem $\mathbb{K}^n$ ist dann also gegeben durch die 1-Parameter-Familie

$$h(t)(\mathbf{x}) = \exp(tX) \cdot \mathbf{x} + t\mathbf{b}.$$

Als Ableitung für $t = 0$ erhalten wir $h'(0)(\mathbf{x}) = X \cdot \mathbf{x} + \mathbf{b}$ als eine *infinitesimale affine Transformation*.

Für den Fall der euklidischen Gruppe mit $X \in \mathfrak{so}(3)$ ergibt sich $h(t)$ als eine 1-Parametergruppe von Schraubungen und $h'(0)$ als eine *infinitesimale Schraubung*, vgl. die Beispiele in Abschnitt 7.2.

Folgerung 12.9 *Eine zusammenhängende Lie-Gruppe G kann durch abzählbar viele Karten überdeckt werden.*

Beweis: Die zugehörige Lie-Algebra $\mathfrak{g}$ kann als endlich-dimensionaler Vektorraum durch abzählbar viele kompakte Mengen überdeckt werden. Die Stetigkeit der Exponentialabbildung impliziert, dass $\exp(\mathfrak{g})$ ebenfalls durch abzählbar viele kompakte Mengen überdeckt werden kann. Also kann $\exp(\mathfrak{g})$ auch durch abzählbar viele Karten U_i überdeckt werden, deren Abschluss jeweils kompakt ist. Jedes Produkt $U_i \cdot U_j = m(U_i, U_j)$ hat wieder einen kompakten Abschluss, kann also wieder durch endlich viele solche Karten überdeckt werden. Weil G zusammenhängend ist, wird G von $\exp(\mathfrak{g})$ erzeugt durch iterierte (endliche) Produkte von Elementen von $\exp(\mathfrak{g})$. Daher genügen abzählbar viele Produkte vom Typ $U_{i_1} \cdot \cdots \cdot U_{i_k}$ und damit auch abzählbar viele Karten, um ganz G zu überdecken. $\square$

Bemerkung 12.10 Wir sollten festhalten, dass die Exponentialabbildung $\exp \colon \mathfrak{g} \to G$ für jede abstrakte Lie-Gruppe G mit zugehöriger Lie-Algebra $\mathfrak{g}$ genauso global definiert ist wie bei Matrizengruppen. Man kann nur nicht so leicht eine geschlossene Formel dafür angeben. Aber alle Eigenschaften finden wir wieder:

1. Die Exponentialabbildung ist im Allgemeinen weder injektiv noch surjektiv.

2. Ihr Differential hat maximalen Rang in einer gewissen Nullumgebung in $\mathfrak{g}$ (mit einem entsprechend lokal definierten Logarithmus als Umkehrabbildung), aber im weiteren Verlauf kann das Differential degenerieren.

3. Die Bildmenge $\exp(\mathfrak{g})$ ist im Allgemeinen weder abgeschlossen noch ist sie eine Untergruppe von G, vgl. dazu auch den folgenden Abschnitt 13.2.

4. Die Bildmenge $\exp(\mathfrak{g})$ erzeugt eine zusammenhängende Untergruppe G^0 von G. Man nennt G^0 auch die *Zusammenhangskomponente des Einselements*.

Übungsaufgaben

1. Für eine Matrix $A \in GL(n,\mathbb{C})$ mit n paarweise verschiedenen Eigenwerten zeige man, dass sie genau m^n verschiedene m-te Wurzeln in $GL(n,\mathbb{C})$ hat, also Matrizen B mit $B^m = A$. Die analoge Aussage für $m = 2$ und $A \in GL(n,\mathbb{R})$ kann man machen, wenn alle Eigenwerte von A positiv sind. Klar ist, dass es keine reelle Quadratwurzel für eine Matrix A mit $\det A < 0$ geben kann.

   Hinweis: Man zeige zuerst, dass auch jede Wurzel diagonalisierbar sein muss und betrachte dann das Verhältnis der Eigenwerte von A zu den Eigenwerten der Wurzel.

2. Man zeige, dass man für alle Matrizen $A \in GL(n,\mathbb{C})$ mit $\|A - E\| < 1$ eine eindeutige m-te Wurzel $\sqrt[m]{A}$ (mit $m \geq 2$) erklären kann, die wieder innerhalb dieses Bereiches liegt, also ebenfalls $\|\sqrt[m]{A} - E\| < 1$ erfüllt.

3. Analog zeige man: Für jede abstrakte Lie-Gruppe G gibt es eine gewisse offene Einsumgebung U derart, dass innerhalb derselben eindeutige Wurzeln erklärt sind.

4. Man zeige: Falls die Exponentialabbildung $\exp : \mathfrak{g} \to G$ bijektiv ist, dann gibt es zu jedem Element $g \in G$ und jedem reellen $a > 0$ eine eindeutige reelle Potenz $g^a \in G$.

   Hinweis: Jedes $g \in G$ kann eindeutig als $g = \exp(X)$ geschrieben werden.

5. Man zeige, dass die Exponentialabbildung $\exp : \mathfrak{so}(3) \to SO(3)$ periodisch in r wird, wenn man in $\mathfrak{so}(3)$ als 3-dimensionalem $\mathbb{R}$-Vektorraum die üblichen sphärischen Koordinaten (r, ϕ, θ) einführt, also den Polar-Radius r sowie die geographische Länge und die geographische Breite.

   Hinweis: Übungsaufgaben aus Kapitel 6. Zudem kennen wir dieses Phänomen bereits von der 2π-periodischen Exponentialabbildung $\exp : \mathfrak{u}(1) \to U(1)$ mit $\exp(x) = e^{ix}$.

6. Man zeige dasselbe für $\exp : \mathfrak{su}(2) \to SU(2)$. Was gilt für die Periode ?

7. Man zeige, dass das kartesische Produkt $G_1 \times G_2$ zweier Lie-Gruppen wieder eine Lie-Gruppe ist, und dass die Lie-Algebra von $G_1 \times G_2$ die direkte Summe $\mathfrak{g}_1 \oplus \mathfrak{g}_2$ der beiden zugehörigen Lie-Algebren $\mathfrak{g}_1$ und $\mathfrak{g}_2$ ist. Ferner zeige man, dass

$$\exp_{\mathfrak{g}_1 \oplus \mathfrak{g}_2}(X_1 + X_2) = \left(\exp_{\mathfrak{g}_1} X_1, \mathbf{1}\right) \cdot \left(\mathbf{1}, \exp_{\mathfrak{g}_2} X_2\right) = \left(\exp_{\mathfrak{g}_1} X_1, \exp_{\mathfrak{g}_2} X_2\right)$$

   für alle $X_1 \in \mathfrak{g}_1, X_2 \in \mathfrak{g}_2$ gilt.

Kapitel 13

Homomorphismen und Unterstrukturen

In diesem Kapitel werden einige Eigenschaften von Lie-Gruppen beschrieben, die mit solchen Strukturen wie Homomorphismen und Untergruppen zu tun haben, wie das auch sonst in der Mathematik üblich ist. Alles ist immer parallel auf der Ebene der Lie-Gruppen einerseits und der der Lie-Algebren andererseits zu sehen, was einen besonderen Reiz hat. Die diversen Strukturen sind sozusagen gekoppelt, und jedes Phänomen tritt in einer Art von Zwillingspaar auf, einmal für Lie-Gruppen und dann auch für Lie-Algebren.

In der Struktur-Mathematik hat man es vielfach mit einer Klasse von Objekten zu tun und dann mit Morphismen zwischen ihnen. Genauer hat man für je zwei Objekte X, Y die Menge aller Morphismen $f \colon X \to Y$. In der Regel werden die Objekte Mengen mit Zusatzstrukturen (Verknüpfungen, Metriken, Topologien etc.) sein und die Morphismen werden Abbildungen sein, die diese Strukturen erhalten (z.B. Homomorphismen, distanz-erhaltende bzw. stetige Abbildungen etc.). Man spricht dann auch von einer **Kategorie** mit Objekten und Morphismen. Eine mögliche Definition ist die, dass eine Kategorie $\underline{K}$ aus einer Klasse[1] von Objekten $X, Y, \ldots$ besteht mit den Eigenschaften:

1. Für je zwei Objekte X, Y ist eine Menge $Mor(X, Y)$ definiert, genannt die **Menge der Morphismen** oder auch **Pfeile**, wobei man ein $f \in Mor(X, Y)$ auch als $f \colon X \to Y$ bzw. $X \xrightarrow{f} Y$ schreibt.

2. Jede Menge $Mor(X, X)$ enthält ein ausgezeichnetes Element id_X als **Identität**.

3. Es gibt eine Verknüpfung $\circ \colon Mor(Y, Z) \times Mor(X, Y) \to Mor(X, Z)$, genannt **Komposition** und geschrieben $g \circ f$, derart dass $f \circ id_X = f$ und $id_Y \circ f = f$ gilt sowie $(h \circ g) \circ f = h \circ (g \circ f)$.

4. Es gilt $Mor(X, Y) \cap Mor(X', Y') = \emptyset$, außer wenn $X = X'$ und $Y = Y'$.

Die Menge $Mor(X, Y)$ wird oft auch einfach als $[X, Y]$ oder als $Hom(X, Y)$ geschrieben und dann **Hom-Menge** genannt in Anlehnung an Mengen von Homomorphismen, so z.B. in S.MACLANE, Kategorien.

---

[1] In der Mengenlehre werden an die Bildung einer Klasse geringere Anfoderungen gestellt als an die einer Menge. Es kann also sein, dass eine solche Klasse keine zulässige Menge im Sinne der üblichen Mengenlehre ist, z.B. die Klasse aller Mengen, die als Menge nicht zugelassen ist, weil sie sonst sich selbst als Element enthalten müsste, vgl. dazu M.ZIEGLER, Mathematische Logik. Dieser Unterschied ist im Folgenden aber nicht wirklich von Belang.

13.1 Homomorphismen und Untergruppen

Wir haben es hier also mit der Kategorie <u>LieG</u> mit Lie-Gruppen als Objekten und geeigneten Morphismen zwischen ihnen zu tun sowie der Kategorie <u>LieA</u> mit Lie-Algebren als Objekten und entsprechenden Morphismen zwischen ihnen. Die Morphismen oder Homomorphismen sollen die jeweilige Struktur bewahren. Unterobjekte werden dann als Teilmengen erklärt, die dieselbe Struktur tragen, zusammen mit ihrer Inklusionsabbildung als Homomorphismus.

Definition 13.1 (Homomorphismen, Lie-Untergruppen)
Wir bezeichnen mit H und G zwei Lie-Gruppen.

1. Ein **Homomorphismus von Lie-Gruppen** ist definiert als ein Gruppen-Homomorphismus $\Phi : H \to G$, der gleichzeitig eine differenzierbare Abbildung von der Mannigfaltigkeit H in die Mannigfaltigkeit G ist.

2. Falls $G = GL(n, \mathbb{C})$ ist, so heißt Φ eine **komplexe Darstellung**[2] von H.

3. Φ heißt ein **Isomorphismus** von Lie-Gruppen, wenn Φ bijektiv ist und wenn außer Φ auch Φ^{-1} ein Homomorphismus von Lie-Gruppen ist.

4. Eine **Lie-Untergruppe** $H \leq G$ ist eine Untergruppe H von G, die auch eine Lie-Gruppe ist, und so dass die Inklusionsabbildung $H \hookrightarrow G$ differenzierbar von maximalem Rang ist (d.h.: die Inklusion ist eine Immersion und ein injektiver Homomorphismus von Lie-Gruppen im Sinne von 1.).

WARNUNG: Die von der Mannigfaltigkeitsstruktur gemäß Definition 9.2 induzierte Topologie der Untergruppe H kann von der Unterraumtopologie des Bildes in G abweichen, weil das Bild von H in G nicht notwendig abgeschlossen sein muss. Wir erklären also eine Lie-Untergruppe ausdrücklich *nicht* als eine Untermannigfaltigkeit. Dagegen ist eine abgeschlossene Lie-Untergruppe von G automatisch auch eine Untermannigfaltigkeit von G, man vergleiche dazu die abgeschlossenen Matrizengruppen in Abschnitt 7.2. Die Bildmenge einer 1-Parameter-Untergruppe h_X (im Sinne von Definition 12.1) einer Lie-Gruppe G ist stets eine Lie-Untergruppe. Sie ist entweder isomorph zu $\mathbb{R}$ (falls h_X injektiv ist) oder zu einem Quotienten davon $S^1 = \mathbb{R}/\mathbb{Z}$ (falls h_X periodisch ist)

Beispiel: (irrationaler Fluss auf dem Torus)
Wir betrachten den 2-dimensionalen Torus $G = \mathbb{R}^2/\mathbb{Z}^2$ und $H = \mathbb{R}$, jeweils mit der additiven Struktur. Die Abbildung $\Phi : H \to G$, definiert durch $\Phi(t) = [at, bt]$ ist dann ein Homomorphismus von Lie-Gruppen und eine Immersion. Aber für $b/a \notin \mathbb{Q}$ ist die Bildmenge $\Phi(H)$ von H eine dichte, nicht abgeschlossene 1-dimensionale Lie-Untergruppe von G. Dies ist im Wesentlichen dasselbe Beispiel wie in 8.3, wo auch ein Beweis gegeben ist. Für $b/a \in \mathbb{Q}$ dagegen schließt sich die Bildmenge zu einer geschlossenen Kurve. Die Bezeichnung *irrationaler Fluss* kommt daher, dass man $\Phi_t([x, y]) := [x + ta, y + tb]$ als Fluss des konstanten Vektorfeldes $V = (a, b)$ auffassen kann, was für irrationales b/a ausschließlich nicht geschlossene (aber dichte) Flusslinien zur Folge hat.

---

[2] Auch die in Kap. 10 bereits eingeführte *adjungierte Darstellung* Ad von H ist eine solche Darstellung, wenn wir uns H als eine reell n-dimensionale Lie-Gruppe vorstellen mit einer n-dimensionalen Lie-Algebra $\mathfrak{h}$ und dann $GL(\mathfrak{h})$ als isomorph zu einer Untergruppe von $GL(n, \mathbb{C})$ ansehen.

> **Definition 13.2** (Homomorphismen von Lie-Algebren, Lie-Unteralgebren)
> $\mathfrak{h}$ und $\mathfrak{g}$ seien Lie-Algebren. Ein **Homomorphismus** $\phi : \mathfrak{h} \to \mathfrak{g}$ von Lie-Algebren über $\mathbb{K}$ ist eine $\mathbb{K}$-lineare Abbildung zwischen Vektorräumen mit
>
> $$[\phi X, \phi Y]_{\mathfrak{g}} = \phi([X, Y]_{\mathfrak{h}})$$
>
> für alle $X, Y \in \mathfrak{h}$. Analog erklärt man einen **Isomorphismus** von Lie-Algebren als einen bijektiven Homomorphismus (die Umkehrabbildung ist dann automatisch auch ein Homomorphismus).
>
> Eine **Lie-Unteralgebra** $\mathfrak{h}$ ist analog zu Definition 8.1 erklärt als ein $\mathbb{K}$-Unter-Vektorraum von $\mathfrak{g}$, der abgeschlossen ist gegen die Lie-Klammer in $\mathfrak{g}$, d.h.
>
> $$\text{für alle } X, Y \in \mathfrak{h} \quad \text{gilt auch} \quad [X, Y] \in \mathfrak{h}.$$

Dass die Umkehrabbildung eines bijektiven Homomorphismus auch ein Vektorraum-Homomorphismus ist, wissen wir aus der Linearen Algebra. Es wird aber auch die Lie-Klammer bewahrt, wie man an

$$\phi[\phi^{-1}X, \phi^{-1}Y] = [\phi\phi^{-1}X, \phi\phi^{-1}Y] = [X, Y] = \phi(\phi^{-1}[X, Y])$$

sieht, weil ϕ als bijektive Abbildung kürzbar ist. Dieses Phänomen ist typisch für alle algebraischen Kategorien, d.h. solchen Kategorien, deren Objekte Mengen sind mit bestimmten algebraischen Verknüpfungen.

Definition 13.3 (Bezeichnungen, Wiederholung aus Kapitel 10)
Wie schon in der obigen Definition unterscheiden wir gelegentlich zwischen der Lie-Klammer in $\mathfrak{g}$ und der in $\mathfrak{h}$ durch die Symbole $[X, Y]_{\mathfrak{g}}$ und $[X, Y]_{\mathfrak{h}}$. Entsprechendes gilt für die Exponentialabbildungen $\exp_{\mathfrak{g}}$ und $\exp_{\mathfrak{h}}$.

Für eine Lie-Unteralgebra oder eine abstrakte Lie-Algebra $\mathfrak{g}$ bezeichnen wir mit $L(\mathfrak{g}, \mathfrak{g})$ den Raum aller $\mathbb{K}$-linearen Endomorphismen (oder auch linearen Operatoren) von $\mathfrak{g}$ in sich selbst, vgl. Definition 10.3, und mit $GL(\mathfrak{h})$ bezeichnen wir den Raum der $\mathbb{K}$-linearen Automorphismen von $\mathfrak{g}$. In $GL(\mathfrak{g})$ sind also genau diejenigen Elemente von $L(\mathfrak{g}, \mathfrak{g})$, die invertierbar sind.

Dabei ist offensichtlich $GL(\mathfrak{g})$ eine Lie-Gruppe, und $L(\mathfrak{g}, \mathfrak{g})$ ist ihre Lie-Algebra. Das ist genauso wie bei $GL(n, \mathbb{K})$ und $\mathfrak{gl}(n, \mathbb{K})$: Wenn $\mathfrak{g}$ eine k-dimensionale Lie-Algebra ist (als Vektorraum über $\mathbb{K}$), dann ist durch die Wahl einer festen Basis $GL(\mathfrak{g})$ isomorph zu $GL(k, \mathbb{K})$, und folglich ist die Lie-Algebra isomorph zu $\mathfrak{gl}(k, \mathbb{K})$. Darüber hinaus ist die Exponentialabbildung von $GL(\mathfrak{g})$ gegeben durch die Exponentialreihe $\exp\colon L(\mathfrak{g}, \mathfrak{g}) \to GL(\mathfrak{g})$ von Operatoren wie in Bemerkung 8.5 und in Folgerung 10.6:

$$\exp(A) = \sum_{n \geq 0} \frac{1}{n!} A^n \in GL(\mathfrak{g})$$

für jeden linearen Endomorphismus $A\colon \mathfrak{g} \to \mathfrak{g}$.

> **Folgerung 13.4** (1) *Die Lie-Algebra* $\mathfrak{h} = T_1 H$ *einer Lie-Untergruppe* $H \leq G$ *wird zu einer Lie-Unteralgebra* $\mathfrak{h} \leq \mathfrak{g}$.
>
> (2) *Ferner induziert jeder Homomorphismus* $\Phi : H \to G$ *von Lie-Gruppen einen Homomorphismus* $\phi := D_1\Phi$ *von Lie-Algebren* $\phi : \mathfrak{h} \to \mathfrak{g}$, *und dieser ist mit* Ad *verträglich im Sinne von* $\phi \circ \mathrm{Ad}\, x = \mathrm{Ad}\,(\Phi x) \circ \phi$.
>
> (3) *Außerdem ist die Exponentialabbildung mit diesen beiden Homomorphismen* Φ, ϕ *verträglich in dem Sinne, dass stets gilt* $\Phi \circ \exp_{\mathfrak{h}} = \exp_{\mathfrak{g}} \circ \phi$.

Beweis: (1) Weil die Gruppen-Multiplikation innerhalb von H erklärt ist, wird $\mathbf{Ad}x$ für jedes $x \in H$ zu einer Abbildung von H nach H. Damit wird Ad zu einer Abbildung $\mathrm{Ad} : H \to GL(\mathfrak{h})$ und folglich auch ad zu einer Abbildung $\mathrm{ad} : \mathfrak{h} \to L(\mathfrak{h},\mathfrak{h})$. Daher führt die in $\mathfrak{g}$ definierte Lie-Klammer von zwei Elementen in $\mathfrak{h}$ nicht aus $\mathfrak{h}$ hinaus.

(2) Zunächst gilt

$$\Phi(\mathbf{Ad}x(y)) = \Phi(xyx^{-1}) = (\Phi x)(\Phi y)(\Phi x)^{-1} = (\mathbf{Ad}\Phi x)(\Phi(y)),$$

also ist $\mathbf{Ad}$ mit Φ verträglich. Die Ableitung dieser Gleichung nach y in $\mathbf{1}$ ist

$$\underbrace{D_1\Phi}_{\phi}(\mathrm{Ad}\,x(Y)) = (\mathrm{Ad}\,\Phi x)(\underbrace{(D_1\Phi)}_{\phi}\,Y).$$

Also gilt $\phi \circ \mathrm{Ad}\,x = \mathrm{Ad}\,(\Phi x) \circ \phi$. Die zusätzliche Ableitung nach x in $\mathbf{1}$ liefert schließlich

$$\phi(\underbrace{\mathrm{ad}\,X(Y)}_{=[X,Y]}) = \underbrace{(\mathrm{ad}\,(\phi X))(\phi Y)}_{=[\phi X,\phi Y]}.$$

In kommutativen Diagrammen haben sehen diese Gleichungen so aus:

$$
\begin{array}{ccc}
H \times H \xrightarrow{\ \mathbf{Ad}\ } H \\
{\scriptstyle \Phi \times \Phi}\downarrow \qquad \downarrow{\scriptstyle \Phi} \\
G \times G \xrightarrow[\ \mathbf{Ad}\ ]{} G
\end{array}
\qquad
\begin{array}{ccc}
H \times \mathfrak{h} \xrightarrow{\ \mathrm{Ad}\ } \mathfrak{h} \\
{\scriptstyle \Phi \times \phi}\downarrow \qquad \downarrow{\scriptstyle \phi} \\
G \times \mathfrak{g} \xrightarrow[\ \mathrm{Ad}\ ]{} \mathfrak{g}
\end{array}
\qquad
\begin{array}{ccc}
\mathfrak{h} \times \mathfrak{h} \xrightarrow{\ \mathrm{ad}\ } \mathfrak{h} \\
{\scriptstyle \phi \times \phi}\downarrow \qquad \downarrow{\scriptstyle \phi} \\
\mathfrak{g} \times \mathfrak{g} \xrightarrow[\ \mathrm{ad}\ ]{} \mathfrak{g}
\end{array}
$$

Dabei ist aber zu beachten, dass die waagerechten Pfeile keine Homomorphismen darstellen, wohl aber Abbildungen.

(3) Dies folgt aus der Kettenregel für die Ableitung von $\Phi\big(\exp_{\mathfrak{h}}(tX)\big)$ nach t:

$$\frac{d}{dt}\bigg|_{t=0}\Phi\big(\exp_{\mathfrak{h}}(tX)\big) = \phi\Big(\frac{d}{dt}\Big|_{t=0}\exp_{\mathfrak{h}}(tX)\Big) = \phi(X) = \frac{d}{dt}\bigg|_{t=0}\exp_{\mathfrak{g}}\big(t\,\phi(X)\big).$$

Wegen der gleichen Anfangsbedingung stimmen die beiden 1-Parameter-Untergruppen $t \mapsto \Phi\big(\exp_{\mathfrak{h}}(tX)\big)$ und $t \mapsto \exp_{\mathfrak{g}}\big(t\phi(X)\big)$ dann überein für jedes X und jedes t. Daraus folgt mit $t = 1$ die Behauptung $\Phi \circ \exp_{\mathfrak{h}} = \exp_{\mathfrak{g}} \circ \phi$. Als kommutatives Diagram haben wir das folgende:

$$
\begin{array}{ccc}
\mathfrak{h} & \xrightarrow{\ \exp_{\mathfrak{h}}\ } & H \\
{\scriptstyle \phi}\downarrow & & \downarrow{\scriptstyle \Phi} \\
\mathfrak{g} & \xrightarrow[\ \exp_{\mathfrak{g}}\ ]{} & G
\end{array}
\qquad\qquad \Box
$$

> **Folgerung 13.5** *Für jedes $x \in G$ ist* $\operatorname{Ad} x$ *ein Homomorphismus von Lie-Algebren* $\operatorname{Ad} x \colon \mathfrak{g} \to \mathfrak{g}$, *d.h. es gilt*
>
> $$\operatorname{Ad} x([X,Y]) = [\operatorname{Ad} x(X), \operatorname{Ad} x(Y)].$$

Dies folgt aus Folgerung 13.4 (2) sowie daraus, dass $\operatorname{Ad} x$ die Ableitung des Gruppenhomomomorphismus $\mathbf{Ad}x$ ist. Somit ist $\operatorname{Ad} x$ ein Homomorphismus von Lie-Algebren.

Bemerkung 13.6 (Lie-Funktor, natürliche Transformation zwischen Funktoren)
Die strukturelle Eigenschaft, die in dem letzten kommutativen Diagramm zum Ausdruck kommt, wird in der Sprache der Kategorientheorie so formuliert, dass die Zuordnung

$$G \mapsto L(G) := \mathfrak{g}, \quad \Phi \mapsto L(\Phi) := \phi$$

ein Funktor L von der Kategorie $\underline{\text{LieG}}$ in die Kategorie $\underline{\text{LieA}}$ ist (eine Art *Morphismus zwischen Kategorien*) und dass zusätzlich exp eine **natürliche Transformation** oder **Funktortransformation** von dem Funktor L in den identischen Funktor Id ist:

$$
\begin{array}{ccc}
L(H) & \xrightarrow{\ \exp_{\mathfrak{h}}\ } & H \\[2pt]
{\scriptstyle L(\Phi)}\big\downarrow & & \big\downarrow{\scriptstyle \Phi} \\[2pt]
L(G) & \xrightarrow[\ \exp_{\mathfrak{g}}\ ]{} & G
\end{array}
$$

Dieser Funktor wird manchmal auch der **Lie-Funktor** genannt. Ein anderes Beispiel eines Funktors aus der Linearen Algebra: Der zweistellige Hom-Funktor ordnet je zwei $\mathbb{K}$-Vektorräumen V, W den Raum $Hom(V, W)$ der Homomorphismen zwischen V und W zu. Weil $Hom(V, W)$ wieder ein $\mathbb{K}$-Vektorraum ist, spricht man hier auch von einem **inneren Hom-Funktor**. Und zwei Homomorphismen $f \colon V' \to V$ und $g \colon W \to W'$ ordnet man zu $Hom(f,g) \colon Hom(V, W) \to Hom(V', W')$ mit $Hom(f,g)(\phi) = g \circ \phi \circ f$. Man beachte, dass sich die Richtung im ersten Argument umkehrt (sog. kontravarianter Funktor im Gegensatz zu einem kovarianten).

Und wegen der natürlichen Isomorphie $Hom(V, Hom(W, Z)) \cong Hom(V \otimes W, Z)$ spricht man von einem **Paar adjungierter Funktoren** $G = Hom(W, -)$ und $F = - \otimes W$. Dabei hat man in Kurzschreibweise die Hom-Mengen $[F(V), Z] \cong [V, G(Z)]$ und sagt, F sei linksajungiert zu G, vgl. S.MacLane, Kategorien. Die Sprechweise stammt von der adjungierten Abbildung in der Linearen Algebra: $\langle f\mathbf{x}, \mathbf{y}\rangle = \langle \mathbf{x}, f^*\mathbf{y}\rangle$.

13.2 Lie-Untergruppen und Lie-Unteralgebren

Ziel dieses Abschnitts ist es, dieselbe Entsprechung zwischen Lie-Untergruppen einerseits und Lie-Unteralgebren andererseits zu gewinnen, die wir schon in Abschnitt 8.2 für Matrizengruppen gesehen hatten. Damit gehören dann beide jeweils in Paaren zusammen. Die gesamte Theorie lebt ganz wesentlich davon.

Definition und Lemma 13.7 (formale Potenzreihen als Lie-Algebra)
Wir definieren $P(x, y)$ als die Menge aller formalen Potenzreihen in zwei Variablen x, y, die nicht miteinander kommutieren, und mit reellen bzw. komplexen Koeffizienten, die sowohl mit x wie mit y kommutieren. Es ist dann $P(x, y)$ ein $\mathbb{K}$-Vektorraum. Zusätzlich

ist die (assoziative) Multiplikation zweier formaler Potenzreihen definiert und somit auch der Kommutator von zwei solchen (vgl. auch Def. 2.10).

Dann ist $P(x,y)$ mit diesem Kommutator eine Lie-Algebra über $\mathbb{K}$. Insbesondere ist also eine formale Lie-Klammer $(\operatorname{ad} x)(y) = [x,y] = xy - yx$ erklärt sowie die Exponentialreihen $\exp x = \sum_n \frac{1}{n!} x^n$ und $\exp(\operatorname{ad} x) = \sum_n \frac{1}{n!}(\operatorname{ad} x)^n$. Entsprechendes gilt für die Lie-Klammer von höheren Potenzen x^n und y^m.

Folgerung 13.8 *In $P(x,y)$ gelten die Gleichungen*

$$(\operatorname{ad} x)^n(y) = \sum_{k=0}^{n} (-1)^k \binom{n}{k} x^{n-k} y x^k$$

und

$$\big(\exp(\operatorname{ad} x)\big)(y) = \exp x \cdot y \cdot \exp(-x).$$

Beweis: Der Beweis ist wörtlich derselbe wie der von Lemma 8.6. Alle Rechenregeln gelten weiter. Man interpretiert die betreffenden Terme jetzt nur im Raum $P(x,y)$ anstatt im Raum aller quadratischen Matrizen.

Wie in Theorem 8.7 stellt die CBH-Formel für kleine Werte von $|t|$ einen qualitativen Vergleich zwischen $\exp(t(X+Y))$ einerseits und $\exp(tX) \cdot \exp(tY)$ andererseits her, und zwar wieder in der Lie-Unteralgebra, die von $X, Y \in \mathfrak{h}$ erzeugt wird.

Theorem 13.9 (CBH-Formel für abstrakte Lie-Unteralgebren)
Wir betrachten eine Lie-Unteralgebra $\mathfrak{h} \leq \mathfrak{g}$ und die Einschränkung der Exponentialabbildung $\exp|_{\mathfrak{h}}\colon \mathfrak{h} \to G$ mit lokal definierter Umkehrabbildung $\log$, die auf einer Eins-Umgebung definiert ist mit Werten in $\mathfrak{g}$. Für gegebene $X, Y \in \mathfrak{h}$ ist dann $\log\big((\exp tX)(\exp tY)\big) \in \mathfrak{g}$ wohldefiniert für alle hinreichend kleinen Werte von $|t|$. Dann gibt es eine Taylor-Entwicklung

$$\log\big((\exp tX)(\exp tY)\big) = H(X,Y) = \sum_n h_n(X,Y) t^n,$$

deren Koeffizienten $h_n(X,Y)$ nur von $X, Y, [X,Y]$ sowie iterierten Lie-Produkten von diesen gebildet werden. Genauer besagt das, dass die $h_n(X,Y)$ in der von X, Y erzeugten Lie-Unteralgebra liegen. Daraus folgt insbesondere

$$\log\big((\exp tX)(\exp tY)\big) \in \mathfrak{h},$$

und es gibt eine differenzierbare Kurve $Z(t)$ in $\mathfrak{h}$ mit $\exp Z(t) = \big(\exp tX)(\exp tY)\big)$ für alle hinreichend kleinen $|t|$.

Beweis: Der Beweis ist praktisch derselbe wie in Theorem 8.7 mit denselben Rechnungen. Wir müssen einige dieser Rechnungen jetzt nur in $P(x,y)$ interpretieren. Wichtig ist, dass nicht das assoziative Produkt in $P(x,y)$ verwendet wird, sondern nur die Lie-Klammer bzw. ad. Wir verwenden wieder die Gleichung

$$\exp(x) \cdot y \cdot \exp(-x) = \exp(\operatorname{ad}(x))(y)$$

aus Lemma 8.6 bzw. aus Folgerung 13.8. Und wir führen eine zusätzliche reelle Variable t ein, die mit allen anderen Größen kommutiert, und nach der formal differenziert wird im Sinne von Definition 2.10. Entsprechend schreiben wir dann auch für formale Potenzreihen $(\ )'$ für die Ableitung nach t. Und wir ersetzen in jedem Term im Beweis von Theorem 8.7 das X durch x und Y durch y, um uns daran zu erinnern, dass das jetzt formale Potenzreihen sind, unabhängig von Konvergenz. Aber die Rechenregeln sind dieselben wie vorher auch. Insofern ergibt sich auch dasselbe Ergebnis. Schließlich und endlich interpretieren wir das Ziel der Rechnungen

$$H'(X,Y) = \Psi\big(\mathrm{ad}\,(H(X,Y))\big)\Big((\exp(H(X,Y)))' \exp(-H(X,Y))\Big)$$

$$= \Psi\big(\mathrm{ad}\,(H(X,Y))\big)\Big(X + \exp(\mathrm{ad}\,(H(X,Y)))(Y)\Big)$$

dann wieder in der gegebenen Lie-Algebra. Und aus dem Eindeutigkeitssatz für Potenzreihen erhalten wir durch Koeffizientenvergleich dasselbe Resultat wie im Beweis von Theorem 8.7: Der $(n+1)$te Koeffizient $h_{n+1}(X,Y)$ von $H(X,Y)$ (nämlich der $n$te Koeffizient von $H'(X,Y)$) auf der linken Seite ist als algebraischer Ausdruck in den Koeffizienten

$$h_0(X,Y), h_1(X,Y), h_2(X,Y), \ldots, h_n(X,Y)$$

auf der rechten Seite beschreibbar. Und dies impliziert induktiv, dass alle Koeffizienten $h_n(X,Y)$ in der von X,Y erzeugten Lie-Unteralgebra und damit in $\mathfrak{h}$ enthalten sind, weil diese invariant unter ad ist. $\qquad\square$

Folgerung 13.10 *Insbesondere ist* $\exp(\mathfrak{h})$ *für jede gegebene Lie-Unteralgebra* $\mathfrak{h} \le \mathfrak{g}$ *eine lokale Gruppe. Dabei ist eine Umgebung der Eins eine Untermannigfaltigkeit derselben Dimension wie* $\mathfrak{h}$. *Die von* $\exp(\mathfrak{h})$ *erzeugte Gruppe ist folglich eine (nicht notwendig abgeschlossene) Untergruppe von* G *derselben Dimension wie* $\mathfrak{h}$. *Darüber hinaus gilt: Zwei Untergruppen von* G *sind genau dann lokal isomorph, wenn ihre zugehörigen Lie-Algebren isomorph sind.*

Die letzte Behauptung formuliert Lie selbst in folgender Weise:

„**Theorem 75.** *Zwei* r*-gliedrige Gruppen sind dann und nur dann gleichzusammengesetzt,*[3] *wenn es möglich ist, die Transformationen der einen derart eindeutig umkehrbar auf die Transformationen der andern zu beziehen, dass Folgendes stattfindet: Führt man in der einen Gruppe zwei Transformationen nach einander aus und führt man in der andern Gruppe die entsprechenden Transformationen in derselben Reihenfolge nach einander aus, so entspricht die Transformation, welche man in der einen Gruppe erhält, derjenigen Transformation, welche man in der andern Gruppe erhält.*"

(S. Lie, a.a.O., Band 1, S. 418)

Folgerung 13.11 *Es sei* $\mathfrak{g}$ *die Lie-Algebra einer gegebenen Lie-Gruppe* G. *Dann gibt es für jede* k*-dimensionale Lie-Unteralgebra* $\mathfrak{h}$ *von* $\mathfrak{g}$ *eine eindeutig bestimmte zusammenhängende* k*-dimensionale Lie-Untergruppe* H *von* G, *so dass* $\mathfrak{h}$ *die Lie-Algebra von*

---

[3]Das bedeutet bei Lie, dass die Strukturkonstanten von beiden Lie-Algebren bei passender Wahl von Basen übereinstimmen, dass also beide Lie-Algebren isomorph sind. Die Strukturkonstanten bestimmen die *Zusammensetzung*.

H ist. Umgekehrt hat natürlich jede Lie-Untergruppe eine eindeutig bestimmte Lie-Unteralgebra $\mathfrak{h} \leq \mathfrak{g}$. Damit gibt es jedenfalls für Lie-Unteralgebren einerseits und zusammenhängende Lie-Untergruppen andererseits eine eineindeutige Zuordnung zwischen Algebren und Gruppen

$$\mathfrak{g} \geq \mathfrak{h} \longmapsto H \leq G.$$

Der Beweis folgt aus Theorem 13.9 in derselben Weise, wie das analoge Resultat für Matrizengruppen in Kapitel 8: Die lokale Gruppe $\exp(\mathfrak{h})$ erzeugt eine zusammenhängende Untergruppe H. Wegen der Gültigkeit der CBH-Formel stimmen die Dimensionen von $\mathfrak{h}$ und H überein, und $\mathfrak{h}$ ist die zu H zugehörige Lie-Algebra. Das Wichtigste fassen wir noch einmal zusammen in folgendem Theorem:

Theorem 13.12 *Es sei G eine Lie-Gruppe mit zugehöriger Lie-Algebra $\mathfrak{g}$. Ferner sei eine Lie-Unteralgebra $\mathfrak{h} \leq \mathfrak{g}$ gegeben. Dann gibt es eine eindeutig bestimmte zusammenhängende Lie-Untergruppe H von G, deren zugehörige Lie-Algebra gleich $\mathfrak{h}$ ist. Es ist aber H nicht notwendig topologisch abgeschlossen in G.*

Übungsaufgaben

1. Man zeige, dass die Spur einen Homomorphismus von Lie-Algebren definiert von $L(\mathfrak{g},\mathfrak{g})$ nach $\mathbb{R}$.

2. Man stelle die binomische Formel für $(x + y)^n$ und $n \leq 4$ auf unter der Annahme, dass x und y *nicht* miteinander kommutieren, dass also zwischen xy und yx unterschieden werden muss.

3. Man zeige die folgende universelle Eigenschaft der Lie-Algebra $P(x,y)$ aus 13.7:

   Für jede assoziative Algebra, die durch den Kommutator $[X,Y] = XY - YX$ als Lie-Algebra $\mathfrak{g}$ interpretiert werden kann (vgl. Übungsaufgabe 6 in Kapitel 7), und für jede mengentheoretische Abbildung $f\colon \{x,y\} \to \mathfrak{g}$ existiert genau ein Homomorphismus $F\colon P(x,y) \to \mathfrak{g}$ von Lie-Algebren derart, dass f gleich der Einschränkung von F bzw. F die Fortsetzung von f ist.

4. Man verifiziere die Gleichung $\Phi \circ \exp = \exp \circ \phi$ für den speziellen Fall, dass Φ die Determinantenfunktion auf $GL(n,\mathbb{C})$ ist sowie ϕ die Ableitung derselben.

5. Man leite die Gleichung $\operatorname{Ad}(\exp_{\mathfrak{g}} X) = \exp_{L(\mathfrak{g},\mathfrak{g})}(\operatorname{ad} X)$, die sich aus Folgerung 13.8 ergibt, alternativ aus Folgerung 13.4 her sowie daraus, dass Ad ein Homomorphismus von Lie-Gruppen ist mit der Ableitung ad, vgl. Folgerung 12.7.

6. Es seien G und H reell analytische Lie-Gruppen. Man zeige, dass dann jeder stetig differenzierbare Homomorphismus $\Phi\colon G \to H$ von Lie-Gruppen bereits reell analytisch ist.

   Hinweis: Es wird Φ in logarithmischen Karten durch die Ableitung $D_1\Phi = \phi$, also eine lineare Abbildung, dargestellt.

7. Man zeige, dass die Lie-Algebren $\mathfrak{u}(n)$ und $\mathfrak{u}(1) \oplus \mathfrak{su}(n)$ zueinander isomorph sind.

8. Man bestimme eine Basis für die Lie-Algebra $\mathfrak{sl}(2,\mathbb{C})$, bestimme die Lie-Klammer sowie die Strukturkonstanten und suche einige Unteralgebren davon.

Kapitel 14

Quotienten von Lie-Gruppen

Quotienten treten in der Mathematik immer im Zusammenhang mit Äquivalenzrelationen auf. Eine Äquivalenzrelation $\sim$ auf einer Menge M liefert eine Einteilung in paarweise disjunkte Äquivalenzklassen. Der Quotient $M/_\sim$ von M nach dieser Äquivalenzrelation ist dann die Menge aller Äquivalenzklassen mit der natürlichen Abbildung nat, die jedem Element von $x \in M$ seine Äquivalenzklasse $[x]$ zuordnet. Bei irgendwelchen algebraischen Strukturen macht dies nur dann Sinn, wenn der Quotient wieder dieselbe algebraische Struktur trägt und wenn die natürliche Abbildung ein Homomorphismus ist, der diese Struktur bewahrt. Wenn es also eine Addition $+$ oder Multiplikation $\cdot$ auf M gibt, dann wird man praktisch gezwungen sein, Äquivalenzklassen repräsentantenweise zu addieren bzw. zu multiplizieren durch $[x] + [y] = [x + y]$ bzw. $[x] \cdot [y] = [x \cdot y]$. Typische Beispiele sind die Restklassenringe $Z_n = \mathbb{Z}/_\sim$ mit $x \sim y \Leftrightarrow x - y \in n\mathbb{Z}$ für eine gewisse natürliche Zahl n. Andere Beispiele sind Quotienten V/U eines Vektorraumes V nach einem Unter-Vektorraum $U \subset V$ oder auch der Quotient von $GL(n, \mathbb{C})$ nach der Untergruppe $\{\lambda E \mid \lambda \in \mathbb{C} \setminus \{0\}\}$. Dies habe wir schon in Kapitel 5 betrachtet als projektive Gruppe $PGL(n, \mathbb{C})$. Dabei gilt dann $[A] = [B] \Leftrightarrow AB^{-1} = \lambda E$ für ein $\lambda \neq 0$. Es macht in diesem Fall keine Schwierigkeiten, eine Multiplikation in der projektiven Gruppe durch $[A] \cdot [B] = [AB]$ zu definieren. Die natürliche Abbildung nat wird so zu einem surjektiven Homomorphismus $nat\colon GL(n, \mathbb{C}) \to PGL(n, \mathbb{C})$, und der Kern von nat, also das Urbild des Einselements $[E]$, besteht genau aus allen Matrizen vom Typ λE.

Erinnert sei an den **Homomorphiesatz für Gruppen**:

Für jeden Gruppenhomomorphismus $f\colon G \to G'$ gibt es eine Gruppe $\overline{G} = G/\ker f$ mit dem natürlichen Homomorphismus $nat\colon G \to \overline{G}$ und genau einen injektiven Gruppenhomomorphismus $\overline{f}\colon \overline{G} \to G'$ mit $f = \overline{f} \circ nat$, im Diagramm:

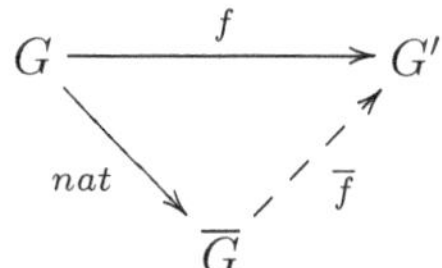

Dabei ist $\overline{f}$ zwangsläufig erklärt als $\overline{f}([g]) := f(g)$, und es gilt $\ker f = \ker(nat)$. Also sind bei Gruppen (ebenso bei anderen algebraischen Strukturen wie Ringen) Quotienten untrennbar verbunden mit den Kernen von Homomorphismen. Und hier ist es so, dass nicht jede Untergruppe als ein solcher Kern auftritt, sondern nur die Normalteiler.

14.1 Normalteiler und Ideale

Definition und Lemma 14.1 (Normalteiler, Ideal)

1. Eine Untergruppe $H \leq G$ heißt ein **Normalteiler**, wenn sie als Kern eines Homomorphismus von Gruppen auftritt. Schreibweise: $H \trianglelefteq G$.

   Äquivalent dazu ist die Bedingung $gH = Hg$ für alle $g \in G$ oder auch $(\mathbf{Ad}g)(H) \subset H$ für alle $g \in G$.

   Wegen dieser letzten Bedingung wird ein Normalteiler auch einfach als eine **invariante Untergruppe** bezeichnet. Gemeint ist dabei, dass sie **Ad**-invariant ist.

2. Ein **Ideal** $\mathfrak{h}$ in einer Lie-Algebra $\mathfrak{g}$ ist eine Lie-Unteralgebra $\mathfrak{h} \leq \mathfrak{g}$, die als Kern eine Homomorphismus von Lie-Algebren auftritt. Schreibweise: $\mathfrak{h} \trianglelefteq \mathfrak{g}$.

   Äquivalent dazu ist die Bedingung $[X, Y] \in \mathfrak{h}$ für alle $X \in \mathfrak{g}$ und alle $Y \in \mathfrak{h}$ oder auch $(\operatorname{ad} X)(\mathfrak{h}) \subset \mathfrak{h}$ für alle $X \in \mathfrak{g}$.

   Wegen dieser letzten Bedingung wird ein Ideal auch einfach als eine **invariante Lie-Unteralgebra** bezeichnet. Gemeint ist dabei, dass sie ad-invariant ist.

Beweis: Wir müssen nur die behaupteten Äquivalenzen zeigen.

Zu Punkt 1.   Dazu sei zunächst $f \colon G \to G'$ ein Gruppenhomomorphismus mit Kern $\ker f = f^{-1}(e')$. Für ein beliebiges $g \in G$ und $h \in \ker f$ gilt dann

$$f(ghg^{-1}) = f(g)f(h)f(g^{-1}) = f(g)e'(f(g))^{-1} = e',$$

also liegt ghg^{-1} wieder in $\ker f$. Man kann auch sagen: gh ist gleich einem Element $\tilde{h}g$ mit einem gewissen $\tilde{h} \in \ker f$.

Umgekehrt sei nun $H \leq G$ eine Untergruppe mit $gHg^{-1} \subset H$ für alle $g \in G$. Dann können wir auf der Menge der Nebenklassen $\{gH \mid g \in G\}$ eine Multiplikation durch

$$(gH) \cdot (g'H) = (gg')H$$

definieren. Wegen $gHg'H = gg'HH = gg'H$ ist dies wohldefiniert. Das Einselement ist $eH = H$, die Assoziativität überträgt sich durch $(gH)(g'H)(g''H) = gg'g''H$, und das inverse Element ist $(gH)^{-1} = g^{-1}H$. Die natürliche Abbildung f von G auf die so definierte Gruppe G/H der Nebenklassen ist dann ein Gruppenhomomorphismus mit $H = \ker f$.

Zu Punkt 2.   Ganz analog schließen wir für Lie-Algebren. Dazu sei $\varphi \colon \mathfrak{g} \to \mathfrak{g}'$ ein Homomorphismus von Lie-Algebren mit Kern $\ker \varphi$. Für ein beliebiges $X \in \mathfrak{g}$ und $Y \in \ker \varphi$ gilt dann $\varphi[X, Y] = [\varphi X, \varphi Y] = [\varphi X, 0] = 0$, also liegt $[X, Y]$ wieder in $\ker \varphi$.

Umgekehrt sei $\mathfrak{h}$ ein Ideal in $\mathfrak{g}$. Insbesondere ist dann $\mathfrak{h}$ ein Unter-Vektorraum von $\mathfrak{g}$, und wir können den Quotienten $\mathfrak{g}/\mathfrak{h} = \{X + \mathfrak{h} \mid X \in \mathfrak{g}\}$ als Quotienten von Vektorräumen definieren mit dem natürlichen Vektorraum-Homomorphismus $\varphi \colon \mathfrak{g} \to \mathfrak{g}/\mathfrak{h}$. Wir müssen aber noch zeigen, dass dieser Quotient wieder eine Lie-Algebra ist. Dazu definieren wir auf den Nebenklassen $X + \mathfrak{h}$ mit $X \in \mathfrak{g}$ die Lie-Multiplikation

$$[X + \mathfrak{h}, Y + \mathfrak{h}] = [X, Y] + \mathfrak{h}.$$

Falls nun $X + \mathfrak{h} = X' + \mathfrak{h}$ und $Y + \mathfrak{h} = Y' + \mathfrak{h}$ gilt, also $X - X' \in \mathfrak{h}$ und $Y - Y' \in \mathfrak{h}$, dann gilt auch $[X, Y - Y'] \in \mathfrak{h}$ und $[X - X', Y] \in \mathfrak{h}$. Daraus folgt aber

$$[X, Y] - [X', Y'] = [X, Y - Y'] + [X - X', Y'] \in \mathfrak{h},$$

also gilt auch $[X, Y] + \mathfrak{h} = [X', Y'] + \mathfrak{h}$. Damit ist die Abbildung $\varphi \colon \mathfrak{g} \to \mathfrak{g}/\mathfrak{h}$ eine wohldefinierte Abbildung zwischen Lie-Algebren, und sie ist ein Homomorphismus von Lie-Algebren wegen

$$[\varphi X, \varphi Y] = [X + \mathfrak{h}, Y + \mathfrak{h}] = [X, Y] + \mathfrak{h} = \varphi\big([X, Y]\big),$$

und offensichtlich ist $\mathfrak{h}$ genau der Kern von φ. $\qquad\square$

Folgerung 14.2 (Homomorphiesatz für Lie-Algebren)
Es sei $\phi \colon \mathfrak{g} \to \mathfrak{h}$ ein Homomorphismus von Lie-Algebren, und $\mathfrak{k}$ bezeichne den Kern von ϕ mit der natürlichen Abbildung $\mathrm{nat}_\phi \colon \mathfrak{g} \to \mathfrak{g}/\mathfrak{k}$. Dann gibt es eine eindeutige Ergänzung $\psi \colon \mathfrak{g}/\mathfrak{k} \to \mathfrak{h}$ als injektiven Homomorphismus von Lie-Algebren, der das folgende Diagramm kommutativ macht:

$$d.h. \quad \psi(X + \mathfrak{k}) - \phi(X)$$

Falls überdies ϕ surjektiv ist, dann ist ψ ein Isomorphismus von Lie-Algebren.

Beweis: Wenn wir $\mathfrak{g}$ und $\mathfrak{h}$ nur als Vektorräume auffassen, dann haben wir denselben Sachverhalt nach dem Homomorphiesatz für Vektorräume. Insbesondere gibt es den Quotienten $\mathfrak{g}/\mathfrak{k} = \{X + \mathfrak{k} \mid X \in \mathfrak{g}\}$ als Vektorraum und einen eindeutigen injektiven Vektorraum-Homomorphismus ψ, der das Diagramm kommutativ macht und der durch $\psi(X + \mathfrak{k}) := \phi(X)$ definiert ist. Nach dem Obigen ist aber $\mathfrak{g}/\mathfrak{k}$ eine Lie-Algebra, und die natürliche Abbildung $\mathrm{nat}_\phi \colon \mathfrak{g} \to \mathfrak{g}/\mathfrak{k}$ ist ein Homomorphismus von Lie-Algebren. Es verbleibt nur zu zeigen, dass auch ψ ein Homomorphismus von Lie-Algebren ist. Dies folgt aber aus der Gleichung

$$\psi([X + \mathfrak{k}, Y + \mathfrak{k}]) = \psi([X, Y] + \mathfrak{k}) = \phi([X, Y]) = [\phi(X), \phi(Y)] = [\psi(X + \mathfrak{k}), \psi(Y + \mathfrak{k})].$$

$$\square$$

Beispiele 14.3   1. $SO(n)$ ist eine Untergruppe von $SL(n, \mathbb{R})$, aber kein Normalteiler, weil z.B. für $n = 2$ das Produkt

$$ABA^{-1} = \begin{pmatrix} 2 & 0 \\ 0 & \frac{1}{2} \end{pmatrix} \cdot \begin{pmatrix} 0 & -1 \\ 1 & 0 \end{pmatrix} \cdot \begin{pmatrix} \frac{1}{2} & 0 \\ 0 & 2 \end{pmatrix} = \begin{pmatrix} 0 & -4 \\ \frac{1}{4} & 0 \end{pmatrix}$$

nicht mehr orthogonal ist, obwohl B in $SO(2)$ liegt und A in $SL(2, \mathbb{R})$. Mit anderen Worten: $SO(2)$ ist nicht invariant unter $\mathbf{Ad}A$ (analog für höheres n).

2. Entsprechend ist $\mathfrak{so}(n)$ kein Ideal in $\mathfrak{sl}(n, \mathbb{R})$. Das Gegenteil würde nämlich dem folgenden Satz 14.4 widersprechen.

3. $\mathfrak{sl}(n, \mathbb{R})$ ist ein Ideal in $\mathfrak{gl}(n, \mathbb{R})$. Die für alle A, B gültige Gleichung $\operatorname{spur}(AB) = \operatorname{spur}(BA)$ impliziert nämlich $\operatorname{spur}([A, B]) = \operatorname{spur}(AB - BA) = 0$. Der Quotient $\mathfrak{gl}(n, \mathbb{R})/\mathfrak{sl}(n, \mathbb{R})$ ist somit eine 1-dimensionale Lie-Algebra, also isomorph zu $\mathbb{R}$. Die Quotientenabbildung zwischen den Lie-Algebren ist gerade gegeben durch die Spur mit $\mathfrak{sl}(n, \mathbb{R}) = \ker(\operatorname{spur})$. Entsprechendes gilt für $\mathfrak{sl}(n, \mathbb{C})$ als ein Ideal in $\mathfrak{gl}(n, \mathbb{C})$ mit $\mathbb{C}$ als Quotienten.

4. Das Zentrum $Z(\mathfrak{g})$ einer jeden Lie-Algebra $\mathfrak{g}$ ist ein Ideal:

$$\mathfrak{z}(\mathfrak{g}) := \{X \in \mathfrak{g} \mid [X, Y] = 0 \text{ für alle } Y \in \mathfrak{g}\}$$

Wenn nämlich $X \in \mathfrak{z}(\mathfrak{g})$ und $W \in \mathfrak{g}$ gegeben sind, dann gilt $\big[[X, W], Y\big] = [0, Y] = 0$ für alle $Y \in \mathfrak{g}$, also gilt $[X, W] \in \mathfrak{z}(\mathfrak{g})$.

5. Die Menge $[\mathfrak{g}, \mathfrak{g}]$ aller wechselseitigen Produkte $[X, Y]$ mit $X, Y \in \mathfrak{g}$ erzeugt ein Ideal $g^1 = K(\mathfrak{g})$, die sogenannte **Kommutatoralgebra** von $\mathfrak{g}$, die auch einfach als $[\mathfrak{g}, \mathfrak{g}]$ geschrieben wird, vgl. 15.9 und 1.7.

6. In der Lie-Algebra der euklidischen Gruppe ist der Anteil, der von den Translationen herkommt, ein Ideal. Dies entspricht der Tatsache, dass in der euklidischen Gruppe die Untergruppe aller Translationen ein Normalteiler ist. Man vergleiche dazu den Anfang von Abschnitt 5.2: $T_c \circ R_\theta$ und $R_\theta \circ T_c$ unterscheiden sich nur um eine reine Translation. Dann gilt dasselte für T_c einerseits und $R_\theta \circ T_c \circ R_\theta^{-1} = R_\theta \circ T_c \circ R_{-\theta}$ andererseits.

Satz 14.4 (Die Lie-Algebra eines Normalteilers ist ein Ideal)
H, G seien zusammenhängende Lie-Gruppen, $H \leq G$ sei eine Untergruppe, $\mathfrak{h}, \mathfrak{g}$ seien die zugehörigen Lie-Algebren, dabei ist $\mathfrak{h} \leq \mathfrak{g}$ eine Lie-Unteralgebra. Dann sind die folgenden Bedingungen äquivalent:

(1) H ist ein Normalteiler von G (d.h. $H \trianglelefteq G$)

(2) $\mathbf{Ad}x(H) \subseteq H$ für alle $x \in G$

(3) $\operatorname{Ad}x(\mathfrak{h}) \subseteq \mathfrak{h}$ für alle $x \in G$

(4) $(\operatorname{ad}X)(\mathfrak{h}) \subset \mathfrak{h}$ für alle $X \in \mathfrak{g}$.

(5) $\mathfrak{h}$ ist ein Ideal in $\mathfrak{g}$ (d.h. $\mathfrak{h} \trianglelefteq \mathfrak{g}$)

Beweis: Die Äquivalenzen (1) $\Leftrightarrow$ (2) und (4) $\Leftrightarrow$ (5) sind schon oben Lemma 14.1 gezeigt worden. Die Implikationen (2) $\Rightarrow$ (3) $\Rightarrow$ (4) folgen einfach durch Ableiten. Für die Rückrichtung (4) $\Rightarrow$ (2) muss man dann wieder zweimal integrieren. Dazu brauchen wir den Zusammenhang.

(2) $\Rightarrow$ (3): Es ist für jedes $x \in G$ $\mathbf{Ad}x(h) = xhx^{-1}$ eine Abbildung $\mathbf{Ad}x : H \to H$. Die Ableitung im Einselement $\mathbf{1}$ ist folglich eine Abbildung $\operatorname{Ad}x : \mathfrak{h} \to \mathfrak{h}$.

(3) $\Rightarrow$ (4): Man betrachte die Ableitung von $x \mapsto \operatorname{Ad}x(Y) \in \mathfrak{h}$ für festes $Y \in \mathfrak{h}$ bei $x = \mathbf{1}$ in Richtung $X \in \mathfrak{g}$. Dies liefert die Zuordnung $X \mapsto \underbrace{\operatorname{ad}X(Y)}_{[X,Y]} \in \mathfrak{h}$ für alle $X \in \mathfrak{g}$.

(4) $\Rightarrow$ (2): Für festes $X \in \mathfrak{g}$ gilt nach Annahme, dass $(\mathrm{ad}\,X)(\mathfrak{h}) \subseteq \mathfrak{h}$. Damit gilt aber auch $e^{\mathrm{ad}\,X}(\mathfrak{h}) \subseteq \mathfrak{h}$, wobei $e^A = \sum_n A^n/n!$ die Exponentialreihe bezeichnet, angewendet auf eine Matrix A, vgl. Folgerung 10.6.

Es gilt aber auch die Gleichung $e^{\mathrm{ad}\,X} = \mathrm{Ad}\,(\exp X)$ nach Folgerung 13.4 (3), weil ad die Ableitung des Homomorphismus Ad ist. Damit liegt das Bild von $\mathrm{Ad}\,x$ in $GL(\mathfrak{h})$ für jedes x, das im Bild von exp liegt. Da $\mathrm{Ad}\,x$ die Ableitung von $\mathbf{Ad}x$ ist, folgt

$$\mathbf{Ad}(\underbrace{\exp X}_{\in G})(\underbrace{\exp Y}_{\in H}) = \exp(\underbrace{\mathrm{Ad}\,(\exp X)(Y)}_{\in \mathfrak{h}}) \in \exp \mathfrak{h} \subseteq H$$

für jedes festes $X \in \mathfrak{g}$ und $x = \exp X \in G$ sowie $Y \in \mathfrak{h}$. Weil G und H aber zusammenhängend sind, gilt $\mathbf{Ad}x(y) \in H$ sogar für jedes $x \in G$ und jedes $y \in H$. Folglich gilt $\mathbf{Ad}x(H) \subseteq H$ für jedes $x \in G$. $\qquad\square$

Als kommutative Diagramme haben wir die folgenden, analog für die Einschränkungen auf $\mathfrak{h}$ statt $\mathfrak{g}$:

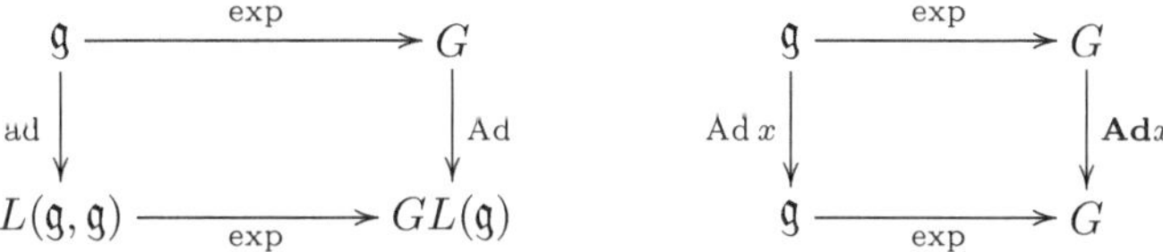

Folgerung 14.5 *Falls $\mathfrak{g}$ die zugehörige Lie-Algebra zu G ist und falls $\mathfrak{h} \trianglelefteq \mathfrak{g}$ ein Ideal ist, dann gibt es genau einen zusammenhängenden Normalteiler $H \trianglelefteq G$, so dass $\mathfrak{h}$ die zu H gehörige Lie-Algebra ist.*

Dies folgt aus Satz 14.4 in Verbindung mit Theorem 13.12.

14.2 Der Homomorphiesatz für Lie-Gruppen

Wenn man Quotienten von nicht-kommutativen algebraischen Strukturen bilden will, dann kann die Nicht-Kommutativität dabei zu verschiedenen Ergebnissen führen. Der Qutotient einer Gruppe nach einem Normalteiler ist eindeutig erklärt, aber für einen Quotienten nach einer Untergruppe (die kein Normalteiler ist) gibt es zwei verschiedene Möglichkeiten.

Bezeichnung: Für jede Untergruppe $H \leq G$ bezeichne

$$G/H = \{xH \mid x \in G\}$$

die Menge der Linksnebenklassen von H und

$$H\backslash G = \{Hx \mid x \in G\}$$

die Menge der Rechtsnebenklassen von H. Falls H ein Normalteiler ist, so ist $G/H = H\backslash G$, und G/H wird zu einer Gruppe durch $(xH) \cdot (yH) = (xy)H$. Die natürliche Abbildung

$$G \to G/H \quad \text{mit} \quad x \mapsto xH = [x]$$

ist dann ein surjektiver Homomorphismus, dessen Kern gleich H ist.

Als Topologie auf G/H (oder auch $H\backslash G$) haben wir in natürlicher Weise die Quotienten-topologie (finale Topologie). In dieser Topologie sind alle Mengen offen, deren Urbilder unter der natürlichen Abbildung offen in G sind. Dabei gilt folgendes:

Lemma 14.6 *Falls H eine abgeschlossene Untergruppe einer Lie-Gruppe ist, dann hat die Quotiententopologie auf G/H die Hausdorffsche Trennungseigenschaft (T_2-Axiom).*

Beweis: Wir wissen aus Kapitel 9, dass G die Hausdorffsche Trennungseigenschaft erfüllt. Es sei $xH \neq yH, x^{-1}y \notin H$. Wähle offene disjunkte Umgebungen U_x, U_y von x, y mit $(U_x^{-1} \cdot U_y) \cap H = \emptyset$. Dies ist möglich, weil $U_x^{-1} \cdot U_y$ eine Umgebung von $x^{-1}y \notin H$ ist und weil H abgeschlossen ist. Also sind $\{\xi H \mid \xi \in U_x\}$ und $\{\eta H \mid \eta \in U_y\}$ disjunkte offene Umgebungen von xH und yH in G/H. $\square$

> **Satz und Definition 14.7** *Es sei H eine abgeschlossene Untergruppe von G. Dann ist G/H eine differenzierbare Mannigfaltigkeit der Dimension $\dim G/H = \dim G - \dim H$, die das Trennungsaxiom T_2 erfüllt. Ferner operiert G auf G/H differenzierbar durch*
>
> $$G \times G/H \longrightarrow G/H \quad mit \quad (g, \tilde{g}H) \mapsto (g\tilde{g})H.$$
>
> *Man nennt den Quotienten $M = G/H$ einen* **homogenen Raum** *und H die* **Standgruppe** *eines Punktes darin.*
>
> *Falls H ein Normalteiler ist, so ist G/H eine Lie-Gruppe, und die natürliche Abbildung $\mathrm{nat}\colon G \to G/H$ ist ein surjektiver Homomorphismus von Lie-Gruppen.*

Im Diagramm sieht die Gruppen-Wirkung von G auf dem homogenen Raum so aus:

$$
\begin{array}{ccc}
G \times G & \xrightarrow{\;\;m\;\;} & G \\
{\scriptstyle G \times nat}\big\downarrow & & \big\downarrow{\scriptstyle nat} \\
G \times G/H & \longrightarrow & G/H
\end{array}
$$

Beweisskizze: Zunächst müssen wir in G/H Koordinaten konstruieren, die die Quotien-tentopologie als induzierte Topologie haben. Dazu seien $\mathfrak{h}, \mathfrak{g}$ die Lie-Algebren von H und G, und es sei $\dim G = \dim \mathfrak{g} = n, \dim H = \dim \mathfrak{h} = k$. Folglich ist die Komposition

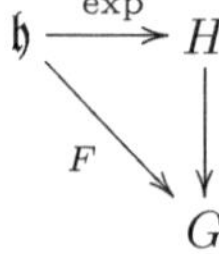

$$
\begin{array}{ccc}
\mathfrak{h} & \xrightarrow{\;\exp\;} & H \\
 & {\scriptstyle F}\searrow & \big\downarrow \\
 & & G
\end{array}
$$

eine Immersion F in einer gewissen Nullumgebung. Es sei φ eine Kartenabbildung in einer gewissen Einsumgebung in G. Nach dem Rangsatz in 2.9 gibt es dort lokale Ko-ordinaten $x^1, \ldots, x^n$, so dass $\varphi \circ F(x^1, \ldots, x^k) = (x^1, \ldots, x^k, \underbrace{0, \ldots, 0}_{n-k})$. Dann definieren die Koordinaten $x^{k+1}, \ldots, x^n$ eine Karte um $[1] = H$ in G/H. Mit Links-Translationen gilt das auch in allen anderen Punkten von G/H. Die Koordinatentransformationen sind dann differenzierbar. Zusammen mit dem obigen Lemma zur Hausdorff-Eigenschaft erhält man: G/H ist eine differenzierbare Mannigfaltigkeit und die natürliche Abbildung $nat\colon G \to G/H$ ist eine differenzierbare Submersion, in den obigen Koordinaten lokal beschrieben durch $(x_1, \ldots, x_k, x_{k+1}, \ldots, x_n) \longmapsto (x_{k+1}, \ldots, x_n)$.

Es sei jetzt $H \trianglelefteq G$ ein Normalteiler. Dann ist G/H eine (abstrakte) Gruppe, und die natürliche Abbildung $G \to G/H$ ist ein surjektiver Homomorphismus. Um eine Lie-Gruppe zu erhalten, müssen wir zeigen, dass die Multiplikation

$$G/H \times G/H \to G/H \quad \text{mit} \quad (xH, yH) \longmapsto (xy)H$$

differenzierbar ist. Dies ist aber der Fall, denn die Zuordnung

$$((x_{k+1}, \ldots, x_n), (y_{k+1}, \ldots, y_n)) \longmapsto (0, \ldots, 0, x_{k+1}, \ldots, x_n) \cdot (0, \ldots, 0, y_{k+1}, \ldots, y_n)$$

liefert die Koordinaten $(z_1, \ldots, z_n)$ eines Punktes in G, und $(z_{k+1}, \ldots, z_n)$ sind die Koordinaten des betreffenden Punktes im Quotienten. Analoges gilt für die Inversion $xH \mapsto x^{-1}H$. $\qquad\square$

Beispiel 14.8 Ein Beispiel eines homogenen Raumes, der keine Lie-Gruppe ist, ist der Quotient $SU(2)/SO(2)$, vgl. die Übungsaufgaben am Ende des Kapitels.

Folgerung 14.9 *Die Lie-Algebra von G/H ist $\mathfrak{g}/\mathfrak{h}$, wenn $\mathfrak{g}$ die Lie-Algebra von G ist und wenn $\mathfrak{h}$ die Lie-Algebra eines abgeschlossenen Normalteilers $H \trianglelefteq G$ bezeichnet.*

Darüber hinaus macht die induzierte Exponentialabbildung $\exp_/\colon \mathfrak{g}/\mathfrak{h} \to G/H$ das folgende Diagramm kommutativ:

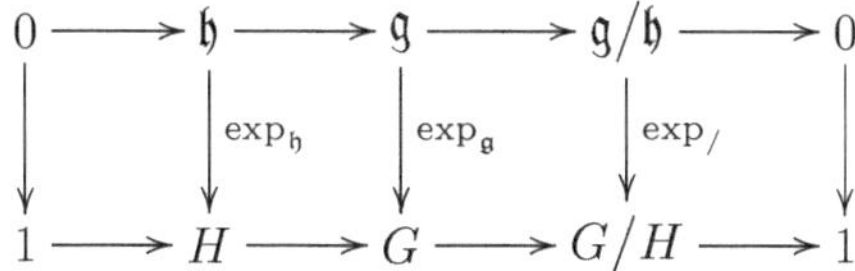

Dabei sind die beiden Zeilen exakt, d.h. für jede dieser aufeinanderfolgenden Abbildungen ϕ_{i-1}, ϕ_i gilt $\ker(\phi_i) = \operatorname{im}(\phi_{i-1})$

Beweis: Aus dem Beweis von Satz 14.7 ergibt sich, dass der Tangentialraum an G/H in jedem Punkt der Quotient der beiden Tangentialräume an G und H ist. Damit gilt die Isomorphie

$$T_1(G/H) \cong T_1 G / T_1 H = \mathfrak{g}/\mathfrak{h}$$

als eine solche von Vektorräumen. Aus Satz 14.2 ergibt sich aber, dass dies auch ein Isomorphismus von Lie-Algebren ist. Wegen $\exp_{\mathfrak{g}}(\mathfrak{h}) \subset H$ gilt dann auch, dass eine Abbildung $\exp_/$ als Ergänzung in dem obigen Diagramm existiert, die 1-Parameter-Untergruppen in G in ebensolche in G/H abbildet, weil unter $\exp_{\mathfrak{g}}$ stets Nebenklassen in Nebenklassen abgebildet werden. Man vergleiche dazu die CBH-Formel, die für einen Normalteiler H insbesondere

$$\log\left(\exp_{\mathfrak{g}} X \cdot \exp_{\mathfrak{g}}(\mathfrak{h})\right) \subset X + \mathfrak{h}$$

impliziert, also auch

$$\exp_{\mathfrak{g}}(X + \mathfrak{h}) \subset \exp_{\mathfrak{g}} X \cdot H.$$

Daher muss $\exp_{/}$ mit der Exponentialabbildung von G/H übereinstimmen, die ja in jedem Fall irgendwie existiert, weil G/H eine Lie-Gruppe ist. Dies folgt auch aus Folgerung 13.4 und daraus, dass die natürliche Abbildung $G \to G/H$ ein Homomorphismus von Lie-Gruppen ist. $\qquad\square$

Folgerung 14.10 (Homomorphiesatz für Lie-Gruppen)

Es sei $\Phi : G \to G'$ ein Homomorphismus von Lie-Gruppen. Dann ist $K := \ker\Phi$ ein abgeschlossener Normalteiler mit Lie-Algebra $\mathfrak{k} := \ker(D_1\Phi)$, und die natürliche Abbildung $\mathrm{nat}_\Phi \colon G \to G/K$ ist ein Homomorphismus von Lie-Gruppen. Ferner gibt es einen eindeutigen und injektiven Homomorphismus $\Psi : G/K \to G'$, der das folgende Diagramm kommutativ macht

$\qquad$ *d.h.* $\Psi(g \cdot K) = \Phi(g),$

und der auch eine Immersion ist. Dabei gilt $\Phi(G) = \Psi(G/K)$. Dies ist eine Lie-Untergruppe, deren Lie-Algebra gleich dem Bild von $\phi = D_1\Phi$ ist. Die Lie-Algebra von K ist der Kern von ϕ, und die Lie-Algebra von G/K ist der Quotient $\mathfrak{g}/\mathfrak{k}$, denn $\mathfrak{k}$ ist ein Ideal in $\mathfrak{g}$. Ferner gilt für die zugehörigen Lie-Algebren und $\psi = D_1\Psi$ das entsprechende kommutative Diagramm

$\qquad$ *d.h.* $\psi(X + \mathfrak{k}) = \phi(X),$

das sich auch aus dem obigen Homomorphiesatz für Lie-Algebren ergibt.

Falls zusätzlich Φ surjektiv ist, dann ist auch Ψ surjektiv. Ferner ergibt sich die Exponentialabbildung $\exp_{/} \colon \mathfrak{g}/\mathfrak{k} \to G/K$ als vertikale Ergänzung in dem folgenden kommutativen Diagramm:

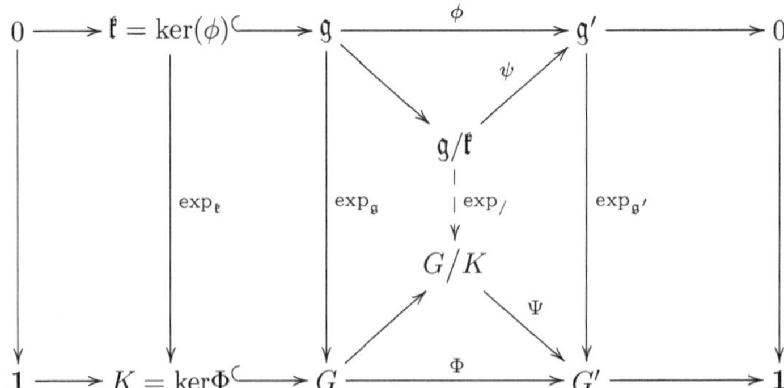

Beweis: Zunächst können wir den Homomorphiesatz für Gruppen anwenden und bekommen erst einmal die natürliche Abbildung $G \to G/K$ als surjektiven Homomorphismus sowie die eindeutige Ergänzung $\Psi\colon G/K \to G'$ als injektiven Homomorphismus.

Ferner ist K abgeschlossen, weil K das Urbild eines Punktes (nämlich des Einselementes) unter der stetigen Abbildung Φ ist. Jede einpunktige Menge ist abgeschlossen. Nach dem obigen Satz 14.7 ist G/K eine Lie-Gruppe, und die natürliche Abbildung $nat_\Phi\colon G \to G/K$ ist ein Homomorphismus von Lie-Gruppen, also insbesondere differenzierbar. Ebenso haben wir die natürliche Abbildung $nat_\phi\colon \mathfrak{g} \to \mathfrak{g}/\mathfrak{k}$ als Homomorphismus von Lie-Algebren sowie eine Ergänzung $\psi\colon \mathfrak{g}/\mathfrak{k} \to \mathfrak{g}'$. Aus dem Diagramm ergibt sich ferner, dass ψ die Ableitung von Ψ im Einselement ist. $\qquad\square$

Übungsaufgaben

1. Wir haben kanonische Einbettungen $SO(2) \to SO(3)$ sowie $\mathfrak{so}(2) \to \mathfrak{so}(3)$ durch Blockmatrizen
$$A \mapsto \left(\begin{array}{c|c} A & 0 \\ \hline 0 & 1 \end{array}\right) \text{ sowie } X \mapsto \left(\begin{array}{c|c} X & 0 \\ \hline 0 & 0 \end{array}\right)$$
   mit $A \in SO(2), X \in \mathfrak{so}(2)$.

   Man zeige, dass es auf dem 2-dimensionalen Quotienten-Vektorraum $\mathfrak{so}(3)/\mathfrak{so}(2)$ keine Möglichkeit gibt, eine Lie-Klammer so zu erklären, dass die natürliche Abbildung $nat\colon \mathfrak{so}(3) \to \mathfrak{so}(3)/\mathfrak{so}(2)$ ein Homomorphismus von Lie-Algebren wird.

2. Die Gruppe $SO(2)$ kann als Untergruppe von $SU(2)$ gedeutet werden, in dem man die reellen Einträge einer Matrix als komplexe Zahlen mit verschwindendem Imaginärteil ansieht. Man zeige: $SO(2)$ ist kein Normalteiler in $SU(2)$.

   Bemerkung: Weil $SO(2)$ jedenfalls abgeschlossen in $SU(2)$ ist, folgt aus den obigen Sätzen, dass der Quotient $SU(2)/SO(2)$ zwar eine 2-dimensionale Mannigfaltigkeit ist (nämlich die 2-Sphäre), aber keine Lie-Gruppe. Die Quotientenabbildung zwischen den Mannigfaltigkeiten $S^3 \cong SU(2) \to SU(2)/SO(2) \cong S^2$ heißt auch die *Hopf-Abbildung*. Sie ist ein wichtiges Beispiel in der Topologie.

3. Man überlege, in welcher Weise sich die Exponentialabbildung von $SU(2)$ auf den Quotienten $SU(2)/SO(2)$ überträgt. Wie sieht das Bild einer 1-Parameter-Untergruppe in $SU(2)$ unter der Quotientenabbildung aus ?

4. Man zeige, dass die Abbildung $\Phi\colon U(1) \times SU(n) \to U(n)$ mit $\Phi(e^{i\theta}, A) = e^{i\theta} \cdot A$ ein surjektiver Homomorphismus von Lie-Gruppen ist und wende den Homomorphiesatz darauf an. Man betrachte auch die analoge Abbildung von $O(1) \times SO(n)$ nach $O(n)$.

5. Es seien $\mathfrak{h}_1, \mathfrak{h}_2$ Ideale in einer Lie-Algebra $\mathfrak{g}$. Man zeige, dass dann auch $\mathfrak{h}_1 \cap \mathfrak{h}_2$ und $\mathfrak{h}_1 + \mathfrak{h}_2$ Ideale sind und dass die folgende Isomorphie gilt:
$$\mathfrak{h}_1/(\mathfrak{h}_1 \cap \mathfrak{h}_2) \cong (\mathfrak{h}_1 + \mathfrak{h}_2)/\mathfrak{h}_2$$

6. Man suche 1-Parameter-Untergruppen der $PSL(2,\mathbb{R})$ und wende das Ergebnis auf die hyperbolischen Bewegungen der hyperbolischen Ebene H^2 an (vgl. Abschnitt 5.6).

7. Man erkläre eine äußere direkte Summe endlich vieler Lie-Algebren $\mathfrak{g} = \mathfrak{g}_1 \oplus \cdots \oplus \mathfrak{g}_n$ und zeige, dass jedes $\mathfrak{g}_i$ ein Ideal in $\mathfrak{g}$ ist.

8. Man wende den Homomorphiesatz für Lie-Gruppen auf denjenigen Homomorphismus von $GL(n, \mathbb{K})$ nach $GL(1, \mathbb{K}) \cong \mathbb{K} \setminus \{0\}$ an, der durch die Determinantenfunktion gegeben wird. Was ergibt sich als Kern, was ergibt sich als Quotient?

9. Man wende den Homomorphiesatz auf die Spur als Homomorphismus von Lie-Algebren von $L(\mathfrak{g}, \mathfrak{g})$ nach $\mathbb{R}$ an, vgl. die erste Übungsaufgabe in Kapitel 13.

10. Man zeige durch ein konkretes Beispiel, dass die Lie-Unteralgebra $\mathfrak{so}(3) \leq \mathfrak{sl}(3, \mathbb{R})$ nicht invariant unter $\mathrm{Ad}\, B$ ist für eine geeignete Matrix $B \in SL(3, \mathbb{R})$ und nicht invariant unter $\mathrm{ad}\, X$ für eine geeignete Matrix $X \in \mathfrak{sl}(3, \mathbb{R})$.

    Hinweis: Beispiele 14.3.

11. Man zeige, dass die Kommutatorgruppe $K(G)$ einer zusammenhängenden Lie-Gruppe G wieder zusammenhängend ist. Dabei ist $K(G)$ definiert als die von allen wechselseitigen Produkten (den Kommutatoren) $ghg^{-1}h^{-1}$ mit $g, h \in G$ erzeugte Untergruppe.

    Hinweis: Man betrachte stetige Wege $g(t), h(t)$, die g, h mit dem Einselement verbinden.

12. Man zeige, dass die Kommutatorgruppe $K(G)$ einer Lie-Gruppe G der Kern eines Homomorphismus ist. Der Quotient $G/K(G)$ heißt dann die *Kommutatorfaktorgruppe*. Sie ist stets abelsch. Entsprechend gilt, dass die Kommutatoralgebra $[\mathfrak{g}, \mathfrak{g}] = K(\mathfrak{g})$ einer Lie-Algebra ein Ideal ist. Den Quotienten $\mathfrak{g}/K(\mathfrak{g})$ könnte man analog als die *Kommutatorfaktoralgebra* bezeichnen. Weil dieser Quotient aber stets abelsch und somit isomorph zu einem $\mathbb{R}^n$ ist, scheint das nicht üblich zu sein.

13. Man zeige, dass die Zusammenhangskomponente G^0 des Einselements einer Lie-Gruppe G ein Normalteiler ist. Ein Beispiel ist $SO(3) = (O(3))^0$.

    Hinweis: Für $g \in G^0$ und $h \in G$ betrachte man einen stetigen Weg $g(t)$, der g mit dem Einselement verbindet. Dann betrachte man den Weg $h \cdot g(t) \cdot h^{-1}$.

14. Es sei ein Homomorphismus $F: GL(n, \mathbb{R}) \to GL(n, \mathbb{R})$ durch $F(A) = (A^T)^{-1}$ definiert. Man bestimme die Fixpunktmenge $\{A \mid F(A) = A\}$ in $GL[n, \mathbb{R})$ sowie die Fixpunktmenge der Einschränkung auf $SL(n, \mathbb{R})$. Sind diese Fixpunktmengen jeweils Normalteiler in $GL(n, \mathbb{R})$ bzw. $SL(n, \mathbb{R})$?

15. Man zeige, dass eine komplexe Darstellung Φ von $SU(2)$ gemäß Definition 13.1 genau dann eine komplexe Darstellung von $SO(3)$ induziert, wenn $\Phi(-E) = \Phi(E)$ gilt.

    Hinweis: Abschnitt 3.2 sowie der Homomorphiesatz 14.10.

Kapitel 15

Abelsche und nilpotente Lie-Gruppen

Abelsche Lie-Gruppen G sehen vielleicht auf den ersten Blick nicht sehr interessant aus. Jedenfalls ist die zugehörige Lie-Algebra auch abelsch, d.h. die Lie-Klammer verschwindet identisch, vgl. die Beispiele 10.5. Für Matrizen-Gruppen heißt das gerade, dass je zwei Matrizen X, Y in der Lie-Algebra kommutieren, weil die Lie-Klammer gerade durch den Kommutator $[X, Y] = XY - YX$ gegeben ist. Es gibt somit für jede reelle bzw. komplexe Dimension eine und nur eine abelsche Lie-Algebra, nämlich $\mathbb{R}^n$ bzw. $\mathbb{C}^n$ als $\mathbb{R}$-Vektorraum bzw. $\mathbb{C}$-Vektorraum ohne eine weitere in diesem Zusammenhang zu betrachtende Multiplikation. Dieser Vektorraum hat dann sozusagen als Lie-Algebra eine *triviale Struktur* mit verschwindenden Strukturkonstanten.

Dennoch sind abelsche Lie-Gruppen wichtig, denn sie treten in natürlicher Weise als Untergruppen anderer Lie-Gruppen auf (Beispiel: $\mathbb{R}^n$ als Untergruppe der euklidischen Gruppe $E(n, \mathbb{R})$), und außerdem gibt es in jeder Dimension mehr als eine zusammenhängende abelsche Lie-Gruppe. Es gibt nämlich diskrete Quotienten (d.h. Quotienten nach diskreten Untergruppen) von abelschen Lie-Gruppen, z.B. Tori. Die maximale Dimension einer abelschen Untergruppe bzw. abelschen Unter-Lie-Algebra ist ein wichtiger Indikator für den Typ einer Lie-Gruppe bzw. Lie-Algebra. Im Folgenden bezeichnen wir zu gegebener Lie-Gruppe G die Zusammenhangskomponente des Einselements mit G^0.

15.1 Abelsche Lie-Gruppen

Lemma 15.1 *G sei eine Lie-Gruppe mit Lie-Algebra $\mathfrak{g}$. Dann gilt:*

(a)   *G ist abelsch* $\implies$ *G^0 ist abelsch*

 $\implies$ *$\mathfrak{g}$ ist abelsch ($\iff \mathrm{ad} = 0$)*

(b)   *$\mathfrak{g}$ ist abelsch* $\implies$ *$\exp(X) \cdot \exp(Y) = \exp(Y) \cdot \exp(X)$ für alle $X, Y \in \mathfrak{g}$*

 $\implies$ *G^0 ist abelsch*

(c)   *$\mathfrak{g}$ ist abelsch* $\implies$ *$\exp(X + Y) = \exp(X) \cdot \exp(Y)$ für alle $X, Y \in \mathfrak{g}$*

 $\implies$ *$\exp \colon (\mathfrak{g}, +) \longrightarrow (G, \cdot)$ ist ein Gruppenhomomorphismus*

Beweis:

(a) G ist abelsch $\Rightarrow$ G^0 ist abelsch

                       $\Rightarrow$ $\mathbf{Ad}x = Id$ für alle $x \in G^0$ (Identitätsabbildung)

                       $\Rightarrow$ $\mathrm{Ad}\, x = Id$ für alle $x \in G^0$ (Identitätsabbildung)

                       $\Rightarrow$ Ad ist auf G^0 ein konstanter Homomorphismus

                       $\Rightarrow$ $\mathrm{ad}\,(X) = 0$ für alle $X \in \mathfrak{g}$

                       $\Rightarrow$ $[X, Y] = 0$ für alle $X, Y \in \mathfrak{g}$

                       $\Rightarrow$ $\mathfrak{g}$ abelsch

(b) Weil $\mathrm{Ad}\,(\exp X)$ die Ableitung des Homomorphismus $\mathbf{Ad}(\exp X)$ ist, gilt nach Folgerung 13.4 die Gleichung

$$\mathbf{Ad}(\exp X) \circ \exp = \exp \circ \mathrm{Ad}\,(\exp X).$$

Und weil ad die Ableitung von Ad ist, gilt aus dem gleichen Grunde die Gleichung

$$\mathrm{Ad} \circ \exp_{\mathfrak{g}} = \exp_{L(\mathfrak{g},\mathfrak{g})} \circ \mathrm{ad}\,.$$

Man vergleiche dazu auch die kommutativen Diagramme im Beweis von Satz 14.4. Weil $\mathfrak{g}$ abelsch ist, gilt aber $\mathrm{ad} = 0$ und folglich $\mathrm{Ad} \circ \exp_{\mathfrak{g}} = Id$. Daraus folgt aber auch $\mathbf{Ad}(\exp(X)) = Id$ für alle $X \in \mathfrak{g}$. Damit haben wir

$$\exp X \cdot g \cdot (\exp X)^{-1} = g$$

für alle $X \in \mathfrak{g}$ und alle $g \in G$. Andererseits erzeugt $\exp(\mathfrak{g})$ die Untergruppe G^0, welche daher abelsch sein muss. Es folgt sogar, dass jedes Element von G^0 mit jedem Element von G kommutiert.

(c) Wenn wir $h(t) := \exp(t(X + Y))$ setzen, dann ist h die eindeutig bestimmte 1-Parameter-Untergruppe mit $h(0) = \mathbf{1}$ und $h'(0) = X + Y$. Es gilt insbesondere $h(t + s) = h(t) \cdot h(s)$ für alle t, s.

Wenn wir andererseits $\widetilde{h}(t) := \exp(tX) \cdot \exp(tY)$ setzen, dann gilt ebenso $\widetilde{h}(0) = \mathbf{1}$ und $\widetilde{h}'(0) = X + Y$ (nach der Produktregel). Ferner haben wir

$$
\begin{aligned}
\widetilde{h}(t + s) \quad &= \quad \exp((t + s)X) \cdot \exp((t + s)Y) \\[4pt]
&= \quad \exp(tX + sX) \cdot \exp(tY + sY) \\[4pt]
&= \quad \exp(tX + sX) \cdot \exp(tY + sY) \\[4pt]
&= \quad \exp(tX) \cdot \exp(sX) \cdot \exp(tY) \cdot \exp(sY) \\[4pt]
&\overset{\text{Teil (b)}}{=} \quad \exp(tX) \cdot \exp(tY) \cdot \exp(sX) \cdot \exp(sY) \\[4pt]
&= \quad \widetilde{h}(t) \cdot \widetilde{h}(s)
\end{aligned}
$$

Also ist $\widetilde{h}$ ebenfalls eine 1-Parameter-Untergruppe mit den gleichen Anfangsbedingungen, muss also mit h übereinstimmen, d.h. $\widetilde{h}(t) = h(t)$. Damit gilt das uneingeschränkte Exponentialgesetz $\exp(X + Y) = \exp(X) \cdot \exp(Y)$. $\square$

Beispiel 15.2 Auch wenn G^0 abelsch ist, muss G selbst nicht abelsch sein. Man betrachte dazu die multiplikative Untergruppe der Quaternionen, die durch

$$G = (\mathbb{R} \setminus \{0\}) \cup i(\mathbb{R} \setminus \{0\}) \cup j(\mathbb{R} \setminus \{0\}) \cup k(\mathbb{R} \setminus \{0\}) \cong (0, \infty) \times \{\pm 1, \pm i, \pm j, \pm k\}$$

definiert ist. Die Lie-Algebra ist 1-dimensional, also abelsch. Wie nach Lemma 15.1 zu erwarten, ist $G^0 = (\mathbb{R}_+, \cdot)$ ebenfalls abelsch. Die Gruppe selbst ist aber nicht abelsch wegen der nicht-kommutativen Multiplikation $ij = -ji$. Jede der acht Zusammenhangskomponenten ist eine Kopie (als eine Nebenklasse) einer abelschen Gruppe, aber die verschiedenen Komponenten werden in einer nicht-kommutativen Weise miteinander multipliziert. Es ist aber G^0 immer ein Normalteiler nach Übungsaufgabe 13 in Kapitel 14. In diesem Beispiel ist der Quotient G/G^0 dann die Quaternionengruppe $Q_8 = \{\pm 1, \pm i, \pm j, \pm k\}$.

Satz und Definition 15.3 *Für eine zusammenhängende abelsche Lie-Gruppe G ist die Exponentialabbildung* $\exp : (\mathfrak{g}, +) \to (G, \cdot)$ *ein surjektiver Gruppenhomomorphismus, und zwar überall von maximalem Rang. Ferner ist der Kern*

$$\Gamma := \ker(\exp) = \{X \mid \exp(X) = 1\}$$

eine diskrete Untergruppe von $(\mathfrak{g}, +)$, und $\exp$ induziert einen Isomorphismus von Lie-Gruppen $\mathfrak{g}/\Gamma \cong G$.

Dabei heißt Γ diskret, wenn Γ 0-dimensional und abgeschlossen ist und wenn zu jedem $x \in \Gamma$ eine offene Umgebung $U_x \subset \mathfrak{g}$ existiert mit $U_x \cap \Gamma = \{x\}$.

Beweis: Wir berechnen das Differential von $\exp$ in einem beliebigen Punkt $X \in \mathfrak{g}$. Dazu schalten wir die Links-Translation $L_{x^{-1}}$ vor mit $x := \exp X$. Wir berechnen also das Differential von $L_{x^{-1}} \circ \exp$ als Abbildung von $T_X \mathfrak{g} \cong \mathfrak{g}$ nach $T_1 G = \mathfrak{g}$.

$$
\begin{aligned}
D_X \big(L_{x^{-1}} \circ \exp \big)(Y) &= \tfrac{d}{dt}\big|_{t=0}(L_{x^{-1}} \circ \exp)(X + tY) \\
&\overset{15.1(c)}{=} \tfrac{d}{dt}\big|_{t=0} L_{x^{-1}}\big(\exp X \cdot \exp(tY) \big) \\
&= \tfrac{d}{dt}\big|_{t=0}\big(\underbrace{(L_{x^{-1}} \exp X)}_{=1} \cdot \exp(tY) \big) \\
&= \tfrac{d}{dt}\big|_{t=0} \exp(tY) = Y.
\end{aligned}
$$

Daraus folgt, dass $\exp$ überall maximalen Rang hat, also überall ein lokaler Diffeomorphismus ist. Damit ist insbesondere die Urbildmenge des Einselements 1 eine diskrete Menge von Punkten in $\mathfrak{g}$, denn zu jedem $Y \in \mathfrak{g}$ mit $\exp Y = 1$ gibt es eine Umgebung, in der $\exp$ invertierbar ist.

Wir zeigen nun, dass die Exponentialabbildung surjektiv ist. Weil $\exp$ maximalen Rang hat und in jedem Punkt der Bildmenge lokal fortsetzbar ist, ist folglich die Bildmenge $\exp(G)$ offen in G. Andererseits ist sie auch abgeschlossen. Dazu sei g_n eine Folge von Elementen in $\exp(\mathfrak{g})$, die gegen ein $g \in G$ konvergiert. In einer (kompakten) logarithmischen Kartenumgebung um g setzen wir $X_n = \log g_n$. Wegen der Kompaktheit konvergiert dann die Folge X_n gegen ein $X \in \mathfrak{g}$. Es folgt $g = \exp X$ und folglich $g \in \exp(\mathfrak{g})$. Damit ist $\exp \mathfrak{g}$ abgeschlossen in G.

Weil nun G als zusammenhängend vorausgesetzt war, gilt $\exp(\mathfrak{g}) = G$, also ist die Exponentialabbildung surjektiv. Nach Lemma 15.1 (c) ist exp ein Gruppenhomomomorphismus. Der Homomorphiesatz für Gruppen impliziert, dass $\mathfrak{g}/\Gamma$ und G isomorph sind als Gruppen. Die Differenzierbarkeit in beiden Richtungen folgt jedoch zusätzlich in einer geeigneten Kartenumgebung (z.B. logarithmische Karte). $\qquad\square$

Anmerkung: In der Terminologie von Kapitel 16 ist unter diesen Voraussetzungen exp eine Überlagerung von Lie-Gruppen.

Beispiel 15.4 Für die additive Lie-Gruppe $\mathbb{R}^n$ ist die Lie-Algebra ebenfalls isomorph zum $\mathbb{R}^n$, und die Exponentialabbildung ist die Identität.

Für $G = \mathbb{R}^n/\mathbb{Z}^n$ ist dann $\Gamma = \mathbb{Z}^n$ und $G \cong \mathbb{R}^n/\Gamma = \mathbb{R}^n/\mathbb{Z}^n \cong (\mathbb{R}/\mathbb{Z})^n \cong (S^1)^n$, ein sogenannter n-**dimensionaler Torus**. Dessen Lie-Algebra ist dieselbe wie für den $\mathbb{R}^n$. Lokal sind beide Lie-Gruppen isomorph. Alle diskreten Untergruppen des $\mathbb{R}^n$ können wie folgt klasifiziert werden:

Lemma 15.5 *Eine Untergruppe $H \subseteq (\mathbb{R}, +)$ ist entweder trivial (d.h. $H = \{0\}$) oder dicht in $\mathbb{R}$ (d.h. der topologische Abschluss ist ganz $\mathbb{R}$) oder es gilt $H = \{n \cdot a \mid n \in \mathbb{Z}\}$ für ein festes $a \neq 0$.*

Beweis: Es sei $H \neq \{0\}$. Dann wählen wir ein Element $0 < x \in H$. Für gegebenes $y \in \mathbb{R}$ sei n die größte ganze Zahl k mit $k \leq \frac{y}{x}$. Dann gilt $nx \leq y < (n+1)x$.
Also folgt $|y - nx| < x$, aber es ist $x \in H$ und folglich auch $\pm nx = \pm(\underbrace{x + \ldots + x}_{n}) \in H$.

1. Fall: $\inf\{x \in H \mid x > 0\} = 0$. Es folgt, dass H dicht in $\mathbb{R}$ ist.

2. Fall: $\inf\{x \in H \mid x > 0\} =: a > 0$. Dann wollen wir zeigen: $H = \{n \cdot a \mid n \in \mathbb{Z}\}$.
Als Widerspruchsannahme sei $a \notin H$, aber es gebe für beliebig kleines ϵ ein $x \in H$ mit $a < x < a + \epsilon$, und es existiert $y \in H$ mit $a < y < x$. Dies impliziert den Widerspruch $0 < \underbrace{x - y}_{\in H} < \epsilon$. Also gilt $a \in H$. Für beliebiges $b \in H$ sei nun n die größte Zahl mit $n \leq \frac{b}{a}$.
Es folgt $na \leq b < (n+1)a$ und ferner $0 \leq b - na < a = \inf\{x \in H \mid x > 0\}$. Dies ist nur möglich, wenn $b = na$. $\qquad\square$

Analog hat man den folgenden Satz.

Satz 15.6 *Eine diskrete (additive) Untergruppe eines n-dimensionalen reellen Vektorraumes ist isomorph zu einem* **Gitter**

$$\Gamma = \Big\{ \sum_{j=1}^{k} n_j b_j \mid n_j \in \mathbb{Z} \Big\},$$

wobei $b_1, \ldots, b_k$ linear unabhängige Vektoren sind. Man nennt k den **Rang** *von Γ. Dabei ist notwendig $k \leq n$.*

Die kompakte Menge

$$B_\Gamma = \Big\{ \sum_{j=1}^{k} \alpha_j b_j \mid 0 \leq \alpha_j \leq 1 \Big\},$$

nennt man dann auch die **Grundmasche** oder **Fundamentalmasche** des Gitters.

Beweis: Es sei $\Gamma \leq \mathbb{R}^n$ eine diskrete Untergruppe. Dann gibt es eine gewisse ε-Umgebung des Ursprungs, die außer 0 selbst keine weiteres Element von Γ enthält. Es gibt also in Γ ein Element b_1 mit einer minimalen positiven euklidischen Norm. Dieses erzeugt eine Untergruppe $\mathbb{Z} \cdot b_1$ von Γ, die isomorph zu $\mathbb{Z}$ ist. Der davon aufgespannte 1-dimensionale $\mathbb{R}$-Vektorraum $\mathbb{R} \cdot b_1$ enthält außer $\mathbb{Z} \cdot b_1$ kein weiteres Element von Γ, denn sonst könnte b_1 nicht eine minimale Norm haben. Folglich enthält der Quotient $\mathbb{R}^n/(\mathbb{R}b_1) \cong \mathbb{R}^{n-1}$ die Untergruppe $\Gamma_1 := \Gamma/(\mathbb{Z}b_1)$, und zwar wieder als eine diskrete Untergruppe. Wenn Γ_1 nicht trivial ist, dann wählen wir wieder ein Element $b_2 \in \Gamma \setminus \mathbb{Z} \cdot b_1$ mit einer minimalen positiven euklidischen Norm und wiederholen das ganze Verfahren. Dabei ist $b_2 + \mathbb{Z} \cdot b_1$ ein nicht-triviales Element von Γ_1. Außerdem sind b_1 und b_2 linear unabhängig, und zwar über $\mathbb{R}$, nicht nur über $\mathbb{Z}$. Wenn man dieses Verfahren iteriert, erhält man eine Gruppe $\mathbb{Z}b_1 \oplus \mathbb{Z}b_2 \oplus \cdots \oplus \mathbb{Z}b_k$ mit $k \leq n$ und Elementen $b_1, \ldots, b_k$ die über $\mathbb{R}$ (nicht nur über $\mathbb{Z}$) linear unabhängig sind. Dieses Verfahren bricht nur ab, wenn Γ modulo dieser Gruppe trivial wird. Aber dann sind beide isomorph zueinander. $\qquad\square$

Folgerung 15.7 (Klassifikation abelscher Lie-Gruppen)
1. _Jede zusammenhängende abelsche Lie-Gruppe G der Dimension n ist isomorph zur Lie-Gruppe_
$$(\mathbb{R}/\mathbb{Z})^k \times \mathbb{R}^{n-k} \cong (S^1)^k \times \mathbb{R}^{n-k},$$
wobei $\ker(\exp) \cong \mathbb{Z}^k$.

2. _Falls zusätzlich G kompakt ist, dann ist $G \cong (\mathbb{R}/\mathbb{Z})^n \cong (S^1)^n$, kurz: Die einzigen kompakten und zusammenhängenden abelschen Lie-Gruppen sind Tori $S^1 \times \ldots \times S^1$._

Beweis: Mit der Bezeichnung $\Gamma = \ker(\exp) \cong \mathbb{Z}^k$ is nach den obigen Sätzen die Lie-Gruppe G isomorph zu
$$\mathbb{R}^n/\ker(\exp) \cong \mathbb{R}^n/\Gamma \cong (\mathbb{R}^k/\Gamma) \times \mathbb{R}^{n-k} \cong (\mathbb{R}/\mathbb{Z})^k \times \mathbb{R}^{n-k}.$$

Folgerung 15.8 (1-dimensionale Lie-Gruppen)
Die einzigen eindimensionalen und zusammenhängenden reellen Lie-Gruppen sind $\mathbb{R}$ und S^1, bis auf Isomorphie. Analog ist jede eindimensionale und zusammenhängende komplexe Lie-Gruppe isomorph zu $\mathbb{C}$ oder $\mathbb{C} \setminus \{0\}$ oder $U(1) \times U(1)$.

Beispiel: Die von einem festen Element X erzeugte Lie-Gruppe $\{\exp(tX) \mid t \in \mathbb{R}\}$ ist stets abelsch, weil das Exponentialgesetz dort uneingeschränkt gilt.

Beweis: Die Behauptung folgt im reellen Fall aus der obigen Klassifikation der abelschen Lie-Gruppen. Im komplexen Fall ist die reelle Dimension der Gruppe gleich 2. Also haben wir von der reellen Klassifikation her die drei Fälle
$$\mathbb{R}^2 \cong \mathbb{C}, \mathbb{R}^2/\mathbb{Z} \cong \mathbb{R} \times (\mathbb{R}/\mathbb{Z}) \cong (0, \infty) \times S^1 \cong \mathbb{C} \setminus \{0\}, \mathbb{R}^2/\mathbb{Z}^2 \cong S^1 \times S^1 \cong U(1) \times U(1).$$

Dabei kann die letztere auch als Quotient von $\mathbb{C}$ nach einem komplexen Gitter $\Gamma \subset \mathbb{C}$ aufgefasst werden, wobei $\Gamma = \{az + bw \mid a, b \in \mathbb{Z}\}$ gilt mit festen $z, w \in \mathbb{C}$, z.B. $\Gamma = \mathbb{Z} + \mathbb{Z}i$. Damit ist auch $U(1) \times U(1)$ eine komplexe Lie-Gruppe, wenngleich $U(1)$ selbst keine komplexe Lie-Gruppe ist. Analog ist ja $\mathbb{R} \times \mathbb{R}$ ein komplexer Vektorraum, wenngleich $\mathbb{R}$ selbst das nicht ist. Allerdings ist die komplexe Struktur auf dem reellen Torus $U(1) \times U(1)$ nicht eindeutig bestimmt.[1] $\qquad\square$

---

[1]In der algebraischen Geometrie interpretiert man diese als _elliptische Kurven_, und _elliptische Funktionen_ sind meromorphe Funktionen, die invariant unter komplexen Gittern sind.

15.2 Nilpotente Lie-Gruppen

Nilpotente Gruppen oder nilpotente Lie-Gruppen sind solche, die den abelschen noch am nächsten stehen und sich in gewissem Sinne ungefähr so verhalten wie abelsche. Wenn wir an die 3-dimensionale reelle Heisenberg-Gruppe $H(3,\mathbb{R})$ in 7.23 denken, so gilt dort das Exponentialgesetz $\exp(X + Y) = \exp X \cdot \exp Y$ zwar nicht uneingeschränkt, aber der Differenzterm ist vergleichsweise übersichtlich, nämlich gerade gleich $\frac{1}{2}[X,Y]$, und außerdem ist die Exponentialabbildung bijektiv und definiert so einen Diffeomorphismus (allerdings keinen Lie-Gruppen-Isomorphismus) zwischen dem $\mathbb{R}^3$ und der Lie-Gruppe $H(3,\mathbb{R})$. Wir haben in 7.23 gesehen, dass man eine modifizierte Addition $*$ einführen kann, so dass das Exponentialgesetz formal in der Form $\exp(X * Y) = \exp X \cdot \exp Y$ uneingeschränkt gilt. Dies ist nun typisch für nilpotente Lie-Gruppen.

Definition 15.9 (Nilpotente Lie-Gruppe, nilpotente Lie-Algebra)
Für eine Gruppe G definieren wir G^1 als den (ersten) **Kommutator** bzw. die **Kommutatorgruppe** von G, d.h. die von allen Kommutatoren $xyx^{-1}y^{-1}$ mit $x,y \in G$ erzeugte Untergruppe. Entsprechend erklärt man den (zweiten) Kommutator G^2 als den Kommutator von G und G^1, wobei analog $x \in G$ und $y \in G^1$ angenommen wird. Analog hat man alle iterierten Kommutatoren G^n, jeweils als den Kommutator von G und G^{n-1}. Dabei gilt jeweils $G^n \leq G^{n-1} \cdots \leq G^1 \leq G$, und es ist jeweils G^j ein Normalteiler in G^{j-1}.

Entsprechend erklärt man für eine Lie-Algebra $\mathfrak{g}$ den (ersten) **Kommutator** bzw. die **Kommutatoralgebra** $\mathfrak{g}^1$ als die von allen $[X,Y]$ mit $X,Y \in \mathfrak{g}$ erzeugte Lie-Unteralgebra. Analog wird der n-te Kommutator $\mathfrak{g}^n$ erklärt als der Kommutator von $\mathfrak{g}$ und $\mathfrak{g}^{n-1}$. Dabei gilt jeweils $\mathfrak{g}^n \leq \mathfrak{g}^{n-1} \cdots \leq \mathfrak{g}^1 \leq \mathfrak{g}$, und es ist jeweils $\mathfrak{g}^j$ ein Ideal in $\mathfrak{g}^{j-1}$. Man nennt dies die **absteigende Zentralreihe**. Der erste Kommutator $\mathfrak{g}^1$ heißt auch die **derivierte Lie-Algebra** oder die **abgeleitete Lie-Algebra** von $\mathfrak{g}$.

Eine Gruppe bzw. eine Lie-Gruppe heißt nun **nilpotent**, wenn G^n die triviale (einelementige) Gruppe ist für ein gewisses $n \in \mathbb{N}$, und eine Lie-Algebra $\mathfrak{g}$ heißt **nilpotent**, wenn $\mathfrak{g}^n = \{0\}$ gilt für ein gewisses $n \in \mathbb{N}$.

Beispiel 15.10 Insbesondere ist jede abelsche Gruppe G nilpotent, weil bereits der erste Kommutator G^1 trivial ist. Die 3-dimensionale Heisenberg-Gruppe $H(3,\mathbb{R})$ ist ein Beispiel einer nilpotenten nicht-abelschen Lie-Gruppe. Dabei besteht der erste Kommutator G^1 aus allen Matrizen

$$\begin{pmatrix} 1 & 0 & c \\ 0 & 1 & 0 \\ 0 & 0 & 1 \end{pmatrix}$$

mit $c \in \mathbb{R}$. Daher ist der zweite Kommutator G^2 trivial. Entsprechendes gilt für die zugehörige Lie-Algebra $\mathfrak{h}(3,\mathbb{R})$, bei der der erste Kommutator aus allen Matrizen

$$\begin{pmatrix} 0 & 0 & z \\ 0 & 0 & 0 \\ 0 & 0 & 0 \end{pmatrix}$$

mit $z \in \mathbb{R}$ besteht.

Lemma 15.11 *Wenn $\mathfrak{g}$ die Lie-Algebra von G ist, dann ist $\mathfrak{g}^1$ die Lie-Algebra von G^1 sowie allgemein $\mathfrak{g}^j$ die Lie-Algebra von G^j.*

Beweis: Für Untergruppen von $GL(n, \mathbb{C})$ haben wir in Satz 6.5 gesehen, dass $[X, Y]$ die Ableitung der Kurve

$$c(t) = \big(\exp(-\sqrt{t}X)\big)\big(\exp(-\sqrt{t}Y)\big)\big(\exp\sqrt{t}X\big)\big(\exp\sqrt{t}Y\big)$$

für $t = 0$ ist, die ja im Kommutator von G liegt. Vermöge der CBH-Formel 13.9 gilt dasselbe auch in beliebigen Lie-Gruppen, denn auch dort ist $[X, Y]$ der erste nicht-triviale Term der Taylor-Entwicklung von $\log(\exp(tX)\exp(tY))$. Also stimmt $\mathfrak{g}^1$ mit der Lie-Algebra von G^1 überein. Für die anderen Kommutatoren $\mathfrak{g}^j$ und G^j schließt man analog.

Satz 15.12 _Eine zusammenhängende Lie-Gruppe ist genau dann nilpotent, wenn die zugehörige Lie-Algebra nilpotent ist._

Beweis: Nach Lemma 15.11 ist $\mathfrak{g}^1$ die zugehörige Lie-Algebra zu G^1, entsprechend ist $\mathfrak{g}^n$ die zugehörige Lie-Algebra zu G^n, und eine Lie-Algebra ist trivial genau dann, wenn die Lie-Gruppe 0-dimensional ist, also einelementig, wenn wir den Zusammenhang voraussetzen. Es sind aber alle Kommutatoren ebenfalls zusammenhängend, wenn G selbst zusammenhängend ist (vgl. die Übungsaufgaben in Kapitel 14). $\qquad\square$

Wir wollen nun zeigen, dass die Exponentialabbildung von nilpotenten Lie-Gruppen sich ganz ähnlich wie die von abelschen Lie-Gruppen in Satz 15.3 verhält, und zwar im Sinne dessen, was wir in Beispiel 7.23 gesehen haben.

Satz 15.13 _Es sei G eine nilpotente und zusammenhängende Lie-Gruppe mit zugehöriger nilpotenter Lie-Algebra $\mathfrak{g}$. Dann kann man auf $\mathfrak{g}$ eine Gruppen-Struktur $(\mathfrak{g}, *)$ einführen derart, dass die Exponentialabbildung $\exp_{\mathfrak{g}} : (\mathfrak{g}, *) \to (G, \cdot)$ ein Gruppenhomomorphismus wird, und zwar von maximalem Rang als differenzierbare Abbildung. Wie in Satz 15.3 ist dann der Kern Γ von $\exp$ eine diskrete Untergruppe von $\mathfrak{g}$, und es ist $\mathfrak{g}/\Gamma$ isomorph zu G._

Im Sinne von Kapitel 16 ist $\exp$ dann eine Überlagerung von Lie-Gruppen.

Beweis: Weil G und $\mathfrak{g}$ nilpotent sind, gibt es ein $n \in \mathbb{N}$ mit $G^n = \{\mathbf{1}\}$ und $\mathfrak{g}^n = \{0\}$. Insbesondere sind dann die n-ten und höheren Potenzen von ad gleich null, denn der erste Kommutator $\mathfrak{g}^1$ ist erzeugt von $\mathrm{ad}\,(\mathfrak{g})(\mathfrak{g})$, entsprechend für die höheren, die von $\mathrm{ad}\,(\mathfrak{g})(\mathfrak{g}^j)$ erzeugt sind.

Wir müssen nun die CBH-Formel aus Theorem 13.9 verwenden. Sie besagt, dass wir in einer gewissen Umgebung der Null in $\mathfrak{g}$ eine Operation

$$X * Y := \log(\exp X \cdot \exp Y)$$

definieren können, so dass dann folglich $\exp(X * Y) = \exp X \cdot \exp Y$ gilt, wie von einem Homomorphismus gefordert. Ferner hängt $X * Y$ nur von X, Y sowie den iterierten $\mathrm{ad}\,X(Y) = [X, Y]$ ab. Weil die höheren Potenzen von ad aber verschwinden, liefert die CBH-Formel eine endliche Summe, sozusagen ein Polynom in X, Y im Sinne von Potenzen von ad. Damit ist aber diese 2-stellige Verknüpfung $* : \mathfrak{g} \times \mathfrak{g} \to \mathfrak{g}$ global definiert. Die Gruppen-Axiome sind leicht verifiziert: Es gilt $0 * X = X = X * 0$ sowie $X * (-X) = 0 = (-X) * X$. Die Assoziativität gilt ebenfalls, weil sie nach Anwendung von $\exp$ (also in G) zumindest für eine gewisse Nullumgebung gilt und weil diese die gesamte Struktur erzeugt. Wegen der Gleichung $tX * tY = t(X + Y) + O(t^2)$ hat die Ableitung von exp maximalen Rang (wie im Fall von abelschen Gruppen), und zwar überall, nicht nur im Nullelement. Damit ist exp eine differenzierbare Abbildung von maximalem Rang, also ist insbesondere der Kern diskret. $\qquad\square$

Beispiel 15.14 Man vergleiche noch einmal den Spezialfall der Heisenberg-Gruppe in 7.23, wo die CBH-Formel sich auf $X * Y = X + Y + \frac{1}{2}[X, Y]$ reduziert. In diesem Fall ist der Kern von exp trivial, und exp ist ein globaler Diffeomorphismus und ein Gruppen-Isomorphismus. Im Sinne des folgenden Kapitels 16 ist unter den Voraussssetzungen von Satz 15.13 die Exponentialabbildung $\exp\colon (\mathfrak{g}, *) \to (G, \cdot)$ die universelle Überlagerung von G. Insbesondere ist die universelle Überlagerung von G diffeomorph zum $\mathbb{R}^n$ für ein n.

Übungsaufgaben

1. G sei eine zusammenhängende Lie-Gruppe mit zugehöriger Lie-Algebra $\mathfrak{g}$. Man zeige, dass die folgenden Bedingungen äquivalent sind, wobei m die Multiplikation in der Gruppe G und $+$ die Addition in $\mathfrak{g}$ bezeichnet (man beachte in diesem Zusammenhang auch, dass $+$ das Differential von m im Einselement ist):

   (a) Die Abbildung $m\colon G \times G \to G$ ist ein Gruppenhomomorphismus

   (b) Die Gruppe G ist abelsch

   (c) Das folgende Diagram ist kommutativ:

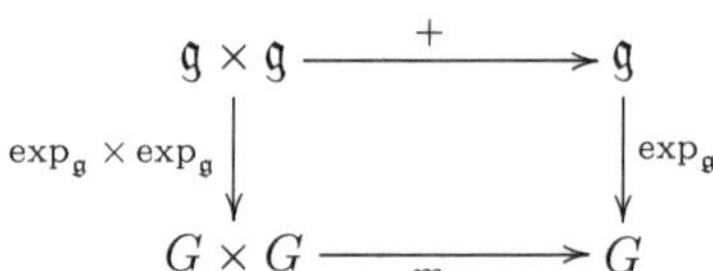

2. Man konstruiere ein System von drei Karten, die den Torus $\mathbb{R}^2/\mathbb{Z}^2$ überdecken.

   Hinweis: Man nehme die Standardkarte $\varphi^{-1}(x, y) = (x, y) + \mathbb{Z}^2$ mit $0 < x < 1$ und $0 < y < 1$ sowie zwei Translate davon.

3. Man zeige: Die Gruppe der Gruppen-Automorphismen des 2-dimensionalen Torus $S^1 \times S^1$ (eine abelschen Lie-Gruppe) ist isomorph zur Gruppe $GL(2, \mathbb{Z})$.

   Hinweis: Die beiden kompakten 1-Parameter-Untergruppen $t \mapsto (e^{it}, 0)$ und $t \mapsto (0, e^{it})$ müssen von einem Gruppen-Automorphismus auf zwei verschiedene kompakte 1-Parameter-Untergruppen abgebildet werden. Diese definieren dann die beiden Spalten einer (ganzzahlig) invertierbaren ganzzahligen Matrix.

4. Man zeige, dass die Menge aller oberen (n, n)-Dreiecks-Matrizen mit Nullen auf der Hauptdiagonalen eine nilpotente Lie-Algebra bildet.

5. Man bestimme alle Homomorphismen von Lie-Gruppen zwischen den additiven Gruppen $(\mathbb{R}^n, +)$ und $(\mathbb{R}^m, +)$.

6. Man zeige: Wenn je zwei Elemente von der Form $\exp X$ und $\exp Y$ in G miteinander kommutieren, dann ist G^0 abelsch.

   Hinweis: Man verbinde zwei beliebige Elemente $g, h \in G^0$ mit dem Einselement durch stetige Wege $g(t), h(t)$ und betrachte den Weg $g(t)h(t)g(t)^{-1}h(t)^{-1}$.

Kapitel 16

Überlagerungen von Lie-Gruppen

Was ist eine Überlagerung ? Ein gewisser Grundtyp (sozusagen der *Urtyp aller Über-lagerungen*) ist uns bereits begegnet bei den 1-Parametergruppen als Homomorphismen $h : (\mathbb{R}, +) \to (G, \cdot)$. Es gibt hier nur zwei Möglichkeiten: entweder ist h als Abbildung injektiv oder periodisch. Im letzteren Fall ist das Bild isomorph zur Gruppe $S^1 = \{e^{i\theta}\}$, und die Abbildung h kann durch Umparametrisierung auf die Form $h(t) = e^{it}$ gebracht werden. Dies können wir auch als die Quotientenabbildung $nat\colon \mathbb{R} \to \mathbb{R}/(2\pi\mathbb{Z})$ oder auch $nat\colon \mathbb{R} \to \mathbb{R}/\mathbb{Z}$ auffassen im Sinne der Kapitel 14 und 15. Allgemeiner haben wir hier den Gruppenhomomorphismus $nat\colon \mathbb{R}^n \to \mathbb{R}^n/(2\pi\mathbb{Z})^n \cong (S^1)^n$ bzw. $nat\colon \mathbb{R}^n \to \mathbb{R}/(\mathbb{Z})^n$. Dieser hat die Eigenschaft, dass er, eingeschränkt auf eine hinreichend kleine ε-Umgebung eines Punktes, wie ein Homöomorphismus wirkt. Dazu genügt die Bedingung $\varepsilon < \pi$. Insbesondere gilt das für die Einschränkung $nat_|$ auf $U_\varepsilon(0)$. Überdies besteht dann das Urbild des Bildes von $U_\varepsilon(0)$ aus Kopien U_x von $U = U_\varepsilon(0)$, nämlich je einer für jedes Element von $x \in \mathbb{Z}^n$. Das Urbild ist somit auch homöomorph (als Notation $\cong$) zum kartesischen Produkt des Bildes mit dem diskreten Raum $\mathbb{Z}^n$. Man beachte dabei

$$nat^{-1}(nat(U)) = \bigcup_{x\in\mathbb{Z}^n} U_\varepsilon(x) = U + \mathbb{Z}^n \cong U \times \mathbb{Z}^n.$$

Diese Eigenschaft ist genau das, was eine Überlagerung ausmacht.

16.1 Überlagerungen

Definition 16.1 (Überlagerung)
Eine Überlagerung $p\colon Y \to X$ ist eine surjektive stetige Abbildung mit der folgenden Eigenschaft:

Zu jedem $x \in X$ gibt es eine Umgebung U von x, so dass $p^{-1}(U) \cong U \times F$ gilt mit einem Raum $F \cong p^{-1}(x)$, der die diskrete Topologie trägt, und so dass mit der Projektion $proj_U\colon U \times F \to U$ das folgende Diagramm kommutativ wird:

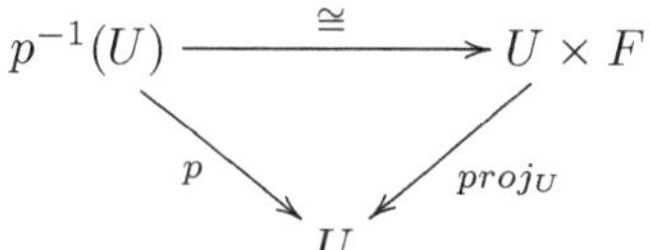

Zur Bezeichnung: Man nennt Y den **Totalraum** und X die **Basis** der Überlagerung. Die Abbildung p heißt auch die **Überlagerungsabbildung** oder die **Projektion**, und $p^{-1}(x)$ heißt die **Faser** über x. Ein fest gewählter F mit Raum $F \cong p^{-1}(x)$ für alle $x \in X$ heißt auch **Modell-Faser**.

Im Prinzip gibt es eine solche Faser als Urbild eines Punktes natürlich bei jeder surjektiven Abbildung. Aber bei Überlagerungen sehen die Fasern alle gleich aus (jedenfalls bei einer zusammenhängenden Basis) und sind diskret. Darüberhinaus fügen sich die Fasern über einer gewissen Umgebung U jedes Punktes zu Komponenten des Produkts $U \times F$ mit einer Modell-Faser F zusammen. Mit anderen Worten: Der Totalraum einer Überlagerung ist *lokal* (aber nicht notwendig global) das Produkt von Basis und Faser, bis auf einen Homöomorphismus. Zum Überlagerungsbegriff vergleiche man auch E.Ossa, Topologie, Abschnitt 3.6.

Folgerung 16.2 *Wenn X (weg-)zusammenhängend ist, dann sind alle Fasern zueinander homöomorph, d.h. $p^{-1}(x) \cong p^{-1}(y)$ für je zwei Punkte $x, y \in X$. Wenn die Faser nur endlich viele Elemente hat, dann nennt man diese Zahl k die* **Zahl der Blätter** *und spricht in diesem Fall von einer k-blättrigen* **Überlagerung**.

Beweis: Entlang eines stetigen Weges von x nach y kann sich die Zahl der Blätter (bzw. die Mächtigkeit der Fasern) nicht ändern, weil es um jeden Punkt eine offene Umgebung U gibt mit der in der obigen Definition beschriebenen Eigenschaft. Der Weg kann durch endlich viele solcher Umgebungen überdeckt werden. Bei diskreten Räumen ist aber jede Bijektion ein Homöomorphismus. □

Beispiele 16.3　　1. Der schon genannte Urtyp ist die Abbildung

$$p : \mathbb{R} \to S^1 \quad \text{mit} \quad p(x) = e^{ix}.$$

Man kann dies auch als eine Quotientenabbildung $\mathbb{R} \to \mathbb{R}/(2\pi\mathbb{Z}) \cong S^1 \cong U(1)$ von abelschen Lie-Gruppen auffassen. Allgemeiner haben wir Überlagerungen

$$p : \mathbb{R}^n \to \mathbb{R}^n/(2\pi\mathbb{Z})^n \cong (S^1)^n \cong (U(1))^n \quad \text{mit} \quad p(x_1, \ldots, x_n) = (e^{x_1}, \ldots, e^{x_n}),$$

ebenfalls als Quotientenabbildungen zwischen abelschen Lie-Gruppen, vgl. Kap. 15.

2. Ein Beispiel einer k-blättrigen Überlagerung ist die Abbildung

$$p_k : S^1 \to S^1 \quad \text{mit} \quad p_k(e^{ix}) = e^{k \cdot ix}.$$

Als Faser über dem Element $1 = e^0$ haben wir hier die Menge der k-ten Einheitswurzeln in $\mathbb{C}$. Analog gibt es die (kl)-blättrige Überlagerung

$$p_{k,l} : S^1 \times S^1 \to S^1 \times S^1 \quad \text{mit} \quad p_{k,l}(e^{ix}, e^{iy}) = (e^{k \cdot ix}, e^{l \cdot iy}).$$

3. Die **Kleinsche Flasche** K^2 ist definiert als der Quotient des 2-dimensionalen Torus $S^1 \times S^1$ nach der Gleitspiegelung

$$\alpha : (e^{ix}, e^{iy}) \mapsto (e^{i(x+\pi)}, e^{-iy}),$$

wobei die Projektion p die natürliche Abbildung ist, die jedem Punkt ξ seine Äquivalenzklasse $\{\xi, \alpha(\xi)\}$ zuordnet:

$$p : S^1 \times S^1 \to K^2 = S^1 \times S^1 / \alpha$$

Geometrisch kann man dabei den Totalraum als die Parallelfläche auf den beiden Seiten einer Kleinschen Flasche deuten, wenn man diese in der üblichen Weise im 3-dimensionalen Raum mit Selbstdurchdringungen realisiert[1] mit der entsprechenden 2-blättrigen Überlagerung auf die Kleinsche Flasche als Basis.

4. Die Identifikation von Antipoden auf der Sphäre

$$p \ : \ S^n \to \mathbb{R}P^n \quad \text{mit} \quad x \mapsto \{x, -x\}$$

ist ein anderes Beispiel einer 2-blättrigen Überlagerung.

5. In Folgerung 3.14 haben wir gesehen, dass es einen Gruppenhomomorphismus $SU(2) \to SO(3)$ gibt, dessen Kern aus genau zwei Elementen besteht. Dieses ist ein weiteres Beispiel einer 2-blättrigen Überlagerung und ein Spezialfall für den Sachverhalt, der in dem folgenden Lemma beschrieben wird.

Lemma 16.4 *Ein surjektiver Homomorphismus zwischen zwei gegebenen Lie-Gruppen, dessen Kern aus endlich vielen Elementen besteht, ist stets eine Überlagerung mit endlich vielen Blättern. Das Analoge gilt, wenn der Kern eine unendliche, aber diskrete Untergruppe ist (zur Definition vgl. 15.3).*

Beweis: Es sei $\Phi\colon G \to H$ ein solcher Gruppenhomomorphismus mit $F = \ker\Phi = \Phi^{-1}(\mathbf{1})$ als diskreter Untergruppe. Klar ist, dass dann für jedes $h \in H$ das Urbild $\Phi^{-1}(h)$ homöomorph zur F ist: Für jedes $g \in G$ mit $\Phi(g) = h^{-1}$ gilt $L_g(\Phi^{-1}(h)) = g \cdot \Phi^{-1}(h) \in F$, denn $\Phi(g \cdot \Phi^{-1}(h)) = h^{-1} \cdot h = \mathbf{1}$. Es sei nun $U \in G$ eine logarithmische Karte um $\mathbf{1} \in U$ mit einer injektiven Abbildung $\log\colon U \to \mathfrak{g}$. Dann gilt dasselbe für jede der induzierten Karten $\log_g\colon g \cdot U \to \mathfrak{g}$ mit $g \in \ker\Phi$. Damit ist Definition 16.1 erfüllt in einer Umgebung des Einselements. Weil Φ ein Homomorphismus ist, gilt dies dann auch für jedes andere Element. $\qquad\square$

Definition 16.5 (Decktransformation)
Eine **Decktransformation** $f : Y \to Y$ einer Überlagerung $p\colon Y \to X$ ist ein Homöomorphismus, der die Fasern $p^{-1}(x)$ bewahrt, d.h. jede Faser in sich hinein abbildet, im kommutativen Diagramm:

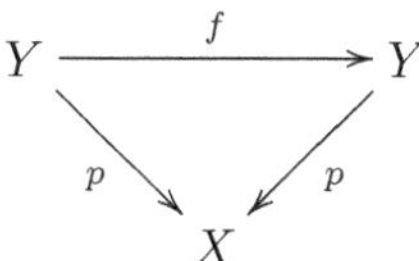

In dem Beispiel der natürlichen Abbildung $p\colon \mathbb{R}^n \to \mathbb{R}^n/\mathbb{Z}^n$ sind die Decktransformationen gerade alle Translationen $\mathbf{x} \mapsto \mathbf{x} + \mathbf{z}_0$ mit einem festen $\mathbf{z}_0 \in \mathbb{Z}^n$. Die Gruppe aller Decktransformationen (mit der Komposition von Abbildungen als Multiplikation) ist somit isomorph zu $\mathbb{Z}^n$, also zum Kern des Homomorphismus p. Im Falle der 2-blättrigen Überlagerung $SU(2) \to SO(3)$ aus Folgerung 3.14 gibt es nur zwei Decktransformationen, nämlich die identische Abbildung und die Antipodenabbildung.

---

[1]Für eine Skizze siehe E. Ossa, Topologie, Abschnitt 3.8.

16.2   Die Fundamentalgruppe einer Lie-Gruppe

Definition 16.6 (Homotopie)
Zwei geschlossene Wege γ_0, γ_1 in einem topologischen Raum X heißen **geschlossen homotop**, wenn es eine stetige Abbildung $H \colon [0,1] \times [0,1] \to X$ gibt mit

$$H(s,0) = \gamma_0(s), H(s,1) = \gamma_1(s) \ \text{ sowie } \ H(0,t) = H(1,t) \ \text{ für alle } \ s,t.$$

Man kann dies als eine 1-Parameterschar von geschlossenen Wegen H_t mit $H_t(s) = H(s,t)$ deuten. Ein geschlossener Weg γ heißt **nullhomotop**, wenn er geschlossen homotop ist zu einem konstanten Weg. Für jeden geschlossenen Weg γ bezeichnet $[\gamma]$ die Äquivalenzklasse aller zu γ geschlossen homotopen Wege, die sogenannte **Homotopieklasse** von γ.

Speziell gibt es zu jeder Lie-Gruppe eine Art kanonische Überlagerung, die mit der in der Topologie betrachteten universellen Überlagerung übereinstimmt.

Lemma 16.7 *Es sei G eine zusammenhängende Lie-Gruppe. Dann ist der Raum aller im Einselement 1 beginnenden stetigen Wege*

$$P(\mathbf{1},G) := \{\gamma : [0,1] \to G \mid \gamma \text{ stetig, } \gamma(0) = \mathbf{1} \in G\}$$

eine Gruppe mit der Multiplikation $(\gamma\gamma')(t) := \gamma(t) \cdot \gamma'(t)$. Bezüglich der Topologie der gleichmäßigen Konvergenz im Raum der stetigen Abbildungen $[0,1] \to G$ ist diese Multiplikation stetig (wie auch die Inversion $\gamma \to \gamma^{-1}$), und der Unterraum aller geschlossenen Wege

$$\Lambda(\mathbf{1},G) := \{\gamma \in P(\mathbf{1},G) \mid \gamma(1) = \mathbf{1}\}$$

ist ein abgeschlossener Normalteiler in $P(\mathbf{1},G)$ („loop space") und

$$\Lambda_0(\mathbf{1},G) := \{\gamma \in \Lambda(\mathbf{1},G) \mid \gamma \text{ nullhomotop}\}$$

ist ebenfalls ein abgeschlossener Normalteiler in $P(\mathbf{1},G)$.

Ferner gibt es einen Homomorphismus $p \colon \widetilde{G} := P(\mathbf{1},G)/\Lambda_0(\mathbf{1},G) \longrightarrow G$ von Lie-Gruppen, der als die Endpunktabbildung $p\big(\gamma \cdot \Lambda_0(\mathbf{1},G)\big) = \gamma(1)$ definiert ist und der gleichzeitig eine Überlagerung ist.

<u>*Beweis*</u>:
Es ist wohl offensichtlich, dass $P(\mathbf{1},G)$ eine Gruppe ist. Das Einselement ist der konstante Weg γ_0 mit $\gamma_0(t) = \mathbf{1}$. Ferner ist die Stetigkeit der Gruppenoperationen klar. Diese Gruppe ist keine Lie-Gruppe, weil sie keine endliche Dimension hat. Sie ist aber eine topologische Gruppe in dem Sinne, dass die Gruppen-Multiplikation und die Gruppen-Inversion beides stetige Abbildungen sind. Klar ist auch, dass die Endpunktabbildung $\gamma \mapsto \gamma(1)$ einen surjektiven (und stetigen) Homomorphismus $P(\mathbf{1},G) \to G$ definiert, dessen Kern genau gleich $\Lambda(\mathbf{1},G)$ ist. Ferner ist $\Lambda(\mathbf{1},G)$ eine abgeschlossene Untergruppe, weil sie durch eine Gleichung definiert ist.

Es sei nun $\gamma \in \Lambda(\mathbf{1},G)$ und $\gamma' \in P(\mathbf{1},G)$, dann folgt

$$\gamma' \cdot \gamma \cdot (\gamma')^{-1}(1) = \gamma'(1) \cdot \underbrace{\gamma(1)}_{=\mathbf{1}} \cdot (\gamma')^{-1}(1) = \gamma'(1) \cdot (\gamma'(1))^{-1} = \mathbf{1},$$

also ist $\gamma' \cdot \gamma \cdot (\gamma')^{-1}$ wieder in $\Lambda(\mathbf{1}, G)$. Daher ist $\Lambda(\mathbf{1}, G)$ ein Normalteiler. Ferner ist $\Lambda_0(\mathbf{1}, G)$ ebenfalls abgeschlossen und zusätzlich ein Normalteiler. Denn wenn γ nullhomotop ist, dann ist $\gamma' \cdot \gamma \cdot (\gamma')^{-1}$ homotop zu $\gamma' \cdot (\gamma')^{-1}$, und dieser Weg ist nullhomotop.

Also kann die Endpunktabbildung auch als ein Homomorphismus

$$p \colon P(\mathbf{1}, G)/\Lambda_0(\mathbf{1}, G) \to P(\mathbf{1}, G)/\Lambda(\mathbf{1}, G)$$

aufgefasst werden. Dessen Kern ist dann gleich $\Lambda(\mathbf{1}, G)/\Lambda_0(\mathbf{1}, G)$, und aus dem Homomorphiesatz für Gruppen folgt $P(\mathbf{1}, G)/\Lambda(\mathbf{1}, G) \cong G$. Also ist insbesondere $P(\mathbf{1}, G)/\Lambda(\mathbf{1}, G)$ eine Lie-Gruppe, und wir können p als Homomorphismus $p \colon \widetilde{G} := P(\mathbf{1}, G)/\Lambda_0(\mathbf{1}, G) \to G$ auffassen.

Den Homomorphiesatz für Lie-Gruppen können wir an dieser Stelle nicht einsetzen, weil weder $P(\mathbf{1}, G)$ noch $\Lambda_0(\mathbf{1}, G)$ eine Lie-Gruppe ist. Wir müssen also direkt zeigen, dass auch $\widetilde{G}$ eine Lie-Gruppe ist und dass $p \colon \widetilde{G} \to G$ eine Überlagerung ist. Dazu genügt es zu zeigen, dass der Kern von p eine diskrete Untergruppe ist. Wenn g ein Element im Kern von p ist und $\varphi \colon U \to \mathbb{R}^k$ eine logarithmische Karte um das Einselement, wobei U kein anderes Element aus dem Kern enthält, dann ist $\varphi_g^L \colon g \cdot U \to \mathbb{R}^k$ mit $\varphi_g^L(h) = g^{-1} \cdot h$ eine Karte um g. Dadurch wird $\widetilde{G}$ zu einer Lie-Gruppe. Die Kartentransformationen sind durch die Multiplikation in G bestimmt. Es folgt dann nach Lemma 16.4, dass p eine Überlagerung ist.

Zu zeigen bleibt also: Der Kern von p ist in der induzierten Topologie der Lie-Gruppe $\widetilde{G}$ eine diskrete Untergruppe. Als Widerspruchsannahme nehmen wir an, dass es eine Folge $(g_n)_{n \in \mathbb{N}}$ in $\ker(p) \leq \widetilde{G}$ gibt mit $\lim_{n \to \infty} g_n = g \in \ker(p)$, also $p(g_n) = \mathbf{1} \in G$ für jedes $n \in \mathbb{N}$. Wir können annehmen, dass die g_n paarweise verschieden sind. Also werden sie durch Wege $\gamma_n \in P(\mathbf{1}, G)$ repräsentiert, wobei diese paarweise nicht homotop sind, aber alle das Einselement als Endpunkt haben. Aber die Topologie der gleichmäßigen Konvergenz auf dem Raum aller Wege in eine Mannigfaltigkeit hinein erzwingt, dass hinreichend nahe benachbarte Wege auch homotop zueinander sind. Dies ist ein Widerspruch zu der angenommenen Konvergenz. Also kann es in einer gewissen Umgebung eines Elementes im Kern von p kein weiteres Element im Kern von p geben. $\qquad\square$

Definition 16.8 (Fundamentalgruppe, einfach zusammenhängend)
Der Quotient $\pi_1(G) = \Lambda(\mathbf{1}, G)/\Lambda_0(\mathbf{1}, G)$ heißt die **Fundamentalgruppe** von G. Die Elemente sind gerade die Homotopieklassen geschlossener Wege in G. Dabei sind zwei geschlossene Wege γ, γ' homotop genau dann, wenn $\gamma'\gamma^{-1}$ nullhomotop ist, also ein Element von $\Lambda_0(\mathbf{1}, G)$. Also sind die Homotopieklassen genau die Nebenklassen bzgl. der Untergruppe $\Lambda_0(\mathbf{1}, G)$. Die Fundamentalgruppe ist somit isomorph zum Kern des obigen Homomorphismus $p \colon \widetilde{G} \longrightarrow G$.

Man nennt G **einfach zusammenhängend** genau dann, wenn jeder geschlossene stetige Weg geschlossen homotop zu einem konstanten Weg ist, wenn also die Fundamentalgruppe $\pi_1(G)$ trivial (einelementig) ist.

Satz (ohne Beweis)[2]
Jede zusammenhängende Mannigfaltigkeit M besitzt eine eindeutig bestimmte universelle
Überlagerung *$\widetilde{M}$ mit $p : \widetilde{M} \to M$, d.h. p ist eine Überlagerung, $\widetilde{M}$ ist zusammenhängend
und einfach zusammenhängend, und die Decktransformationsgruppe ist isomorph zur
Fundamentalgruppe von M.*

Definition Ein topologischer Raum heißt einfach zusammenhängend genau dann, wenn
jeder geschlossene stetige Weg geschlossen homotop zu einem konstanten Weg ist.

SKIZZE DER KONSTRUKTION VON $\widetilde{M}$:
Wir wählen zunächst $x_0 \in M$ fest als einen Basispunkt. Dann haben wir

$$P(x_0, M) := \{\gamma : [0,1] \to M \mid \gamma \text{ stetig}, \gamma(0) = x_0\}$$

als topologischen Raum mit der Topologie der gleichmäßigen Konvergenz, vgl. die analoge
Konstruktion von $P(\mathbf{1}, G)$. Die Homotopierelation $\sim$ ist dadurch definiert, dass $\gamma \sim \gamma'$
genau dann gilt, wenn γ, γ' homotop sind bei fest gehaltenen Endpunkten (insbesondere
muss gelten: $\gamma(0) = \gamma'(0) = x_0, \gamma(1) = \gamma'(1)$).

Dann bilden wir den Quotienten $\widetilde{M} := P(x_0, M)/_\sim$ mit der Quotiententopologie und der
natürlichen Abbildung

$$\begin{aligned} p : \widetilde{M} &\to M \\ [\gamma] &\mapsto \gamma(1), \end{aligned}$$

Die Projektions p ist wohldefiniert, stetig und surjektiv (man beachte, dass M zusammenhängend ist). Wir berechnen die Faser von x_0 als

$$p^{-1}(x_0) = \{[\gamma] \mid \gamma(0) = \gamma(1) = x_0\} = \pi_1(M, x_0),$$

also ist die Faser (auch über anderen Punkten) genau die Fundamentalgruppe von M.
Statt von universeller Überlagerung spricht man auch von der „einfach zusammenhängenden Überlagerung", weil sie in der Tat einfach zusammenhängend ist. Man kann dies leicht
sehen wie folgt:

$c : [0,1] \to \widetilde{M}$ sei ein geschlossener Weg in der universellen Überlagerung von $\widetilde{M} \xrightarrow{p} M$,
$y_0 := [x_0]$ sei der konstanter Weg, den wir auch als Basispunkt in $\widetilde{M}$ wählen. Dann gilt
$c(0) = c(1) = y_0$. Folglich ist $p \circ c$ ein geschlossener Weg in M mit $p(c(0)) = p(c(1)) =
p(y_0) = x_0$. Für die Homotopieklassen folgt $[p \circ c] = [x_0]$, und damit $[c] = [y_0]$, weil c
geschlossen ist. Es folgt $\pi_1(\widetilde{M}, y_0) = \{1\}$.

Folgerung 16.9 *Jede zusammenhängende Lie-Gruppe G besitzt eine universelle
Überlagerung $\widetilde{G}$ als Lie-Gruppe. Die Überlagerungsabbildung $p : \widetilde{G} \to G$ ist ein Homomorphismus von Lie-Gruppen und $\ker(p)$ ist isomorph zur Fundamentalgruppe $\pi_1(G)$
von G. Ferner ist $\pi_1(G)$ kommutativ.*

Der erste Teil folgt direkt aus Lemma 16.7. Wir wissen, dass $p^{-1}(1) \cong \pi_1(G)$ eine diskrete Untergruppe von $\widetilde{G}$ sowie ein Normalteiler ist. Es bleibt noch zu zeigen: $\pi_1(G)$ ist
kommutativ. Dieser noch fehlende Beweisteil folgt aus dem folgenden Lemma.

---

[2]vgl. dazu E.OSSA, Topologie, Abschnitt 3.7

Lemma 16.10 *G sei eine zusammenhängende Lie-Gruppe, $H \trianglelefteq G$ sei ein diskreter Normalteiler (mit der Spurtopologie). Dann kommutiert jedes Element von H mit jedem Element von G, insbesondere ist H selbst abelsch.*

Beweis:

Der Beweis verwendet an entscheidender Stelle, dass die Topologie diskret ist und dass eine stetige Abbildung von einem zusammenhängenden Raum in einen Raum mit der diskreten Topologie notwendig konstant ist.

Es sei $h \in H$ und Ω_h die Konjugation von h mit einem variablen Element g, d.h. $\Omega_h : G \to H$ ist erklärt durch

$$\Omega_h(g) = ghg^{-1}$$

(man beachte $H \trianglelefteq G$). Diese Konjugationsabbildung Ω_h ist sicher stetig. Weil H aber die diskrete Topologie trägt, ist die Menge $\{h\}$ offen und abgeschlossen in H. Es folgt, dass $\Omega_h^{-1}(\{h\})$ ebenfalls offen und abgeschlossen in G ist. Nun ist $\Omega_h^{-1}(h) \neq \emptyset$, weil jedenfalls $\mathbf{1}$ in $\Omega_h^{-1}(h)$ liegen muss. Weil G zusammenhängend ist, muss folglich $\Omega_h^{-1}(h) = G$ gelten, also $ghg^{-1} = h$ und damit $gh = hg$ für alle $g \in G$ und damit auch für alle $h \in H$, weil h beliebig war. $\qquad\square$

Folgerung 16.11 *Die Fundamentalgruppe einer zusammenhängenden Lie-Gruppe G ist eine diskrete und kommutative Untergruppe ihrer universellen Überlagerung $\widetilde{G}$.*

Beispiele 16.12 (universelle Überlagerungen)

1. Die universelle Überlagerung der Drehgruppe $SO(3)$:

$$\widetilde{SO(3)} \cong S^3 \cong SU(2) \to SO(3) \cong \mathbb{R}P^3 \text{ mit } \pi_1(\mathbb{R}P^3) \cong \mathbb{Z}_2$$

2. Die universelle Überlagerung des n-dimensionalen Torus:

$$\mathbb{R}^n \to (S^1)^n = \mathbb{R}^n/\mathbb{Z}^n \text{ mit } \pi_1\big((S^1)^n\big) \cong \mathbb{Z}^n$$

3. Die Spin-Gruppe für $n \geq 4$:

$$\widetilde{SO(n)} =: \mathrm{Spin}(n) \text{ (die \textsf{Spin-Gruppe}) mit } \pi_1(SO(n)) \cong \mathbb{Z}_2$$

16.3 Die Ableitung der Überlagerungsabbildung

Bei einigen der obigen Beispiele haben wir schon gesehen, dass sich die Lie-Algebra beim Übergang von der Basis zum Totalraum nicht ändert (bis auf Isomorphie), z.B. bei der Überlagerung $SU(2) \to SO(3)$, für die $\mathfrak{su}(2) \cong \mathfrak{so}(3)$ gilt. Dieses Phänomen ist nun ganz generell typisch für Überlagerungen zwischen Lie-Gruppen.

Lemma 16.13 *$p : G \to H$ sei ein Homomorphismus zwischen zusammenhängenden Lie-Gruppen G, H. Dann sind äquivalent:*

(1) p ist eine Überlagerung.

(2) $D_{\mathbf{1}}p : T_{\mathbf{1}}G \to T_{\mathbf{1}}H$ ist ein Isomorphismus.

Beweis: (1) $\Rightarrow$ (2): Eine Überlagerung ist differenzierbar und lokal ein Homöomorphismus, folglich ist p lokal umkehrbar differenzierbar, also ist Dp überall ein Isomorphismus.

(2) $\Rightarrow$ (1): Zunächst ist p überall lokal ein Diffeomorphismus, weil das Differential im Einselement ein Isomorphismus ist, woraus durch Links-Translation folgt, dass in jedem Punkt $x \in G$ das Differential $D_x p$ ein Isomorphismus ist. Insbesondere folgt $\dim G = \dim H$.

Damit ist die Faser $p^{-1}(\mathbf{1}) = \ker(p)$ eine 0–dimensionale Lie-Untergruppe und folglich diskret: Eine Folge von paarweise verschiedenen Elementen in $p^{-1}(\mathbf{1})$ kann nicht in $p^{-1}(\mathbf{1})$ konvergieren, weil sonst um diesen Grenzwert herum p nicht lokal diffeomorph sein könnte (weil nicht einmal lokal injektiv). Die einzige Möglichkeit für solche Konvergenz besteht dann, wenn die Folge schließlich konstant wird. Dies ist kennzeichnend für diskrete topologische Räume. $\square$

Wir haben folgendes Diagramm für die Überlagerung p (links) bzw. ganz allgemein für einen Homomorphismus Φ (rechts):

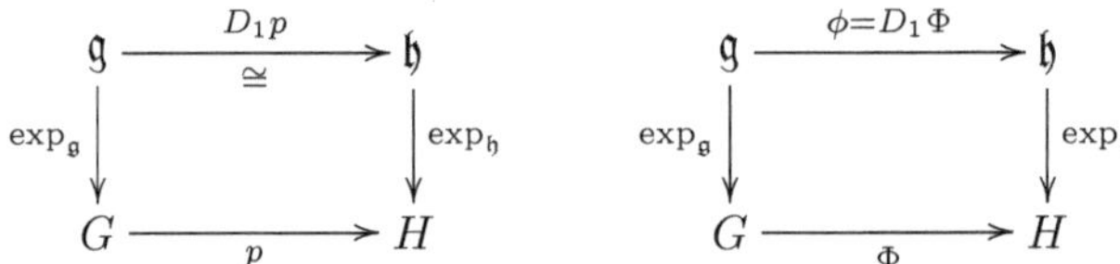

Wir wissen nach Folgerung 13.4, dass jeder Homomorphismus Φ von Lie-Gruppen einen zugehörigen Homomorphismus $\phi = D_1\Phi$ zwischen den zugehörigen Lie-Algebren induziert.

Es stellt sich die Frage, ob man diese Gleichung integrieren kann und für gegebenes ϕ das Φ eindeutig zurückgewinnen kann. Im Allgemeinen ist es aber nicht wahr, dass man so zurückintegrieren kann (auch dann nicht, wenn ϕ ein Isomorphismus ist), wie das folgende Beispiel zeigt:

Beispiel:

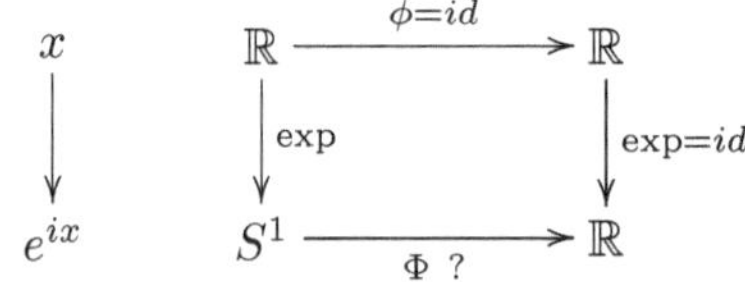

Es gibt offensichtlich keinen Homomorphismus $\Phi : S^1 \longrightarrow \mathbb{R}$ mit $D_1\Phi = id$, weil z.B. das Bild wieder eine nichttriviale kompakte Untergruppe sein müsste. Der Grund hierfür ist aber topologischer Natur: Die Gruppe S^1 im Urbild des zu gewinnenden Gruppen-Homomorphismus ist nicht einfach zusammenhängend.

Theorem 16.14 *Es seien G, H Lie-Gruppen mit zugehörigen Lie-Algebren $\mathfrak{g}, \mathfrak{h}$, G sei zusammenhängend und $\phi : \mathfrak{g} \to \mathfrak{h}$ sei ein gegebener Homomorphismus von Lie-Algebren. Dann existiert eine Überlagerung $p : \overline{G} \to G$ mit zusammenhängendem $\overline{G}$ und ein eindeutiger Homomorphismus $\Phi : \overline{G} \to H$ von Lie-Gruppen, so dass $\phi \circ D_1 p = D_1\Phi$.*

Falls zusätzlich G einfach zusammenhängend ist, dann existiert ein eindeutiger Homomorphismus $\Phi : G \to H$ von Lie-Gruppen mit $\phi = D_1\Phi$.

Beweis:

Zur Eindeutigkeit: $\Phi_1, \Phi_2 : \overline{G} \longrightarrow H$ seien zwei solche Homomorphismen. Dann gilt $\Phi_1 = \exp \circ \phi \circ \log = \Phi_2$ in einer Umgebung von $\mathbf{1}$ in $\overline{G}$, wo log definiert ist. Wegen des Zusammenhangs von $\overline{G}$ gilt dann $\Phi_1 = \Phi_2$ überall. Dies gilt analog für G statt $\overline{G}$.

Zur Existenz: Wenn man den Homomorphismus Φ nur auf einer lokalen Gruppe erklären will, dann geht das einfach durch $\Phi := \exp_{\mathfrak{h}} \circ \phi \circ \log_G$. Aber dann ist die Frage, ob man das so definierte Φ global fortsetzen kann. Im Allgemeinen wird es nicht möglich sein, $\Phi\colon G \to H$ zu definieren. Wir schließen stattdessen unter Verwendung des Graphen des Homomorphismus ϕ. Für einen gegebenen Homomorphismus $G \xrightarrow{\Phi} H$ von Lie-Gruppen haben wir den *Graphen* $G \longrightarrow G \times H$ als den Homomorphismus $(G \times \Phi) \circ \Delta$ mit $x \longmapsto (x, \Phi(x))$. Dabei bezeichnet $\Delta\colon G \to G \times G$ die Diagonalabbildung $x \mapsto (x, x)$. Entsprechend haben wir die beiden Projektionen als Homomorphismen von Lie-Gruppen $G \xleftarrow{\pi_G} G \times H \xrightarrow{\pi_H} H$. Dies geht analog, wenn Φ durch ϕ ersetzt wird mit einem Homomorphismus ϕ von Lie-Algebren: Für gegebenes ϕ betrachten wir den Graphen

$$\mathfrak{g} \ni X \longmapsto \bigl(X, \phi(X)\bigr) \in \mathfrak{g} \oplus \mathfrak{h}$$

als einen injektiven Homomorphismus von Lie-Algebren. Wir bezeichnen das Bild als Lie-Unteralgebra $\overline{\mathfrak{g}}$ mit Inklusionsabbildung $j\colon \overline{\mathfrak{g}} \to \mathfrak{g} \oplus \mathfrak{h}$. Nach Theorem 13.12 existiert zu dieser Lie-Unteralgebra eine eindeutige zusammenhängende Lie-Untergruppe $\overline{G}$ von $G \times H$ mit Inklusionsabbildung J, so dass $\overline{\mathfrak{g}}$ die zu $\overline{G}$ gehörige Lie-Algebra ist und so dass j die Ableitung von J im Einselement ist. Dabei ist $\overline{G}$ ein Kandidat für den Graphen des gesuchten Homomorphismus Φ. Weil $\mathfrak{g}$ und $\overline{\mathfrak{g}}$ isomorph sind, stimmen jedenfalls die Dimensionen von G und von $\overline{G}$ überein. Darüber hinaus ist die Komposition

$$\mathfrak{g} \xrightarrow{\ \cong\ } \overline{\mathfrak{g}} \xrightarrow{\ j\ } \mathfrak{g} \oplus \mathfrak{h} \xrightarrow{\ \pi_{\mathfrak{g}}\ } \mathfrak{g}$$

die Identitätsabbildung, wobei $\pi_{\mathfrak{g}}\colon \mathfrak{g} \oplus \mathfrak{h} \longrightarrow \mathfrak{g}$ die erste Projektion bezeichnet. Damit ist der entsprechende Homomorphismus $p := \pi_G \circ J\colon \overline{G} \longrightarrow G$ (wieder mit der ersten Projektion $\pi_G\colon G \times H \longrightarrow G$) eine Überlagerung nach Lemma 16.13, im Diagramm:

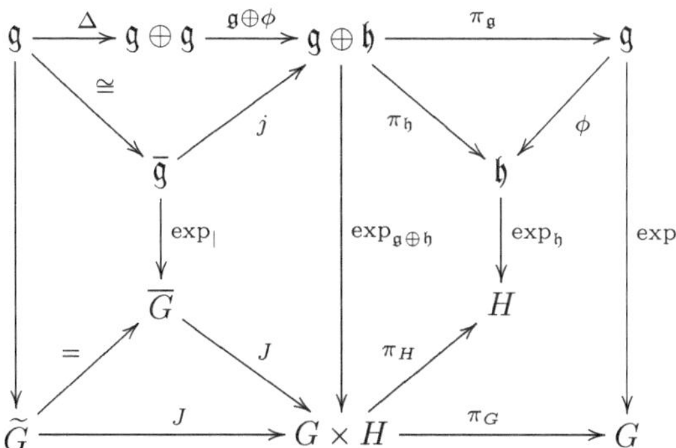

Der gesuchte Homomorphismus von $\Phi\colon \overline{G} \to H$ kann dann als $\Phi = \pi_H \circ J$ definiert werden. Wenn zusätzlich G einfach zusammenhängend ist, dann ist die Überlagerungsabbildung $\pi_G \circ J$ einblättrig, also ein Isomorphismus von Gruppen. In diesem Fall gibt es die Umkehrung $(\pi_G \circ J)^{-1}$, und damit hat man $\Phi\colon G \to H$ als die Komposition $\pi_H \circ J \circ (\pi_G \circ J)^{-1}$. Aus dem Diagramm ergibt sich dann $D_{\mathbf{1}}\Phi = \phi$, wie behauptet. $\qquad\square$

Folgerung 16.15 *G, H seien zusammenhängende und einfach zusammenhängende Lie-Gruppen mit zugehörigen Lie-Algebren $\mathfrak{g}, \mathfrak{h}$. Dann gilt*

$$G \cong H \quad \Longleftrightarrow \quad \mathfrak{g} \cong \mathfrak{h}$$

Beweis: Die Richtung „$\Longrightarrow$" ist klar, weil die Lie-Algebra bis auf Isomorphie eindeutig durch die Lie-Gruppe bestimmt ist. Die andere Richtung „$\Longleftarrow$" folgt aus Theorem 16.14: Jeder Isomorphismus zwischen $\mathfrak{g}$ und $\mathfrak{h}$ induziert einen Homomorphismus zwischen G und H in jeder Richtung. Die Eindeutigkeit für die Komposition der beiden (in jeder Richtung) impliziert, dass diese Komposition gleich der Identität sein muss. $\square$

In diesem Zusammenhang sei an Folgerung 13.10 erinnert: Ohne irgendwelche Zusatzvoraussetzungen sind G und H genau dann *lokal isomorph*, wenn die zugehörigen Lie-Algebren isomorph sind. Für die globale Isomorphie bedarf es aber der Voraussetzung des Zusammenhangs und des einfachen Zusammenhangs.

Folgerung 16.16 (universelles Problem für den Lie-Funktor)
Für den in Bemerkung 13.6 erwähnten Lie-Funktor L, der jeder Lie-Gruppe ihre Lie-Algebra und jedem Homomorphismus dessen Ableitung im Einselement zuordnet, ist das universelle Problem in folgender Weise lösbar:

Für jedes $\mathfrak{g} = LG$ existiert eine zusammenhängende Lie-Gruppe $\widetilde{G}$, so dass für jeden Homomorphismus $\phi\colon LG \to LH$ von Lie-Algebren ein eindeutiger Homomorphismus $\Phi\colon \widetilde{G} \to H$ von Lie-Gruppen existiert derart, dass das folgende Diagramm kommutiert:

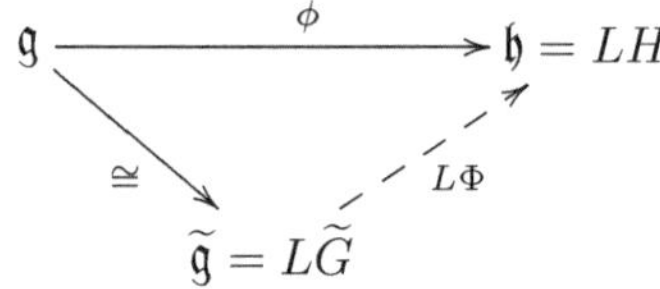

Dies folgt direkt aus Theorem 16.14, wenn man $\widetilde{G}$ als die universelle Überlagerung von G erklärt.

Zusatzbemerkung: Die obige Folgerung gilt sogar für *jede* Lie-Algebra $\mathfrak{g}$, weil es immer eine zugehörige Lie-Gruppe G gibt, was hier aber nicht bewiesen wurde. Es folgt aus dem Anhang 18.3. In der Sprache der Kategorientheorie sagt man, dass der Lie-Funktor L einen **linksadjungierten Funktor** F besitzt. Dieser linksadjungierte Funktor ordnet jeder Lie-Algebra $\mathfrak{g}$ die eindeutig bestimmte zusammenhängende und einfach zusammenhängende Lie-Gruppe $F\mathfrak{g} = \widetilde{G}$ zu, deren zugehörige Lie-Algebra isomorph zu $\mathfrak{g}$ ist. Für $\mathfrak{g} = \mathfrak{so}(3)$ beispielsweise ist dies eben nicht $SO(3)$, sondern $SU(2) \cong \mathbb{H}_1$, und für $\mathfrak{g} = \mathfrak{so}(4)$ ist es nicht $SO(4)$, sondern $SU(2) \times SU(2) \cong \mathbb{H}_1 \times \mathbb{H}_1$. Im kommutativen Diagramm haben wir dann:

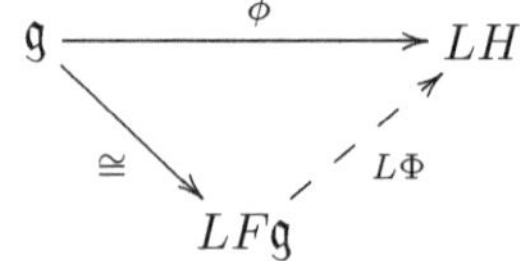

Übungsaufgaben

1. Man zeige, dass die Abbildung F aus Übungsaufgabe 7 in Kapitel 9 eine Überlagerung von $\mathbb{R}^2$ aufs Bild $F(\mathbb{R}^2)$ definiert.

2. Es sei $S^1 \subset \mathbb{C}$ die Menge aller Zahlen vom Betrage 1. Man zeige: Die Abbildung

$$F: \quad S^1 \times S^1 \quad \to \quad S^1 \times S^1$$
$$(z, w) \quad \mapsto \quad (z^a w^b, z^c w^d)$$

mit $a, b, c, d \in \mathbb{Z}$ ist eine Überlagerung mit Blätterzahl $|m|$, wobei $m = ad - bc \neq 0$. Insbesondere ist F dann ein Homöomorphismus, wenn $|m| = 1$ gilt, wenn also die Matrix $\left(\begin{smallmatrix} a & b \\ c & d \end{smallmatrix}\right)$ ganzzahlig invertierbar ist.

Hinweis: Es kann nützlich sein, jeden Torus als Quadrat in der (ϑ, φ)-Ebene darzustellen (mit den üblichen Identifikationen) und F als lineare Abbildung in ϑ, φ aufzufassen mit $z = e^{2\pi i \vartheta}$, $w = e^{2\pi i \varphi}$.

3. Man zeige, dass die Abbildung $\Phi(e^{i\vartheta}, A) := e^{i\vartheta} \cdot A$ eine n-blättrige Überlagerung $\Phi: U(1) \times SU(n) \to U(n)$ definiert.

Hinweis: Man zeige, dass Φ ein Homomorphismus von Lie-Gruppen ist und berechne den Kern. Zum Verhältnis der betreffenden Lie-Algebren vergleiche man auch die Übungsaufgaben in Kapitel 13.

4. Man zeige, dass die folgende Abbildung eine Überlagerung von Lie-Gruppen ist:

$$S^1 \times \mathbb{R} \longrightarrow S^1 \times S^1$$

$$(x, t) \longmapsto (e^{it} \cdot x, e^{it})$$

Man bestimme den Kern dieses Homomorphismus.

5. Man konstruiere die universelle Überlagerung der euklidischen Gruppe $E(2, \mathbb{R})$, die von allen Drehungen im $\mathbb{R}^2$ und allen Translationen erzeugt wird. Man zeige, dass der Kern dieser Überlagerung eine unendliche zyklische Gruppe ist, also isomorph zu $\mathbb{Z}$.

Hinweis: Mit komplexen Zahlen lässt sich $E(2, \mathbb{R})$ besonders einfach beschreiben, vgl. den Anfang von Abschnitt 5.2. Ferner ist die universelle Überlagerung von $SO(2) \cong U(1)$ offensichtlich isomorph zur additiven Gruppe $\mathbb{R}$ mit der Überlagerungsabbildung $p(x) = e^{ix}$.

6. Man konstruiere die universelle Überlagerung von $SL(2, \mathbb{R})$.

Hinweis: Diese ist diffeomorph zum $\mathbb{R}^3$ oder auch zum kartesischen Produkt $\mathbb{R} \times \{(x, y) \in \mathbb{R}^2 \mid x^2 + y^2 < 1\}$ mit der Überlagerungsabbildung

$$(\theta, x, y) \longmapsto \frac{1}{\sqrt{1 - x^2 - y^2}} \left[\begin{pmatrix} \cos\theta & -\sin\theta \\ \sin\theta & \cos\theta \end{pmatrix} + \begin{pmatrix} x & y \\ y & -x \end{pmatrix} \right]$$

Man zeige, dass diese Abbildung injektiv ist bis auf die Periodizität der Winkelfunktionen sin und cos und außerdem surjektiv. Das Urbild der Einheitsmatrix ist offenbar gleich $2\pi\mathbb{Z} \times \{(0, 0)\}$. Was folgt daraus für den topologischen Typ von $SL(2, \mathbb{R})$? Für ein Bild dazu vergleiche man J. DUISTERMAAT, J. KOLK, Lie Groups, Abschnitt 1.2.

7. Die Lie-Algebra $T_1\mathbb{H}_1$ von $\mathbb{H}_1 \cong S^3$ lässt sich als der von den drei Quaternionen i, j, k aufgespannte reelle Vektorraum auffassen. Man zeige explizit, wie sich jedem Homomorphismus $\phi\colon T_1\mathbb{H}_1 \to T_1\mathbb{H}_1$ von Lie-Algebren ein Homomorphismus $\Phi\colon \mathbb{H}_1 \to \mathbb{H}_1$ von Lie-Gruppen zuordnen lässt derart, dass ϕ die Ableitung von Φ im Punkt $1 \in \mathbb{H}_1$ ist.

   Hinweis: In einer gewissen Umgebung von 1 muss notwendig gelten $\Phi(\exp(tX)) = \exp(t\phi(X))$. Das Bild von $\exp(tX) = \cos t + (\sin t)X$ liegt in demjenigen Großkreis auf der Einheits-Sphäre, der im Einselement in Richtung X verläuft. Entsprechendes gilt für $\exp(t\phi(X))$. Damit ist im Prinzip klar, welche Großkreise auf welche Großkreise abgebildet werden müssen, und mit welcher Geschwindigkeit, d.h. mit welchem Parameter. Man beachte auch, dass wegen $\phi[X,Y] = [\phi X, \phi Y]$ die beiden Werte $\phi(i)$ und $\phi(j)$ bereits $\phi(k)$ eindeutig festlegen.

8. Man zeige, dass sich die Isomorphie (bzw. Identitätsabbildung) von $\mathfrak{so}(3)$ nach $\mathfrak{su}(2) \cong \mathfrak{so}(3)$ nicht zu einem (globalen) Homomorphismus von der Lie-Gruppe $SO(3)$ in $SU(2)$ fortsetzen lässt, wohl aber zu einem lokal definierten Homomorphismus.

   Hinweis: Den lokal definierten Homomorphismus kann man mittels der Exponentialabbildung gewinnen.

9. Man zeige, dass die Einschränkung der Exponentialabbildung eine 2-blättrige Überlagerung $\{A \in \mathfrak{so}(3) \mid 0 < \|A\| < 2\pi\} \longrightarrow SO(3) \setminus \{E\}$ definiert, wobei A als schiefsymmetrische Matrix mit Einträgen a, b, c beschrieben werden kann wie in Übungsaufgabe 2 in Kapitel 6 mit der dortigen Gleichung für $\exp(tA)$.

   Hinweis: Nach dem Ergebnis von Aufgabe 2 und 3 in Kapitel 6 haben wir für $\|A\| = \sqrt{a^2 + b^2 + c^2} = \pi$ die 2-blättrige Überlagerung $\exp(A) = \exp(-A)$ der 2-Sphäre auf die reelle projektive Ebene, die als Menge aller Drehmatrizen mit dem Winkel π auftritt. Ferner werden für $a^2 + b^2 + c^2 = 1$ und $0 < \varphi < \pi$ die Matrizen

$$(\pi + \varphi)\begin{pmatrix} 0 & a & c \\ -a & 0 & b \\ -c & -b & 0 \end{pmatrix} \quad \text{und} \quad (\pi - \varphi)\begin{pmatrix} 0 & -a & -c \\ a & 0 & -b \\ c & b & 0 \end{pmatrix}$$

   von exp auf dieselbe Drehmatrix abgebildet, wobei ansonsten exp injektiv ist. Man beachte $\cos(\pi + \varphi) = \cos(\pi - \varphi)$ und $\sin(\pi + \varphi) = -\sin(\pi - \varphi)$. Geometrisch kann man sich ein Bild davon machen, wenn man die Abbildung betrachtet, die Antipoden auf der 2-Sphäre identifiziert. Diese Abbildung definiert eine 2-fache Überlagerung von der 2-Sphäre ohne Nord- und Südpol auf ein (offenes) Möbiusband mit dem doppelt durchlaufenen Äquator als Seele. In diesem Sinne ist die obige Bildmenge $SO(3) \setminus \{E\}$ ein 3-dimensionales Analogon eines offenes Möbiusbandes um den „Äquator" aller Drehmatrizen A mit $\|A\| = \pi$.

Kapitel 17

Halbeinfache und kompakte Lie-Gruppen

In der Gruppentheorie interessiert man sich sehr für *einfache Gruppen*, das sind solche, die keine nicht-trivialen Normalteiler enthalten und folglich keine nicht-trivialen Quotienten zulassen. Insofern sind einfache Gruppen unzerlegbar in einfachere Bestandteile und bilden somit gewissermaßen die Urbausteine der Gruppentheorie. Berühmt ist die Klassifikation der endlichen und einfachen Gruppen, die in der Fachliteratur auf Tausenden von Seiten abgehandelt wird,[1] die aber in ihrer Gesamtheit nur von wenigen Menschen auf der Welt überblickt wird, die noch dazu alle der älteren Generation anzugehören scheinen. Zu den einfachen Gruppen gehört z.B. die Gruppe $PSL(2, \mathbb{Z}_5) \cong A_5$ der Ordnung 60 (auch als die Drehgruppe des regulären Ikosaeders bekannt), die Gruppe $PGL(3, \mathbb{Z}_2) \cong PSL(2, \mathbb{Z}_7)$ der Ordnung 168, die uns schon in 5.21 begegnet war, sowie die Gruppe $PSL(2, \mathbb{Z}_{11})$ der Ordnung 660.

Man kann diesen Begriff auch für Lie-Gruppen adaptieren, allerdings gibt es gute Gründe, ihn etwas abzuschwächen und sogenannte *halbeinfache Lie-Gruppen* und entsprechende *halbeinfache Lie-Algebren* zu betrachten. Diese sind aus einfachen zusammengesetzt in einer übersichtlichen Weise. Außerdem gibt es eine besonders schöne Theorie von kompakten Lie-Gruppen. In gewisser Weise ist die Kompaktheit schon rein algebraisch durch die Lie-Algebra bestimmt, und man spricht dann auch von *kompakten Lie-Algebren* bzw. solchen von *kompaktem Typ*. Die abelschen Untergruppen einer kompakten Lie-Gruppe sind im Wesentlichen nur Tori, und deren Struktur (bzw. deren Verhältnis zueinander) wird durch die sogenannte *Weyl-Gruppe* klassifiziert.

In diesem Kapitel tritt mehr die algebraische Seite der Theorie hervor. Es wird öfter als bisher auf die Lie-Algebra verwiesen, und es werden dort öfter als bisher algebraische Schlüsse durchgeführt werden. Das hat seinen Grund darin, dass die Begriffe wie Halbeinfachheit, Auflösbarkeit und sogar Kompaktheit in der zugehörigen Lie-Algebra besser diskutiert werden können als in der Lie-Gruppe selbst. Die Killing-Form ist eine rein algebraisch definierte symmetrische Bilinearform, und deren Rang sowie deren Null-Raum (das Radikal) spielen eine wichtige Rolle. Die Halbeinfachheit ist dabei äquivalent dazu, dass die Killing-Form maximalen Rang hat. Die maximalen Tori in einer Lie-Gruppe entsprechen den maximalen abelschen Lie-Unteralgebren in der zugehörigen Lie-Algebra.

---

[1] Führende Vertreter sind M.Aschbacher und D.Gorenstein. Eine Monographie dazu ist die folgende: M.ASCHBACHER, S.D.SMITH, *The classification of quasithin groups. I., II.*, 477 + 479 pages, American Math. Society 2004

17.1   Einfache Lie-Gruppen und Lie-Algebren

Definition 17.1 (einfache Lie-Gruppe, einfache Lie-Algebra)

Eine nicht-abelsche Lie-Gruppe G heißt **einfach**, wenn sie außer $\{1\}$ und G selbst keine Lie-Untergruppe besitzt, die auch ein Normalteiler ist.

Entsprechend heißt eine nicht-abelsche Lie-Algebra $\mathfrak{g}$ **einfach**, wenn sie außer $\{0\}$ und $\mathfrak{g}$ selbst kein Ideal besitzt.

Folgerung 17.2 *Die Lie-Algebra einer einfachen Lie-Gruppe ist stets einfach.*

Beweis: Dies folgt daraus, dass ein nicht-triviales Ideal $\mathfrak{h}$ in der Lie-Algebra $\mathfrak{g}$ nach 8.2 die Existenz einer Lie-Untergruppe H von G nach sich ziehen würde, so dass $\mathfrak{h}$ die Lie-Algebra von H ist. Nach 14.4 wäre dann H ein Normalteiler von G. Er wäre zudem nicht-trivial, weil seine Dimension gleich der von $\mathfrak{h}$ sein muss, und die ist (strikt) positiv, aber (strikt) kleiner als die Dimension von $\mathfrak{g}$ bzw. G. $\square$

Eine 1-dimensionale Lie-Algebra (notwendigerweise isomorph zu $\mathbb{R}$) wird also nicht als einfach betrachtet, obwohl sie ebenfalls keine nicht-trivialen Ideale enthält. Dieses motiviert die obige Voraussetzung, dass eine einfache Lie-Gruppe bzw. Lie-Algebra nicht abelsch sein soll. Eine höherdimensionale abelsche Lie-Algebra enthält dagegen immer nicht-triviale 1-dimensionale Unter-Algebren, und diese sind Ideale. Sie könnte daher ohnehin nicht als einfach betrachtet werden. Aus der Definition folgt ferner, dass ein Homomorphismus von Lie-Algebren $\phi\colon \mathfrak{g} \to \mathfrak{g}$ im Falle einer einfachen Lie-Algebra entweder ein Isomorphismus ist oder aber die Nullabbildung, denn der Kern von ϕ ist ein Ideal.

Die Umkehrung von Folgerung 17.2 gilt *nicht*. Man kann aus der Existenz eines nicht-trivialen Normalteilers nicht auf die Existenz eines nicht-trivialen Ideals schließen. Das liegt daran, dass es nicht-triviale 0-dimensionale Untergruppen gibt, deren Lie-Algebra dann eben trivial ist, d.h. gleich $\{0\}$. Außerdem kann eine nicht zusammenhängende Lie-Gruppe einen nicht-trivialen Normalteiler derselben Dimension (z.B. die Zusammenhangskomponente der $\mathbf{1}$) enthalten, wobei auch hier das zugehörige Ideal trivial, nämlich gleich $\mathfrak{g}$, ist.

Beispiel: Die Gruppe $SU(2)$ besitzt einen 2-elementigen Normalteiler N mit Quotienten $SU(2)/N \cong SO(3)$, aber ihre Lie-Algebra $\mathfrak{su}(2) \cong \mathfrak{so}(3)$ ist einfach. Die Gruppe $O(3)$ besitzt $SO(3)$ als Normalteiler, wobei die (einfachen) Lie-Algebren beider übereinstimmen.

WARNUNG: In manchen Büchern wird das so definiert, dass eine Lie-Gruppe einfach ist genau dann, wenn ihre Lie-Algebra einfach ist. Bei jener Terminologie ist aber eine einfache Lie-Gruppe nicht notwendig auch eine einfache Gruppe, sondern eine Überlagerung davon:

Folgerung 17.3 *Eine zusammenhängende Lie-Gruppe mit einer einfachen Lie-Algebra besitzt (außer der ganzen Gruppe) nur diskrete Normalteiler, die gleichzeitig Lie-Untergruppen sind. Somit ist eine zusammenhängende Lie-Gruppe mit einer einfachen Lie-Algebra entweder selbst einfach, oder aber sie lässt eine Überlagerung auf eine einfache Lie-Gruppe zu.*

Dies liegt daran, dass die Dimension einer solchen Lie-Untergruppe nur gleich null sein kann. Tatsächlich gilt die Aussage auch in der Form, dass es überhaupt nur diskrete Normalteiler gibt. Man muss dann aber anders schließen, vgl. J.TITS, Liesche Gruppen und Algebren, S. 209. Die Überlagerung ist einfach der Quotient nach dem diskreten Normalteiler. Die Lie-Algebra ändert sich dabei nicht nach Lemma 16.13.

In gewisser Weise sind einfache Gruppen so weit weg von abelschen Gruppen wie möglich. Ein geeignetes Maß für die Abweichung von beiden Extremen ist zum Beispiel das Zentrum, vgl. Beispiel 14.3.

Definition und Lemma 17.4 (Zentrum)
Das Zentrum einer Lie-Gruppe G *ist erklärt als*

$$Z(G) := \{x \in G \mid xy = yx \text{ für alle } y \in G\}\,.$$

Das Zentrum der zugehörigen Lie-Algebra $\mathfrak{g}$ *ist entsprechend*

$$\mathfrak{z}(\mathfrak{g}) := \{X \in \mathfrak{g} \mid [X,Y] = 0 \text{ für alle } Y \in \mathfrak{g}\} = \ker(\mathrm{ad})\,.$$

Falls G zusammenhängend ist, so gilt $Z(G) = \ker(\mathrm{Ad})$. Insbesondere ist dann $Z(G)$ ein abgeschlossener Normalteiler mit Lie-Algebra $\mathfrak{z}(\mathfrak{g})$.

Beweis: Wir müssen zeigen $Z(G) = \ker(\mathrm{Ad})$. Zunächst gilt

$$
\begin{aligned}
x \in Z(G) \;&\Longrightarrow\; xyx^{-1} = y \quad \text{für alle } y \in G \\
&\Longrightarrow\; \mathbf{Ad}\,x = \text{ Identität von } G \\
&\Longrightarrow\; \mathrm{Ad}\,x = \text{ Identität von } \mathfrak{g} \\
&\Longrightarrow\; x \in \ker(\mathrm{Ad})\,.
\end{aligned}
$$

Es sei umgekehrt $x \in \ker(\mathrm{Ad})$, also es sei $\mathrm{Ad}\,x$ die Identität. Nach Folgerung 13.4, angewendet auf $\Phi = \mathbf{Ad}$, erhalten wir

$$\exp(tX) = \exp\big(t(\mathrm{Ad}\,x)(X)\big) = \mathbf{Ad}x(\exp(tX)) = x \cdot (\exp tX) \cdot x^{-1}$$

für alle $X \in \mathfrak{g}$ und alle $|t|$, die hinreichend klein sind. Folglich kommutiert x mit allen $\exp(tX)$, also mit allen Elementen aus einer Umgebung von $1 \in G$, und wegen des Zusammenhangs von G kommutiert x mit allen Elementen von G, also gilt $x \in Z(G)$.

Ferner ist der Kern eines Homomorphismus von Lie-Gruppen stets ein abgeschlossener Normalteiler, vgl. 14.10, und die Lie-Algebra des Kerns ist der Kern der Ableitung im Einselement. Also ist $\mathfrak{z}(\mathfrak{g})$ die Lie-Algebra von $Z(G)$. $\qquad\square$

Folgerung 17.5 *Für jede zusammenhängende Lie-Gruppe gilt (vgl. Lemma 15.1)*

$$G \text{ ist abelsch } \iff Z(G) = G \iff \mathfrak{z}(\mathfrak{g}) = \mathfrak{g} \iff \mathfrak{g} \text{ ist abelsch}\,.$$

Ferner ist nach Lemma 16.10 jeder diskrete Normalteiler im Zentrum enthalten. Speziell gilt dies für den Kern von Überlagerungen von Lie-Gruppen.

Definition und Lemma 17.6 (Zentralisator)

Der Zentralisator einer Untergruppe $H \leq G$ ist erklärt als

$$Z_G(H) = \{g \in G \mid gh = hg \text{ für alle } h \in H\}.$$

Der Zentralisator einer Lie-Unteralgebra $\mathfrak{h}$ in $\mathfrak{g}$ ist erklärt als

$$\mathfrak{z}_\mathfrak{g}(\mathfrak{h}) = \{Y \in \mathfrak{g} \mid [X, Y] = 0 \text{ für alle } X \in \mathfrak{h}\}.$$

Falls nun H eine zusammenhängende Lie-Untergruppe H von G mit Lie-Algebra $\mathfrak{h} \subseteq \mathfrak{g}$ ist, dann gilt

$$Z_G(H) = Z_G(\mathfrak{h}) := \{g \in G \mid \operatorname{Ad} g(X) = X \text{ für alle } X \in \mathfrak{h}\}.$$

Außerdem ist $\mathfrak{z}_\mathfrak{g}(\mathfrak{h})$ gleich der Lie-Algebra von $Z_G(H)$, und diese ist

$$\mathfrak{z}_\mathfrak{g}(H) := \{X \in \mathfrak{g} \mid \operatorname{Ad} h(X) = X \text{ für alle } h \in H\}.$$

Analog ist der Zentralisator eines einzelnen Elements X definiert, wenn man die Bedingung $\operatorname{Ad} g(X) = X$ nur für ein Element g bzw. die Bedingung $[X, Y] = 0$ nur für ein Element X fordert. Der Zentralisator von $g \in G$ ist also der Kern von $\operatorname{Ad} g - Id$, der Zentralisator von $X \in \mathfrak{g}$ ist der Kern von $\operatorname{ad} X$.

Beweis: Dass $\mathfrak{z}_\mathfrak{g}(H)$ die Lie-Algebra von $Z_G(H)$ ist folgt direkt durch Ableiten der Gleichung $\mathbf{Ad}\, h(g) = g$, was $\operatorname{Ad} h(X) = X$ zur Folge hat. Zu zeigen sind also nur die Gleichheiten $Z_G(H) = Z_G(\mathfrak{h})$ und $\mathfrak{z}_\mathfrak{g}(\mathfrak{h}) = \mathfrak{z}_\mathfrak{g}(H)$.

1. Es sei $g \in Z_G(H)$ fest gewählt, und es sei $h(t)$ eine differenzierbare Kurve in H mit $h(0) = \mathbf{1}$ und $h'(0) = X \in \mathfrak{h}$. Dann gilt $\mathbf{Ad}g(h(t)) = h(t)$, also gilt nach Ableiten auch $\operatorname{Ad} g(X) = X$, also folgt $g \in Z_G(\mathfrak{h})$, denn jedes $X \in \mathfrak{h}$ kann so gewählt werden.

Umgekehrt sei $g \in Z_G(\mathfrak{h})$ gegeben, also gilt $\operatorname{Ad} g(X) = X$ für alle $X \in \mathfrak{h}$. Betrachten wir die 1-Parameter-Untergruppe $h_t = \exp(tX)$ in H, dann besagt Folgerung 13.4 die Gleichung $\mathbf{Ad}g \circ \exp_\mathfrak{h} = \exp_\mathfrak{g} \circ \operatorname{Ad} g$, also insbesondere

$$\mathbf{Ad}g(h_t) = \mathbf{Ad}g(\exp(tX)) = \exp(\operatorname{Ad} g(tX)) = \exp(tX) = h_t.$$

Damit kommutiert aber g mit jedem $h \in H$, das durch die Exponentialabbildung von $\mathfrak{h}$ erreichbar ist. Wegen des Zusammenhangs von H gilt dies dann auch für alle $h \in H$. Damit gilt $g \in Z_G(H)$.

2. Ein Element $Y \in \mathfrak{z}_\mathfrak{g}(H)$ erfüllt die Gleichung $\operatorname{Ad} h(Y) = Y$ für alle $h \in H$. Durch Ableiten folgt $\operatorname{ad} X(Y) = 0$ für alle $X \in \mathfrak{h}$, also $Y \in \mathfrak{z}_\mathfrak{g}(\mathfrak{h})$. Die Umkehrung folgt wiederum durch Integrieren, wobei der vorausgesetzte Zusammenhang von H eingeht. $\qquad\square$

Wir wollen uns noch kurz anschauen, was Lie selbst über das Zentrum sagt:

„**Satz 1.** *Sind die beiden infinitesimalen Transformationen $Z_1 f$ und $Z_2 f$ mit allen infinitesimalen Transformationen der r-gliedrigen Gruppe $X_1 f, \dots, X_r f$ vertauschbar, so ist es auch die Transformation $(Z_1 Z_2)$.*"   (S.Lie, a.a.O., Band 1, S. 369)

Dabei wird allerdings nur gesagt, dass das Zentrum eine Lie-Unteralgebra ist und nicht, dass es sogar ein Ideal ist.

17.2 Auflösbare Lie-Gruppen und Lie-Algebren

Auflösbare (Lie-)Gruppen bilden eine Klasse, die die nilpotenten (Lie-)Gruppen umfasst, vgl. Abschnitt 15.2. Auch diese verhalten sich in gewissem Sinne ungefähr so wie abelsche, zumindest in topologischer Hinsicht. Entsprechend hat man zugehörige auflösbare Lie-Algebren. Die Auflösbarkeit von Galois-Gruppen[2] (spielt bekanntlich eine wichtige Rolle bei der Auflösung algebraischer Gleichungen, also bei der Beschreibung der Nullstellen von Polynomen durch Wurzeln (Radikale). Alle algebraischen Gleichungen höchstens vierten Grades in einer Unbekannten sind über $\mathbb{C}$ auflösbar, weil die Gruppe S_4 auflösbar ist. Dagegen ist die Gruppe S_5 nicht auflösbar, was zur Folge hat, dass algebraische Gleichungen fünften und höheren Grades im Allgemeinen nicht auflösbar sind.

Definition 17.7 (Auflösbare Lie-Gruppe, auflösbare Lie-Algebra)
Für eine Gruppe G definieren wir $G^{(1)} = G^1 = K(G)$ als den (ersten) Kommutator von G, d.h. die von allen Kommutatoren $xyx^{-1}y^{-1}$ mit $x, y \in G$ erzeugte Untergruppe. Diese nennt man auch die **abgeleitete Lie-Gruppe**. In Abschwächung der Definition 15.9 beziehen wir die iterierten Kommutatoren aber nur auf die jeweils vorangegangenen. Das heißt, wie erklären den (zweiten) Kommutator $G^{(2)} = K(G^{(1)})$ als den Kommutator von $G^{(1)}$, also die von allen $xyx^{-1}y^{-1}$ erzeugte Untergruppe, wobei jetzt $x, y \in G^1 = G^{(1)}$ angenommen wird. Analog hat man alle iterierten Kommutatoren $G^{(n)} = K(G^{(n)})$ von $G^{(n-1)}$ und $G^{(n-1)}$. Dabei gilt $G^{(n)} \leq G^{(n-1)} \cdots \leq G^{(1)} \leq G$, und es ist jeweils $G^{(j)}$ ein Normalteiler in $G^{(j-1)}$.

Entsprechend erklärt man für eine Lie-Algebra $\mathfrak{g}$ den (ersten) Kommutator $\mathfrak{g}^{(1)} = \mathfrak{g}^1 = K(\mathfrak{g})$ als die von allen $[X, Y]$ mit $X, Y \in \mathfrak{g}$ erzeugte Lie-Unteralgebra, auch **abgeleitete Lie-Algebra** genannt. Analog wird der n-te Kommutator $\mathfrak{g}^{(n)} = K(\mathfrak{g}^{(n-1)})$ erklärt als der Kommutator von $\mathfrak{g}^{(n-1)}$. Dabei gilt $\mathfrak{g}^{(n)} \leq \mathfrak{g}^{(n-1)} \cdots \leq \mathfrak{g}^{(1)} \leq \mathfrak{g}$, und es ist jeweils $\mathfrak{g}^{(j)}$ ein Ideal in $\mathfrak{g}^{(j-1)}$. Man nennt dies auch die **abgeleitete Reihe** und interpretiert jede Lie-Algebra $\mathfrak{g}^{(j)}$ als die Ableitung der vorangehenden Lie-Algebra $\mathfrak{g}^{(j-1)}$.

Eine Gruppe bzw. eine Lie-Gruppe heißt nun **auflösbar**, wenn $G^{(n)}$ die triviale (einelementige) Gruppe ist für ein gewisses $n \in \mathbb{N}$, und eine Lie-Algebra $\mathfrak{g}$ heißt **auflösbar**, wenn $\mathfrak{g}^{(n)} = \{0\}$ gilt für ein gewisses $n \in \mathbb{N}$.

Wenn wir den ersten Kommutator von $\mathfrak{g}$ einfach als $[\mathfrak{g}, \mathfrak{g}]$ bezeichnen, dann bedeutet die Auflösbarkeit einer Lie-Algebra, dass es eine endliche abgeleitete Reihe von folgendem Typ gibt:

$$\mathfrak{g} = \mathfrak{g}^{(0)} \trianglerighteq \mathfrak{g}^{(1)} := [\mathfrak{g}^{(0)}, \mathfrak{g}^{(0)}] \trianglerighteq \mathfrak{g}^{(2)} = [\mathfrak{g}^{(1)}, \mathfrak{g}^{(1)}] \trianglerighteq \ldots \trianglerighteq \mathfrak{g}^{(n)} = [\mathfrak{g}^{(n-1)}, \mathfrak{g}^{(n-1)}] = \{0\},$$

entsprechend bei Lie-Gruppen

$$G = G^{(0)} \trianglerighteq G^{(1)} := K(G^{(0)}) \trianglerighteq G^{(2)} = K(G^{(1)}) \trianglerighteq \ldots \trianglerighteq G^{(n)} = K(G^{(n-1)}) = \{\mathbf{1}\}.$$

Dabei ist der vorletzte Normalteiler $G^{(n-1)}$ bzw. das vorletzte Ideal $\mathfrak{g}^{(n-1)}$ jeweils abelsch, weil dessen Kommutator ja trivial ist.

---

[2]nach ÉVARISTE GALOIS (1811-1832)

Beispiele 17.8 Insbesondere ist jede abelsche und jede nilpotente Gruppe G auflösbar. Das letztere gilt wegen $G^{(n)} \subseteq G^n$ für jedes n.

Ferner ist jede 2-dimensionale Lie-Algebra auflösbar: In einer Basis X, Y von $\mathfrak{g}$ wird $[\mathfrak{g}, \mathfrak{g}]$ von $[X, Y]$ erzeugt. Also ist der Kommutator $\mathfrak{g}^{(1)}$ entweder trivial (wenn $\mathfrak{g}$ abelsch ist) oder aber 1-dimensional (also abelsch). Im letzteren Fall ist dann $\mathfrak{g}^{(2)}$ trivial.

Die Lie-Algebra $\mathfrak{so}(3)$ ist nicht auflösbar, weil die Kommutatoralgebra mit $\mathfrak{so}(3)$ selbst übereinstimmt. Die abgeleitete Reihe bleibt also von Anfang an konstant und wird niemals trivial. Dasselbe gilt für $\mathfrak{so}(4) \cong \mathfrak{so}(3) \oplus \mathfrak{so}(3)$, obwohl $\mathfrak{so}(4)$ nicht einfach ist.

Die Lie-Algebra der Menge aller oberen Dreiecksmatrizen in $\mathfrak{gl}(n, \mathbb{C})$ ist auflösbar, aber nicht nilpotent (Übungsaufgabe 2 am Ende des Kapitels).

Satz 17.9 *Eine zusammenhängende Lie-Gruppe ist genau dann auflösbar, wenn die zugehörige Lie-Algebra auflösbar ist.*

Beweis: Nach Lemma 15.11 ist $\mathfrak{g}^{(1)}$ die zugehörige Lie-Algebra zu $G^{(1)}$, entsprechend ist $\mathfrak{g}^{(n)}$ die zugehörige Lie-Algebra zu $G^{(n)}$, und eine Lie-Algebra ist trivial genau dann, wenn die Lie-Gruppe 0-dimensional ist, also einelementig, wenn wir den Zusammenhang voraussetzen. Es sind aber alle Kommutatoren ebenfalls zusammenhängend, wenn G selbst zusammenhängend ist (Übungsaufgabe 11 in Kapitel 14). $\square$

Satz 17.10 *Falls die n-dimensionale zusammenhängende Lie-Gruppe G auflösbar ist, dann wird G topologisch vom $\mathbb{R}^n$ überlagert. Wenn zusätzlich G einfach zusammenhängend ist, dann ist G homöomorph zum $\mathbb{R}^n$.*

Beweisskizze: Weil die Lie-Algebra und folglich auch deren Auflösbarkeit sich nach Lemma 16.13 bei Überlagerungen nicht ändert, genügt es mit den Resultaten von Kapitel 16, die universelle Überlagerung zu betrachten. Es sei also G einfach zusammenhängend. Dort gibt es dann die direkte Entsprechung von Lie-Untergruppen von G und Lie-Unteralgebren der zugehörigen Lie-Algebra $\mathfrak{g}$. In $\mathfrak{g}$ haben wir die abgeleitete Reihe

$$\mathfrak{g} = \mathfrak{g}^{(0)} \unrhd \mathfrak{g}^{(1)} := [\mathfrak{g}^{(0)}, \mathfrak{g}^{(0)}] \unrhd \mathfrak{g}^{(2)} = [\mathfrak{g}^{(1)}, \mathfrak{g}^{(1)}] \unrhd \ldots \unrhd \mathfrak{g}^{(n)} = [\mathfrak{g}^{(n-1)}, \mathfrak{g}^{(n-1)}] = \{0\}.$$

Die Zahl n ist hierbei zunächst nicht die Dimension von G, aber wir können andernfalls jeweils Lie-Unteralgebren zwischen zwei aufeinanderfolgenden $\mathfrak{g}^{(j)}$ und $\mathfrak{g}^{(j+1)}$ finden, sodass der Abstieg in den Dimensionen jeweils nur gleich 1 ist, was dann zur Folge hat, dass n mit der Dimension von $\mathfrak{g}$ übereinstimmt. Jede Lie-Unteralgebra $\mathfrak{h}$ mit $\mathfrak{g}^{(j)} \geq \mathfrak{h} \geq \mathfrak{g}^{(j+1)}$ ist wieder ein Ideal in $\mathfrak{g}^{(j)}$, und $\mathfrak{g}^{(j+1)}$ ist ein Ideal in $\mathfrak{h}$. Also erhalten wir so eine absteigende Folge von Idealen

$$\mathfrak{g} = \mathfrak{h}_0 \unrhd \mathfrak{h}_1 \unrhd \cdots \unrhd \mathfrak{h}_{n-1} \unrhd \mathfrak{h}_n = \{0\},$$

wobei alle Inklusionen echt sind und die Quotienten je zweier aufeinanderfolgender Ideale 1-dimensional und damit insbesondere abelsch sind. Nach Satz 13.11 entsprechen diesen $\mathfrak{h}_i$ jeweils zusammenhängende Lie-Untergruppen

$$G = G_0 \unrhd G_1 \unrhd \cdots \unrhd G_{n-1} \unrhd G_n = \{\mathbf{1}\},$$

wobei die Quotienten je zweier aufeinanderfolgender Normalteiler 1-dimensional und damit nach Folgerung 15.8 entweder isomorph zur additiven Gruppe $(\mathbb{R}, +)$ oder zur multiplikativen Gruppe S^1 sind. Insbesondere ist jeder solche Quotient durch einen reellen Parameter beschrieben (ggfs. modulo einer Periode).

Wir können dann eine Basis $X_0, \cdots, X_{n-1}$ von $\mathfrak{g}$ wählen mit $X_i \in \mathfrak{h}_i \setminus \mathfrak{h}_{i+1}$ für jedes i, und wir können folglich jeden Vektorraum $\mathfrak{h}_i$ als direkte Summe der 1-dimensionalen Unterräume $\mathbb{R}X_j$ mit $i \leq j$ schreiben. Die Lie-Algebren-Struktur ist allerdings keine direkte Summe. Aber es ist $[X_{n-2}, X_{n-1}]$ ein Vielfaches von X_{n-1}. Die 2-dimensionale Lie-Algebra $\mathfrak{h}_{n-2}$ ist damit ein sogenanntes *semi-direktes Produkt* von $\mathfrak{h}_{n-1}$ und $\mathfrak{h}_{n-2}/\mathfrak{h}_{n-1}$. Dies hat zur Folge, dass auch die Lie-Gruppe G_{n-2} ein solche Struktur eines semi-direkten Produkts trägt und insbesondere homöomorph zum Produkt von G_{n-1} und G_{n-2}/G_{n-1} oder zu einem diskreten Quotienten davon ist, wobei allerdings die Gruppenstruktur i.A. nicht die eines Produkts von Lie-Gruppen ist.[3] Entsprechend ist $[X_{n-3}, aX_{n-2} + bX_{n-1}]$ eine Linearkombination von X_{n-2} und X_{n-1}. Analog ist dann $\mathfrak{h}_{n-3}$ ein semi-direktes Produkt von $\mathfrak{h}_{n-2}$ und $\mathfrak{h}_{n-3}/\mathfrak{h}_{n-2}$. Wenn man diese Betrachtung iteriert, dann findet man dieselbe Art von Struktur für jedes $\mathfrak{h}_i$ und jedes G_i. Also ist $\mathfrak{h}$ ein iteriertes semi-direktes Produkt der 1-dimensionalen Lie-Algebren $\mathfrak{h}_j/\mathfrak{h}_{j+1}$, und daraus ergibt sich, dass G homöomorph ist zu dem Produkt aller 1-dimensionalen Lie-Gruppen G_j/G_{j+1} oder zu einem diskreten Quotienten davon. Dieses Produkt 1-dimensionaler Lie-Gruppen ist seinerseits homöomorph zu $(S^1)^k \times \mathbb{R}^{n-k}$ für ein k. Weil aber nach Voraussetzung G einfach zusammenhängend ist, muss $k = 0$ gelten. Damit ist G homöomorph zum $\mathbb{R}^n$. $\square$

17.3 Die Killing-Form und halbeinfache Lie-Gruppen

In der Gruppentheorie gibt es den Begriff einer *halbeinfachen Gruppe*. Das ist eine Gruppe, die außer der trivialen Gruppe $\{1\}$ keine auflösbaren Normalteiler besitzt.[4] Jede einfache Gruppe ist auch halbeinfach. Entsprechendes gilt für Lie-Gruppen und die zugehörigen Lie-Algebren, analog dem Verhältnis zwischen einfachen Lie-Gruppen und einfachen Lie-Algebren in Abschnitt 17.1. Dabei heißt eine nicht-abelsche Lie-Algebra halbeinfach, wenn sie außer $\{0\}$ kein auflösbares Ideal enthält. Es stellt sich heraus, dass die Halbeinfachheit von Lie-Algebren für die Klassifikation von großer Wichtigkeit ist. Es zeigt sich nämlich, dass jede halbeinfache Lie-Algebra eine direkte Summe von einfachen Lie-Algebren ist. Daher genügt es in gewissem Sinne, die einfachen Lie-Algebren zu klassifizieren. Damit spielt die Auflösbarkeit von Lie-Algebren und Idealen darin eine wichtige Rolle, und außerdem kann man eine symmetrische Bilinearform auf der Lie-Algebra ins Spiel bringen, nämlich die Killing-Form, die etwas über Halbeinfachheit und sogar etwas über Kompaktheit aussagt.

Der Kern der adjungierten Darstellung ad definiert das Zentrum $\mathfrak{z}(\mathfrak{g})$ der Lie-Algebra, vgl. Abschnitt 17.1. Der Rang von ad ist dann ein gewisses Maß dafür, wie nicht-kommutativ die Lie-Algebra ist. Dabei gilt für das Bild von ad die Isomorphie $\mathrm{ad}(\mathfrak{g}) \cong \mathfrak{g}/\mathfrak{z}(\mathfrak{g})$ nach dem Homomorphiesatz 14.2. Anstelle des Ranges kann man aber auch die Spur betrachten, die für ad selbst oder $\mathrm{ad}\,X$ eine eher problematische Größe ist wegen der Schiefsymmetrie $\mathrm{ad}\,X(Y) = -\mathrm{ad}\,Y(X)$, die aber in folgendem Sinne eine brauchbare Größe, nämlich eine symmetrische Bilinearform, liefert:

---

[3]Zum Beispiel ist die euklidische Gruppe $E(n, \mathbb{R})$ ein semi-direktes Produkt von $O(n)$ und der abelschen Gruppe der Translationen des $\mathbb{R}^n$. Für mehr Informationen über semi-direkte Produkte von Lie-Gruppen und Lie-Algebren siehe J.HILGERT, K.-H.NEEB, Lie-Gruppen und Lie-Algebren, S. 222 ff.

[4]so die klassische Definition in H.FITTING, Beiträge zur Theorie der Gruppen endlicher Ordnung, Jahresberichte der Deutschen Mathematiker-Vereinigung **48** (1938), 77-141

Definition 17.11 (Killing-Form)
Die Killing-Form einer Lie-Algebra $\mathfrak{g}$ über $\mathbb{R}$ ist die symmetrische Bilinearform

$$B : \mathfrak{g} \times \mathfrak{g} \to \mathbb{R},$$

die durch

$$B(X,Y) = \operatorname{spur}(\operatorname{ad} X \circ \operatorname{ad} Y) = \operatorname{spur}(\operatorname{ad} Y \circ \operatorname{ad} X)$$

erklärt ist. Man schreibt auch $B_{\mathfrak{g}}$ für die Killing-Form von $\mathfrak{g}$, wenn es um mehrere Lie-Algebren geht. Gebräuchlich ist auch die Notation $\kappa_{\mathfrak{g}}$ statt $B_{\mathfrak{g}}$. In der Physik definiert man üblicherweise $-B$ als die Killing-Form.

Beispiel: Für die Lie-Algebra $\mathfrak{so}(3)$ mit der Basis E_1, E_2, E_3 (vgl. den Schluss von Abschnitt 1.2) ist die Lie-Klammer $[E_i, E_j] = E_k$ mit zyklischen Indizes i, j, k. Damit wird $\operatorname{ad} E_i$ eine Drehmatrix $\left(\begin{smallmatrix} 0 & -1 \\ 1 & 0 \end{smallmatrix}\right)$ in der (j, k)-Ebene mit Nullen an allen anderen Stellen. In der Diagonalen der Matrix $\operatorname{ad} E_i \circ \operatorname{ad} E_j$ stehen also Matrizen vom Typ $\left(\begin{smallmatrix} -1 & 0 \\ 0 & -1 \end{smallmatrix}\right)$, an allen anderen Stellen ergänzt um Matrizen mit Spur null. Die Spur davon (d.h. die Matrix der Killing-Form) ist also die Einheits-Matrix, multipliziert mit dem Faktor -2.

Lemma 17.12 *Die Killing-Form B hat die folgenden Eigenschaften:*

1. $\operatorname{ad}(Z)$ *ist* schiefsymmetrisch *bezüglich B für alle $Z \in \mathfrak{g}$, d.h. es gilt*

$$B(\operatorname{ad} Z(X), Y) + B(\operatorname{ad} Z(Y), X) = 0 \text{ für alle } X, Y.$$

Äquivalenterweise haben wir die Regel $B([X, Z], Y) = B(X, [Z, Y])$.

2. *Falls $\mathfrak{g}$ die Lie-Algebra von G ist, dann ist B* Ad–invariant, *d.h. es gilt*

$$B(X, Y) = B\big(\operatorname{Ad} g(X), \operatorname{Ad} g(Y)\big)$$

für alle $g \in G$, $X, Y \in \mathfrak{g}$.

Beweis:
1. Die Jacobi-Identität impliziert die Gleichung:

$$\begin{aligned}
[Z, [X, [Y, W]]] &= [X, [Z, [Y, W]]] + [[Z, X], [Y, W]] \\
&= [X, [[Z, Y], W]] + [X, [Y, [Z, W]]] + [[Z, X], [Y, W]].
\end{aligned}$$

Mit der Identität $[X, Y] = \operatorname{ad} X(Y)$ transformiert sie sich in folgende:

$$(\operatorname{ad} Z \circ \operatorname{ad} X \circ \operatorname{ad} Y)(W)$$

$$= \operatorname{ad} X \circ \operatorname{ad}(\operatorname{ad} Z(Y))(W) + \operatorname{ad} X \circ \operatorname{ad} Y \circ \operatorname{ad} Z(W) + \operatorname{ad}(\operatorname{ad} Z(X)) \circ \operatorname{ad} Y(W).$$

Durch Spurbildung über W erhält man wegen $\operatorname{spur}(\operatorname{ad} Z \circ \operatorname{ad} X \circ \operatorname{ad} Y) = \operatorname{spur}(\operatorname{ad} X \circ \operatorname{ad} Y \circ \operatorname{ad} Z)$ die Gleichung

$$\begin{aligned}
0 &= \operatorname{spur}\big(\operatorname{ad} X \circ \operatorname{ad}(\operatorname{ad} Z(Y))\big) + \operatorname{spur}\big(\operatorname{ad}(\operatorname{ad} Z(Y)) \circ \operatorname{ad} Y\big) \\
&= B(X, \operatorname{ad} Z(Y)) + B(\operatorname{ad} Z(X), Y)
\end{aligned}$$

2. Wir betrachten einen Automorphismus $\psi : \mathfrak{g} \to \mathfrak{g}$ von Lie-Algebren. Die Identität $\psi[X,Y] = [\psi X, \psi Y]$ impliziert $\operatorname{ad}(\psi X) \circ \psi = \psi \circ \operatorname{ad} X$ oder, äquivalenterweise,

$$\operatorname{ad}(\psi X) = \psi \circ \operatorname{ad} X \circ \psi^{-1}.$$

Wir setzen nun $\psi = \operatorname{Ad} g$ und erhalten

$$
\begin{aligned}
B(\operatorname{Ad} g(X), \operatorname{Ad} g(Y)) &= \operatorname{spur}(\operatorname{ad}(\operatorname{Ad} g(X)) \circ \operatorname{ad}(\operatorname{Ad} g(Y))) \\
&= \operatorname{spur}(\operatorname{Ad} g \circ \operatorname{ad} X \circ (\operatorname{Ad} g)^{-1} \circ \operatorname{Ad} g \circ \operatorname{ad} Y \circ (\operatorname{Ad} g)^{-1} \\
&= \operatorname{spur}(\operatorname{ad} X \circ \operatorname{ad} Y) = B(X,Y). \qquad \square
\end{aligned}
$$

Lemma 17.13 *Wenn die Killing-Form einer Lie-Algebra identisch verschwindet, dann ist die Lie-Algebra auflösbar.*

Dieses Lemma wird hier nicht bewiesen. Es folgt aus dem allgemeineren *Cartan-Kriterium*, das auflösbare Lie-Algebren durch die Killing-Form charakterisiert. Ein Beweis findet sich bei J.HILGERT, K.-H.NEEB, Lie-Gruppen und Lie-Algebren, Abschnitt II.2. Ein Teil davon steht im Zusammenhang mit Übungsaufgabe 6 am Ende des Kapitels.

Definition 17.14 (halbeinfach)

Eine Lie-Gruppe G heißt **halbeinfach**, wenn sie außer der einelementigen Untergruppe keine auflösbare Lie-Untergruppe besitzt, die auch ein Normalteiler ist. Eine Lie-Algebra $\mathfrak{g}$ heißt **halbeinfach**, wenn sie außer $\{0\}$ kein auflösbares Ideal besitzt. Zur Auflösbarkeit vergleiche Definition 17.7.

Eine Lie-Algebra $\mathfrak{g}$ heißt **perfekt**, wenn sie mit ihrer Kommutatoralgebra übereinstimmt, d. h. wenn $\mathfrak{g} = \mathfrak{g}^1 = \mathfrak{g}^{(1)}$ gilt.

Bemerkung: Man formuliert das oft auch so: Eine Lie-Algebra heißt halbeinfach, wenn ihr Radikal trivial (d.h. gleich $\{0\}$) ist. Das Radikal ist erklärt als das größte auflösbare Ideal. Weil der letzte nicht-triviale Normalteiler $G^{(n-1)}$ in einer abgeleiteten Reihe einer auflösbaren Gruppe abelsch ist, definiert man gelegentlich eine halbeinfache Gruppe auch als eine solche, die einen nicht-trivialen abelschen Normalteiler besitzt.

Oft wird eine halbeinfache Lie-Gruppe als eine solche definiert, deren Lie-Algebra halbeinfach ist. Dann ist aber eine halbeinfache Lie-Gruppe nicht notwendig auch eine halbeinfache Gruppe, sondern eine Überlagerung davon.

Folgerung 17.15 *Die Lie-Algebra einer zusammenhängenden halbeinfachen Lie-Gruppe ist stets halbeinfach. Umgekehrt besitzt eine zusammenhängende Lie-Gruppe mit einer halbeinfachen Lie-Algebra nur diskrete Normalteiler, die auflösbar sind. Insbesondere ist dann auch das Zentrum diskret. Folglich ist eine solche Lie-Gruppe entweder selbst halbeinfach oder aber sie lässt eine Überlagerung auf eine halbeinfache Lie-Gruppe zu.*

Beweis: Dies folgt daraus, dass jeder zusammenhängende Normalteiler in der Gruppe genau einem Ideal in der Lie-Algebra entspricht, vgl. Folgerung 13.11 und Satz 14.4. Die

Auflösbarkeit eines zusammenhängenden Normalteilers ist aber äquivalent zur Auflösbarkeit des betreffenden Ideals. Falls also ein nicht zusammenhängender Normalteiler auflösbar ist, dann ist dessen Zusammenhangskomponente der Eins auch auflösbar und folglich das zugehörige Ideal ebenfalls, und dieses ist 0-dimensional. Es kann also nur diskrete auflösbare Normalteiler geben. Man vergleiche die analoge Situation bei einfachen Lie-Gruppen und einfachen Lie-Algebren. $\qquad\square$

> **Folgerung 17.16** *Der Quotient jeder Lie-Algebra* $\mathfrak{g}$ *nach dem Radikal, also dem größten auflösbaren Ideal, ist stets halbeinfach. Folglich ist der Quotient jeder Lie-Gruppe nach dem größten auflösbaren Normalteiler ebenfalls halbeinfach.*

Beweis: Es bezeichne $\mathfrak{h}$ das Radikal in $\mathfrak{g}$. Also können wir den Quotienten $\mathfrak{g}/\mathfrak{h}$ betrachten. Wenn wir annehmen, dass $\mathfrak{g}/\mathfrak{h}$ ein auflösbares Ideal $\mathfrak{h}_1 \neq \{0\}$ besitzt, dann ist das Urbild unter der Quotientenabbildung $\mathfrak{g} \to \mathfrak{g}/\mathfrak{h}$ ein Ideal $\mathfrak{g}_1$ in $\mathfrak{g}$, und es gilt $\mathfrak{h}_1 \cong \mathfrak{g}_1/\mathfrak{h}$. Weil dieser Quotient nicht trivial ist, ist $\mathfrak{h}$ echt in $\mathfrak{g}_1$ enthalten. Dies ist ein Widerspruch, wenn wir zeigen können, dass $\mathfrak{g}_1$ ebenfalls auflösbar sein muss. Dies folgt allein daraus, dass $\mathfrak{h}$ und $\mathfrak{h}_1$ beide auflösbar sind: Wenn wir die abgeleiteten Reihen in $\mathfrak{g}_1$ und im Quotienten $\mathfrak{g}_1/\mathfrak{h}$ betrachten, so gehen sie jeweils gliedweise unter der Quotientenabbildung ineinander über. Wenn im Quotienten das letzte Glied trivial ist, dann ist das Urbild im Kern, also in $\mathfrak{h}$ enthalten. Es ist aber $\mathfrak{h}$ nach Voraussetzung auflösbar, also kann man die abgeleitete Reihe fortsetzen, bis sie schließlich trivial wird. Damit kann es ein solches $\mathfrak{h}_1$ nicht geben. Die Behauptung über die Lie-Gruppen folgt aus Folgerung 17.15 in Verbindung damit, dass die Lie-Algebra eines Quotienten der Quotient der beiden Lie-Algebren ist, vgl. 14.9. Der größte auflösbare Normalteiler ist abgeschlossen, weil der Abschluss ebenfalls ein auflösbarer Normalteiler ist. $\qquad\square$

> **Satz 17.17** *Eine Lie-Algebra* $\mathfrak{g}$ *ist halbeinfach genau dann, wenn die Killing-Form nicht-degeneriert ist, also maximalen Rang hat.*

Beweis: „$\Longrightarrow$": Es sei $\mathfrak{g}$ halbeinfach. Für jedes Ideal $\mathfrak{h} \trianglelefteq \mathfrak{g}$ ist dann ein orthogonales Komplement $\mathfrak{h}^\perp$ bezüglich $B_{\mathfrak{g}}$ definiert, das wieder ein Ideal ist: Es sei $X \in \mathfrak{h}^\perp, Y \in \mathfrak{g}$ und $Z \in \mathfrak{h}$, dann gilt $[Y, Z] \in \mathfrak{h}$ und folglich

$$B([X, Y], Z) = B(X, [Y, Z]) = 0,$$

womit auch $[X, Y] \in \mathfrak{h}^\perp$ gilt. Falls B positiv oder negativ definit ist, dann gilt automatisch $\mathfrak{h} \cap \mathfrak{h}^\perp = \{0\}$ und $\mathfrak{h} \oplus \mathfrak{h}^\perp = \mathfrak{g}$ für jedes Ideal $\mathfrak{h}$, andernfalls ist das aber nicht notwendig so. Vielmehr ist dann auch $\mathfrak{g} \cap \mathfrak{g}^\perp$ wieder ein Ideal in $\mathfrak{g}$, wobei die Einschränkung der Killing-Form dort identisch verschwindet. Es ist aber diese Einschränkung gleich der Killing-Form von $\mathfrak{g} \cap \mathfrak{g}^\perp$ selbst. Damit ist $\mathfrak{g} \cap \mathfrak{g}^\perp$ auflösbar nach Lemma 17.13 und folglich gleich $\{0\}$, weil $\mathfrak{g}$ halbeinfach ist. Folglich ist die Killing-Form nicht-degeneriert.

„$\Longleftarrow$": Es sei jetzt umgekehrt $\mathfrak{g}$ nicht halbeinfach. Dann gibt es ein maximales auflösbares Ideal in $\mathfrak{g}$, das sogenannte Radikal $\mathrm{rad}(\mathfrak{g})$. Dann gibt es ein $n \in \mathbb{N}$ mit $(\mathrm{rad}(\mathfrak{g}))^{(n)} = \{0\}$ und $\mathfrak{h} := (\mathrm{rad}(\mathfrak{g}))^{(n-1)} \neq \{0\}$. Insbesondere ist der Kommutator von $\mathfrak{h}$ gleich $\{0\}$, also ist $\mathfrak{h}$ abelsch. Wenn wir also ein $0 \neq X \in \mathfrak{h}$ betrachten und $Y, Z \in \mathfrak{g}$, dann gilt

$$\left(\mathrm{ad}\, X \circ \mathrm{ad}\, Y\right)^2(Z) = [X, [Y, [X, [Y, Z]]]] = 0,$$

denn $[X, [Y, Z]]$ liegt in $\mathfrak{h}$, $[Y, [X, [Y, Z]]]$ liegt dann ebenfalls in $\mathfrak{h}$, und $\mathfrak{h}$ ist abelsch. Also gilt $\left(\operatorname{ad} X \circ \operatorname{ad} Y\right)^2 = 0$. Wenn wir uns die (komplexe) Jordansche Normalform von $\operatorname{ad} X \circ \operatorname{ad} Y$ als Matrix vorstellen, dann ist deren Quadrat gleich null. Daher können auf der Hauptdiagonalen der betreffenden Matrix nur Nullen stehen, und folglich verschwindet die Spur von $\operatorname{ad} X \circ \operatorname{ad} Y$. Das heißt aber, dass $B(X, Y) = 0$ gilt für jedes $Y \in \mathfrak{g}$. Also ist die Killing-Form degeneriert. $\qquad\square$

Beispiele: Die Lie-Gruppen $SU(2)$ und $SO(3)$ haben eine halbeinfache, sogar einfache, Lie-Algebra, weil die Killing-Form der Lie-Algebra $\mathfrak{su}(2) \cong \mathfrak{so}(3)$ negativ definit ist, s. oben. Aber $SU(2)$ ist keine halbeinfache Gruppe, weil $SO(3)$ ein Quotient von $SU(2)$ ist.

Die Lie-Gruppe $SO(4)$ hat eine halbeinfache, aber nicht einfache, Lie-Algebra, denn es gilt $\mathfrak{so}(4) \cong \mathfrak{so}(3) \oplus \mathfrak{so}(3)$. Als Gruppe ist $SO(4)$ aber nicht halbeinfach, weil es den Normalteiler $\{E, -E\}$ darin gibt.

Die Gruppe der euklidischen Bewegungen $E(n, \mathbb{R})$ ist nicht halbeinfach, weil sie die Untergruppe aller Translationen als abelschen Normalteiler enthält.

Satz 17.18 *Eine Lie-Algebra $\mathfrak{g}$ ist halbeinfach genau dann, wenn sie sich als direkte Summe $g = \mathfrak{g}_1 \oplus \cdots \oplus \mathfrak{g}_m$ von einfachen Lie-Algebren schreiben lässt. Jedes $\mathfrak{g}_i$ ist dabei ein Ideal in $\mathfrak{g}$.*

Zur direkten Summe von Lie-Algebren vergleiche man die Übungsaufgaben in Kapitel 7.

Beweis: „$\Longleftarrow$" Es sei $\mathfrak{g} = \mathfrak{g}_1 \oplus \cdots \oplus \mathfrak{g}_m$, und alle $\mathfrak{g}_i$ seien einfach. Dann sind die Projektionen $p_i : \mathfrak{g} \to \mathfrak{g}_i$ Homomorphismen von Lie-Algebren. Es sei nun $\mathfrak{h}$ ein Ideal in $\mathfrak{g}$. Es folgt, dass $p_i(\mathfrak{h})$ ein Ideal in $\mathfrak{g}_i$ ist für jedes i. Weil aber alle $\mathfrak{g}_i$ einfach sind, gibt es für $p_i(\mathfrak{h})$ nur die Möglichkeiten $p_i(\mathfrak{h}) = \{0\}$ oder $p_i(\mathfrak{h}) = \mathfrak{g}_i$. Wenn aber $p_i(\mathfrak{h}) = \mathfrak{g}_i$ gilt, dann gilt $\mathfrak{g}_i \subset \mathfrak{h}$. Also folgt aus $\mathfrak{g} = \mathfrak{g}_1 \oplus \cdots \oplus \mathfrak{g}_m$ die Darstellung

$$\mathfrak{h} = \mathfrak{h} \cap \mathfrak{g} = (\mathfrak{h} \cap \mathfrak{g}_1) \oplus \cdots \oplus (\mathfrak{h} \cap \mathfrak{g}_m) = \bigoplus_{\mathfrak{g}_i \subset \mathfrak{h}} \mathfrak{g}_i.$$

Für den Kommutator von $\mathfrak{h}$ folgt

$$[\mathfrak{h}, \mathfrak{h}] = \Big[\bigoplus_{\mathfrak{g}_i \subset \mathfrak{h}} \mathfrak{g}_i, \bigoplus_{\mathfrak{g}_i \subset \mathfrak{h}} \mathfrak{g}_i \Big] = \bigoplus_{\mathfrak{g}_i \subset \mathfrak{h}} [\mathfrak{g}_i, \mathfrak{g}_i] = \bigoplus_{\mathfrak{g}_i \subset \mathfrak{h}} \mathfrak{g}_i = \mathfrak{h}.$$

Damit ist Auflösbarkeit von $\mathfrak{h}$ nur möglich, wenn $\mathfrak{h} = \{0\}$. Das besagt aber, dass $\mathfrak{g}$ halbeinfach ist: es gibt kein nicht-triviales auflösbares Ideal in $\mathfrak{g}$.

„$\Longrightarrow$" Es sei $\mathfrak{g}$ halbeinfach mit nicht-degenerierter Killing-Form B. Wenn $\mathfrak{g}$ nicht selbst einfach ist, dann gibt es ein minimales nicht-triviales Ideal $\mathfrak{h}$ in $\mathfrak{g}$ mit einem orthogonalen Komplement $\mathfrak{h}^\perp$ bezüglich B. Dann ist $\mathfrak{h}^\perp$ wieder ein Ideal in $\mathfrak{g}$. Wenn $\mathfrak{h}$ abelsch wäre, dann wäre $\mathfrak{h}$ auch auflösbar im Widerspruch zur Annahme, dass $\mathfrak{g}$ halbeinfach ist. Also ist $\mathfrak{h}$ nicht abelsch und insbesondere nicht 1-dimensional.

1. Fall: $\mathfrak{h} \cap \mathfrak{h}^\perp = \{0\}$ (das ist dann der Fall, wenn B auf $\mathfrak{h}$ maximalen Rang hat). Dann gilt $\mathfrak{g} = \mathfrak{h} \oplus \mathfrak{h}^\perp$ Es folgt, dass B auch auf $\mathfrak{h}^\perp$ maximalen Rang hat, und damit ist $\mathfrak{h}^\perp$ halbeinfach. Wir können also $\mathfrak{h}$ abspalten als direkten Summanden und die Prozedur für $\mathfrak{h}^\perp$ wiederholen. Zu zeigen bleibt, dass $\mathfrak{h}$ einfach ist. Ein jedes Ideal in $\mathfrak{h}$ ist in diesem Fall

aber auch ein Ideal in $\mathfrak{g}$, und $\mathfrak{h}$ war als ein minimales Ideal angenommen. Daher muss dieses Ideal trivial in $\mathfrak{h}$ sein (d.h. entweder gleich $\{0\}$ oder gleich $\mathfrak{h}$ selbst), womit $\mathfrak{h}$ einfach ist.

2. Fall: $\mathfrak{h} \cap \mathfrak{h}^{\perp} \neq \{0\}$ (das ist dann der Fall, wenn B auf $\mathfrak{h}$ nicht maximalen Rang hat). Weil $\mathfrak{h}$ minimal ist, gilt dann $\mathfrak{h} \cap \mathfrak{h}^{\perp} = \mathfrak{h}$, denn der Durchschnitt von Idealen ist wieder ein Ideal. Damit verschwindet aber B auf ganz $\mathfrak{h}$, und damit ist $\mathfrak{h}$ auflösbar nach Lemma 17.13. Dies widerspricht aber der Halbeinfachheit von $\mathfrak{g}$. Der zweite Fall kann also nicht auftreten.

Iterativ erhält man durch Anwendung des Abspaltens im 1. Fall dann die behauptete Zerlegung $\mathfrak{g} = \mathfrak{g}_1 \oplus \cdots \oplus \mathfrak{g}_m$. $\qquad\qquad\qquad\qquad\qquad\qquad\qquad\qquad\qquad\quad$ $\square$

Folgerung 17.19 *Jede halbeinfache Lie-Algebra ist perfekt, d.h. sie stimmt mit ihrer Kommutator-Algebra überein.*

Dies liegt daran, dass in der obigen Summendarstellung von einfachen Lie-Algebren die Kommutatoralgebra summandenweise gebildet wird und die einzelnen Summanden mit ihrer Kommutatoralgebra übereinstimmen. Die Umkehrung dieser Folgerung gilt nicht, vgl. die Übungsaufgaben am Ende des Kapitels.

> **Satz 17.20** *G sei eine kompakte und halbeinfache Lie-Gruppe. Dann ist die Killing-Form B negativ definit. Ferner ist nach Lemma 17.12 jedes $\mathrm{Ad}\,g$ eine bezüglich B orthogonale Abbildung. Das Bild der adjungierten Darstellung von G liegt also in der orthogonalen Gruppe von $(\mathfrak{g}, B)$, und diese ist isomorph zu $O(n)$ für ein gewisses $n \in \mathbb{N}$.*

Beweis: Wir suchen zunächst ein (positiv definites) Skalarprodukt auf $\mathfrak{g}$, das $\mathrm{Ad}\,g$–invariant ist für jedes $g \in G$. Wähle dazu $\langle -, - \rangle$ als ein beliebiges Skalarprodukt auf $\mathfrak{g}$ und setze dann

$$\int\limits_{g \in G} \langle \mathrm{Ad}\,g(v), \mathrm{Ad}\,g(w) \rangle \mathrm{d}g =: \langle\!\langle v, w \rangle\!\rangle$$

Der Integrand hängt für festes v und w stetig von g ab, und G ist kompakt. Das Integral ist somit in endlich vielen lokalen Karten erklärt als die Integration nach einer Volumenform

$$dg = \omega^1 \wedge \ldots \wedge \omega^n,$$

wobei die ω^i linksinvariante 1-Formen auf G sind, die zusammen eine Dualbasis zu einer Basis von linksinvarianten Vektorfeldern bilden.[5] Bis auf Normierung ist diese links-invariante Volumenform eindeutig. Dies ist analog zum euklidischen Volumenelement $dV = dx^1 \wedge \cdots \wedge dx^n$ zu sehen, welches dasselbe auf dem $\mathbb{R}^n$ bzw. einem n-Torus reali-siert. Es ist dann $\langle\!\langle v, w \rangle\!\rangle$ ein wohldefiniertes Skalarprodukt auf $\mathfrak{g}$, das invariant unter Ad ist. Für die Integration wird in der Literatur auch oft das Haarsche Maß herangezogen, das es auf allen kompakten topologischen Gruppen gibt.[6]

Es sei $X_1, \ldots, X_n$ eine ON-Basis bezüglich $\langle\!\langle -, - \rangle\!\rangle$. Für ein beliebiges festes $X \in \mathfrak{g}$ hat dann $\mathrm{ad}\,X$ die Matrixdarstellung

$$\mathrm{ad}\,X(X_i) = \sum_j a_{ij} X_j$$

---

[5]Die Integration stetiger Funktionen auf Mannigfaltigkeiten ist so wie die auf Untermannigfaltigkeiten des $\mathbb{R}^n$ definiert, nämlich in lokalen Karten, vgl. O.Forster, Analysis 3.
[6]vgl. dazu J.Hilgert, K.-H.Neeb, Lie-Gruppen und Lie-Algebren, Abschnitt III.4

mit einer schiefsymmetrischen Matrix (a_{ij}), wobei wegen der Halbeinfachheit für $X \neq 0$ nicht alle a_{ij} verschwinden. Es folgt

$$B(X,X) = \text{spur}(\text{ad}\,X \circ \text{ad}\,X) = \sum_i \sum_j a_{ij} a_{ji} = \sum_{i \neq j} (-a_{ij}^2) < 0, \quad \text{falls } X \neq 0.$$

$\square$

Definition 17.21 (kompakte Lie-Algebra[7])
Eine Lie-Algebra $\mathfrak{g}$ heißt **kompakt**, wenn auf $\mathfrak{g}$ eine negativ definite symmetrische Bilinearform B existiert, die die Gleichung $B([X,Y],Z]) = B([X,[Y,Z])$ aus Lemma 17.12 erfüllt. Falls $\mathfrak{g}$ die Lie-Algebra einer Lie-Gruppe G ist, bedeutet dies gerade, dass B Ad-invariant ist.

Beispiele: Der obige Satz besagt, dass insbesondere die Lie-Algebra einer kompakten und halbeinfachen Lie-Gruppe kompakt ist. Die Lie-Algebra $\mathfrak{so}(3)$ ist kompakt, weil die Killing-Form negativ definit ist (s. oben). Die zugehörigen Lie-Gruppen $O(3), SO(3)$ und $SU(2)$ sind alle kompakt im topologischen Sinne. Dies ist kein Zufall, sondern motiviert gerade die obige Definition einer kompakten Lie-Algebra. Wir wissen außerdem aus Kapitel 15, dass die abelsche Lie-Algebra $\mathbb{R}^n$ die Lie-Algebra einer kompakten Lie-Gruppe ist, nämlich eines Torus $\mathbb{R}^n/\mathbb{Z}^n$, wenngleich sie auch die Lie-Algebra einer nicht kompakten Lie-Gruppe ist. Auch jede abelsche Lie-Algebra ist kompakt im Sinne der obigen Definition, weil jede symmetrische Bilinearform automatisch Ad-invariant ist. Man kann also z.B. das Negative des euklidischen Skalarprodukts nehmen. Somit kann man die Kompaktheit einer konkreten Lie-Gruppe nicht immer rein algebraisch an ihrer Lie-Algebra erkennen. Aber es gibt einen engen Zusammenhang zwischen der Kompaktheit der Gruppe und der der Lie-Algebra. Dabei kann es nicht darum gehen, dass eine kompakte Lie-Algebra aus schließlich zu kompakten Lie-Gruppen gehört, sondern dass es eine kompakte Lie-Gruppe dazu gibt. Dies führt zu der Formulierung des folgenden Satzes:

Satz 17.22 *Es sind äquivalent:*

(1) $\mathfrak{g}$ *ist eine kompakte Lie-Algebra.*

(2) *Es existiert eine kompakte Lie-Gruppe G, deren zugehörige Lie-Algebra gleich $\mathfrak{g}$ ist.*

Beweisskizze: Wir zeigen *nicht*, dass jede abstrakte Lie-Algebra die zu einer Lie-Gruppe zugehörige Lie-Algebra ist (vgl. dazu den Anhang). Wir ersetzen also die Bedingung (1) durch

(1') $\mathfrak{g}$ *ist eine kompakte Lie-Algebra, die zu einer Lie-Gruppe G' gehört*

und zeigen, dass es dann auch eine kompakte Lie-Gruppe G dazu gibt.

(2) $\Rightarrow$ (1): Wenn G kompakt ist, dann ist ihr Bild unter der adjungierten Darstellung ebenfalls kompakt. Dieses Bild $\text{Ad}\,(G)$ ist aber nach dem Homomorphiesatz 14.10 isomorph zu $G/Z(G)$, weil das Zentrum $Z(G)$ gerade der Kern von Ad ist. Wie im Beweis von Satz 17.20 gibt es auf der zugehörigen Lie-Algebra $\mathfrak{g}/\mathfrak{z}(\mathfrak{g})$ ein Ad-invariantes Skalarprodukt B' (das nicht notwendig mit der Killing-Form übereinstimmen muss). Das

---

[7]Dies ist als separate Definition speziell für die Lie-Theorie zu verstehen. Im üblichen topologischen Sinne ist eine Lie-Algebra als reeller Vektorraum natürlich nicht kompakt.

Zentrum $\mathfrak{z}(\mathfrak{g})$ selbst ist abelsch und lässt damit ebenfalls ein Ad-invariantes Skalarprodukt B'' zu. Als Kombination der beiden erhalten wir ein Ad-invariantes (positiv oder negativ definites) Skalarprodukt auf $\mathfrak{g}$. Also ist $\mathfrak{g}$ kompakt.

$(1') \Rightarrow (2)$: Es sei $\mathfrak{h}$ das größte auflösbare Ideal in $\mathfrak{g}$. Zu jedem Ideal gibt es ein eindeutig bestimmtes orthogonales Komplement bezüglich des Ad-invarianten Skalarprodukts (wie im Beweis von Satz Satz 17.17, vgl. auch Übungsaufgabe 4 am Ende des Kapitels). Also gibt es einerseits das orthogonale Komplement $\mathfrak{h}^\perp$ von $\mathfrak{h}$ in $\mathfrak{g}$ mit $\mathfrak{h}^\perp \cong \mathfrak{g}/\mathfrak{h}$. Andererseits führt die abgeleitete Reihe

$$\mathfrak{h} = \mathfrak{h}^{(0)} \unrhd \mathfrak{h}^{(1)} := [\mathfrak{h}^{(0)}, \mathfrak{h}^{(0)}] \unrhd \mathfrak{h}^{(2)} = [\mathfrak{h}^{(1)}, \mathfrak{h}^{(1)}] \unrhd \ldots \unrhd \mathfrak{h}^{(n)} = [\mathfrak{h}^{(n-1)}, \mathfrak{h}^{(n-1)}] = \{0\},$$

von $\mathfrak{h}$ zu einer entsprechenden orthogonalen Zerlegung in die jeweiligen orthogonalen Komplemente. Mit vollständiger Induktion nach der Dimension folgt, dass $\mathfrak{h}$ abelsch ist, denn $\mathfrak{h}^{(n-1)}$ ist abelsch.

Ferner ist $\mathfrak{h}^\perp \cong \mathfrak{g}/\mathfrak{h}$ nach Folgerung 17.16 halbeinfach. Somit ist $\mathfrak{g} \cong \mathfrak{h} \oplus \mathfrak{h}^\perp$ die direkte Summe einer abelschen und einer halbeinfachen Lie-Algebra, und beide sind kompakt, weil $\mathfrak{g}$ kompakt ist. Den abelschen Teil können wir als Lie-Algebra eines Torus $\mathbb{R}^k/\mathbb{Z}^k$ der entsprechenden Dimension $k = \dim \mathfrak{h}$ darstellen, also einer kompakten Lie-Gruppe. Wenn aber $\mathfrak{g}$ die Lie-Algebra einer (zusammenhängenden) Lie-Gruppe G' ist, dann ist $\mathfrak{h}^\perp$ die Lie-Algebra des Quotienten $\widetilde{G}$ nach dem größten auflösbaren Normalteiler, der in unserem Fall zur abelschen Lie-Algebra $\mathfrak{h}$ gehört. Wir müssen nur noch zeigen, dass $\widetilde{G}$ kompakt ist. Die adjungierte Darstellung von $\widetilde{G}$ ist injektiv, weil der Kern der adjungierten Darstellung von G ausfaktorisiert wurde. Weil im Bild jedes $\operatorname{Ad} g$ aber die negativ definite symmetrische Bilinearform auf $\mathfrak{h}^\perp$ bewahrt, liegt das Bild der adjungierten Darstellung von $\widetilde{G}$ in der orthogonalen Gruppe von $\mathfrak{h}^\perp$, und diese ist kompakt. Also ist auch $\widetilde{G}$ selbst kompakt, weil das Bild unter Ad abgeschlossen in $L(\mathfrak{h}^\perp, \mathfrak{h}^\perp)$ ist. Also ist $\mathfrak{g}$ die Lie-Algebra derjenigen kompakten Gruppe G, die sich als Produkt des Torus mit $\widetilde{G}$ ergibt. $\qquad\square$

Bemerkung: Wenn man diese spezielle Produktgestalt von G verwendet, dann folgt die Kompaktheit der Lie-Algebra einfacher: Die Zusammenhangskomponente der Eins in $\widetilde{G}$ ist nach Folgerung 17.15 halbeinfach, weil $\mathfrak{h}^\perp$ halbeinfach ist. Nach Satz 17.20 ist dann die Killing-Form auf $\mathfrak{h}^\perp$ negativ definit. Also ist auch $\mathfrak{h}^\perp$ kompakt und damit auch $\mathfrak{g}$.

17.4 Maximale Tori und die Weyl-Gruppe

Jede Lie-Gruppe enthält abelsche 1-dimensionale Lie-Untergruppen in Gestalt von 1-Parameter-Untergruppen $\{\exp(tX) \mid t \in \mathbb{R}\}$ für festes $X \in \mathfrak{g}$. Eine solche 1-Parameter-Untergruppe einer kompakten Lie-Gruppe ist entweder abgeschlossen, oder aber ihr Abschluss ist wieder eine (dann höherdimensionale) abelsche Lie-Untergruppe. Eine abgeschlossene Untergruppe einer kompakten Lie-Gruppe ist wieder kompakt, und eine kompakte abelsche Lie-Untergruppe ist isomorph zu einem Torus $S^1 \times \cdots \times S^1$ nach Folgerung 15.7. Eine solche kompakte abelsche Lie-Untergruppe nennt man nun einfach einen *Torus*.

> **Definition 17.23** (maximaler Torus)
> Ein **Torus** T in einer Lie-Gruppe G ist eine Lie-Untergruppe, die isomorph zu $S^1 \times \cdots \times S^1$ ist. Ein Torus T ist ein **maximaler Torus** in G, wenn jeder weitere Torus $\tilde{T}$ mit $T \subseteq \tilde{T} \subseteq G$ mit T übereinstimmt. Für Lie-Algebren erklärt man analog maximale abelsche Lie-Unteralgebren.

Beispiele

(i) $S^1 \subset S^3 \cong SU(2)$ ist ein maximaler Torus in $SU(2)$.
Dabei fassen wir $\mathbb{C}$ als Teilmenge der Quaternionen auf, S^3 als die Menge der Einheitsquaternionen, und $S^1 = \{e^{i\theta}\}$.

(ii) $\left\{ \begin{pmatrix} e^{i\vartheta} & 0 \\ 0 & e^{-i\vartheta} \end{pmatrix} \ \Big|\ \vartheta \in \mathbb{R} \right\}$ ist auch ein maximaler Torus in $SU(2)$.

(iii) $\left\{ \begin{pmatrix} e^{i\vartheta} & 0 & 0 \\ 0 & e^{i\varphi} & 0 \\ 0 & 0 & e^{-\vartheta-\varphi} \end{pmatrix} \ \Big|\ \vartheta, \varphi \in \mathbb{R} \right\}$ ist ein maximaler Torus in $SU(3)$.

(iv) $\left\{ \begin{pmatrix} \cos\varphi & \sin\varphi & 0 \\ -\sin\varphi & \cos\varphi & 0 \\ 0 & 0 & 1 \end{pmatrix} \ \Big|\ \varphi \in \mathbb{R} \right\}$ ist ein maximaler Torus in $SO(3)$.

Folgerung 17.24 *Jede kompakte Lie-Gruppe enthält einen maximalen Torus einer gewissen größtmöglichen Dimension $r \geq 1$.*

Beweis: Der Abschluss einer 1-Parameter-Untergruppe ist ein Torus T der Dimension mindestens 1. Wenn es höherdimensionale Tori gibt, die T enthalten, dann gibt es eine maximale Dimension $1 \leq r \leq \dim G$, die dabei auftritt. Ein r-dimensionaler Torus, der T enthält, ist dann ein maximaler Torus. $\qquad\square$

Definition 17.25 (Rang)
Die größtmögliche Dimension r eines maximalen Torus (bzw. einer maximalen abelschen Unteralgebra) heißt der **Rang einer Lie-Gruppe** bzw. einer Lie-Algebra.

Bemerkung: Tatsächlich ist es so, dass alle maximalen Tori dieselbe Dimension haben. Dies folgt aus Satz 17.31. Danach ist dann das Wort „größtmöglich" in der obigen Definition überflüssig.

Folgerung 17.26 *In einer kompakten Lie-Gruppe vom Rang 1 ist jede 1-Parameter-Untergruppe abgeschlossen (und folglich kompakt). In einer kompakten Lie-Gruppe von höherem Rang als 1 gibt es stets auch nicht abgeschlossene (und folglich nicht kompakte) 1-Parameter-Untergruppen.*

Beweis: Eine nicht abgeschlossene 1-Parameter-Untergruppe ist stets in einem höherdimensionalen Torus enthalten, nämlich dem Abschluss.

Beispiele Der Rang der folgenden Lie-Gruppen ist jeweils gleich n:

$SO(2n)$, $SO(2n+1)$, $SL(n+1, \mathbb{C})$, $SO(2n, \mathbb{C})$, $SO(2n+1, \mathbb{C})$, $SU(n+1)$, $Sp(n, \mathbb{C})$.

> **Satz 17.27** *Die maximalen Tori in einer kompakten und zusammenhängenden Lie-Gruppe G stehen in Bijektion zu den maximalen abelschen Lie-Unteralgebren der zugehörigen Lie-Algebra $\mathfrak{g}$.*

Diese Entsprechung ist auch an dem folgenden kommutativen Diagramm ablesbar:

$$
\begin{array}{ccc}
\mathfrak{t} & \longrightarrow & \mathfrak{g} \\
{\scriptstyle\exp_{\mathfrak{t}}}\downarrow & & \downarrow{\scriptstyle\exp_{\mathfrak{g}}} \\
T & \longrightarrow & G
\end{array}
$$

Beweis: Falls T ein maximaler Torus in G ist, dann sei $\mathfrak{t}$ die zugehörige Lie-Algebra. Diese ist abelsch. Wenn $\mathfrak{t}$ nicht maximal wäre, dann gäbe es eine abelsche Unteralgebra $\mathfrak{t}' \neq \mathfrak{t}$ mit $\mathfrak{t} \subset \mathfrak{t}'$. Deren gemäß Folgerung 13.11 zugehörige zusammenhängende Lie-Untergruppe T' würde T echt enthalten. Der Abschluss von T' wäre dann ein Torus T'', der ebenfalls T echt enthalten würde, im Widerspruch dazu, dass T bereits maximal war. Also ist $\mathfrak{t}$ maximal.

Umgekehrt sei $\mathfrak{t}$ eine maximale abelsche Unteralgebra von $\mathfrak{g}$ und T die zugehörige (nach Folgerung 13.11 eindeutig bestimmte) zusammenhängende Lie-Untergruppe von G. Diese ist dann abelsch. Wäre sie nicht abgeschlossen, dann wäre ihr Abschluss ein Torus T' höherer Dimension als T mit einer zugehörigen Lie-Algebra $\mathfrak{t}'$, die $\mathfrak{t}$ echt umfassen würde. Dies ist nicht möglich, weil $\mathfrak{t}$ bereits maximal war. Also ist T abgeschlossen und damit ein maximaler Torus. $\qquad\square$

> **Definition 17.28** (Weyl-Gruppe)
>
> G sei kompakt, $T \subseteq G$ sei ein maximaler Torus, und
>
> $$N = \{g \in G \mid gTg^{-1} = T\}$$
>
> sei der Normalisator von T. Dann ist $N \subset G$ eine Untergruppe, und $T \trianglelefteq N$ ist ein Normalteiler, und der Quotient $W := N/T$ heißt die **Weyl-Gruppe** von G.

Beispiel 17.29 Die Weyl-Gruppe der Drehgruppe $SO(3)$ ist zweielementig.

Begründung: Es gibt in dieser Gruppe keine zwei- oder höherdimensionalen Tori, der Rang ist also gleich 1 (das sieht man z.B. an der Lie-Algebra $\mathfrak{so}(3)$, die keine zwei- oder höherdimensionale abelsche Unter-Algebra enthält). Jede 1-Parameter-Untergruppe ist damit kompakt und kann als die Menge aller $\exp(tX)$ für ein $X \in \mathfrak{so}(3)$ beschrieben werden. In den Beispielen am Ende von Kapitel 7 haben wir gesehen, dass man ohne Beschränkung der Allgemeinheit die Normalform

$$
X = \begin{pmatrix} 0 & 1 & 0 \\ -1 & 0 & 0 \\ 0 & 0 & 0 \end{pmatrix}
$$

annehmen kann. Als 1-Parameter-Untergruppe hat man dann

$$
\exp(tX) = \begin{pmatrix} \cos t & \sin t & 0 \\ -\sin t & \cos t & 0 \\ 0 & 0 & 1 \end{pmatrix}.
$$

Dies ist also unser maximaler Torus T, und X erzeugt die zugehörige Lie-Algebra $\mathfrak{t}$. Der Normalisator von T besteht nach Definition aus allen Drehmatrizen $A \in SO(3)$ mit $AT = TA$. Insbesondere muss jedes solche A die orthogonale Zerlegung in den Eigenraum zum Eigenwert 1 (die Drehachse) und die Dreh-Ebene respektieren. Die dritte Zeile und die dritte Spalte von A sind aber Einheits-Vektoren, also ist das Element A_{33} in der Matrix A entweder gleich 1 oder gleich -1. Der Normalisator besteht also aus der Vereinigung von T mit $A_0 T = T A_0$, wobei

$$
A_0 = \begin{pmatrix} 1 & 0 & 0 \\ 0 & -1 & 0 \\ 0 & 0 & -1 \end{pmatrix}.
$$

Folglich ist die Weyl-Gruppe zweielementig, erzeugt von der Äquivalenzklasse von A_0.

Satz 17.30 *Die Weyl-Gruppe einer kompakten Lie-Gruppe ist endlich.*

Beweis: Wir bezeichnen mit N_0 die Zusammenhangs-Komponente der $\mathbf{1}$ in W. Wir wollen zeigen: $N_0 = T$. Zunächst gilt $N_0 \supseteq T$, weil T zusammenhängend ist. N operiert auf T durch

$$
N \times T \longrightarrow T \quad \text{wobei } (n, t) \longmapsto ntn^{-1}
$$

in stetiger Weise, also gibt es eine stetige Abbildung

$$
N \longrightarrow Aut(T) \cong GL(k, \mathbb{Z}) \ , \ T = (S^1)^k.
$$

Dabei bezeichnet $Aut(T)$ die Gruppe der Automorphismen von T. Wenn $\mathfrak{t}$ die Lie-Algebra von T bezeichnet, so gilt $\mathfrak{t} \cong \mathbb{R}^k$ und somit

$$
GL(k, \mathbb{Z}) \subseteq GL(\mathfrak{t}) \cong GL(k, \mathbb{R}).
$$

Aber $GL(k, \mathbb{Z})$ ist eine diskrete Gruppe, also ist das Bild von $N_0 \longrightarrow Aut(T)$ konstant, weil N_0 zusammenhängend ist. Also ist das Bild von N_0 die Identität.

$$
N_0 \times T \longrightarrow T : (n, t) \longmapsto ntn^{-1} = t
$$

Nun sei $\gamma : \mathbb{R} \to N_0$ eine 1-Parameter-Untergruppe, dann ist $\gamma(\mathbb{R}) \cdot T$ eine zusammenhängende abgeschlossene Untergruppe mit $T \subseteq \gamma(\mathbb{R}) \cdot T$. Weil T aber maximal ist, gilt sogar $T = \gamma(\mathbb{R}) \cdot T$, woraus wiederum folgt, dass $\gamma(\mathbb{R}) \subseteq T$.

Da die 1-Parameter-Untergruppen durch die Exponentialabbildung beschrieben werden, überdecken für kleine $|t|$ alle möglichen $\gamma(t)$ (mit variierendem t und γ) eine offene Umgebung der $\mathbf{1}$ in N_0. Damit gilt aber $N_0 \subseteq T$ und folglich $N_0 = T$.

Andererseits ist N kompakt, weil G kompakt ist und T kompakt ist. Also ist $W = N/T = N/N_0$ diskret und kompakt und folglich endlich. $\qquad\square$

Einer der Hauptsätze der Theorie ist der folgende:

Satz 17.31 *Je zwei maximale Tori in einer kompakten und zusammenhängenden Lie-Gruppe G sind zueinander konjugiert, und jedes Element von G ist in einem maximalen Torus enthalten.*

Ein Beweis wird hier aber nicht gegeben. Der eleganteste Beweis benutzt den Abbildungsgrad sowie Hilfsmittel aus der Integrationstheorie, die wir hier nicht zur Verfügung haben. Man vergleiche dazu T.BRÖCKER, T.TOM DIECK, Representations of compact Lie groups, Abschnitt IV 1. Insbesondere folgt aus diesem Satz, dass je zwei maximale Tori dieselbe Dimension haben.

Folgerung 17.32 *Die Exponentialabbildung einer kompakten und zusammenhängenden Lie-Gruppe ist surjektiv.*

Dies folgt direkt aus Satz 17.31: Jedes Element von G ist in einem maximalen Torus enthalten, und die Exponentialabbildung eines Torus ist surjektiv nach Satz 15.3.

Folgerung 17.33 *Das Zentrum einer kompakten und zusammenhängenden Lie-Gruppe ist gleich dem Durchschnitt aller maximalen Tori.*

Auch dies folgt direkt aus Satz 17.31: Es sei zunächst $g \in Z(G)$, dann ist g in einem maximalen Torus T_g enthalten. Es ist aber T_g konjugiert zu allen anderen maximalen Tori, also ist g auch in jedem anderen maximalen Torus enthalten. Es sei ferner $x \notin Z(G)$, dann gibt es ein $h \in G$ mit $hxh^{-1} \neq x$. Der maximale Torus T_h kann dann nicht auch x enthalten, denn sonst müssten beide kommutieren. Folglich ist x nicht im Durchschnitt aller maximalen Tori enthalten.

Übungsaufgaben

1. Man zeige: Wenn die Lie-Algebra $\mathfrak{g}$ auflösbar ist, dann sind auch alle Lie-Unteralgebren $\mathfrak{h} \leq \mathfrak{g}$ und alle Quotienten $\mathfrak{g}/\mathfrak{h}$ nach Idealen $\mathfrak{h} \trianglelefteq \mathfrak{g}$ auflösbar.

2. Man zeige, dass die Menge $\mathfrak{g}$ aller oberen Dreiecksmatrizen in $\mathfrak{gl}(n, \mathbb{C})$ eine Lie-Algebra bildet, und dass sie auflösbar, aber nicht nilpotent ist. Eine Matrix $A = (a_{ij})$ heißt eine obere Dreiecksmatrix, wenn $a_{ij} = 0$ für alls $i > j$ gilt.

   Hinweis: Der Kommutator zweier oberer Dreiecksmatrizen ist eine obere Dreiecksmatrix mit $a_{ii} = 0$ für alle i. Die Kommutatoralgebra $[\mathfrak{g}, \mathfrak{g}]$ von $\mathfrak{g}$ ist folglich nilpotent. Es ist aber $\big[\mathfrak{g}, [\mathfrak{g}, \mathfrak{g}]\big] = [\mathfrak{g}, \mathfrak{g}]$.

3. Man zeige, dass die 4-dimensionale Oszillator-Algebra auflösbar, aber nicht nilpotent ist. Wie in den Übungsaufgaben am Ende von Kapitel 7 ist diese erklärt durch eine Basis X_0, X_1, X_2, X_3 mit

$$[X_1, X_2] = X_3, \quad [X_0, X_1] = X_2, \quad [X_0, X_2] = -X_1,$$

   wobei alle anderen wechselseitigen Lie-Klammern der Basiselemente verschwinden.

4. Wir betrachten $SO(2)$ als Untergruppe von $GL(2, \mathbb{R})$. Man zeige: Jede Matrix $\begin{pmatrix} 1+t & -t \\ t & 1+t \end{pmatrix}$ mit $t \in \mathbb{R}$ liegt im Zentralisator von $SO(2)$. Dies definiert eine Kurve $c(t)$ in $GL(2, \mathbb{R})$ mit $c(0) = E$. Man verifiziere, dass die Ableitung nach t für $t = 0$, also die Matrix $\begin{pmatrix} 1 & -1 \\ 1 & 1 \end{pmatrix} \in \mathfrak{gl}(2, \mathbb{R})$, im Zentralisator von $\mathfrak{so}(2)$ liegt. Was bedeutet dies geometrisch ?

   Hinweis für die letzte Frage: Man berechne das Quadrat von $\frac{1}{\sqrt{2}}\begin{pmatrix} 1 & -1 \\ 1 & 1 \end{pmatrix}$.

5. Man zeige: Die Lie-Algebra $\mathfrak{so}(4)$ ist halbeinfach, aber nicht einfach.

   Hinweis: Übungsaufgaben in Kapitel 7.

6. Es sei $\mathfrak{g} \leq \mathfrak{gl}(n, \mathbb{C})$ eine Lie-Unteralgebra, so dass $\mathrm{spur}(A \cdot B) = 0$ für alle $A, B \in \mathfrak{g}$ gilt. Dies ist ein Analogon für das identische Verschwinden der Killing-Form. Man zeige für jedes $A \in \mathfrak{g}$ die Gleichung $\mathrm{spur}(A^2) = \sum_i \lambda_i^2 = 0$, wobei $\lambda_1, \ldots, \lambda_n$ die Eigenwerte von A bezeichnen.

   Hinweis: Jordansche Normalform.

7. Es sei $\mathfrak{g}$ eine kompakte Lie-Algebra mit einem Ideal $\mathfrak{h}$. Man zeige die Isomorphie $\mathfrak{g} \cong \mathfrak{h} \oplus \mathfrak{h}^{\perp}$ als Isomorphie von Lie-Algebren, wobei $\mathfrak{h}^{\perp}$ als das orthogonale Komplement bezüglich der negativ definiten und Ad-invarianten symmetrischen Biliearform B definiert ist. Man zeige, dass auch $\mathfrak{h}^{\perp}$ ein Ideal in $\mathfrak{g}$ ist.

8. Es sei G kompakt und zusammenhängend mit einem maximalen Torus T, und $\Phi \colon G \to H$ sei ein surjektiver Homomorphismus von Lie-Gruppen in eine abelsche Lie-Gruppe H. Man zeige: Die Einschränkung von Φ auf T ist ebenfalls surjektiv.

9. Man zeige: Die Lie-Algebra $\mathfrak{sl}(2, \mathbb{R})$ ist einfach und nicht kompakt. Daraus folgt insbesondere, dass es keinen kompakten Quotienten von $SL(2.\mathbb{R})$ nach einem diskreten Normalteiler (mit einer Überlagerungsabbildung zwischen beiden) geben kann.

10. Man zeige: Auch wenn $\mathfrak{sl}(2, \mathbb{R})$ nicht kompakt ist, so gibt es dennoch eine nicht ausgeartete Ad-invariante symmetrische Bilinarform, die aber indefinit ist.

11. Man berechne das Zentrum der Lie-Gruppe $SU(2) \cong \mathbb{H}_1$ auf zwei Arten:

    (a) direkt mit der Definition

    (b) als Durchschnitt aller maximalen Tori.

    Hinweis: Man verwende die Tatsache, dass der Rang dieser Lie-Gruppe gleich 1 ist. Also sind maximale Tori nichts anderes als 1-Parameter-Untergruppen.

12. Man verifiziere, dass je zwei maximale Tori in $SO(3)$ zueinander konjugiert sind.

13. Man zeige, dass die Lie-Algebra der euklidischen Gruppe $E(3, \mathbb{R})$ perfekt, aber nicht halbeinfach ist.

    Hinweis: Der Rotationsanteil $\mathfrak{so}(3)$ ist einfach, und man kann jede Translation als Kommutator einer Rotation und einer Translation darstellen. Vgl. dazu auch Abschnitt 5.2. Ferner enthält $E(3, \mathbb{R})$ den abelschen Normalteiler aller Translationen, was der Halbeinfachheit widerspricht.

14. Man zeige, dass auf der Lie-Gruppe $SO(n)$ eine sowohl linksinvariante als auch rechtsinvariante Volumenform dV existiert.

    Hinweis: Man fasse $SO(n)$ als Teilmenge von $\mathbb{R}^{n^2}$ auf mit dem euklidischen Skalarprodukt auf dem umgebenden Vektorraum. Nach den Ergebnissen von Kapitel 3 und Abschnitt 7.3 ist dann $SO(n)$ eine kompakte Untermannigfaltigkeit, die auf sich selbst durch Multiplikation so operiert, dass das Skalarprodukt bewahrt wird. Also bewahren alle Links-Translationen und Rechts-Translationen die Volumenform der Untermannigfaltigkeit, die vom umgebenden Raum induziert wird.

Kapitel 18

Anhang

Der Satz von Frobenius

18.1 Satz von Frobenius

1. Version

Auf einer k–dimensionalen differenzierbaren Mannigfaltigkeit M sei eine d–dimensionale differenzierbare Distribution $\mathcal{D}$ gegeben (d.h. eine differenzierbare Zuordnung $M \ni p \mapsto \mathcal{D}_p \subseteq T_pM$, so dass $\mathcal{D}_p$ in jedem Punkt p ein d–dimensionaler Unterraum ist), die involutiv *ist, d.h. die mit je zwei Vektorfeldern X, Y auch die Lie-Klammer $[X, Y]$ gemäß Definition 11.10 enthält, also*

$$X_p, Y_p \in \mathcal{D}_p \text{ für alle } p \implies [X, Y]_p \in \mathcal{D}_p \text{ für alle } p.$$

Dann gibt es durch jeden Punkt $p \in M$ eine eindeutig bestimmte maximale und zusammenhängende d–dimensionale Integralmannigfaltigkeit $M(p)$, d.h. der Tangentialraum T_qM stimmt an jedem Punkt q mit $\mathcal{D}_q$ überein.

In Kurzversion:

$$\mathcal{D} \text{ ist involutiv } \iff \mathcal{D} \text{ ist integrabel}$$

2. Version

Auf einer k–dimensionalen differenzierbaren Mannigfaltigkeit M sei ein von $k - d$ unabhängigen 1-Formen erzeugtes Ideal J in der Algebra aller Differentialformen (mit dem $\wedge$-Produkt als Multiplikation) gegeben, das gegenüber der äußeren Differentiation abgeschlossen ist, d.h.

$$\omega \in J \implies d\omega \in J.$$

Dann gibt es durch jeden Punkt $p \in M$ eine eindeutig bestimmte maximale und zusammenhängende d–dimensionale Integralmannigfaltigkeit $M(p)$, d.h. J annulliert die Tangentialräume an die Integralmannigfaltigkeit.

Ein Beweis findet sich bei F. WARNER, Foundations of Differentiable Manifolds and Lie Groups, 1.56 ff. (1. Version) und 2.26 ff. (2. Version).

Die explizite Campbell–Baker–Hausdorff–Formel

Dass das Exponentialgesetz $\exp(X+Y) = (\exp X)(\exp Y)$ eben *nicht* allgemein gilt (vgl. Satz 6.5 und Kapitel 8), wirft die Frage nach der Differenz auf. Zur Taylorentwicklung derselben kann man folgendes feststellen:

18.2 Satz (Campbell-Baker-Hausdorff-Formel, CBH-Formel)

1. Zu gegebenem X, Y gibt es eine für kleine Werte von $|t|$ definierte Kurve $Z(t)$ in der Lie-Algebra $\mathfrak{g}$ von G mit

$$(\exp tX)(\exp tY) = \exp(Z(t)),$$

und die Taylorentwicklung von $Z(t)$ in $t = 0$ beginnt mit

$$Z(t) = t(X+Y) + \frac{t^2}{2}[X,Y] + \frac{t^3}{12}\Big([X,[X,Y]] + [Y,[Y,X]]\Big) + O(t^4).$$

2. Ganz allgemein gilt die explizite Formel

$$\log\big((\exp X)(\exp Y)\big) = \sum_{n>0} \frac{(-1)^{n+1}}{n}$$

$$\sum_{r_i + s_i > 0 \text{ und } 1 \le i \le n} \frac{\left(\sum_{i=1}^{n}(r_i + s_i)\right)^{-1}}{r_1! s_1! \cdots r_n! s_n!} (\mathrm{ad}X)^{r_1}(\mathrm{ad}Y)^{s_1} \cdots (\mathrm{ad}X)^{r_n}(\mathrm{ad}Y)^{s_n-1}Y.$$

Dabei ist im Falle $s_n = 0$ der Ausdruck $(\mathrm{ad}X)^{r_1}(\mathrm{ad}Y)^{s_1} \cdots (\mathrm{ad}X)^{r_n}(\mathrm{ad}Y)^{s_n-1}Y$ als $(\mathrm{ad}X)^{r_n-1}X$ zu interpretieren. Damit beginnt diese Summe mit $X + Y$, was wir ja nach Teil 1 oben erwarten.

3. Insbesondere folgt aus der allgemeinen Formel für abelsche Lie-Gruppen (d.h. solche mit $\mathrm{ad}\,X = 0$ für alle X) das Exponentialgesetz $\exp(X+Y) = (\exp X)(\exp Y)$.

Zu weiteren Details vergleiche man

http://en.wikipedia.org/wiki/Baker-Campbell-Hausdorff_formula

Lies Hauptsätze

18.3 Satz Die drei Hauptsätze lauten wie folgt:

(1) Für jede Lie-Algebra $\mathfrak{g}$ gibt es eine Lie-Gruppe G, deren Lie-Algebra gleich $\mathfrak{g}$ ist. G ist nicht notwendigerweise eindeutig (z.B. ändert sich $\mathfrak{g}$ nicht bei Überlagerungen $G_1 \to G_2$). Es gilt in Kurzform:

$$G \text{ bestimmt } \mathfrak{g} \text{ eindeutig, aber}$$

$$\mathfrak{g} \text{ bestimmt } G \text{ nicht eindeutig.}$$

(2) G sei eine Lie-Gruppe mit Lie-Algebra $\mathfrak{g}$, $H \leq G$ sei eine Lie-Untergruppe mit Lie-Algebra $\mathfrak{h}$. Dann ist $\mathfrak{h}$ eine Lie-Unteralgebra von $\mathfrak{g}$.
Umgekehrt: Für eine gegebene Lie-Unteralgebra $h \leq \mathfrak{g}$ existiert eine eindeutige zusammenhängende Lie-Untergruppe H von G, deren Lie-Algebra gleich $\mathfrak{h}$ ist. In Kurzform gilt:

$$G \geq H \qquad \longleftrightarrow \qquad \mathfrak{h} \leq \mathfrak{g}$$

$$H \text{ ist ein Normalteiler in } G \Longleftrightarrow \mathfrak{h} \text{ ist ein Ideal in } \mathfrak{g}$$

(3) G_1, G_2 seien Lie-Gruppen mit Lie-Algebren $\mathfrak{g}_1$ und $\mathfrak{g}_2$ Wenn dann $\mathfrak{g}_1$ und $\mathfrak{g}_2$ isomorph als Lie-Algebren sind, dann sind G_1 und G_2 lokal isomorph, d.h. man kann Umgebungen der jeweiligen Einselemente isomorph aufeinander abbilden. Wenn außerdem G_1 und G_2 zusammenhängend und einfach zusammenhängend sind, dann sind G_1 und G_2 isomorph als Lie-Gruppen. In Kurzform gilt:

$$\mathfrak{g}_1 \cong \mathfrak{g}_2 \qquad \Longrightarrow \qquad G_1, G_2 \text{ lokal isomorph}$$

$$\left. \begin{array}{c} \mathfrak{g}_1 \cong \mathfrak{g}_2 \\ G_1, G_2 \text{ zusammenhängend} \\ G_1, G_2 \text{ einfach zusammenhängend} \end{array} \right\} \Longrightarrow G_1 \cong G_2$$

Die Behauptung über die Existenz in Teil 1 folgt aus dem folgenden Satz:

18.4 Satz (Satz von Ado, nach einer Vermutung von Lie)
Jede Lie-Algebra kann als Lie-Unteralgebra von $\mathfrak{gl}(n, \mathbb{C})$ für ein gewisses n dargestellt werden.

Daraus folgt Teil 1 in Verbindung mit Teil 2 (bewiesen in Theorem 13.11 und in Satz 14.4). Teil 3 ist im wesentlichen bewiesen in Folgerung 13.9 und Folgerung 16.15.

Die Klassifikation der halbeinfachen komplexen Lie-Algebren

Es gibt eine Klassifikation der halbeinfachen komplexen Lie-Algebren. Nach Satz 17.18 ist jede halbeinfache Lie-Algebra isomorph zu einer direkten Summe von einfachen Lie-Algebren. Dies reduziert die Frage auf eine Klassifikation aller einfachen komplexen Lie-Algebren. Diese ist die folgende (vgl. http://eom.springer.de/l/l058510.htm):

$$
\begin{array}{lll}
A_n & \mathfrak{sl}(n,\mathbb{C}) & n \geq 2 \quad (\text{ mit „Realteil" } \mathfrak{su}(n) \text{ }) \\
B_n & \mathfrak{so}(2n+1,\mathbb{C}) & n \geq 2 \quad (\text{ die Lie-Algebra von } SO(2n+1,\mathbb{C})) \\
C_n & \mathfrak{sp}(n,\mathbb{C}) & n \geq 3 \quad (\text{ die Lie-Algebra von } Sp(n,\mathbb{C}) \text{ in Lemma 3.17 }) \\
D_n & \mathfrak{so}(2n,\mathbb{C}) & n \geq 4 \quad (\text{ die Lie-Algebra von } SO(2n,\mathbb{C})) \\
G_2 & \mathfrak{g}_2 \\
F_4 & \mathfrak{f}_4 \\
E_6 & \mathfrak{e}_6 \\
E_7 & \mathfrak{e}_7 \\
E_8 & \mathfrak{e}_8
\end{array}
$$

Die zugehörige Klassifikation der reellen, kompakten und einfach zusammenhängenden Lie-Gruppen mit einfacher Lie-Algebra (vgl. A. ARVANITOYEORGOS, An Introduction to Lie Groups and the Geometry of Homogeneous Spaces, Sect. 2.5) besteht aus den Serien

$$
\begin{array}{ll}
SU(n) & n \geq 2 \\
\widetilde{SO}(2n+1) & n \geq 3 \\
Sp(n) & n \geq 3 \\
\widetilde{SO}(2n) & n \geq 4
\end{array}
$$

und den sogenannten **exzeptionellen Lie-Gruppen** mit den folgenden Dimensionen:

$$
\begin{array}{lll}
G_2, & \dim = & 14 \\
F_4, & \dim = & 52 \\
E_6, & \dim = & 78 \\
E_7, & \dim = & 133 \\
E_8, & \dim = & 248
\end{array}
$$

Der untere Index 2,4,6,7,8 entspricht dabei dem Rang, also der Dimension eines maximalen Torus.

Lösungen ausgewählter Übungsaufgaben

zu Kapitel 2

1. Bei formalen Potenzreihen gelten die üblichen Gesetze der Distributivität. Außerdem kann man die Summe zweier formaler Potenzreihen in einer Reihe zusammenfassen mit gliedweiser Summation der Koeffizienten. Daraus folgt:

$$(1-x)\cdot\sum_{n\geq 0}x^n = \sum_{n\geq 0}x^n - x\cdot\sum_{n\geq 0}x^n = 1 + \sum_{n\geq 1}x^n - \sum_{n\geq 0}x^{n+1} = 1 + \sum_{n\geq 1}x^n - \sum_{m\geq 1}x^m = 1.$$

zu Kapitel 3

4. Der 3-dimensionale Raum $\mathbb{R}^3$ wird dabei als der Raum der rein imaginären Quaternionen aufgefasst, also als der von i, j, k aufgepannte $\mathbb{R}$-Vektorraum. Zwei Vektoren $\mathbf{x}$ und $\mathbf{a}$ kann man somit als $\mathbf{x} = x_1 i + x_2 j + x_3 k, \mathbf{a} = a_1 i + a_2 j + a_3 k$ beschreiben. Dann liegt $\mathbf{x}\times\mathbf{a}$ wieder in diesem Raum als das gewöhnliche Vektorprodukt im $\mathbb{R}^3$. Der von Kowalewski angegebene Ausdruck $-(\mathbf{x}\cdot\mathbf{a}) + \mathbf{x}\times\mathbf{a}$ stimmt dann überein mit dem Produkt der beiden rein imaginären Quaternionen $(x_1 i + x_2 j + x_3 k)\cdot(a_1 i + a_2 j + a_3 k) = -(x_1 a_1 + x_2 a_2 + x_3 a_3) + (x_2 a_3 - x_3 a_2)i + (x_3 a_1 - x_1 a_3)j + (x_1 a_2 - x_2 a_1)k$. Man erkennt unschwer das Skalarprodukt $\langle\mathbf{x}, \mathbf{a}\rangle$ (bei Kowalewski als $\mathbf{x}\cdot\mathbf{a}$ geschrieben) als negativen Realteil und das Vektorprodukt $\mathbf{x}\times\mathbf{a}$ als Imaginärteil. Dies erklärt das Produkt $\mathbf{xa}$ zweier Quaternionen mittels elementarer Geometrie.

Was den Vektor $\mathbf{x}^*$ betrifft, der sich aus $\mathbf{x}$ durch Drehung um π um die von dem Einheitsvektor $\mathbf{a}$ aufgespannte Achse ergibt, so ist klar, dass alle drei Vektoren linear abhängig sind, und zwar gilt $\mathbf{x}^* = 2\langle\mathbf{x}, \mathbf{a}\rangle\mathbf{a} - \mathbf{x}$. Man kann dann leicht die von Kowalewski angegebenen Gleichungen verifizieren:

$$\langle\mathbf{x}^*, \mathbf{a}\rangle = 2\langle\mathbf{x}, \mathbf{a}\rangle\langle\mathbf{a}, \mathbf{a}\rangle - \langle\mathbf{x}, \mathbf{a}\rangle = \langle\mathbf{x}, \mathbf{a}\rangle$$

$$\mathbf{a}\times\mathbf{x}^* = 0 - \mathbf{a}\times\mathbf{x} = \mathbf{x}\times\mathbf{a}$$

Es verbleibt noch zu zeigen, dass die in Folgerung 3.14 erkärte Drehung $R_\mathbf{a}$ tatsächlich diejenige ist, die $\mathbf{a}$ fixiert und $\mathbf{x}$ in $\mathbf{x}^*$ überführt. Es gilt klarerweise $R_\mathbf{a}\mathbf{a} = \mathbf{a}^{-1}\cdot\mathbf{a}\cdot\mathbf{a} = \mathbf{a}$. Wegen $|\mathbf{a}| = 1$ gilt $\mathbf{a}^{-1} = \overline{\mathbf{a}} = -\mathbf{a}$. Also müssen wir nur noch $R_\mathbf{a}\mathbf{x} = -\mathbf{a}\cdot\mathbf{x}\cdot\mathbf{a}$ berechnen mit dem oben beschriebenen Produkt von Quaternionen. Dies ergibt tatsächlich

$$-\mathbf{a}\cdot\big(-\langle\mathbf{x}, \mathbf{a}\rangle + \mathbf{x}\times\mathbf{a}\big) = \langle\mathbf{x}, \mathbf{a}\rangle\mathbf{a} - \mathbf{a}\times(\mathbf{x}\times\mathbf{a}) = \langle\mathbf{x}, \mathbf{a}\rangle\mathbf{a} - \big(\langle\mathbf{a}, \mathbf{a}\rangle\mathbf{x} - \langle\mathbf{a}, \mathbf{x}\rangle\mathbf{a}\big) = \mathbf{x}^*.$$

Man vergleiche das Ergebnis von Aufgabe 6, nach dem als Drehwinkel nur π in Betracht kommt, weil $\mathbf{a}$ als Quaternion rein imaginär ist.

8. Die Gruppentafel der Multiplikation von Q_8 ist die folgende:

	1	-1	i	$-i$	j	$-j$	k	$-k$
1	1	-1	i	$-i$	j	$-j$	k	$-k$
-1	-1	1	$-i$	i	$-j$	j	$-k$	k
i	i	$-i$	-1	1	k	$-k$	$-j$	j
$-i$	$-i$	i	1	-1	$-k$	k	j	$-j$
j	j	$-j$	$-k$	k	-1	1	i	$-i$
$-j$	$-j$	j	k	$-k$	1	-1	$-i$	i
k	k	$-k$	j	$-j$	$-i$	i	-1	1
$-k$	$-k$	k	$-j$	j	i	$-i$	1	-1

Den Homomorphismus $\phi\colon Q_8 \to \{\pm 1, \pm x\}$ erklären wir durch

$$\phi(\pm 1) = 1, \quad \phi(\pm i) = -1, \quad \phi(\pm j) = x, \quad \phi(\pm k) = -x.$$

Die Gruppentafel dabei ist

	1	−1	x	−x
1	1	−1	x	−x
−1	−1	1	−x	x
x	x	−x	1	−1
−x	−x	x	−1	1

15. Wenn die Gleichungen $A \cdot A^T = E = A \cdot \overline{A}^T$ erfüllt sein sollen, dann geht das nur, wenn $\overline{A} = A$ gilt, wenn also A eine rein reelle Matrix ist. Also gilt $O(n,\mathbb{C}) \cap U(n) = O(n)$ und $SO(n,\mathbb{C}) \cap SU(n) = SO(n)$.

Die Matrix iE_n liegt in $U(n)$ wegen $iE_n \cdot \overline{i}E_n = E_n$, aber nicht in $O(n,\mathbb{C})$ wegen $iE_n \cdot iE_n = -E_n$, und die Matrix

$$\begin{pmatrix} \sqrt{2} & i \\ i & -\sqrt{2} \end{pmatrix}$$

liegt in $O(2,\mathbb{C})$, aber nicht in $U(2)$. Für $n \geq 3$ kann man analoge Beispiele durch Block-Matrizen gewinnen.

zu Kapitel 5

3. Es handelt sich um eine Untergruppe, weil das Produkt zweier rationaler Matrizen wieder eine rationale Matrix ist.

Wenn $\cos\phi$ und $\sin\phi$ beide rational sind, dann gibt es ganze Zahlen a, b mit

$$\cos^2\phi = \frac{a^2}{a^2 + b^2}, \quad \sin^2\phi = \frac{b^2}{a^2 + b^2},$$

so dass $a^2 + b^2 = c^2$ für eine ganze Zahl c gilt. Also bestimmt jede rationale Drehmatrix A in $SO(2)$ ein pythagoräisches Zahlentripel (a, b, c) mit $A = \frac{1}{c}\begin{pmatrix} a & -b \\ b & a \end{pmatrix}$, und dieses ist eindeutig bis auf ganzzahlige Vielfache, d.h. (a, b, c) und (na, nb, nc) definieren dieselbe Drehmatrix. Das durch die Gruppe definierte Produkt zweier solcher Zahlentripel ist

$$(a, b, c) * (a', b', c') = (aa' - bb', ab' + ba', cc')$$

wegen

$$\frac{1}{c}\begin{pmatrix} a & -b \\ b & a \end{pmatrix} \cdot \frac{1}{c'}\begin{pmatrix} a' & -b' \\ b' & a' \end{pmatrix} = \frac{1}{cc'}\begin{pmatrix} aa' - bb' & -ab' - ba' \\ ab' + ba' & aa' - bb' \end{pmatrix}.$$

Dass diese Gruppe nicht abgeschlossen ist, folgt daraus, dass es abzählbar unendlich viele verschiedene pythagoräische Zahlentripel gibt und dass man folglich durch einen Häufungspunkt im Einheitskreis gewisse nicht-rationale Drehmatrizen durch rationale approximieren kann.

5. Wir betrachten den Durchschnitt der Einheits-Sphäre $S^2 \subset \mathbb{R}^3$ mit dem Oktanten $\{(x_1, x_2, x_3) \mid x_i \geq 0 \text{ für } i = 1, 2, 3\}$. Dies ist ein sphärisches Dreieck, wobei jede der drei Seiten ein Viertel eines Großkreises ist, also die Länge $\pi/2$ hat. Jeder Winkel zwischen den Seiten ist ein rechter. Offensichtlich ist der Flächeninhalt ein Achtel des Flächeninhalts der gesamten Sphäre, also gleich $4\pi/8 = \pi/2$.

9. Die Idee ist, dass der Flächeninhalt umso größer wird, je weiter die drei Eckpunkte nach außen gezogen werden. Für das im Hinweis angegebene ideale Dreieck berechnet man den hyperbolischen Flächeninhalt F als Doppelintegral wie folgt:

$$F = \int_{-r}^{r} \int_{\sqrt{r^2-x^2}}^{\infty} y^{-2} dy \; dx = \int_{-r}^{r} \left[-\frac{1}{y}\right]_{\sqrt{r^2-x^2}}^{\infty} dx$$

$$= \int_{-r}^{r} \frac{1}{\sqrt{r^2-x^2}} dx = \int_{-1}^{1} \frac{1}{\sqrt{1-u^2}} du = \Big[\arcsin u\Big]_{-1}^{1} = \pi.$$

Dabei ist die Substitution $x = ru$ verwendet worden. Jedes andere Dreieck kann man (bis auf hyperbolische Bewegungen) als Teilmenge eines solchen idealen Dreiecks deuten. Daher kann der Flächeninhalt niemals π übersteigen. Weil aber der Flächeninhalt eines Dreiecks stetig von den drei Eckpunkten abhängt, kann man für ein beliebig kleines $\varepsilon > 0$ einen Flächeninhalt von $\pi - \varepsilon$ durch ein gewöhnliches (kompaktes) Dreieck realisieren.

zu Kapitel 6

3. Wir können $\alpha = 1$ annehmen in der Normalform von A. Damit rechnet man leicht aus $A^3 = -A$, $A^4 = -A^2$. Es folgt $\exp(tA) = \sum_n \frac{1}{n!}(tA)^n = E + tA + \frac{t^2}{2!}A^2 - \frac{t^3}{3!}A - \frac{t^4}{4!}A^2 + \frac{t^5}{5!}A + \cdots = E + (\sin t)A + (1 - \cos t)A^2$. Wenn $AX = 0$ gilt, dann folgt $\exp(tA)X = X$. Weil die Drehachse und der Eigenraum beide 1-dimensional sind, folgt die Gleichheit.

4. Wenn $\exp(tA) = \exp(sB)$ gilt für zwei Matrizen A, B mit $\|A\| = \|B\| = 1$, dann müssen jeweils die symmetrischen und schiefsymmetrischen Anteile davon auch übereinstimmen. Für $\sin t \neq 0$ bzw. $\sin s \neq 0$ ist der schiefsymmetrische Anteil gleich tA bzw. sB. Also muss $A = B$ und $t = s$ gelten.

6. Wenn wir annehmen, dass A eine (n, n)-Matrix ist und wenn wir $N = A - \lambda E$ setzen, dann kann man leicht ausrechnen

$$N^2 = \begin{pmatrix} 0 & 0 & 1 & & \cdots & 0 & 0 \\ 0 & 0 & 0 & 1 & \cdots & 0 & 0 \\ 0 & 0 & 0 & 0 & \cdots & 0 & 0 \\ \vdots & \vdots & \vdots & & \ddots & & \vdots \\ 0 & 0 & 0 & 0 & \cdots & 0 & 1 \\ 0 & 0 & 0 & 0 & \cdots & 0 & 0 \\ 0 & 0 & 0 & 0 & \cdots & 0 & 0 \end{pmatrix}, \cdots, N^{n-1} = \begin{pmatrix} 0 & 0 & 0 & 0 & \cdots & 0 & 1 \\ 0 & 0 & 0 & 0 & \cdots & 0 & 0 \\ 0 & 0 & 0 & 0 & \cdots & 0 & 0 \\ \vdots & \vdots & \vdots & & \ddots & & \vdots \\ 0 & 0 & 0 & 0 & \cdots & 0 & 0 \\ 0 & 0 & 0 & 0 & \cdots & 0 & 0 \\ 0 & 0 & 0 & 0 & \cdots & 0 & 0 \end{pmatrix},$$

und N^n ist die Nullmatrix. Damit liefert $\exp(tN)$ eine obere Dreiecksmatrix

$$\exp(tN) = E + tN + \frac{t^2}{2}N^2 + \cdots + \frac{t^{n-1}}{(n-1)!}N^{n-1}.$$

mit Einträgen x_{ij}, wobei in der Hauptdiagonalen $x_{ii} = 1$ steht, in der Nebendiagonalen $x_{i\,i+1} = t$ und in den weiteren Diagonalen daneben $x_{i\,i+2} = t^2/2$, $x_{i\,i+3} = t^3/3!$, ..., $x_{in} = t^{n-i}/(n-i)!$. Rechts oben haben wir den Eintrag $x_{1n} = t^{n-1}/(n-1)!$. Zusammen ergibt sich

$$\exp(tA) = \exp(\lambda t \cdot E) \cdot \exp(tN) = e^{\lambda t}\left(E + tN + \frac{t^2}{2}N^2 + \cdots + \frac{t^{n-1}}{(n-1)!}N^{n-1}\right).$$

8. Die n-te Potenz der linken Seite ist gleich $E + tA$ bzw. gleich $E + tA + \frac{1}{2}t^2A^2$. Die n-te Potenz der rechte Seite (ohne den Term $O(t^2)$ bzw. $O(t^3)$) ist im ersten Fall gleich

$$\left(E + \frac{1}{n}tA\right)^n = E + n \cdot \frac{1}{n}tA + \binom{n}{2}\frac{1}{n^2}t^2A^2 + \cdots = E + tA + O(t^2).$$

Im zweiten Fall erhalten wir analog

$$\left(\left(E + \frac{1}{n}tA\right) + \frac{1}{2n^2}t^2A^2\right)^n = \left(E + \frac{1}{n}tA\right)^n + n\left(E + \frac{1}{n}tA\right)^{n-1}\frac{1}{2n^2}t^2A^2 + \cdots$$

$$= E + n \cdot \frac{1}{n}tA + \binom{n}{2}\frac{1}{n^2}t^2A^2 + O(t^3) + \frac{1}{2n}t^2A^2 + O(t^3) = E + tA + \frac{1}{2}t^2A^2 + O(t^3).$$

Man beachte, dass alle Summanden miteinander kommutieren, was die Gültigkeit der üblichen binomischen Formel $(a+b)^n = \sum_{k=0}^n \binom{n}{k}a^{n-k}b^k$ zur Folge hat, wie beim Beweis von Satz 6.2 (5).

zu Kapitel 7

1. Zunächst verifizieren wir die Gleichung

$$X^2 = \begin{pmatrix} a & b \\ c & -a \end{pmatrix}\begin{pmatrix} a & b \\ c & -a \end{pmatrix} = \begin{pmatrix} a^2 + bc & 0 \\ 0 & a^2 + bc \end{pmatrix} = (a^2 + bc)E.$$

Damit zerfällt die Exponentialreihe $\exp X$ in zwei Summen

$$\exp X = \sum_{n=2k} \frac{1}{n!}(a^2 + bc)^k E + \sum_{n=2k+1} \frac{1}{n!}(a^2 + bc)^k X.$$

Für $a^2 + bc > 0$ ergibt sich $\exp X = \cosh\sqrt{a^2 + bc} \cdot E + \dfrac{1}{\sqrt{a^2 + bc}}\sinh\sqrt{a^2 + bc} \cdot X$, für $a^2 + bc < 0$ analog $\exp X = \cos\sqrt{|a^2 + bc|} \cdot E + \dfrac{1}{\sqrt{|a^2 + bc|}}\sin\sqrt{|a^2 + bc|} \cdot X$, und für $a^2 + bc = 0$ erhalten wir einfach $\exp X = E + X$. Eine Matrix vom Typ $\exp X = \left(\begin{smallmatrix} * & * \\ 0 & * \end{smallmatrix}\right)$ kann es nur für $c = 0$ geben. Dann aber ist $a^2 + bc = a^2 \geq 0$, und wir erhalten für $a > 0$

$$\exp X = \begin{pmatrix} \cosh a + \sinh a & \frac{b}{a}\sinh a \\ 0 & \cosh a - \sinh a \end{pmatrix} = \begin{pmatrix} e^a & \frac{b}{a}\sinh a \\ 0 & e^{-a} \end{pmatrix},$$

analog für $a < 0$. Für $a = c = 0$ ergibt sich $\exp X = \left(\begin{smallmatrix} 1 & b \\ 0 & 1 \end{smallmatrix}\right)$. Damit sind in jedem Fall beide Einträge in der Hauptdiagonalen strikt positiv. Somit liegt eine Matrix vom Typ $\left(\begin{smallmatrix} -1 & * \\ 0 & -1 \end{smallmatrix}\right)$ nicht im Bild von $\exp$.

4. Man kann jedem $q \in \mathbb{H} \setminus \{0\}$ das Element $(|q|, \frac{q}{|q|}) \in \mathbb{R}_+ \times \mathbb{H}_1$ zuordnen. Diese Abbildung ist ein Gruppenhomomorphismus wegen $(|pq|, \frac{pq}{|pq|}) = (|p|, \frac{p}{|p|}) \cdot (|q|, \frac{q}{|q|})$. Außerdem ist diese Abbildung offensichtlich bijektiv mit der Umkehrabbildung $(x, q) \mapsto xq$.

7. Es sei $G \leq GL(n, \mathbb{C})$ eine abgeschlossene Untergruppe mit der zugehörigen Lie-Algebra $\mathfrak{g} \leq \mathfrak{gl}(n, \mathbb{C})$. Die Kommutatorgruppe von G enthält auf jeden Fall alle Elemente $g(t)h(t)g^{-1}(t)h^{-1}(t)$, wobei $g(t), h(t)$ differenzierbare Kurven in G sind mit $g(0) = h(0) = E$. Nach Satz 6.5 ist der Tangentenvektor an eine solche Kurve (mit $-\sqrt{t}$ statt t als Parameter) gleich dem Kommutator $XY - YX$, wobei wir $X = g'(0), Y = h'(0)$ gesetzt haben.

Also enthält der Tangentialraum an die Kommutatorgruppe jedenfalls die Kommutatoralgebra von $\mathfrak{g} = T_E G$. Umgekehrt gehört jeder einzelne Kommutator $XY - YX$ von Elementen $X, Y \in \mathfrak{g}$ zu der obigen Kurve in G mit $g(t) = \exp(-\sqrt{t}X), h(t) = \exp(-\sqrt{t}Y)$. Daher stimmen beide überein.

zu Kapitel 8

4. Die Lorentzgruppe $O(1,3)$ enthält jedenfalls die Drehgruppe $SO(3)$ als die Menge derjenigen (euklidischen) Drehungen, die die x_0-Achse festhalten. Also enthält die Lie-Algebra $\mathfrak{o}(1,3)$ von $O(1,3)$ die entsprechende Unteralgebra, die isomorph zu $\mathfrak{so}(3)$ ist, also die Menge aller Matrizen vom Typ

$$\begin{pmatrix} 0 & 0 & 0 & 0 \\ 0 & 0 & a & c \\ 0 & -a & 0 & b \\ 0 & -c & -b & 0 \end{pmatrix}.$$

Zusätzlich enthält die Lorentzgruppe alle Lorentzdrehungen in der (x_0, x_i)-Ebene für $i = 1, 2, 3$, wobei jeweils die verbleibende (x_j, x_k)-Ebene fix bleibt. Die Ableitung der 1-Parametergruppe von Lorentzdrehungen in der (x_0, x_1)-Ebene ist

$$\frac{d}{dt}\Big|_{t=0} \begin{pmatrix} \cosh t & \sinh t \\ \sinh t & \cosh t \end{pmatrix} = \begin{pmatrix} 0 & 1 \\ 1 & 0 \end{pmatrix}.$$

Also enthält $\mathfrak{o}(1,3)$ die Matrix

$$\begin{pmatrix} 0 & 1 & 0 & 0 \\ 1 & 0 & 0 & 0 \\ 0 & 0 & 0 & 0 \\ 0 & 0 & 0 & 0 \end{pmatrix}$$

und analog alle Matrizen vom Typ

$$\begin{pmatrix} 0 & \alpha & \beta & \gamma \\ \alpha & 0 & 0 & 0 \\ \beta & 0 & 0 & 0 \\ \gamma & 0 & 0 & 0 \end{pmatrix}.$$

Zusammen erzeugen diese die 6-dimensionale Lie-Algebra von $O(1,3)$ mit den unabhängigen Parametern $a, b, c, \alpha, \beta, \gamma$, gleichzeitig die Lie-Algebra der Zusammenhangskomponente $SO_+(1,3)$ der Eins. Im Allgemeinen ist also eine Matrix in dieser Lie-Algebra partiell symmetrisch und partiell schiefsymmetrisch.

7. Es gilt

$$\begin{pmatrix} 0 & 0 & 1 \\ 0 & -1 & 0 \\ 1 & 0 & 0 \end{pmatrix} \begin{pmatrix} \cos\varphi & -\sin\varphi & 0 \\ \sin\varphi & \cos\varphi & 0 \\ 0 & 0 & 1 \end{pmatrix} \begin{pmatrix} 0 & 0 & 1 \\ 0 & -1 & 0 \\ 1 & 0 & 0 \end{pmatrix} = \begin{pmatrix} 1 & 0 & 0 \\ 0 & \cos\varphi & -\sin\varphi \\ 0 & \sin\varphi & \cos\varphi \end{pmatrix}.$$

Damit sind G_1 und G_2 konjugiert zueinander vermöge $R = \begin{pmatrix} 0 & 0 & 1 \\ 0 & -1 & 0 \\ 1 & 0 & 0 \end{pmatrix}$. Man beachte

$R^{-1} = R$. Um $\operatorname{ad} X(\mathfrak{g}_1) = \mathfrak{g}_2$ zu zeigen, verwende man analog $X = \begin{pmatrix} 0 & 0 & 1 \\ 0 & 0 & 0 \\ -1 & 0 & 0 \end{pmatrix}$.

9. Die Identität $(1 - x) \sum_{n \geq 0} x^n = 1$ aus Übungsaufgabe 1 in Kapitel 2 besagt insbesondere mit $A = 1 - x$, dass $A \sum_{n \geq 0} (1 - A)^n = 1$ gilt. Wenn wir jetzt 1 als Identität und A als einen linearen Operator $A \colon \mathbb{V} \to \mathbb{V}$ interpretieren, dann ist klar, dass die Neumannsche Reihe $\sum_{n \geq 0} (1 - A)^n$ den inversen Operator A^{-1} darstellt, wann immer sie für alle Argumente $y \in \mathbb{V}$ konvergiert. Falls ein spezielles $y \in \mathbb{V}$ im Kern liegt, falls also $Ay = 0$ gilt, dann folgt wegen $(1 - A)(y) = y$ auch $\sum_{n \geq 0} (1 - A)^n(y) = \sum_{n \geq 0} y$, was für $y \neq 0$ in reellen und komplexen Vektorräumen nicht konvergieren kann. Also kontrolliert die Neumannsche Reihe gleichzeitig die Invertierbarkeit von A, jedenfalls für endlichendimensionales $\mathbb{V}$ (denn A ist dort invertierbar genau dann, wenn der Kern trivial ist).

zu Kapitel 9

2. Auch wenn man die drei Winkel jeweils auf ein offenes Intervall der Länge 2π einschränkt, ist F keine injektive Abbildung. Zum Beispiel gilt $F(0, 0, 0) = F(\phi, 0, -\phi)$ sowie $F(0, \pi, 0) = F(\phi, \pi, \phi)$ für jede Wahl von ϕ. Das Problem besteht darin, einen gewissen offenen Teil des Parameterbereiches so zu finden, dass F dort injektiv wird und folglich die drei Euler-Winkel eindeutig bestimmt sind und damit F^{-1} sich als Kartenabbildung eignet. Es folgt, dass es keinen solchen offenen Teil des Parameterbereiches gibt, der den Punkt $(0, 0, 0)$ oder den Punkt $(0, \pi, 0)$ enthält. Man kann dies als etwas unnatürlich empfinden. Gleichwohl sind die Euler-Winkel in den Ingenieurwissenschaften allgemein in Gebrauch. Nach Definition gilt

$$F(\phi, \theta, \psi) = \begin{pmatrix} \cos\phi & -\sin\phi & 0 \\ \sin\phi & \cos\phi & 0 \\ 0 & 0 & 1 \end{pmatrix} \cdot \begin{pmatrix} 1 & 0 & 0 \\ 0 & \cos\theta & -\sin\theta \\ 0 & \sin\theta & \cos\theta \end{pmatrix} \cdot \begin{pmatrix} \cos\psi & -\sin\psi & 0 \\ \sin\psi & \cos\psi & 0 \\ 0 & 0 & 1 \end{pmatrix}$$

$$= \begin{pmatrix} \cos\phi\cos\psi - \sin\phi\cos\theta\sin\psi & -\cos\phi\sin\psi - \sin\phi\cos\theta\cos\psi & \sin\phi\sin\theta \\ \sin\phi\cos\psi + \cos\phi\cos\theta\sin\psi & -\sin\phi\sin\psi + \cos\phi\cos\theta\cos\psi & -\cos\phi\sin\theta \\ \sin\theta\sin\psi & \sin\theta\cos\psi & \cos\theta \end{pmatrix}.$$

Wir definieren die offene Menge $U = (-\pi, \pi) \times (0, \pi) \times (-\pi, \pi)$ im Parameterbereich aller möglichen Tripel (ϕ, θ, ψ). Man beachte, dass die Einheitsmatrix nicht in $F(U)$ liegt, weil sie zwingend einen Winkel θ mit $\cos\theta = 1$ erfordern würde.

Behauptung: Die Einschränkung von F auf U ist injektiv.

Beweis: Eine gegebene Drehmatrix

$$A = \begin{pmatrix} a_{11} & a_{12} & a_{13} \\ a_{21} & a_{22} & a_{23} \\ a_{31} & a_{32} & a_{33} \end{pmatrix}$$

legt den Winkel $\theta \in (0, \pi)$ eindeutig fest durch $a_{33} = \cos\theta$ (sofern solch ein θ existiert, also falls $a_{33} \neq \pm 1$). Wegen $\sin\theta > 0$ legen dann aber a_{13} und a_{23} zusammen den Winkel ϕ eindeutig fest, und a_{31} und a_{32} zusammen legen den Winkel ψ eindeutig fest. Damit hat die Gleichung $F(\phi, \theta, \psi) = A$ höchstens eine Lösung in U. Und weil es in $F(U)$ eine differenzierbare Umkehrabbildung gibt, nämlich die Zuordnung der drei Winkel zu gegebenem A, hat die Funktionalmatrix von F in ganz U maximalen Rang.[1] Außerdem ist der Bereich U maximal mit dieser Eigenschaft: In ϕ-Richtung oder in ψ-Richtung ist eine Erweiterung auf eine offene Obermenge nicht möglich wegen der Periodizität von

---

[1] Für einen Atlas aus vier solchen Euler-Karten siehe E.GRAFAREND, W.KÜHNEL, A minimal atlas for the rotation group $SO(3)$, Preprint 2010.

sin und cos. Eine Erweiterung in θ-Richtung ist nicht möglich wegen $F(\phi + \pi, \pi + \theta, \psi + \pi) = F(\phi, \pi - \theta, \psi)$. Schließlich ist die Ausnahmemenge $SO(3) \setminus F(U)$ „dünn" in dem Sinne, dass $F(U)$ offen und dicht in $SO(3)$ liegt (in der Unterraumtopologie bezüglich des umgebenden Raumes $\mathbb{R}^9$). Daher ist $SO(3)$ zusammenhängend als Abschluss der zusammenhängenden Menge $F(U)$.

4. Nach Definition wirkt die Matrix R_q auf dem $\mathbb{R}^3 = \{bi + cj + dk \mid b, c, d \in R\}$ durch Konjugation mit q. Dabei bewirkt $q = \exp(ti) = \cos t + (\sin t)i$ die Drehung um die durch i gegebene Achse um den Winkel $2t$, vgl. die Formel für R_q aus Aufgabe 5 in Kapitel 3. Entsprechendes gilt für $q = j$ und $q = k$. In der Lie-Algebra $\mathfrak{so}(3)$ entsprechen die daraus resultierenden infinitesimalen Drehungen (Ableitung nach t für $t = 0$) den Matrizen

$$2E_1 = \begin{pmatrix} 0 & 0 & 0 \\ 0 & 0 & -2 \\ 0 & 2 & 0 \end{pmatrix}, \quad 2E_2 = \begin{pmatrix} 0 & 0 & 2 \\ 0 & 0 & 0 \\ -2 & 0 & 0 \end{pmatrix}, \quad 2E_3 = \begin{pmatrix} 0 & -2 & 0 \\ 2 & 0 & 0 \\ 0 & 0 & 0 \end{pmatrix}.$$

Also bildet das Differential von R im Punkt 1 die Basiselemente i, j, k auf $2E_1, 2E_2, 2E_3$ ab (in dieser Reihenfolge) und ist damit als lineare Abbildung eindeutig festgelegt.

zu Kapitel 10

1. Wenn wir die genannte Produktregel für ad voraussetzen, dann folgt die Gleichung

$$[X, [Y, Z]] = [[X, Y], Z] + [Y, [X, Z]].$$

Zusammen mit der Schiefsymmetrie der Lie-Klammer folgt die Jacobi-Identität

$$[X, [Y, Z]] = -[Z, [X, Y]] - [Y, [Z, X]].$$

Wenn wir umgekehrt die Gültigkeit der Jacobi-Identität voraussetzen, dann folgt wegen der Schiefsymmetrie der Lie-Klammer diese Gleichung, also die Produktregel für ad.

2. Wegen $[X_1 + tX_2, Y_1 + tY_2] = [X_1, Y_1] + t([X_1, Y_2] + [X_2, Y_1]) + t^2[X_2, Y_2]$ folgt mit der Taylorformel die Produktregel $[X(t), Y(t)]' = [X, Y'] + [X', Y]$. Die Kettenregel besagt $(\mathrm{Ad} \circ g)'(0) = (D_1\mathrm{Ad} \circ g)(0) \cdot g'(0) = \mathrm{ad}(g'(0))$ für eine differenzierbare Kurve $g(t)$ mit $g(0) = 1$. Also erhalten wir einerseits

$$(\mathrm{Ad}\, g(t))'(0) = \mathrm{ad}(g'(0)) = \mathrm{ad}\, X \quad \text{und} \quad (\mathrm{Ad}\, g(t))'(0)[Y, Z] = \mathrm{ad}\, X[Y, Z]$$

und andererseits

$$[\mathrm{Ad}\, g(t)(Y), \mathrm{Ad}\, g(t)(Z)]'(0) = [\mathrm{Ad}\, g(t)(Y)'(0), Z] + [Y, \mathrm{Ad}\, g(t)(Z)'(0)]$$

$$= [\mathrm{ad}\, X(Y), Z] + [Y, \mathrm{ad}\, X(Z)],$$

zusammen also die Produktregel für ad.

6. Nach Definition gilt mit $J^0 = Id$, $J^1 = J$, $J^2 = -Id$, $J^3 = -J$, $J^4 = Id$

$$\exp(tJ) = \sum_n \frac{1}{n!}(tJ)^n = \sum_{n=2k} \frac{1}{n!}(-1)^k t^n Id + \sum_{n=2k+1} \frac{1}{n!}(-1)^k t^n J = \cos t \cdot Id + \sin t \cdot J.$$

Für den zweiten Teil gilt offensichtlich $A^0 = Id$ und $A^k = A$ für jedes $k \geq 1$. Also folgt

$$\exp(tA) = \sum_{k \geq 0} \frac{1}{k!} t^k A^k = Id + \sum_{k \geq 1} \frac{1}{k!} t^k A = Id + \left(-1 + \sum_{k \geq 0} \frac{1}{k!} t^k\right) \cdot A = Id + (e^t - 1) \cdot A.$$

zu Kapitel 11

2. Wenn die Lie-Ableitung eine Produktregel erfüllen soll, dann muss gelten

$$\mathcal{L}_X(\omega(Y)) = (\mathcal{L}_X\omega)(Y) + \omega(\mathcal{L}_X Y),$$

weil die Wirkung von ω auf Y wie die einer Matrix auf einen Vektor zu sehen ist. Also folgt notwendig die Gleichung

$$(\mathcal{L}_X\omega)(Y) = \mathcal{L}_X(\omega(Y)) - \omega(\mathcal{L}_X Y) = X(\omega(Y)) - \omega([X,Y]).$$

Dies dient dann zweckmäßigerweise als Definition der Lie-Ableitung $\mathcal{L}_X\omega$ einer 1-Form ω in Richtung X.

7. Die Flusslinien von Φ_t^X und Φ_s^Y definieren zwei Scharen von C^∞-Kurven durch jeden Punkt, die wir als Koordinatenlinien interpretieren können. Es seien etwa einem festen Punkt p die Koordinaten $x = y = 0$ zugeordnet. Die beiden Integralkurven der beiden Flüsse definieren zwei Kurven durch p, wobei wir t und s als Koordinaten ansehen können. Genauer ist auf der Integralkurve von Φ_t^X die Koordinate gleich t, und für die andere Koordinaten gilt $s = 0$. Für die Integralkurve von Φ_s^Y ist es umgekehrt. Durch jeden Punkt dieser Kurven wiederum definieren die entsprechenden Integralkurven weitere Kurven und entsprechende Koordinaten t, s auf ihnen. Weil aber nach Voraussetzung $\Phi_t^X \circ \Phi_s^Y = \Phi_s^Y \circ \Phi_t^X$ gilt, schließen sich alle Koordinaten-Vierecke, die durch den Koordinatenzuwachs t in X-Richtung, s in Y-Richtung bzw. umgekehrt definiert sind. So werden lokal auf einer 2-dimensionalen Untermannigfaltigkeit durch p zwei Koordinaten t, s eingeführt, und es gilt nach Konstruktion für jede skalare Funktion f die Gleichung $X(f) = \frac{\partial f}{\partial t}$ sowie $Y(f) = \frac{\partial f}{\partial s}$. Die Schwarzsche Regel der Vertauschbarkeit der zweiten Ableitungen impliziert dann $X(Y(f)) = Y(X(f))$, also $[X,Y] = 0$.

12. Mit $X = \sum_j X^j E_j$ berechnen wir die Lie-Klammer $[X, E_i]$ wie folgt:

$$[X, E_i] = \sum_j [X^j E_j, E_i] = \sum_j X^j [E_j, E_i] + \sum_j E_i(X^j) E_j = 0 + \sum_j \frac{\partial X^j}{\partial x^i} E_j.$$

Weiter erhalten wir

$$dV\big(E_1, \ldots, E_{i-1}, [X, E_i], E_{i+1}, \ldots, E_n\big)$$

$$= dV\Big(E_1, \ldots, E_{i-1}, \sum_j \frac{\partial X^j}{\partial x^i} E_j, E_{i+1}, \ldots, E_n\Big)$$

$$= \frac{\partial X^i}{\partial x^i} dV\Big(E_1, \ldots, E_{i-1}, E_i, E_{i+1}, \ldots, E_n\Big),$$

weil alle Summanden mit $j \neq i$ verschwinden. Zusammen mit $dV(E_1, \ldots, E_n) = 1$, also insbesondere $X\big(dV(E_1, \ldots, E_n)\big) = 0$, erhalten wir in der Summe

$$\mathcal{L}_X(dV)(E_1, \ldots, E_n) = \sum_i \frac{\partial X^i}{\partial x^i} dV(E_1, \ldots, E_n) = \operatorname{div} X.$$

zu Kapitel 12

1. Es seien A und B so gewählt, dass $B^m = A$ gilt, wobei A die Maximalzahl von n paarweise verschiedenen Eigenwerten hat. Wenn zwei Eigenwerte von B übereinstimmen würden, dann wären deren n-te Potenzen Eigenwerte von A, also würden zwei Eigenwerte von A übereinstimmen, was ja ausgeschlossen ist. Also hat B ebenfalls n paarweise verschiedene Eigenwerte $\lambda_1, \ldots, \lambda_n$ und ist damit diagonalisierbar. Alle Eigenwerte sind verschieden von null. Die Eigenwerte von A sind damit gleich $\lambda_1^m, \ldots, \lambda_n^m$. Folglich kann man jeden Eigenwert von B in unabhängiger Weise mit einer m-ten Einheitswurzel multiplizieren. Dies führt zu m^n verschiedenen Matrizen, die alle m-te Wurzeln von A sind, und alle paarweise verschieden.

zu Kapitel 1

2. Offensichtlich gilt $(x + y)^2 = x^2 + xy + yx + y^2$, was bereits im Beweis von Satz 6.5 benutzt wurde. Analog haben wir

$$(x + y)^3 = (x + y)(x^2 + xy + yx + y^2) = x^3 + x^2 y + xyx + xy^2 + yx^2 + yxy + y^2 x + y^3$$

und

$$(x + y)^4 = (x + y)(x^3 + x^2 y + xyx + xy^2 + yx^2 + yxy + y^2 x + y^3)$$
$$= x^4 + x^3 y + x^2 yx + x^2 y^2 + xyx^2 + xyxy + xy^3 + yx^3 + yx^2 y + yxyx + yxy^2 + y^2 x^2 + y^2 xy + y^3 x + y^4.$$

Dabei können keine zwei Summanden zusammengefasst werden. Man könnte höchstens die Schreibweise $xyxy = (xy)^2$ sowie $yxyx = (yx)^2$ einführen.

3. Für jedes Polynom $p(x, y) \in P(x, y)$ definiere man $F(p) := p\big(f(x), f(y)\big) \in \mathfrak{g}$, wobei auf der rechten Seite einfach die Auswertung des Polynoms p für die Variablen $f(x), f(y)$ steht. Dann gilt $F(xy) = f(x)f(y)$ und entsprechend $F([x, y]) = F(xy - yx) = f(x)f(y) - f(y)f(x) = [f(x), f(y)]$. Offensichtlich ist F ein Homomorphismus von Lie-Algebren und ist ferner eindeutig mit dieser Eigenschaft.

zu Kapitel 14

5. Wenn beide Inklusionen $[\mathfrak{g}, \mathfrak{h}_1] \subset \mathfrak{h}_1$ und $[\mathfrak{g}, \mathfrak{h}_2] \subset \mathfrak{h}_2$ gelten, dann folgt auch $[\mathfrak{g}, \mathfrak{h}_1 \cap \mathfrak{h}_2] \subset \mathfrak{h}_1 \cap \mathfrak{h}_2$, und zwar rein mengenrheoretisch. Ebenso folgt $[\mathfrak{g}, \mathfrak{h}_1 + \mathfrak{h}_2] \subset \mathfrak{h}_1 + \mathfrak{h}_2$. Die behauptete Isomorphie zeigen wir wie folgt: Wir definieren eine Abbildung

$$\Phi \colon \mathfrak{h}_1 / (\mathfrak{h}_1 \cap \mathfrak{h}_2) \to (\mathfrak{h}_1 + \mathfrak{h}_2) / \mathfrak{h}_2$$

durch $\Phi(X_1 + \mathfrak{h}_1 \cap \mathfrak{h}_2) = X_1 + \mathfrak{h}_2$. Umgekehrt haben wir eine Abbildung

$$\Psi \colon (\mathfrak{h}_1 + \mathfrak{h}_2) / \mathfrak{h}_2 \to \mathfrak{h}_1 / (\mathfrak{h}_1 \cap \mathfrak{h}_2)$$

mit $\Psi(X_1 + X_2 + \mathfrak{h}_2) = X_1 + \mathfrak{h}_1 \cap \mathfrak{h}_2$. Wegen $X_2 + \mathfrak{h}_2 = \mathfrak{h}_2$ ist Ψ wohldefiniert. Beide sind invers zueinander mit

$$\Psi(\Phi(X_1 + \mathfrak{h}_1 \cap \mathfrak{h}_2)) = \Psi(X_1 + \mathfrak{h}_2) = X_1 + \mathfrak{h}_1 \cap \mathfrak{h}_2,$$

$$\Phi(\Psi(X_1 + X_2 + \mathfrak{h}_2)) = \Phi(X_1 + \mathfrak{h}_1 \cap \mathfrak{h}_2) = X_1 + \mathfrak{h}_2,$$

wobei aber $X_2 \in \mathfrak{h}_2$ gilt und folglich $X_1 + X_2 + \mathfrak{h}_2 = X_1 + \mathfrak{h}_2$.

10. Man kann zum Beispiel die Matrizen

$$B = \begin{pmatrix} \frac{1}{2} & 0 & 0 \\ 0 & 1 & 0 \\ 0 & 0 & 2 \end{pmatrix} \in SL(3,\mathbb{R}), \quad X = \begin{pmatrix} -1 & 0 & 0 \\ 0 & 0 & 0 \\ 0 & 0 & 1 \end{pmatrix} \in \mathfrak{sl}(3,\mathbb{R})$$

nehmen, um zu zeigen, dass $\mathfrak{so}(3)$ weder unter $\operatorname{Ad} B$ noch unter $\operatorname{ad} X$ invariant ist.

zu Kapitel 15

2. Es genügen die Translate um die Vektoren $(\frac{1}{3}, \frac{1}{3}) \in \mathbb{R}^2$ und $(\frac{2}{3}, \frac{2}{3}) \in \mathbb{R}^2$.

4. Es seien A, B zwei Matrizen mit Einträgen a_{ij}, b_{ij} und $a_{ij} = b_{ij} = 0$ für alle $i \geq j$. Für das Produkt $C = A \cdot B$ mit Einträgen c_{ik} gilt dann $c_{ik} = \sum_j a_{ij} b_{jk}$. Falls $i \geq k - 1$ gilt, dann gilt $a_{i1} = \cdots = a_{ii} = 0$ sowie $b_{kk} = \cdots = b_{nk} = 0$, also folgt

$$c_{ik} = \sum_{j \leq i} a_{ij} b_{jk} + \sum_{j > i} a_{ij} b_{jk} = 0$$

wegen $j \geq k$ in der zweiten Summe. Für alle 3-fachen Produkte D mit Einträgen d_{il} gilt analog $d_{il} = 0$ für $i \geq l - 2$. Für alle n-fachen Produkte gilt folglich, dass alle Einträge verschwinden. Damit sind auch alle n-fachen Kommutatoren gleich null, und die Gruppe ist nilpotent.

zu Kapitel 16

2. Die lineare Abbildung $\widetilde{F}\colon \mathbb{R}^2 \to \mathbb{R}^2$ mit $\widetilde{F}\binom{\vartheta}{\varphi} = \left(\begin{smallmatrix} a & b \\ c & d \end{smallmatrix}\right) \cdot \binom{\vartheta}{\varphi}$ hat nach Voraussetzung maximalen Rang. Wir können $\widetilde{F}$ auch als Homomorphismus von Lie-Gruppen von $\mathbb{R}^2$ in sich auffassen. Die Ableitung hat dann wieder maximalen Rang. Dasselbe gilt für die induzierte Abbildung $F\colon \mathbb{R}^2/\mathbb{Z}^2 \to \mathbb{R}^2/\mathbb{Z}^2$. Also ist F nach Lemma 16.13 eine Überlagerung. Die Zahl der Blätter ist gleich der Anzahl der Elemente im Kern von F, und diese ist gleich $|m| = |ad - bc|$.

Das Urbild des Punktes $(0,0)$ kann man beschreiben durch das Bild aller ganzzahligen Punkte unter der Umkehrabbildung $\widetilde{F}^{-1}$, d.h. der inversen Matrix $\left(\begin{smallmatrix} a & b \\ c & d \end{smallmatrix}\right)^{-1}$, einer ganzzahligen Matrix bis auf die Zahl m im Nenner. Dies ist (in $\mathbb{R}^2$) eine Untergruppe von $\mathbb{Q}^2$, die zu $\mathbb{Z}^2$ isomorph ist. Für konkrete Werte von a, b, c, d kann das zur expliziten Berechnung des Urbilds benutzt werden.

Im speziellen Fall der Matrix $\left(\begin{smallmatrix} a & b \\ c & d \end{smallmatrix}\right) = \left(\begin{smallmatrix} 2 & 1 \\ -1 & 2 \end{smallmatrix}\right)$ besteht das Urbild von $(0,0)$ im Torus aus den fünf Punkten $(0,0), (\frac{2}{5}, \frac{1}{5}), (\frac{4}{5}, \frac{2}{5}), (\frac{1}{5}, \frac{3}{5}), (\frac{3}{5}, \frac{4}{5})$. Analog sehen die Urbilder aller anderen Punkte aus.

Zusatz: Falls $|m|$ eine Primzahl ist, dann bilden die Urbildpunkte von $(0,0)$ eine zyklische Untergruppe des Torus, weil jedes Element (ungleich $(0,0)$) eine zyklische Gruppe erzeugt, deren Ordnung ein Teiler von $|m|$ ist.

3. Offenbar ist für jede komplexe Zahl z mit $|z| = 1$ und jedes $A \in SU(n)$ das Produkt zA ein Element von $U(n)$, denn es gilt $(zA)(\overline{zA})^T = z\bar{z}A\overline{A}^T = E$.
Ferner gilt $\Phi(e^{i\vartheta} \cdot e^{i\varphi}, A \cdot B) = e^{i\vartheta} \cdot e^{i\varphi} \cdot A \cdot B = e^{i\vartheta} \cdot A \cdot e^{i\varphi} \cdot B = \Phi(e^{i\vartheta}, A) \cdot \Phi(e^{i\varphi}, B)$,
also ist Φ ein Homomorphismus von Lie-Gruppen. Offensichtlich ist Φ diffferenzierbar

von maximalem Rang und surjektiv (vgl. dazu Übungsaufgabe 4 in Kapitel 14), aber für $n \geq 2$ nicht injektiv.

Der Kern besteht offenbar aus allen Paaren $(e^{-i\vartheta}, e^{i\vartheta}E)$, wobei $e^{i\vartheta}E \in SU(n)$ gilt, was genau dann der Fall ist, wenn $\det(e^{i\vartheta}E) = (e^{i\vartheta})^n = e^{n \cdot i\vartheta} = 1$ gilt. Dies ist äquivalent dazu, dass $e^{i\vartheta}$ eine n-te Einheitswurzel ist. Damit ist der Kern eine endliche Untergruppe. Nach Lemma 16.4 ist dann Φ eine Überlagerung, und die Zahl der Blätter ist gleich der Anzahl der Elemente im Kern, also gleich n. Dann ist $D_{(1,E)}\Phi$ ein Isomorphismus von Lie-Algebren. Konkret ist nach der Produktregel $D_{(1,E)}\Phi$ gleich derjenigen bijektiven Abbildung $\mathbb{R} \oplus \mathfrak{su}(n) \cong \mathfrak{u}(1) \oplus \mathfrak{su}(n) \to \mathfrak{u}(n)$ mit $(t, X) \mapsto (tE + X)$. Man kann dabei leicht verifizieren $\exp_{\mathfrak{u}(n)}(tE + X) = e^{it} \cdot \exp X = \Phi(e^{it}, X) = \Phi\big(\exp_{\mathbb{R} \oplus \mathfrak{su}(n)}(t, X)\big)$.

zu Kapitel 17

1. Wenn $\mathfrak{g}$ auflösbar ist, dann gibt es eine endliche abgeleitete Reihe

$$\mathfrak{g} = \mathfrak{g}^{(0)} \trianglerighteq \mathfrak{g}^{(1)} := [\mathfrak{g}^{(0)}, \mathfrak{g}^{(0)}] \trianglerighteq \mathfrak{g}^{(2)} = [\mathfrak{g}^{(1)}, \mathfrak{g}^{(1)}] \trianglerighteq \ldots \trianglerighteq \mathfrak{g}^{(n)} = [\mathfrak{g}^{(n-1)}, \mathfrak{g}^{(n-1)}] = \{0\},$$

Für jede Unteralgebra $\mathfrak{h} \leq \mathfrak{g}$ gilt $[\mathfrak{h}, \mathfrak{h}] \leq [\mathfrak{g}, \mathfrak{g}]$ und folglich $\mathfrak{h}^{(k)} \leq \mathfrak{g}^{(k)}$ für jedes k. Also führt dies zu einer ebenfalls endlichen abgeleiteten Reihe

$$\mathfrak{h} = \mathfrak{h}^{(0)} \trianglerighteq \mathfrak{h}^{(1)} := [\mathfrak{h}^{(0)}, \mathfrak{h}^{(0)}] \trianglerighteq \mathfrak{h}^{(2)} = [\mathfrak{h}^{(1)}, \mathfrak{h}^{(1)}] \trianglerighteq \ldots \trianglerighteq \mathfrak{h}^{(n)} = [\mathfrak{h}^{(n-1)}, \mathfrak{h}^{(n-1)}] = \{0\},$$

die allerdings früher abbrechen kann als die von $\mathfrak{g}$. Also ist auch $\mathfrak{h}$ auflösbar. Wenn $\mathfrak{h}$ ein Ideal in $\mathfrak{g}$ ist, dann ist die Kommutatoralgebra von $\mathfrak{g}/\mathfrak{h}$ erzeugt von allen Nebenklassen $[X + \mathfrak{h}, Y + \mathfrak{h}] = [X, Y] + \mathfrak{h}$, vgl. den Beweis von Lemma 14.1. Damit folgt aber $(\mathfrak{g}/\mathfrak{h})^{(k)} = \mathfrak{g}^{(k)}/(\mathfrak{h} \cap \mathfrak{g}^{(k)})$. Folglich besitzt auch $\mathfrak{g}/\mathfrak{h}$ eine endliche abgeleitete Reihe.

3. Nach Definition hat die von X_0, X_1, X_2, X_3 erzeugte Lie-Algebra $\mathfrak{g}$ die Kommutatoralgebra $\mathfrak{g}^{(1)}$, die von X_1, X_2, X_3 erzeugt wird. Weil aber X_3 sowohl mit X_1 als auch mit X_2 kommutiert, ist die zweite Kommutatoralgebra $\mathfrak{g}^{(2)}$ erzeugt von $[X_1, X_2] = X_3$, also ist sie 1-dimensional und folglich abelsch. Damit gilt $\mathfrak{g}^{(3)} = \{0\}$, und $\mathfrak{g}$ ist auflösbar.

Ferner gilt $\mathfrak{g}^1 = \mathfrak{g}^{(1)}$, aber es ist $\mathfrak{g}^2 = \mathfrak{g}^1$, weil $\mathfrak{g}^2$ von allen Kommutatoren $[X_0, X_i]$ und $[X_i, X_j]$ mit $i, j \geq 1$ erzeugt ist. Analog ist $\mathfrak{g}^k = \mathfrak{g}^1 \neq \{0\}$ für alle weiteren k. Daher ist $\mathfrak{g}$ nicht nilpotent.

4. Die Matrix
$$\begin{pmatrix} 1+t & -t \\ t & 1+t \end{pmatrix}$$

ist ein skalares Vielfaches einer Matrix in $SO(2)$, also kommutiert sie mit jedem Element von $SO(2)$. Man muss dazu nur $\cos\varphi = (1+t)/\sqrt{1 + 2t + 2t^2}$, $\sin\varphi = t/\sqrt{1 + 2t + 2t^2}$ setzen. Damit liegt diese Matrix für jedes $t \in \mathbb{R}$ im Zentralisator von $SO(2)$. Die abgeleitete Matrix $X = \begin{pmatrix} 1 & -1 \\ 1 & 1 \end{pmatrix}$ erfüllt die Gleichung $XB = BX = \begin{pmatrix} -1 & -1 \\ 1 & -1 \end{pmatrix}$, also $[X, B] = 0$, wobei $B = \begin{pmatrix} 0 & -1 \\ 1 & 0 \end{pmatrix}$ das erzeugende Element von $\mathfrak{so}(2)$ ist. Damit liegt X im Zentralisator von $\mathfrak{so}(2)$. Aber X selbst liegt nicht in $\mathfrak{so}(2)$, weil X keine schiefsymmetrische Matrix ist. Dasselbe gilt für alle skalaren Vielfachen aX mit $a \neq 0$. Eine geometrische Erklärung dafür ist die, dass das Quadrat von X in $\mathfrak{so}(2)$ liegt. Es ist somit gewissermaßen $Y = \frac{1}{\sqrt{2}}X$ die um 45 Grad gedrehte Einheitsmatrix, während B die um 90 Grad gedrehte Einheitsmatrix ist.

6. Die Voraussetzung an $\mathfrak{g}$ ist die folgende: Die Spur von $A \cdot B$ verschwindet für je zwei Elemente $A, B \in \mathfrak{g}$, insbesondere gilt $\mathrm{spur}(A^2) = 0$ für jedes $A \in \mathfrak{g}$. Weil die Spur basisunabhängig ist, also weil $\mathrm{spur}(A^2) = \mathrm{spur}(PA^2P^{-1})$ gilt, können wir A (jedenfalls über den komplexen Zahlen) durch eine obere Dreiecks-Matrix in Jordan-Normalform repräsentieren, die wir mit A_J bezeichnen. In der Diagonalen von A_J stehen dann die Eigenwerte $\lambda_1, \ldots, \lambda_n$, in der Diagonalen von $(A_J)^2$ stehen die quadrierten Eigenwerte $\lambda_1^2, \ldots, \lambda_n^2$, und nach Voraussetzung gilt $0 = \mathrm{spur}(A^2) = \mathrm{spur}((A_J)^2) = \sum_i \lambda_i^2$.

7. Weil $\mathfrak{g}$ kompakt ist, existiert eine negativ definite symmetrische Bilinarform B mit $B([X,Y],Z) = B([X,[Y,Z])$ Für alle $X, Y, Z \in \mathfrak{g}$. Dann ist $\mathfrak{h}^\perp$ als Unter-Vektorraum wohldefiniert, und es gilt $\mathfrak{g} \cong \mathfrak{h} \oplus \mathfrak{h}^\perp$ als direkte Summe von Vektorräumen. Jedes $X \in \mathfrak{g}$ lässt eine eindeutige Zerlegung $X = X_1 + X_2$ zu mit $X_1 \in \mathfrak{h}, X_2 \in \mathfrak{h}^\perp$. Ferner gilt $B(X,Z) = 0$ für $X \in \mathfrak{h}, Z \in \mathfrak{h}^\perp$. Weil aber $[X,Y] \in \mathfrak{h}$ gilt für jedes $Y \in \mathfrak{g}$, folgt aus der obigen Gleichung, dass $[Y,Z] \in \mathfrak{h}^\perp$ gilt für jedes $Y \in \mathfrak{g}$. Damit ist auch $\mathfrak{h}^\perp$ ein Ideal in $\mathfrak{g}$, und jedes $X \in \mathfrak{h}$ kommutiert mit jedem $Z \in \mathfrak{h}^\perp$. Somit ist $\mathfrak{g}$ eine direkte orthogonale Summe von $\mathfrak{h}$ und $\mathfrak{h}^\perp$ als direkte Summe von Lie-Algebren.

9. Die Lie-Algebra $\mathfrak{sl}(2,\mathbb{R})$ wird von der Basis

$$X_0 = \begin{pmatrix} 1 & 0 \\ 0 & -1 \end{pmatrix}, \quad X_1 = \begin{pmatrix} 0 & 1 \\ 0 & 0 \end{pmatrix}, \quad X_2 = \begin{pmatrix} 0 & 0 \\ 1 & 0 \end{pmatrix}$$

erzeugt. Es folgt $[X_0, X_1] = 2X_1, [X_0, X_2] = -2X_2, [X_1, X_2] = X_0$, vgl. die Beispiele 7.21. Nehmen wir an, ein nicht-verschwindendes Element $X = a_0 X_0 + a_1 X_1 + a_2 X_2$ sei in einem Ideal $\mathfrak{h}$ enthalten, dann folgt auch

$$\begin{aligned}
Y_0 &= [X_0, X] &=& \quad 2a_1 X_1 - 2a_2 X_2 &\in \mathfrak{h}, \\
Y_1 &= [X_1, X] &=& \quad a_2 X_0 - 2a_0 X_1 &\in \mathfrak{h}, \\
Y_2 &= [X_2, X] &=& \quad -a_1 X_0 + 2a_0 X_2 &\in \mathfrak{h}.
\end{aligned}$$

Die Lie-Klammern der Y_i mit geeigneten X_j liefern Elemente von $\mathfrak{h}$, die skalare Vielfache der Basis-Elemente sind, jeweils mit Koeffizienten a_0, a_1, a_2, z.B. $[Y_0, X_1] = 2a_2 X_0$. Weil nicht alle a_i gleichzeitig verschwinden, ist wenigstens eines der X_i in $\mathfrak{h}$. Damit sind aber auch alle anderen X_i in $\mathfrak{h}$, und folglich gilt $\mathfrak{h} = \mathfrak{sl}(2,\mathbb{R})$.

Wäre $\mathfrak{sl}(2,\mathbb{R})$ kompakt, dann müsste eine negativ definite symmetrische Bilinarform B existieren, die verträglich ist mit der Lie-Klammer gemäß Definition 17.21. Insbesondere müsste $B(X_1, [X_0, X_1]) = B([X_1, X_0], X_1)$ gelten. Aber die linke Seite ist gleich $2B(X_1, X_1)$, die rechte gleich $-2B(X_1, X_1)$. Damit folgt $B(X_1, X_1) = 0$, ein Widerspruch zur Definitheit.

10. Die Killing-Form κ auf $\mathfrak{sl}(2,\mathbb{R})$ ist nicht ausgeartet nach Satz 17.17. Und wie nach der Lösung von Aufgabe 9 zu erwarten, gilt $\kappa(X_1, X_1) = \mathrm{spur}(\mathrm{ad}\,X_1 \circ \mathrm{ad}\,X_1) = 0$, denn $\mathrm{ad}\,X_1$ ist der Endomorphismus

$$X_0 \mapsto -2X_1, \quad X_1 \mapsto 0, \quad X_2 \mapsto X_0,$$

also ist $\mathrm{ad}\,X_1 \circ \mathrm{ad}\,X_1$ der Endomorphismus

$$X_0 \mapsto 0, \quad X_1 \mapsto 0, \quad X_2 \mapsto -2X_1$$

dessen Spur offensichtlich verschwindet.

Lehrbuch–Literatur

DIE KLASSIKER

S. Lie, *Theorie der Transformationsgruppen I, II, III*, unter Mitwirkung von F. Engel, Teubner 1888, 1890, 1893, Neuauflage Chelsea 1970

G. Kowalewski, *Einführung in die Theorie der kontinuierlichen Gruppen*, Akad. Verlagsgesellschaft 1931, Nachdruck Chelsea 1950

H. Weyl, *The Classical Groups*, Princeton Univ. Press 1939

C. Chevalley, *Theory of Lie Groups*, Princeton Univ. Press 1946

ZUR PERSON VON SOPHUS LIE

A. Stubhaug, *Es war die Kühnheit meiner Gedanken. Der Mathematiker Sophus Lie.* Aus dem Norwegischen übersetzt von Kerstin Hartmann-Butt, Springer 2003

ZU MATRIZENGRUPPEN UND LIE-GRUPPEN

A. Arvanitoyeorgos, *An Introduction to Lie Groups and the Geometry of Homogeneous Spaces*, AMS Student Math. Library Vol. 22, American Mathematical Society 2003

M. L. Curtis, *Matrix Groups*, Universitext, 2nd ed., Springer 1984

A. Baker, *Matrix Groups*, Undergraduate Math. Ser., Springer 2002

H. Pollatsek, *Lie Groups. A Problem-Oriented Introduction via Matrix Groups*, MAA Textbooks, Mathematical Association of America 2009

J. Stillwell, *Naive Lie Theory*, Undergraduate Texts in Mathematics, Springer 2008

W. Rossmann, *Lie Groups, An Introduction through Linear Groups*, Oxford University Press 2002

R. Berndt, Representations of Linear Groups: An Introduction based on Examples from Physics and Number Theory, Vieweg 2007

W. Hein, *Einführung in die Struktur- und Darstellungstheorie der klassischen Gruppen*, Hochschultext, Springer 1990

J. Hilgert, K.–H. Neeb, *Lie-Gruppen und Lie-Algebren*, Vieweg 1991

J. Tits, *Liesche Gruppen und Algebren*, Hochschultext, Springer 1983

F. W. Warner, *Foundations of Differentiable Manifolds and Lie Groups*, Graduate Texts in Mathematics, Vol. 94, Springer 1983

Th. Bröcker, T. tom Dieck, *Representations of Compact Lie Groups*, Graduate Texts in Mathematics, vol. 98, Springer 1985

J. J. Duistermaat, J. A. C. Kolk, *Lie Groups*, Universitext, Springer 2000

C. Procesi, *Lie Groups*, Universitext, Springer 2007

S. Helgason, *Differential Geometry, Lie Groups, and Symmetric Spaces*, Academic Press 1978. Corrected reprint: Graduate Studies in Mathematics 34, American Mathematical Society 2001

ZU ANWENDUNGEN VON LIE-GRUPPEN IN DER PHYSIK

J. Marsden, T. Ratiu, *Einführung in die Mechanik und Symmetrie*, Springer 2001

R. Gilmore, *Lie Groups, Physics and Geometry. An Introduction for Physicists, Engineers and Chemists*, Cambridge University Press 2008

ZUR ANALYSIS

O. Forster, *Analysis* 1, 9. Aufl., *Analysis* 2, 8. Aufl., *Analysis* 3, 6. Aufl., Vieweg+Teubner 2008, 2008, 2011

R. Walter, *Einführung in die Analysis* 1, 2, 3, de Gruyter 2007, 2007, 2009

K. Jänich, *Vektoranalysis*, 5. Aufl., Springer 2005

I. Agricola, T. Friedrich, *Vektoranalysis: Differentialformen in Analysis, Geometrie und Physik*, 2. Aufl., Vieweg+Teubner 2010

ZUR LINEAREN ALGEBRA

G. Fischer, *Lineare Algebra*, 17. Aufl., Vieweg+Teubner 2010

A. Beutelspacher, *Lineare Algebra*, 7. Aufl., Vieweg+Teubner 2010

R. Walter, *Einführung in die lineare Algebra*, 2. Aufl., Vieweg 1986

ZUR GEOMETRIE

G. Fischer, *Analytische Geometrie*, 7. Aufl., Vieweg 2001

R. Walter, *Lineare Algebra und analytische Geometrie*, Vieweg 1985

J. Richter-Gebert, T. Orendt, *Geometriekalküle*, Springer 2009

H. Knörrer, *Geometrie*, 2. Aufl., Vieweg 2006

W. Kühnel, *Differentialgeometrie: Kurven – Flächen – Mannigfaltigkeiten*, 5. Aufl., Vieweg+Teubner 2010

ZU SONSTIGEN THEMEN

E. Ossa, *Topologie*, 2. Aufl., Vieweg+Teubner 2009

W. Fischer, I. Lieb, *Einführung in die komplexe Analysis. Elemente der Funktionentheorie*, Vieweg+Teubner 2010

M. Aigner, *Diskrete Mathematik*, 6. Aufl., Vieweg 2006

H. Günther, *Spezielle Relativitätstheorie*, Teubner 2007

S. MacLane, *Kategorien: Begriffssprache und mathematische Theorie*, Springer 1972

M. Ziegler, *Mathematische Logik*, Birkhäuser 2010

Verzeichnis mathematischer Symbole

$\mathbb{Z}$	ganze Zahlen
$\mathbb{R}$	reelle Zahlen
$\mathbb{C}$	komplexe Zahlen
$\mathbb{H}$	Quaternionen
$\mathbb{K}$	einer der Zahlkörper $\mathbb{R}$ oder $\mathbb{C}$
$S^{n-1} \subset \mathbb{R}^n$	Einheits-Sphäre im $\mathbb{R}^n$
E, E_n	quadratische (n, n)-Einheitsmatrix
$\det A, \operatorname{spur} A$	Determinante bzw. Spur der Matrix A
$\mathbf{x} = (x_1, \ldots, x_n)$	Vektor im $\mathbb{R}^n$ bzw. $\mathbb{C}^n$
$[x_0, \ldots, x_n]$	homogene Koordinaten im n-dimensionalen projektiven Raum
$\langle \mathbf{x}, \mathbf{y} \rangle$	Skalarprodukt zweier Vektoren $\mathbf{x}, \mathbf{y}$ im $\mathbb{R}^n$ bzw. $\mathbb{C}^n$
$\|\mathbf{x}\|, \|A\|$	Norm eines Vektors bzw. Operator-Norm einer Matrix
$GL(n, \mathbb{K})$	allgemeine lineare Gruppe über $\mathbb{K}$ mit Lie-Algebra $\mathfrak{gl}(n, \mathbb{K})$
$SL(n, \mathbb{K})$	spezielle lineare Gruppe über $\mathbb{K}$ mit Lie-Algebra $\mathfrak{sl}(n, \mathbb{K})$
$O(n)$	orthogonale Gruppe über $\mathbb{R}$ mit Lie-Algebra $\mathfrak{o}(n) = \mathfrak{so}(n)$
$SO(n)$	spezielle orthogonale Gruppe über $\mathbb{R}$ mit Lie-Algebra $\mathfrak{so}(n)$
$U(n)$	unitäre Gruppe über $\mathbb{C}$ mit Lie-Algebra $\mathfrak{u}(n)$
$SU(n)$	spezielle unitäre Gruppe über $\mathbb{C}$ mit Lie-Algebra $\mathfrak{su}(n)$
$Sp(n)$	symplektische Gruppe über $\mathbb{H}$ mit Lie-Algebra $\mathfrak{sp}(n)$
$Sp(2n, \mathbb{C})$	komplexe symplektische Gruppe
$O(1, n)$	Lorentz-Gruppe
$H(3, \mathbb{R})$	3-dimensionale Heisenberg-Gruppe über $\mathbb{R}$ mit Lie-Algebra $\mathfrak{h}(3, \mathbb{R})$
G, H mit $\mathfrak{g}, \mathfrak{h}$	Lie-Gruppen mit zugehörigen Lie-Algebren $\mathfrak{g}, \mathfrak{h}$
$H \leq G$ mit $\mathfrak{h} \leq \mathfrak{g}$	Lie-Untergruppe mit zugehöriger Lie-Unteralgebra
$H \trianglelefteq G$ mit $\mathfrak{h} \trianglelefteq g$	Normalteiler mit zugehörigem Ideal
$\mathbf{1}$	Einselement einer Lie-Gruppe
$G \times H$	kartesisches Produkt von Lie-Gruppen
$\mathfrak{g} \oplus \mathfrak{h}$	direkte Summe von Lie-Algebren
$\mathbf{Ad}$	Konjugation in einer Lie-Gruppe mit $\mathbf{Ad}x(g) = xgx^{-1}$
Ad	adjungierte Darstellung einer Lie-Gruppe
ad	adjungierte Darstellung einer Lie-Algebra
$[X, Y]$	Lie-Klammer von X und Y
$XY - YX$	Kommutator von X und Y
Φ_t	Fluss eines Vektorfeldes
exp	Exponentialreihe bzw. Exponentialabbildung
log	Logarithmus (lokal definierte Umkehrabbildung von exp)
$\exp(tX)$	1-Parameter-Untergruppe in Richtung X mit Parameter $t \in \mathbb{R}$
L_x, R_x	Links-Translation bzw. Rechts-Translation um x
$Z(G), \mathfrak{z}(\mathfrak{g})$	Zentrum einer Lie-Gruppe bzw. Lie-Algebra
$[\mathfrak{g}, \mathfrak{g}]$	Kommutatoralgebra einer Lie-Algebra
$\widetilde{G} \to G$	universelle Überlagerung von G

Index

1-Parameter-Untergruppe, 70, 82, 85, 139, 142, 164

abgeleitete Reihe, 187
abgeschlossene Menge, 11, 81
Ableitung einer Abbildung, 12, 111
Ableitungsoperator, 110, 131
Abstand, 9
adjungiert, 90, 99
adjungierte Darstellung, 121
adjungierte Wirkung, 90
Ado, Satz von, 204
affine Geometrie, 37
affine Transformation, 36
affiner Raum, 36
Affinität, 36
ähnliche Matrizen, 11
Anfangsbedingung, 29, 33, 61, 85, 142
Antipoden, 22, 43
Äquivalenzklasse, 153
assoziative Algebra, 95
Auswertungsabbildung, 137
Automorphismus, 10

Basis, 7
Basistransformation, 11, 63
binomische Formel, 152, 209
Blätter, 172
Block-Matrix, 23, 24, 96
Bogenelement, 54, 55
Bolyai, J., 51
boost, 58

Cartan, Élie, 5
Cauchy-Produkt, 14
Cayley-Abbildung, 113, 116
CBH-Formel, 101, 150, 169, 203
Cosinussatz, 60
Cramersche Regel, 17

Darstellung, 107, 146

Decktransformation, 173, 176
Derivation, 119, 123, 136
Determinante, 10, 16
diffeomorph, 13
Diffeomorphismus, 13
Differential einer Abbildung, 12, 111
Differentialgleichung, 28, 31, 33, 61, 129
differenzierbar, 12, 110
differenzierbare Mannigfaltigkeit, 108
Dimension, 8, 87, 88
diskrete Untergruppe, 165, 173
Divergenz, 138
Drehgruppe, 66, 87, 113
Drehmatrix, 22, 25, 66, 72, 74, 82, 116, 182, 211
Drehstreckung, 49
Drehung, 22, 58, 82, 116, 120, 125, 206
Dreiecksmatrix, 74, 81, 106, 200
Dualität, 43
dynamisches System, 30

einfach zusammenhängend, 175, 178
Einheits-Quaternionen, 22, 25, 95, 125
Einheitsmatrix, 9, 16
Einheitswurzel, 216
elliptische Geometrie, 43, 55
endlicher Körper, 39, 46
Endomorphismenring, 100, 120
Endomorphismus, 10, 118
Endpunktabbildung, 36, 174
Erlanger Programm, 35
euklidische Geometrie, 9, 35, 42
euklidische Länge, 40
euklidische Transformation, 41
euklidischer Raum, 40
Euler-Winkel, 3, 116
Eulersche Zahl, 62
Exponentialabbildung, 62, 93, 94, 97, 98, 141, 165
Exponentialfunktion, 61

Exponentialgesetz, 33, 63, 94, 139, 164
Exponentialreihe, 14, 33, 62, 77, 147

Faltungsprodukt, 14
Fano-Ebene, 46
Faser, 172
fast-komplexe Struktur, 124
Ferngerade, 43
Fernhyperebene, 45
Fernpunkt, 43
Fluss, 29, 30, 132
Flusslinie, 30, 33
formale Potenzreihe, 14, 61, 69, 149
Frenet-Bein, 80
Frobenius, Satz von, 134, 202
Fundamentalgruppe, 175, 177
Funktionalmatrix, 12, 111
Funktor, 149, 180
Funktortransformation, 149

Galois-Gruppe, 187
Gauß, C.F., 51
geometrische Transformation, 35
gewöhnliche Differentialgleichung, 27, 33
Gitter, 166
Graph eines Homomorphismus, 179
Großkreis, 43
Gruppe, 6
    r-gliedrige, 1, 2, 107
    äquiaffine, 38
    abelsche, 31, 34
    affine, 36
    allgemeine lineare, 16
    allgemeine projektive, 44, 47
    einfache, 184
    euklidische, 40, 41
    halbeinfache, 189, 191
    hyperbolische, 51
    komplexe orthogonale, 26
    komplexe symplektische, 24
    lineare, 15, 18, 34
    lokale, 19, 98, 104, 151
    orthogonale, 18, 43, 79, 89, 95, 106,
        113, 194
    spezielle lineare, 18, 78
    spezielle orthogonale, 18
    spezielle projektive, 44, 47
    spezielle unitäre, 18, 80
    symplektische, 23
    unitäre, 18, 80, 181
    zyklische, 19
Gruppenoperation, 6
Gruppenwirkung, 6

Heisenberg-Gruppe, 18, 80, 94, 168
Hom-Menge, 145
homogene Koordinaten, 44, 116
homogener Raum, 59, 158
Homomorphiesatz, 153, 155, 160
Homomorphismus, 10, 145–147
homotop, 174
hyperbolische Ebene, 51, 55
hyperbolische Länge, 54
hyperbolischer Abstand, 54
hyperbolisches Bogenelement, 54
hyperbolisches Dreieck, 60
hyperbolisches Flächenelement, 55
Hyperboloid, 56, 58
Hyperfläche, 89

Ideal, 154, 187
ideales Dreieck, 60
Immersion, 12, 146
implizite Funktionen, 12
infinitesimale Bewegung, 75
infinitesimale Isometrie, 137
infinitesimale Transformation, 75, 130,
    132
infinitesimale Translation, 33
Innenwinkelsumme, 41, 43
integrabel, 134, 202
Integralkurve, 135
Integralmannigfaltigkeit, 134, 202
Integration, 194
invariante Lie-Unteralgebra, 154
invariante Untergruppe, 154
involutiv, 202
irrationaler Fluss, 146
Isomorphismus, 10, 92, 96, 146, 147
isotrop, 56

Jacobi-Identität, 92, 122, 136
Jacobi-Matrix, 12
Jordan-Block, 65, 70, 74

Karte, 108, 112, 113, 116
Kartentransformation, 108, 113, 115
Kategorie, 145

Kern, 45, 88, 153, 173
Kettenregel, 18, 111
Killing, Wilhelm, 5
Killing-Form, 190
Killing-Vektorfeld, 137
Klasse, 145
Klassifikation, 205
Klein, Felix, 35
Kleinsche Flasche, 172
Kommutator, 5, 9, 65, 66, 90, 92, 95, 97,
      120, 156, 162, 168, 187, 200
kompakt, 11, 19
komplexe Mannigfaltigkeit, 108
komplexe Matrix, 16
komplexe projektive Gerade, 47
Konjugation, 63, 90, 117
konjugiert, 199
konjugierte Untergruppen, 99, 106
kontinuierlich, 1, 107
Konvergenz, 11
Koordinaten, 13, 86, 109–111
Koordinatenfunktion, 67, 109, 111, 134
Koordinatentransformation, 13, 159
Kowalewski, Gerhard, 2
Kreispackung, 48
Kreisverwandtschaft, 47

Landau-Symbol, 65
lichtartig, 56
Lichtgeschwindigkeit, 57
Lie, Sophus, 1
Lie-Ableitung, 136, 138
Lie-Algebra, 91, 92, 121, 129
    abelsche, 92, 119, 164, 198
    abgeleitete, 168, 187
    auflösbare, 187
    derivierte, 168
    einfache, 184, 205
    halbeinfache, 191, 205
    kompakte, 195
    nilpotente, 168
    perfekte, 191
Lie-Funktor, 149, 180
Lie-Gruppe, 112, 114
    abelsche, 119, 163
    auflösbare, 187
    einfache, 184
    exzeptionelle, 205
    halbeinfache, 191
    kompakte, 194, 199
    nilpotente, 168, 187
Lie-Klammer, 5, 90, 91, 118, 147
Lie-Multiplikation, 91
Lie-Unteralgebra, 97, 147, 149, 152
Lie-Untergruppe, 146, 149, 152
Lies Hauptsätze, 204
Liescher Ring, 92
lineares Gleichungssystem, 36
Links-Translation, 113, 126
linksadjungierter Funktor, 180
linksinvariant, 127, 135, 139
Lobatschewski, N.I., 51, 55
logarithmische Karte, 67, 86, 112, 173
Logarithmus, 68, 72, 73, 98
lokal isomorph, 19, 104
Lorentz-Drehung, 58
Lorentz-Gruppe, 57
Lorentz-Raum, 56
Lorentz-Transformation, 57, 60

Möbius-Gruppe, 47, 49
Möbius-Transformation, 47, 49
Mannigfaltigkeit, 35, 107, 108
Matrix, 9, 15
Matrizengruppe, 15
Matrizenprodukt, 10
maximaler Torus, 197, 199
Minkowski–Raum, 56
Morphismus, 145

natürliche Abbildung, 153
natürliche Transformation, 149
Neumannsche Reihe, 100, 106
nicht-euklidische Geometrie, 51
nilpotente Matrix, 74
Norm, 8
Normalform, 63
Normalteiler, 154, 175, 187
nullhomotop, 174
Nullkegel, 56
Nullstellen von Polynomen, 187
Nullvektor, 56

Objekt, 145
offene Menge, 11
Operator-Algebra, 100, 147
Operator-Norm, 10, 63
orthochron, 58

orthogonale Algebra, 80
orthogonale Matrix, 10
Orthonormalbasis, 9
Oszillator-Algebra, 96, 200

parallele Geraden, 38, 43, 46
Parallelverschiebung, 37
Parameter, 107
Parametertransformation, 87
Parametrisierung, 108
Pauli-Matrizen, 95
Poincaré-Gruppe, 57
Poincaré-Halbebene, 51
Poisson-Klammer, 138
Polarität, 43, 46
Potenzgesetz, 140
Potenzreihe, 13, 61, 100
Potenzreihenansatz, 61
Produktregel, 136
projektive Basis, 60
projektive Transformation, 44
projektiver Raum, 44, 110, 116
Projektivität, 44
pseudo-euklidisch, 57
Punkt-Richtungsform, 38, 41, 46
pythagoräische Zahlentripel, 60
Pythagoras, Satz von, 42

quaternionale Matrix, 19
Quaternionen, 21, 24, 74, 95, 165, 206
Quotient, 44, 59, 153, 161

Rang, 12, 13, 88, 166, 197, 205
Rangsatz, 13
rationale Drehgruppe, 60
raumartig, 56
Raumzeit, 56, 57
Rechts-Translation, 113, 126
rechtsinvariant, 127, 139
reelle Matrix, 16
reguläre Kurve, 56
reguläre Topologie, 115
Relativitätstheorie, 56
Richtungsableitung, 93, 110, 129
Riemannsche Geometrie, 55
Riemannsche Zahlensphäre, 48

Schiefkörper, 21
Schraubung, 84

Skalarprodukt, 8
sphärische Geometrie, 43, 55
sphärischer Exzess, 43
sphärisches Dreieck, 43
Spin-Gruppe, 22, 177
Standard-Einbettung, 110
Standgruppe, 59, 158
stereographische Projektion, 49, 50
stetiges Wachstum, 61, 67
Strömung, 28
Strukturkonstanten, 128, 131
Submersion, 12

Tangentialraum, 77, 88, 97, 110
Taylor-Entwicklung, 18, 65
Topologie, 11, 109, 146
Torus, 39, 146, 167, 172, 181, 197
Trajektorie, 30
Transformationsgruppe, 1, 7, 27, 35
Translation, 36, 40, 41, 156
Trennung der Variablen, 33
Trennungsaxiome, 109, 115, 158

Überlagerung, 166, 169, 171
Umkehrabbildung, 13
unitäre Matrix, 10
universelles Problem, 180
Untergruppe, 6, 18, 77, 97, 145
Untermannigfaltigkeit, 87, 88, 109, 146

Vektorfeld, 29, 33, 93, 126, 129
Vektorprodukt, 21, 92, 119, 206
Vektorraum, 7
Verbindungsvektor, 36, 40, 56
vollständiges Vektorfeld, 32, 132
Volumenform, 138, 194

Weltlinie, 57
Weyl, Hermann, 5
Weyl-Gruppe, 198
Winkel, 9
winkeltreu, 49, 54
Wurzel, 72, 140

Zeit-Koordinate, 57
zeitartig, 56
Zentralisator, 186
Zentralreihe, 168
Zentrum, 156, 185, 200
zusammenhängend, 11, 17